지반공학 특별간행물 7

지반기술자를 위한

해상풍력 기초설계

씨아이알

한국지반공학회
에너지플랜트환경기술위원회

발간사

　2000년대 들어 국내외 에너지 시장에서 이산화탄소를 감축할 수 있는 신재생에너지에 대한 요구가 급격히 증가하고 있으며, 경쟁력이 있는 에너지원인 풍력발전에 대한 각계의 관심이 고조되고 있습니다. 특히 바람자원이 풍부한 해양의 풍력발전단지 조성은 지반공학자들이 지속적으로 관심을 갖고 전문기술자로서 역할을 확대해 나갈 수 있는 미래전망이 밝은 영역입니다. 그러나 국내에서 해상풍력단지 조성이 된 바 없어 풍력발전기 해상시공에 대한 국내 기술자의 경험과 지식이 매우 부족했습니다. 또한 관심 있는 지반기술자들이 참여하여 활동할 수 있는 전문기술위원회가 없었습니다.

　우리 학회에서는 신재생에너지라는 세계적인 화두에 응답하여 전문기술위원회인 "에너지플랜트·환경 기술위원회"를 2009년도에 신설하였으며, 해상풍력에너지를 포함하는 신재생에너지 산업 관련 전문세미나를 개최하고 전문기술 교류의 공간을 제공함으로써 전문 분야에 대한 이해와 지식함양에 힘써왔습니다. 또한 2013년에는 지반기술자를 위한 해상풍력기초 계속교육을 성공적으로 개최하여 해상풍력의 기초설계에 대한 축적된 전문지식을 사회와 공유하는 데 앞장섰습니다.

　에너지플랜트·환경 기술위원회에서는 짧은 기간이지만 새롭고 도전적인 해상풍력기초 분야에 그동안 축적된 경험과 기술교류내용을 바탕으로 지반기술자들이 활용할 수 있는 지반공학 특별간행물 7『지반기술자를 위한 해상풍력 기초설계』를 발간하게 되었습니다. 본 서는 에너지플랜트·환경 기술위원회와 구성원들의 숭고한 노력과 의지의 결과물이며 앞으로 많은 기술자들이 쉽게 참고할 수 있는 자료로 활용되었으면 하는 바람입니다. 또한 해상풍력 분야가 새로운 유망기술 분야인 만큼 지속적인 연구개발과 기술적용을 바탕으로 지속적으로 관련 책자가 발간되어 본 간행물이 마지막이 아닌 미래 해상풍력기초 분야의 초석이 될 수 있기를 기원합니다.

마지막으로 본 서의 발간을 위해 많은 노력을 기울여주신 에너지플랜트·환경 기술위원회의 권오순 전임위원장과 최창호 현임위원장을 비롯한 집필위원과 운영위원들의 노고에 깊은 감사의 말씀을 드립니다.

2014년 10월
(사)한국지반공학회
회장 이 승 호

권두언

한국지반공학회 에너지플랜트·환경 기술위원회는 2009년 신설된 신생기술위원회로 현재 세 번째 운영위원회가 구성되어 운영 중에 있습니다. 위원회에서는 신재생에너지 산업 분야에서 특히 해상풍력 지지구조물 설치 분야에 많은 관심을 가지고 전문가들의 초청강연, 연구 성과 발표, 산업시설 견학 등을 진행하여 왔습니다. 이를 통해 해상풍력 건설 분야에서 지반공학의 역할과 나아갈 바에 대한 다양한 방향을 제시하고 있습니다.

신생기술위원회로서 에너지플랜트·환경 기술위원회는 2013년 2월 21일과 22일 양일에 걸쳐 '지반기술자를 위한 해상풍력 기초설계'를 주제로 제25회 한국지반공학회 계속교육을 실시하였습니다. 계속교육은 국내에서 해상풍력 건설 분야와 연계된 연구 및 실무에 참여하고 있는 15명의 강사진으로 구성하여 진행하였습니다. 본 지반공학 특별간행물은 계속교육 강의 자료를 바탕으로 내용을 보충하고 개선하여 출판하게 되었습니다.

해상풍력발전기는 크게 상부구조물과 지지구조물로 구분되며, 지지구조물 설치 부분이 전체 공사비의 30% 이상을 차지하고 있습니다. 이에 따라 지지구조물의 설계, 제작, 시공과 관련하여 지반공학 기술자의 역할이 반드시 필요한 분야입니다. 그럼에도 불구하고, 국내에서 해상풍력단지 조성이 미비하여 지지구조물의 해석·설계와 관련된 지반공학 기술자의 경험이 부족한 상태입니다. 본 서는 해상풍력단지 개발을 위해 필요한 지지구조물 형태별 설계 방안, 지반조사 기법, 설계하중 해석, 해상시공 장비, 계측 및 유지관리 등 해상풍력 건설과 관련된 지반공학 분야의 전반적인 내용을 담았습니다. 아직 경험이 없는 지반공학 기술자에게 해상풍력 지지구조물 설계에 첫 걸음을 디딜 수 있는 교재가 될 수 있을 것으로 기대합니다.

　　본 서를 발간함에 있어 지원을 아끼지 않으신 한국지반공학회 이승호 회장님과 관련 이사님들께 진심으로 감사드리며, 제25회 계속교육을 책임지신 권오순 전임위원장님과 위원회를 태동시킨 김명학 초대위원장을 비롯하여 모든 간사님들 및 운영위원님들께 감사드립니다. 특히 최종 원고 모집과 편집 작업에 노력을 기울여주신 편집위원장 윤희정 교수님, 편집위원 구정민 박사님, 김재홍 박사님, 추연욱 교수님께 감사드리며, 각 장의 원고를 작성하시느라 고생 많으셨던 저자들께 지면을 통해 감사의 마음을 전합니다.

　　마지막으로 본 서는 기술위원회의 계속교육 자료를 바탕으로 편집한 것으로 사진, 그림, 표를 포함하는 일부 내용은 인용 부분이 누락되어 있을 수 있습니다. 또한 책자의 내용은 학회의 검증이 이루어진 공식 의견이 아니므로 인용하는 데 유의하시기 바랍니다. 아무쪼록 본 서가 해상풍력 지지구조물의 설계 및 시공과 관련하여 학생과 현장실무자에게 도움이 되길 바라며, 해상풍력에서 지반공학 분야가 담당해야 할 역할을 이해하는 데 기여할 수 있기를 바랍니다. 끝으로 편집 과정에서 다소 잘못된 부분들에 대해서는 독자 여러분의 애정 어린 조언과 너그러운 이해를 구합니다.

2014년 10월
(사)한국지반공학회 에너지플랜트·환경 기술위원회
위원장 최 창 호

CONTENTS

04 해상풍력 기초설계

05 해상풍력 기초형식별 설계 및 시공

06 계측 및 유지관리 ▌김대학

01
해상풍력개론

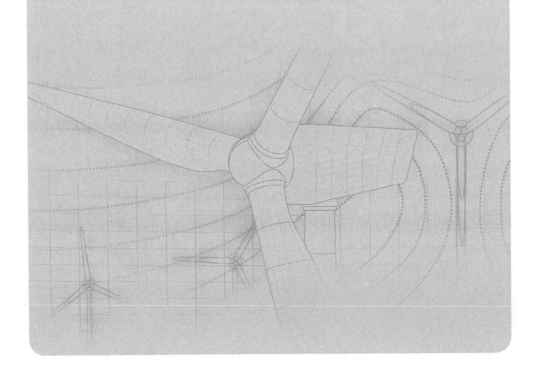

01

해상풍력개론

❙ 최창호

1.1 풍력발전 개요

　전 세계적으로 이산화탄소 감소와 재생에너지의 확대 정책에 기반하여 풍력발전산업 설비의 설치증가율이 2000년 이후 평균 약 9%를 나타내고 있으며, 최근 5년 동안의 평균증가율이 14%로 전체 누적설치용량의 약 70%가 설치되면서 급속도로 성장하고 있는 산업 분야이다. 그림 1.1과 같이 2010년까지 전 세계의 풍력발전 누적설비용량은 약 194 GW이며, 세계 6대륙 중 유럽에 가장 많은 설비가 설치되었다. 유럽에 설치된 풍력발전용량은 2010년 총 59 GW으로 전 세계의 44%를 차지하고 있다[그림 1.2(a) 참조]. 또한 누적설비용량이 많은 상위 10개 국가는 그림 1.2(b)와 같이 중국과 미국이 전 세계 누적설비용량의 22%와 21%로 가장 많았지만, 세계적인 국가 안에 6개의 유럽국가가 포함되어 있다. 국내에서는 1990년대 초에 20 kW급 소형 풍력발전기의 연구개발을 시작으로 1990년대 중반에는 300 kW급 개발, 2001년에는 750 kW급 풍력발전기를 개발 완료하였고, 최근에는 3 MW급 대형 발전기까지 개발이 완료되었다. 1998년도에는 제주도에 총용량 10 MW급 풍력발전단지를 조성하기 시작하여 2010년 누적 용량은 380 MW로 평균 약 9%의 규모로 증가해왔고, 2004년 이후 풍력발전 용량이 급성장하였음을 알 수 있다(그림 1.3 참조). 국가적 차원의 풍력발전 산업에 대한 투자와 관심은 점차적으로 풍력설비의 효율적·경제적 구축을 가능케 하였으며, 이를 바탕으로 풍력발전을 통한 전기에너지 생산 단가는 타 신재생에너지원 단가의 평균 정도에 위치하게 되었다(표 1.1 참조).

풍력발전기는 자연에너지인 바람에너지를 전기에너지로 바꿔주는 기능을 수행하는 장치로서, 바람에 의해 회전되는 풍력발전기의 회전력을 변속장치 및 발전기에 연결하여 전기에너지를 생산한다. 따라서 풍력발전기를 활용하여 전기에너지를 생산할 경우 바람의 속도, 밀도 등이 발전효율을 결정하는 중요한 인자이다. 일반적으로 고도가 상승할수록 바람은 강해지기 때문에 풍력발전기의 높이가 높을수록 발전효율과 용량이 증가하게 되고, 발전기를 높게, 크게 설치하기 위하여 발전기의 크기가 증가되고 있는 추세이다. 그러나 경관이나 소음 등의 환경문제와 양질의 풍력자원 확보문제로 인해 육상 평야부에 대한 풍력발전의 적지확보가 어려워지고, 산간부에서도 시공을 위한 접근도로 정비 등의 비용부담이 증가하므로, 삼면이 바다인 우리나라 지형특성을 고려하여 해상풍력발전 사업의 추진이 다각도로 진행 중에 있다. 상기 해상풍력발전 사업을 성공적으로 추진하기 위해서는 기존의 육상풍력발전과 해상풍력발전의 기술적 차이점을 파악하고 해결해야 한다. 특히, 해상풍력발전기는 해상에서 발생하는 돌풍과 거친 풍랑에 의한 하중의 영향을 받으므로, 해상풍력발전기를 설치하기 위해서는 이러한 하중의 영향을 추가적으로 고려해야 하는 것이 육상풍력발전과의 가장 큰 차이점이라고 할 수 있다. 그러므로 해상풍력발전기가 해상에서 안정적으로 작동하고 에너지를 생산하도록 하기 위해서는 풍력발전기를 지지하는 구조물을 합리적으로 결정하고 이를 해상에 설치할 수 있는 기술이 요구된다. 또한 해상에서 생산한 에너지를 활용 가능하도록 육지로 전달하는 과정에서 에너지의 손실을 최소화할 수 있는 해저 케이블 시공 및 계통연계 기술이 추가적으로 필요하다.

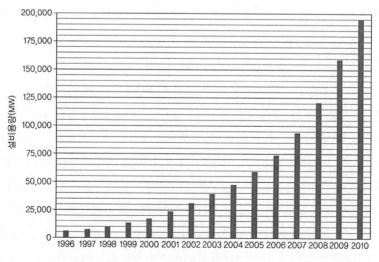

그림 1.1 전 세계 누적 설비용량(MW)(GWEC, 2011)

국내의 바람자원, 수심, 에너지 밀도 등을 고려할 때 서남해안 및 제주도 해역에서 해상풍력단지 조성의 입지조건이 유리한 것으로 알려져 있으며, 해상풍력발전 단지에 설치될 터빈의 정격용량은 3~5 MW급으로 현재 국내에서 3 MW급 터빈이 개발, 설치, 및 실증이 완료되었으며, 5 MW급 터빈은 연구개발이 진행되고 있는 상황이다. 이러한 조건을 바탕으로 해상풍력발전 지지구조물은 약 30 m 내외의 수심에서 발전기의 설계수명 동안 안전하게 시스템을 지지할 수 있어야 한다. 본 장에서는 풍력발전기에 대한 이해를 돕고자 풍력발전기의 형식, 풍력발전기 시스템의 구성, 풍력발전의 기본원리, 해상풍력 지지구조물의 개요 등에 대하여 소개하고자 한다.

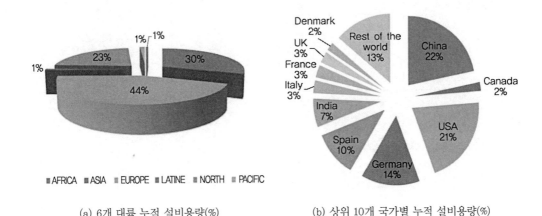

(a) 6개 대륙 누적 설비용량(%)　　　　　　(b) 상위 10개 국가별 누적 설비용량(%)

그림 1.2 대륙별 국가별 풍력발전 설비 설치 용량(GWEC, 2011)

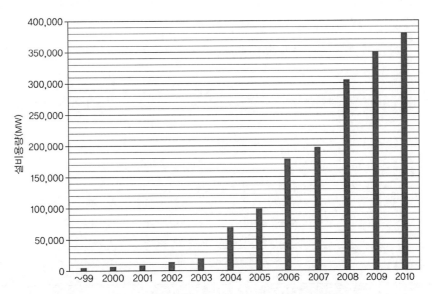

그림 1.3 국내 누적 설비용량(단위 : kW)(한국풍력산업협회, 2012)

표 1.1 2012년 12월 기준 에너지원별 단가(전력통계정보 시스템, 2012)

에너지원		단가(원/kWh)
화석연료 및 원자력	석유(경유+중유)	237.94
	석탄(유연탄+무연탄)	122.57
	LNG	147.69
	원자력	28.45
신재생에너지	수력	196.28
	양수	241.53
	바이오가스	163.70
	부생가스	92.21
	소수력	162.77
	매립가스	160.27
	태양광	183.44
	폐기물	160.58
	풍력	172.33
	연료전지	161.68
	해양에너지	164.80

1.1.1 풍력발전기의 형태

풍력발전 시스템은 다양한 형태로 구성되어 있으며 특별한 분류방식은 정해져 있지 않지만 일반적으로 형상과 기능에 따라서 분류하고 있다. 대표적인 방법은 회전축 방향에 따른 구조상 분류, 운전방식에 의한 분류, 출력제어방식, 전력사용방식에 의한 분류로 표 1.2에 제시되었다.

회전축 방향에 따른 풍력발전기의 종류는 회전축이 지면에 대해 수직으로 설치되어 있는 수직축 발전기와 회전축이 지면에 대해 수평으로 설치되어 있는 수평축 발전기로 구분한다. 수직축은 바람의 방향과 관계가 없어 사막이나 평원에 많이 설치하여 이용 가능하지만 소재가 비싸고 수평축 풍차에 비해 효율이 떨어지는 단점이 있는 것으로 알려져 있다. 수평축은 간단한 구조로 이루어져 있어 설치하기 편리하나 바람방향에 영향을 받으므로, 바람방향을 따라 로터가 회전해

표 1.2 풍력발전 시스템의 분류(한국신재생에너지협회, 2012)

분류기준	형식
회전축 방향	- 수평축 풍력 시스템(HAWT) : 프로펠라형 - 수직축 풍력 시스템(VAWT) : 다리우스형, 사보니우스형
운전방식	- 정속운전(fixed roter speed type) : 통상 Geared형 - 가변속운전(variable roter speed type) : 통상 Gearless형
출력제어방식	- Pitch(날개각) controll - Stall(실속) controll
전력사용방식	- 계통연계(유도발전기, 동기발전기) - 독립전원(동기발전기, 직류발전기)

야 하는 시스템을 일반적으로 필요로 한다. 중대형급 이상의 풍력발전기는 수평축을 사용하고, 100 kW급 이하 소형 발전기에 수직축이 널리 사용되고 있다. 그림 1.4는 수직축 및 수평축 풍력발전기의 모습을 보여준다.

운전방식에 따른 풍력발전기 분류에 따르면 기어형 발전기는 대부분 정속운전 유도형 발전기기를 사용하는 풍력발전 시스템에 해당되며, 유도형 발전기기의 높은 정격회전수에 맞추기 위해 회전자의 회전속도를 증속하는 기어장치가 장착되어 있는 형태이다. 발전기 날개에서 발생하는 회전운동을 증가시키기 위하여 증속기(gear box : 적정속도로 변환하는 장치)가 필요하다. 기어리스형의 경우 대부분 가변속 운전동기형(또는 영구자석형) 발전기기를 사용하는 풍력발전 시스템에 해당되며 다극형 동기발전기를 사용하여 증속기어 장치가 없이 회전자와 발전기가 직결되는 direct-drive 형태이다. 그림 1.5는 기어형 및 기어리스형 풍력발전기의 개요도를 보여준다.

출력제어방식에 따른 풍력발전기는 실속제어방식(stall regulated type)과 피치제어방식(pitch regulated type)으로 구분될 수 있다. 실속(stall)은 공기의 물리적 특성, 블레이드의 형상과 상태, 초기 공기의 입사각도 등에 따라 블레이드에서 발생하는 와류(turbulence)로 양력을 급격히 잃게 되는 현상을 나타낸다(황병선, 2009). 실속제어방식은 이러한 실속현상을 이용하여 블레이드가 일정 풍속 이상에서는 양력이 증가하지 않거나 줄어들도록 하여 발전기의 회전속도를 제어하는 방식이다. 실속제어를 위해서는 블레이드의 각도를 사전에 일정하게 고정하는 방법을 사용하고 있으나, 최근의 대형 풍력발전기에는 사용하고 있지 않다. 피치제어방식은 블레이드의 각도를 변화시켜서 발생하는 양력을 제어하는 방법이다. 블레이드의 각도를 변화함에 따라 터빈은 다양한 회전속도를 얻게 되며 이를 통해 발전기의 회전속도와 토크를 제어하게 된다. 피치제어방식은 발전기의 출력제어를 효율적으로 수행할 수 있으므로 최근의 대형 풍력발전기에 필수적으로 활용하고 있는 방법이다.

(a) 수직축 풍력발전기

(b) 수평축 풍력발전기

그림 1.4 회전축 방향에 따른 풍력발전기(한국신재생에너지협회, 2012)

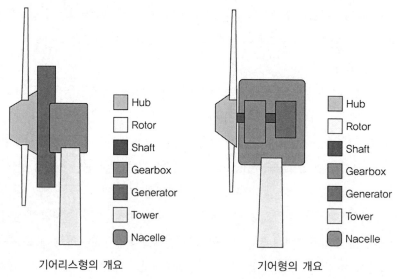

| Hub |
| Rotor |
| Shaft |
| Gearbox |
| Generator |
| Tower |
| Nacelle |

기어리스형의 개요　　　　　　　　　기어형의 개요

그림 1.5 기어리스형 및 기어형 풍력발전기 개요도(한국신재생에너지협회, 2012)

전력사용방식에 따라서 계통연계형과 독립운전형 풍력발전기로 분류될 수 있다. 계통연계형은 풍력발전기를 설치하고 생산된 전력을 기존의 전력계통에 연결하여 전원을 공급하는 발전기를 나타낸다. 현재 대부분의 대형 풍력발전기는 대개 계통에 연결되어 발전용으로 사용하는 것이 일반적이다(황병선, 2009). 독립운전형은 전력을 소비하는 위치에 발전기를 설치하고 독립적으로 전력을 활용하는 발전기의 형태이다. 따라서 독립운전형의 경우 대부분 소형발전기에 국한된다.

1.1.2 해상풍력발전기의 구조 및 발전 시스템 구성

해상풍력발전 구조물은 크게 상부구조물(topside structure)과 지지구조물(support structure)로 구분될 수 있으며, 그림 1.6과 같이 상부구조물은 로터와 나셀부, 지지구조물은 타워, 하부구조물(substructure), 기초부(foundation)로 구성된다. 육상 풍력발전 구조물의 설치비용은 터빈가격이 차지하는 비율이 절대적으로 높은 반면 해상풍력발전 구조물의 경우 하부구조물과 기초구조물 설치비용이 30% 이상에 이를 정도로 전체 건설비에서 상당한 부분을 차지하고 있다.

기계설비장치인 풍력발전기의 터빈은 방향과 세기가 끊임없이 변화하는 바람을 블레이드의 회전력으로 변환하는 장치이며, 블레이드의 회전면을 항상 바람 방향으로 향하게 하는 yaw 제어와 바람을 맞게 되는 블레이드의 각도를 조정하는 pitch 제어기능을 통해 출력을 조정한다. 블레이드의 회전력은 회전축인 로터를 통해 증속기에 연결되고, 증속기는 발전기에 연결되어 회전에너지를 전기에너지로 변환한다. 풍력발전 시스템은 표 1.3과 그림 1.7과 같이 풍력에너지를 기계적 동력으로 변환하는 로터계, 로터에서 발전기로 동력을 전달하는 전달계, 발전기 등의 전기계, 시스템 운전·제어를 관장하는 운전·제어계, 너셀, 타워, 기초 등의 지지·구조계로 구성된다(일본토목학회, 2010).

표 1.3 풍력발전 시스템 구성(일본토목학회, 2010)

로터계	블레이드	회전 블레이드, 블레이드
	로터축	블레이드의 회전축
	허브	블레이드의 밑동 부분을 로터축에 연결하는 부분
전달계	동력전달축	로터의 회전을 발전기에 전달하는 축
	증속기	로터 회전수를 발전기에 필요한 회전수로 증속하는 기어장치 증속기를 가지지 않는 풍력발전기도 있음
전기계	발전기	회전에너지를 전기에너지로 변환하는 장치
	전력변동장치	직류, 교류를 변환하는 장치(인버터, 컨버터). DC링크방식, 또는 이중 권선자려방식인 경우에 설치됨
	변압기	전압을 변환하는 장치
	계통연계 보호장치	풍력발전 시스템의 이상, 계통사고 시 등에 설비를 계통에서 분리해서 계통 쪽의 손상을 방지하는 보호장치
운전·제어계	출력억제	풍력발전기 출력을 제어하는 pitch 제어 또는 stall 제어가 있음
	yaw 제어	로터 방향을 풍향으로 늘 따르게 함
	브레이크 장치	태풍 시, 점검 시 등 로터 회전을 정지시키는 장치
	풍향·풍속기	너셀 위에 설치되어 운전제어, yaw 제어에 사용됨
	운전감시장치	풍력발전기의 운전/정지·감시·기록을 함
지지·구조계	너셀	전달축, 증속기, 발전기 등을 수납하는 부분
	타워	로터, 너셀를 지지하는 부분
	기초	타워를 지지하는 기초 부분

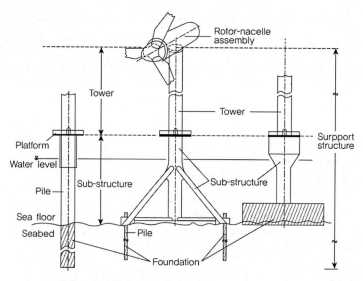

그림 1.6 해상풍력발전 시스템의 모식도(IEC, 2009)

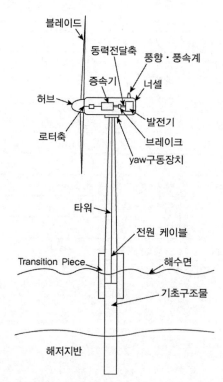

그림 1.7 풍력발전기의 구성(일본토목학회, 2010을 참조하여 재작성)

1.1.3 풍력발전의 원리

풍력발전기는 일반적으로 날개(블레이드)와 몸체인 나셀부로 구성되어 있다(그림 1.8 참조). 날개는 바람에 의해 회전하면서 발생하는 풍력에너지를 기계에너지로 변환하는 역할을 한다. 나셀부에 위치한 중심축(C)은 날개로부터 기계에너지를 기어(D)에 전달하며, 이를 통해 발전기(G)를 작동시켜 전기에너지를 생산한다.

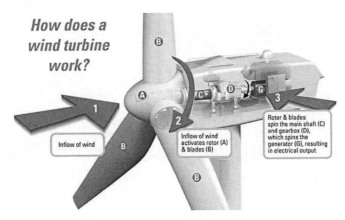

그림 1.8 풍력발전기 내부구조(Antrimwind, 2012)

모든 해상풍력발전기는 표 1.4와 같이 설비가 최대한의 에너지를 생산할 수 있는 발전용량(예 : kW, MW)을 기준으로 설계되며, 발전기의 이용률과 사용시간 및 평균풍속에 따라 발전량(예 : kWh, MWh)을 측정한다.

표 1.4 한경풍력발전단지의 설비 효율에 따른 발전량(황병선, 2010)

연도	발전용량(MW)	이용률*(%)	발전량(MWh)
2004년		23.9	10.8
2005년		35.6	18.7
2006년	1.5 MW × 4기 + 3 MW × 5기	33.6	17.6
2007년		30.5	16.0
2008년		26.0	47.9
2009년		28.3	52.0

$$* \, 이용률(\%) = \frac{연간발전량(kWh)}{정격출력(kW) \cdot 연간시간} \cdot 100\%$$

풍력발전기를 작동시키는 바람에 의한 운동에너지 E는 질량 m을 가진 공기입자들이 속도 v로 움직일 때 식 1.1과 같이 정의될 수 있다.

$$E = \frac{1}{2}mv^2 \tag{1.1}$$

바람방향과 수직인 방향의 면적이 그림 1.9의 A인 원판을 통과하는 바람의 질량유동속도 (mass flow rate) $\dfrac{dm}{dt}$는 공기밀도 ρ와 바람의 속도 v의 함수이며, 식 1.2와 같이 정의된다.

$$\frac{dm}{dt} = \rho v A \tag{1.2}$$

식 1.1로부터 풍력발전기의 출력 P는 시간에 따른 에너지 변화로 나타낼 수 있으며, 식 1.2를 대입하면 바람의 최대 가용 출력 P는 식 1.3과 같이 나타낼 수 있다.

$$P = \frac{dE}{dt} = \frac{1}{2}\frac{dm}{dt}v^2 = \frac{1}{2}\rho A v^3 \tag{1.3}$$

여기서, P는 출력(W), ρ는 공기밀도(kg/m³), A는 로터 회전면적(m²), v는 바람의 속도 (m/s)를 나타낸다. 식 1.3은 바람의 흐름에 따라 풍력발전기가 얻을 수 있는 에너지의 양을 보여준다. 풍력발전기의 출력은 바람의 밀도와 로터의 직경에 비례하고, 바람 속도의 세제곱에 비례한다. 즉, 풍력발전기의 효율은 바람의 속도에 매우 민감하므로 보다 좋은 품질의 바람을 얻기 위해서는 높은 위치에 로터를 설치하는 것이 필요하다.

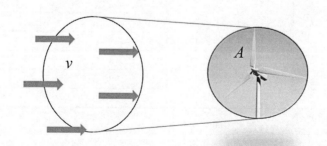

그림 1.9 로터 디스크를 통과하는 공기의 유동(황병선, 2009)

국제전기기술위원회인 IEC (International Electrotechnical Commission)는 풍력발전기의 등급(wind turbine class)을 표 1.5와 같이 제시하고 있다. IEC 61400-3(IEC, 2009)에서는 풍력발전기 설계에서 고려해야 하는 대표적인 풍속 및 난류 파라미터를 제안하고 있으며, wind turbine class의 기본 파라미터는 표 1.5와 같고, 해상 설비에 대한 특정 외부조건에 대해서는 Class S를 적용하도록 하고 있다. 예를 들어 Class I-a 발전기의 경우 허브 높이에서의 기준풍속이 50 m/s이며, 50년 기준으로 발생하는 70 m/s의 풍속과 난류강도를 반영하여 설계하여야 한다.

표 1.5 IEC 규정에 의한 풍력 터빈의 분류방법(황병선, 2009)

Class	I		II		III		IV		S
기준풍속 V$_{ref}$ (m/s)	50.0		42.5		37.5		30.0		
연평균풍속 V$_{ave}$ (m/s)	10.0		8.5		7.5		6.0		
50년 주기 돌풍풍속 (m/s)	70.0		59.5		52.5		42.0		
1년 주기 돌풍 풍속 (m/s)	52.5		44.6		39.4		31.5		제조사 특별사항
난류 강도 클래스	a	b	a	b	a	b	a	b	
I$_{15}$, 15 m/s 난류강도 특성치(%)	18	16	18	16	18	16	18	16	
I$_u$ 난류강도	0.21	0.18	0.226	0.191	0.24	0.2	0.27	0.22	

1.2 해상풍력발전기 지지구조물 개요

해상풍력발전기는 표 1.6과 같이 크게 6단계 절차에 따라 건설된다. 6단계 절차 중 지반공학 분야는 하부구조물(substructure)을 지지하는 기초구조물의 예비설계, 상세설계 및 운전 시의 모니터링 단계에 적용된다. 국내 토목 분야에서의 예비설계는 기본설계, 상세설계는 실시설계와 유사한 개념이다. 특히, 해상풍력발전기의 설계에서 지반공학 분야는 예비설계에서 상세설계의 기초구조물 설계 시 중요한 역할을 담당하고 있다. 예비설계 단계에서 해상풍력발전기 설치 위치에서의 해양환경하중, 해저지반환경, 통합하중해석 결과를 통한 하부구조물의 형태가 결정되면, 지반공학적 관점에서 해저지반 물성치 최적화, 하부구조물을 해저지반과 고정시켜주는 기초구조물 단면설계, 해저지반-기초구조물의 상호작용을 고려한 전체 시스템의 안정성 검토 등을 모형실험 및 수치해석을 통하여 수행하게 된다. 또한 설치단계에서는 효율적인 기초구조물 시공방안을 제시하고 운전단계에서는 설치된 해상풍력 기초구조물에 발생하는 세굴에 대한 모니터링 및 세굴로부터 기초구조물을 보호하는 기술을 개발하는 역할이 지반공학의 담당 분야이다.

표 1.6 해상풍력발전기 건설 절차(한국에너지기술평가원, 2011)

구분	항목
예비설계	해양환경하중, 해저지반환경, 통합하중해석, 하부기초구조물 선정
상세설계	상부풍력 터빈설계, 하부기초구조물설계, 전기 시스템 설계, 설치방법결정, 유지보수방법
제작	검사, 재료시험, 품질 시스템, 교육
설치	자재 적지공간확보, 설치선, 운송선 및 크레인 운영, 설치기술 개발(경제성 및 설치환경 극복), 모니터링
시범운전	상태점검, 기능 및 안전사항 모니터링
운전	유지관리, 블레이드 모니터링, 부식 모니터링, 세굴 모니터링

● 해상풍력발전기 지지구조 형식

해외의 경우 다수의 해상풍력 발전단지를 보유하고 있으며, 해상풍력 시스템 시공 시 적용되는 기초구조물의 종류와 적용사례는 각각 그림 1.10 및 표 1.7과 같다.

그림 1.10(a)와 (b)는 주로 10~25 m 내외의 수심에 풍력발전기가 시공될 경우 경제적으로 유리한 형식으로써 덴마크, 영국, 스웨덴 및 독일 등의 유럽 국가에서 해상풍력 건설 시 다양한 수심조건에서 가장 많이 적용된 기초구조물이다. 중력식 기초(gravity base)는 그림 1.10(a)처럼 콘크리트의 중량을 이용한 기초 형식이다. 이 형식은 해저바닥면이 잘 정리된 곳에 시공될 경우 안정적으로 지반에 정착되고, 우수한 강성을 발휘한다는 장점이 있다. 중력식 기초와 동시에 다수의 사용빈도수를 보이는 그림 1.10(b)는 타 기초 형식에 비하여 제작이 용이하고 해저면이 퇴적토사 및 연암인 지반조건에서 시공될 경우 유리한 모노파일(monopile) 형식이다. 모노파일은 수심이 30 m를 넘고, 터빈의 용량이 5 MW를 초과하게 될 경우에는 파일의 직경과 투입되는 재료의 양이 급속하게 늘어나 경제성이 떨어지고 시공성과 지반지지력을 확보하는 것이 어렵다는 단점을 가지고 있다. 수심이 깊어지고 터빈의 용량이 증가하더라도 풍력 시스템의 자중과 더불어 해상에서 발생하는 조류, 파도와 바람으로 인해 발생하는 추가적인 하중하에서도 장기적인 지지력을 확보하기 위하여 사용되는 기초구조물은 재킷(jacket) 형식과 트라이포드(tripod) 형식이다. 그림 1.10(c)에 제시된 재킷 방식이 적용된 대표적인 시공사례는 영국의 Beatrice 해상풍력단지이며 적용 수심은 45 m에 달한다. 재킷은 트러스 형태의 기초형식으로 이미 해상의 석유 및 가스 플랜트 건설에서 많이 사용된 바 있으며, 해상풍력 시스템의 기초구조물로 사용할 경우 파력에 견디는 힘이 매우 강하다는 장점이 있다. 수심 30 m에 시공된 독일의 Alpha Ventus

해상풍력단지에 적용된 기초 형식은 트라이포드 형태인 그림 1.10(d)이며, 형식은 크게 시공 방법에 따라 2-Pile System과 3-Pile System으로 나뉜다. 재킷과 트라이포드는 육상에서 제작하여 해상으로 운반해 설치해야 하는 방식으로서, 시공을 위한 투입 비용이 중력식이나 모노파일에 비해 높기 때문에 해상풍력단지 건설 현장에 적용될 경우에는 경제성에 관한 검토가 필요한 기초구조물이다. 그림 1.10처럼 재킷과 트라이포드는 해저지반에 하부구조물을 고정해주는 별도의 기초파일의 시공이 요구된다. 이 기초파일은 많게는 수십 개까지 시공되며, 석션 (suction) 공법 등을 활용하여 지반에 안정하게 정착시킬 수 있는 공법의 연구가 현재 진행 중에 있다.

(a) 중력식 기초(Gravity base)　(b) 모노파일(Monopile)　(c) 재킷(Jacket)　(d) 트라이포드(Tripod)

그림 1.10 각 형식별 기초구조물 모식도(EWEA, 2012)

표 1.7 기초형식에 따른 해상풍력단지 프로젝트의 적용수심(한국건설기술연구원, 2011)

형식	프로젝트(국가)	연도	수심(m)	형식	프로젝트(국가)	연도	수심(m)
Gravity base	Vindeby(DK)	1991	3.5	Mono pile	Utgrunden(SE)	2001	8.6
	Tuno Knob(DK)	1995	4		Blyth(UK)	2000	8.5
	Middlegrunden(DK)	2001	6		Horns Rev(DK)	2002	10
					North Holye(UK)	2003	12
	Nysted(DK)	2003	7.75		Scorby Sands(UK)	2004	16.5
	Lilgrund(SE)	2007	7		Arklow(Ireland)	2004	3.5
	Thorntonbank(BE)	2003	20		Barrow(UK)	2006	17.5
					Kentish Flats(UK)	2005	5
Jacket	Beatrice(UK)	2007	45	Tripod/ tripile	Alpha Ventus(GE)	2009	30

02
국내외 해상풍력 기술 및 시장 동향

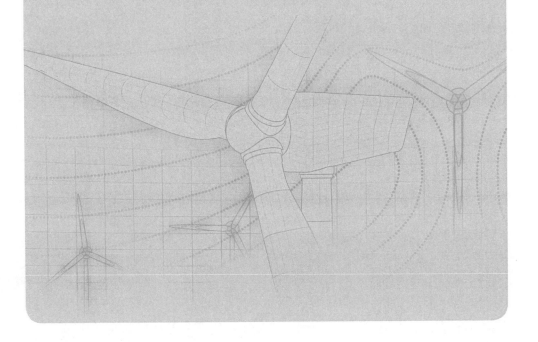

02

국내외 해상풍력 기술 및 시장 동향

▌ 조삼덕

　최근 전 세계적으로 화석연료의 고갈과 온실가스로 인한 기후변화에 대응하기 위한 노력을 하고 있으며, 이 일환으로 '97년 교토의정서'에서는 EU, 미국, 일본 등 38개국을 대상으로 2012년까지의 온실가스 의무감축 목표를 제시하고 있다. 또한 중국과 인도 등 개발도상국의 고도성장에 따른 에너지 수요의 지속적인 증가와 일본에서의 원자력발전소 사고 등으로 인해 고유가 시장이 지속될 것으로 전망된다. 이러한 에너지 환경에 적극적으로 대처하기 위해 선진국을 중심으로 다양한 녹색성장 정책을 추진하고 있으며, 우리나라도 최근 정부의 녹색성장에 대한 투자확대 정책에 따라 신재생에너지 시장이 급격히 성장하고 있다.

　태양열, 지열, 풍력, 해양에너지 등의 신재생에너지원 중에서 해상풍력은 발전효율이 상대적으로 높아 전 세계적으로 대규모 발전단지가 날로 증가하고 있으며, 특히 해상풍력발전기 구축을 위한 총공사비 중에서 기초구조물과 타워, 전력 케이블 등의 시공비가 30~40% 이상 차지하고 있어 보다 효율적이고 경제적인 건설기술의 개발을 통해 해상풍력발전의 경제성을 높이기 위한 연구가 활발히 진행되고 있다.

　본 고에서는 해상풍력산업을 확대하기 위해 각 국가에서 추진하고 있는 다양한 지원정책과 기술개발 동향 및 국내외 시장현황을 살펴보았다.

2.1 해상풍력 관련 정책동향

2.1.1 신재생에너지 발전 지원정책

해상풍력을 포함한 신재생에너지는 저탄소의 자연친화적인 에너지원으로서 주목을 받고 있으나, 발전을 위한 생산단가가 높아 화석연료나 원자력에 비해 경제성이 떨어지는 문제가 있다. 유럽을 비롯한 선진국가들은 에너지 위기에 대한 대응과 저탄소 녹색성장에 반드시 필요한 신재생에너지의 활성화를 위하여 다양한 신재생에너지 발전 지원정책을 마련하여 추진하고 있다.

유럽의 대부분 국가에서는 발전차액지원제도(FIT)를 시행하고 있으며, 2가지 이상의 지원정책을 결합하여 운영의 효율을 높이고 있다(표 2.1 참조). 우리나라도 2003년부터 2011년까지는 발전차액지원제도를 시행하였으나, 기준가격 설정의 어려움과 급변하는 시장상황 대응 곤란, 재정적인 부담 등의 이유로 2012년부터 신재생에너지 의무할당제도(RPS)를 도입하여 운영하고 있다.

발전차액제도(FIT, Feed-In Tariff)는 신재생에너지의 부족한 경제성을 보완하기 위해, 에너지원별로 발전 기준가격을 정하고 이 기준가격과 시장가격이 차이가 나면 그 차액만큼 지원해 주는 제도로서 신재생에너지 기술수준이 미숙한 단계에서 기술 개발을 촉진시키고 투자의 안정성을 높이기 위한 제도이다. 반면에 신재생에너지 의무할당제도(RPS, Renewable Portpolio Standards)는 전력 공급자가 의무적으로 전력 공급의 일정 부분을 신재생에너지원으로 공급하도록 한 제도로서, 신재생에너지 기술수준이 성숙된 단계에서 시장경쟁을 통한 전력공급가격의 인하를 유도하기 위한 제도이다. RPS 제도에서 전력 공급의무자가 의무 할당량을 공급할 수 있는 방법은, 첫째 직접 신재생에너지를 생산하여 가중치를 적용한 공급인증서(REC, Renewable Energy Certificate)를 발급받는 방법과, 둘째 다른 전력 공급의무자와의 REC 거래를 통하여 의무를 이행하는 방법 등이 있다. REC는 신재생에너지원으로부터 발전된 전력임을 증명하는 것으로 신재생에너지별로 발전 생산단가를 고려한 가중치(경제성 보완)를 부여하여 발급된다.

FIT 제도는 세계적으로 가장 폭넓게 사용되고 있는 정책으로 미국, 독일, 프랑스 등 65개 국가(2012년 기준)에서 채택하고 있으며, RPS 제도는 영국, 캐나다, 일본 등 18개 국가(2012년 기준)에서 채택하고 있다.

표 2.1 주요 선진국가들의 신재생에너지 발전지원정책(윤지희 & 신상철, 2012)

구분	규제정책 (Regulatory policies)			장려금 제공 (Fiscal incentives)				공적 출자 (Public financing)	
	FIT	RPS	Net metering	자본금 보조, 리베이트 등	투자세/ 생산세 공제	탄소배출 감축, VAT 및 기타 세금공제	에너지 생산 지불	공공투자, 대출, 보조금 지급	공개경쟁 입찰
대한민국		●	●	●		●		●	
일본	●	●	●	●				●	
미국	○	○	○	●	●	●	○	●	○
독일	●			●	●	●		●	
영국	●					●	●	●	
이탈리아	●	●		●		●		●	●
프랑스	●					●			
덴마크	●		●		●	●		●	
스페인	●			●		●		●	
스웨덴		●		●		●			

주 : 1) 2012년 기준

2) ●는 국가 단위로 정책 시행국가, ○는 주/지방정부 단위로 정책 시행 국가를 나타냄

3) Net metering : 전력 분배 그리드와 자가 발전 시스템을 설치한 고객 사이의 양방향 흐름을 가능하게 하는 전력공급장치로, 고객은 전체 소비량에서 자가 전력생산량을 뺀 전력량에 대해서만 전력요금을 지불

4) 장려금 제공(Fiscal incentive) : 직접적으로 리베이트나 보조금의 형태로 공공지출에 지불하는 개인이나 기업들, 또는 간접적으로 수입이나 다른 세금들을 통해 공공지출 감소에 공헌한 개인이나 기업들에게 제공하는 경제적 인센티브

5) 생산세 공제(Production tax credit) : 신재생에너지 발전 시설로부터 발생하는 신재생에너지의 양을 기준으로 해당 신재생에너지 발전 시설의 소유자 또는 투자자에게 연간 제공하는 세금 공액

6) 자금 지원, 리베이트(Capital subsidy, consumer grant, rebate) : 태양열 또는 태양광 발전 시스템과 같은 신재생에너지 자산의 투자 자본 비용의 일부를 정부나 기관, 정부 소유의 은행이 충담함

7) 투자세 공제(Investment tax credit) : 신재생에너지 부문에 투자할 때 프로젝트 개발자, 산업, 건물 소유주 등이 세금의무로부터 완전히 또는 부분적으로 공제되도록 하는 과세조치

8) 공개경쟁 입찰(Public competitive bidding) : 공공기관이 신재생에너지 공급량이나 용량(capacity)을 결정하는 방법으로 일반적으로 표준 시장 가격 수준보다 높은 가격으로 입찰됨

해상풍력의 선두 그룹인 유럽에서의 신재생에너지 지원정책의 특징을 살펴보면, 첫째 대부분의 유럽국가들은 FIT 제도 중심의 지원정책을 채택하고 있으며 RPS 제도를 채택하고 있는 국가들도 최근에는 FIT 제도를 도입해서 RPS 제도를 보완하고 있다(표 2.2 참조). 둘째로 일반적으로 신재생에너지 전력생산 설비규모에 따라 지원정책을 달리 적용한다는 점이며, 셋째로 2가지 이상의 주요 지원정책을 결합하여 시행한다는 점이다(예, 스페인 – FIT/FIP, 영국 – FIT/RPS, 덴마크 – FIT/FIP/TND, 이탈리아 – FIT/FIP/RPS).

표 2.2 유럽국가들의 신재생에너지 발전지원정책(윤지희 & 신상철, 2012)

구분	약칭	주요 특징	시행국가 수
신재생 에너지 전력 주요 지원정책	FIT	Feed-In Tariffs 전력공급자의 시장 위험을 줄이기 위해 일정 기간 동안 목표 가격과 시장가격의 차액만큼 지원해주는 제도	21 (독일, 스페인, 덴마크 등)
	FIP	Feed-In Premiums 전력공급자의 추가 전력공급량에 대하여 단위 전력생산량 (MWh)에 따라 프리미엄을 제공해주는 제도	7 (이탈리아, 덴마크, 스페인 등)
	TND	Tender Schemes 전력판매업자는 특정 프로젝트에 대하여 본인이 요구하는 지원수준 및 프로젝트 기간 등의 조건을 제시하고 입찰경쟁 을 통하여 낙찰	5 (프랑스, 덴마크 등)
	TGC (or RPS)	Tender Green Certificate 전력생산자나 공급자는 전력공급의 일정 부분을 신재생에너 지를 통하여 공급해야 하는 제도	6 (스웨덴, 영국, 이탈리아 등)
신재생 에너지 전력 보완제도	INV	Investment grants 프로젝트 초기 단계에 투자 보조금 등을 지원해주는 제도	20 (대부분의 유럽연합 국가)
	TAX	Tax incentives 세금 감면 등과 같은 재정적인 지원 제도	13 (영국, 프랑스, 덴마크 등)
	FIN	Financing support(loans, etc.) 정부 재정기관에 의한 낮은 이율 대출 등이 대표적임	9 (독일 등)

주 : 1) 스웨덴, 벨기에는 모든 신재생에너지 전력에 대하여 단위 전력당 동일한 양의 인증서(TGC, Tradable Green Certificate) 부여
　　2) 영국, 이탈리아의 경우 신재생에너지 기술별로 가중치를 부여하는 등 단위 전력당 다른 양의 TGC 부여
　　3) 자료 : Kitzing, Mitchell and Morthorst(2012)

2.1.2 국내외 해상풍력 정책동향

(1) 국내 정책동향

　2010년 10월에 개최된 제9차 녹색성장위원회에서 심의 확정한 '신재생에너지산업 발전전략'에 의하면 세계시장 선도형 핵심 원천기술을 선정하여 2015년까지 1.5조 원을 집중 투자하는 것으로 되어 있으며, 여기에는 초대용량 해상풍력발전기(5~10 MW) 개발/실증과 단지설계/운영 기술 개발 및 부유식 해상풍력 기초구조물 설계/제어기술 개발 등이 포함되어 있다. 또한 풍력발전기의 기어박스/베어링/터빈/블레이드 등과 같은 중소/중견기업 주도의 부품/소재/장비 기술개발과 국산화를 위해 2015년까지 1조 원을 지원하는 것으로 되어 있다. 이와 함께 해상풍력 분야 세계 3위를 목표로 한 기술개발과 실증 및 해외진출 단계별 추진전략 로드맵을 수립하고, 과감한 규제개선을 통하여 민간 참여를 촉진할 수 있도록 '인허가 Fast Track 협의회'를 구성하여

인허가 절차의 간소화를 추진할 계획이다.

정부는 해상풍력사업을 적극 지원하기 위하여 서남해안에 대규모 해상풍력단지 건설을 추진하기 위한 해상풍력 추진 로드맵을 2010년 11월에 발표하였으며, 이 로드맵에 따르면 부안-영광지역 해상에 2013년까지 100 MW 실증단지(1단계 : 6,036억 원 투자)와 2016년까지 900 MW 시범단지(2단계 : 민관 합동 3조 254억 원 투자), 2019년까지 1.5 GW(전체 규모 2.5 GW) 대규모 해상풍력단지(3단계 : 민간 5조 6,300억 원 투자)를 조성할 계획이다.

2.1.1절에서 언급한 것처럼 2012년부터 신재생에너지 지원제도를 기존의 발전차액지원제도(FIT)에서 시장경쟁을 유도하는 의무할당제도(RPS)로 전환하여 신재생에너지 이용 및 산업을 확대 육성할 계획이다.

(2) 해외 정책동향

- **독일** : 2004년에 신재생에너지법이 개정되면서 2006년부터 활성화되어 2009년에만 1.9 GW의 풍력발전기가 설치되었으며, 2009년 1월에는 해상풍력사업을 촉진하기 위해 전력회사가 계통연계/해저 케이블을 지원하고 향후 15년간 15 cent/kWh를 지급한다는 내용의 새로운 법령을 제정하였다.

- **프랑스** : 2008년 4월에 최초의 법안이 상정되어 프랑스의 풍력에너지 보급목표를 25 GW(이중 해상풍력 6 GW)로 설정하였으며, 2010년에는 프랑스에서의 풍력발전기 최적 입지선정 계획을 수립하였다.

- **덴마크** : 2008년 3월에 새로운 에너지 계획을 수립하여 신재생에너지 지원금을 상향조정하였으며, 이를 바탕으로 2010년에 207 MW 규모의 해상풍력단지를 조성하였고 2012년까지 400 MW 규모의 차세대 대형 해상풍력단지를 조성하는 계획을 결정하였다.

- **영국** : 2009년 한해에 1.1 GW(이중 해상풍력 0.3 GW)를 설치하였고, 향후 5년 이내에 11.8 GW의 풍력발전기를 신규 설치할 계획이 있다. 영국 정부는 해상풍력 개발을 촉진시키기 위해 가중치(ROC, Renewable Obligation Certificates)를 기존의 1.5~2.0을 적용하기로 하였으며, 신재생에너지 의무할당 목표를 달성하기 위해 해상풍력발전에 대한 집중적인 투자와 개발을 추진하고 있다.

- **미국** : PTC (Production Tax Credit) 제도가 경기부양책의 일환으로 2012년까지 연장되어 프로젝트 소유주는 1년간의 초기 운전기간 동안 풍력발전단지 자본금의 30%를 세금공제 받

을 수 있게 되었으며, 2009년에는 2020년까지 국가 신재생에너지 비율을 17%까지 달성하고자 하는 법안이 미 하원을 통과하였다.

- **중국** : 중국 정부는 총전력수요량 중에서 2015년까지 10%, 2020년까지 15%를 신재생에너지로 공급하는 것을 목표로 하고 있으며, 이를 위해 2009년에 13.8 GW의 신규 풍력발전기가 설치되었고 최근 6개의 10 GW급 풍력발전단지에 대한 승인이 완료되었다.

- **인도** : 인도 정부는 풍력에너지 사업에 대한 투자증대를 위해 0.01$/kWh~6.2millionINR/MW 수준의 Generation Based Incentive(GBI)를 발표하였으며, 전력회사들이 매년 풍력발전으로부터 생산된 전력의 최소 10%를 구매하여야 한다는 법적인 의무를 부과하였다.

- **일본** : 일본 정부는 2030년까지 신재생에너지 공급비율을 11.1%로 하는 장기적인 목표를 설정하고 있고, 이를 바탕으로 일본 풍력에너지협회는 2050년까지 전력 수요량의 10% 이상을 풍력발전으로 공급하겠다는 목표하에 2014년까지 4.8 GW의 풍력발전기를 설치할 계획을 발표하였다.

2.2 해상풍력 관련 시장현황 및 전망

세계적인 풍력시장은 매년 급속히 발전하고 있으며, 2009년의 신규 설치용량은 38 GW로 전년 대비 35% 정도 증가하였으며, 2019년에는 2009년 대비 3.3배 증가한 126 GW가 설치될 것으로 전망하고 있다(에너지기술평가원, 2011). 2009년 기준으로는 1.5~2.5 MW급 터빈이 80% 이상의 시장점유율을 보이고 있으나, 향후 중단기적으로는 3~5 MW급 터빈, 장기적으로는 5 MW급 이상의 터빈이 풍력시장을 주도할 것으로 전망된다.

특히 해상풍력시장은 환경 및 민원문제, 대단위 단지조성의 한계 등의 문제를 안고 있는 육상풍력의 대안으로 각광을 받고 있어 급속히 확대되고 있으며, 2020년까지 유럽 50 GW, 미주 2 GW, 아시아 20 GW 이상의 해상풍력단지 건설 계획이 발표되고 있다.

2.2.1 국외 시장현황 및 전망

전 세계적인 신재생에너지원 확보 노력에 발맞춰 풍력시장도 2004~2009년 기간의 연평균 설치 증가율이 36%로 크게 성장했으며(표 2.3 참조), 특히 1991년 덴마크 Vindeby에 처음으로 해상풍력단지가 건설된 이래 해상풍력시장은 급격히 발전하여 2010년 신규 설치용량이 2009년 대비 2.5배 정도 성장하였다(표 2.4 참조).

표 2.4처럼 영국은 2010년까지의 해상풍력 총발전용량이 1,341 MW로 전 세계의 43.0%를 차지하고 있으며, 2010년 신규 설치용량도 653 MW로 전 세계의 절반 이상을 차지할 정도로 해상풍력시장을 선도하고 있다. 벨기에는 2010년에 전년 대비 550.0% 증가한 165 MW를 신규로 설치하면서 영국, 덴마크, 네덜란드에 이어 세계 4위의 해상풍력 국가로 발돋움하였다. 유럽 이외의 국가 중에서는 중국이 비약적인 발전을 하고 있는데, 중국은 상하이 근처에 100 MW 해상풍력단지를 조성하면서 세계 6위의 해상풍력 국가로 부상하였다.

표 2.3 세계 풍력시장의 연도별 변화(에너지기술평가원, 2011)

연도(년)	설치용량(MW)	증가율(%)	누적용량(MW)	증가율(%)
2004	8,154	–	47,912	–
2005	11,542	42	59,912	24
2006	15,016	30	74,306	25
2007	19,791	32	94,005	27
2008	28,190	42	122,158	30
2009	38,103	35	160,084	31
5년 평균 증가율		36.1		27.3

표 2.4 주요 국가들의 해상풍력 설치현황(WWEA, 2010)

국가	2008년	2009년		2010년	
	누적용량(MW)	설치용량(MW)	누적용량(MW)	설치용량(MW)	누적용량(MW)
영국	574	114	688	653	1,341
덴마크	426.6	237	663.6	190.4	854
네덜란드	247	0	247	2	249
벨기에	30	0	30	165	195
스웨덴	134	30	164	0	164
중국	2	21	23	100	123
독일	12	60	72	36.3	108.3
핀란드	30	0	30	0	30
아일랜드	25	0	25	0	25
일본	1	0	1	15	16
스페인	10	0	10	0	10
노르웨이	0	2.3	2.3	0	2.3
합계	1,491.6	464.3	1,955.9	1,161.7	3,117.6

해상풍력산업을 선도하고 있는 유럽은 '80년대 초부터 풍력발전기 제작기술이 급속히 발전하여 독일의 GL(Germanisher Lloyd), 덴마크의 DNV(Det Norske Veritas) 및 ISO(International Standard Organization) 등에서 설계인증/검증/성능평가기준을 제시하고 있으며, IEA에서는 풍력발전에 관한 국제규정을 제안한 바 있다. 유럽에서 출시되는 풍력발전 시스템은 높은 효율을 갖기 위해 대형화/해상화되어가고 있는데, 유럽의 풍력발전기 개발사들은 3 MW 및 5 MW급의 풍력발전기 개발 및 인증을 완료하여 판매 중에 있으며, 로터직경 126 m 이상의 6~7 MW급 풍력발전기를 현재 개발 중에 있다. 또한 노르웨이 서부 대서양에 세계 최초로 2.3 MW 규모의 부유식 해상풍력발전기가 시범 설치되어 대수심 부유식 해상풍력단지의 출현을 앞당기고 있다.

(1) 영 국

영국은 섬 국가의 장점을 극대화하기 위해 2001년부터 3차례의 해상풍력발전 프로젝트(Round 1, 2, 3)를 야심차게 계획하여 단계적으로 추진하고 있다. Round 1은 2001년부터 13곳에서 총 1.5 GW를 설치하는 계획이며, Round 2는 2003년부터 15곳에서 총 6 GW를 설치하고 Round 3는 2020년까지 5,000~7,000개의 해상풍력발전기를 설치하는 계획이다. 이를 통하여 영국은 2010년 말 현재 15개의 해상풍력단지를 보유하고 있고(표 2.5, 그림 2.1 참조), 해상풍력 총발전용량이 1,341 MW로 전 세계의 43.0%를 차지하고 있으며, 2010년 신규 설치용량도 653 MW로 전 세계의 절반 이상을 차지할 정도로 해상풍력시장을 선도하고 있다.

영국은 2010년 현재까지 세계 최대 규모의 해상풍력단지를 운영하고 있는데, 이 단지는 2010년 9월 가동을 시작한 영국 동남부 Foreness Point 소재 'Thanet 풍력단지'로 3 MW급의 Vestas 터빈 100개를 이용하여 300 MW의 전기를 생산하고 있다. 또한 'Triton Knoll 풍력단지'(1.2 GW ; 5 MW×240대)와 'London Array 풍력단지'(1.0 GW) 등의 0.5 GW급 이상의 대형단지 8개를 포함한 16개 이상의 해상풍력단지를 건설하여 2014년까지 7.6 GW를 생산할 계획을 가지고 있다. 나아가 영국 정부는 2020년까지 17개 대규모 해상풍력단지를 추가로 조성해 총 해상풍력발전 규모를 48 GW로 늘린다는 계획을 가지고 있다.

표 2.5 영국의 해상풍력단지 현황(이종구, 2011)

해상풍력단지	위치	터빈수	용량(MW)	수심(m)	연도
Blyth Offshore	Blyth, NE. 잉글랜드	2	4	6	2000
North Hoyle	N. 웨일즈	30	60	5~12	2003
Scroby Sands	Gt. Yarmouth, E. 잉글랜드	30	60	2~10	2004
Kentish Flats	SE. 잉글랜드	30	90	5	2005
Barrow	NW. 잉글랜드	30	90	15 m 이상	2006
Beatrice	Moray Firth, E. 스코틀랜드	2	10	45	2007
Burbo Bank	Crosby, NW. 잉글랜드	25	90	10	2007
Inner Dowsing	E. 잉글랜드	24	9	10	2008
Lynn	Skegness, E. 잉글랜드	30	97	10	2008
Rhyl Flats	N. 웨일즈	25	90	8	2010
Solway Firth A 및 B(Robin Rigg)	NW. 잉글랜드	30	90	5 m 이상	2010
		30	90	5 m 이상	2010
Greater Gabbard	E. 잉글랜드	140	300	10	2010
Thanet	Kent, SE. 잉글랜드	100	300	25~30	2010
Ormonde	북해	30	150	20	2010
Gunfleet Sands	E. 잉글랜드	48	180	10	2010
Sheringham Shoal	E. 잉글랜드	88	315		2011
Gwyn T Mor	N. 웨일즈	250	750	20	2012

그림 2.1 영국 및 유럽의 해상풍력발전 단지(EWEA, 2007)

(2) 독 일

독일은 1970년대 중반부터 대형 풍력발전 시스템에 대한 연구 개발을 진행해왔으며, 1991년에 신재생에너지를 지원하는 정책인 '전력공급법'을 제정한 이후 발전용량 2~5 MW를 발휘할 수 있는 풍력발전 기술을 확보하게 되었다. 2009년에는 독일 최초의 해상풍력사업인 Alpha-Ventus 프로젝트가 진행되어 5 MW 터빈 12기가 설치되었으며, 2010년 현재 독일의 해상풍력발전 규모는 108.3 MW이다.

독일 정부는 해상풍력발전에 대한 단기적인 전망이 매우 밝다고 예상하여 2009년 1월에 해상풍력개발을 촉진할 수 있도록 개선된 지원정책을 포함한 새로운 법령을 발효하였으며, 2015년까지 3.0 GW, 2020년까지 10 GW, 2030년까지 20~25 GW 용량의 해상풍력발전기를 설치할 계획을 발표하였고, 세계 최초로 해상 원거리(해안에서 19.3 km) 지점에 해상풍력 시험단지(5 MW 터빈 12기)를 추진할 계획으로 있다. 또한 2008년 말 기준으로 7 GW 이상의 해상풍력발전단지 건설이 승인되었으며, 대부분의 단지가 수심 20 m 이상이고 육지에서의 이격거리도 20 km 이상으로 되어 있다.

Repower, Enercon, Nordex, Siemens 등과 같은 풍력발전기 생산 선도기업을 보유하고 있으며, E.ON 등과 같은 대형 에너지 기업이 있어 향후에도 세계 해상풍력발전시장에서 주도적인 역할을 할 것으로 보인다.

(3) 덴마크

덴마크는 바람이 많은 지리적 여건으로 인해 1981년부터 해상풍력발전 시스템이 연구되었으며, 1990년대 중반에 이미 600 kW급 풍력발전기 개발 후 750 kW, 800 kW급 풍력발전 시스템을 지속적으로 개발해왔다. 2006년을 기준으로 덴마크의 총전력 수요 중 17%를 풍력발전이 차지할 만큼 풍력발전이 높은 비율을 차지하고 있다. 특히, 덴마크는 석유 제로 프로젝트를 추진하여 2030년까지 이산화탄소 방출량 50% 저감과 2050년까지 필요전력의 100%를 신재생에너지로 대체할 계획을 갖고 있다.

세계 최초 해상풍력단지인 'Vindeby 풍력단지'와 대규모 해상풍력단지의 벤치마크가 되고 있는 'Horns Rev 풍력단지 1, 2'를 운영하고 있고, 2010년에는 200 MW 규모의 새로운 대형 해상풍력발전 프로젝트(Rodsand 2)가 시작되며(표 2.6 참조), Kattegat 400 MW 해상풍력발전 프로젝트를 추진할 계획에 있다.

2010년 현재 덴마크의 해상풍력발전 규모는 854 MW로 세계 2위의 용량을 보유하고 있으며, 현재 세계 풍력발전 시장에서 점유율 1위를 하고 있는 풍력발전기 생산업체인 Vestas를 보유하고 있고 DONG Energy와 같은 대형 에너지 기업이 있어 향후에도 영국, 독일과 함께 세계 해상 풍력발전시장에서 주도적인 역할을 할 것으로 보인다.

표 2.6 덴마크의 해상풍력단지 현황(이종구, 2011)

해상풍력단지	위치	터빈수	용량(MW)	수심(m)	연도
Middlegrunden	코펜하겐의 동쪽	20	40	5~10	2001
Horns Rev	발트 해	80	160	6~14	2002
Nysted	Lolland, 발트 해	72	166	6~9	2003
Samso	Samso의 남쪽	10	23	11~18	2003
Frederickshafen	코펜하겐의 동쪽	2	12	5~20	2003
Sprogo	Sprogo의 북쪽	7	21	6~16	2009
Avedore	코펜하겐의 동쪽	2	7	2	2009
Horns Rev II	발트 해	91	209	9~17	2009
Nysted II	Lolland, 발트 해	89	200	5~15	2010
Rodsand II	코펜하겐의 동쪽	93	200		2010

(4) 미 국

미국은 풍력발전에너지가 자국의 신재생에너지에서 가장 큰 비중(50.1%)을 차지하고 있으며 전통적으로 육상풍력발전에 장점을 가지고 있다(표 2.7 참조). 미국에서의 해상풍력은 아직 시작 단계이나, 최근 미국에서도 자국이 보유한 풍부한 해상풍력 잠재력에 대한 관심이 증대하고 있고, 미국에너지부(U.S. Department of Energy, 2011)에 의하면 이론적인 해상풍력발전가능량은 약 4,000 GW 이상인 것으로 조사되었다.

표 2.7 미국의 신재생에너지 구성비(GWh)

	풍력	태양광	Wood derived fuels	지열	바이오매스	총계
발전량	70,761	808	36,243	15,210	18,093	141,115
비율	50.1%	0.6%	25.7%	10.8%	12.8%	100%

미국에서 추진되고 있는 주요 풍력발전 프로젝트 중 해상풍력과 관련된 사업으로는 Atlantic Wind Connection 사업으로 뉴욕주 Newmark부터 버지니아주 Norfolk까지 이어지는 풍력발전을 위한 해저 전력망 건설 프로젝트와 5대호 풍력발전 등이 검토되고 있다. Atlantic Wind Connection 사업은 향후 동부 해안에 풍력발전소가 증가할 것으로 전망됨에 따라, 기존의 복잡한 내륙전력망을 사용하지 않고 해상풍력발전에 독자적으로 사용할 수 있는 전력망을 구축하는

사업이며, 5대호 주변은 해상풍력발전에 매우 적절하고 700 GW 이상의 풍력발전 잠재력이 있는 것으로 나타나 관련 사업 검토가 진행 중에 있다. 2010년에는 미국 최초로 해상풍력발전을 위해 메사추세츠 인근 해상의 Cape 해상풍력발전 건설 프로젝트(3.6 MW 터빈 130기)가 연방정부로부터 승인을 받아 진행 중에 있으나, 지역 주민들이 미관상 문제, 생태계 영향 등의 문제로 반대하고 있어 사업 추진에 많은 어려움을 겪고 있는 것으로 알려져 있다.

재선에 성공한 오바마 정부는 해상풍력 개발을 적극 추진하겠다고 밝히고 있고, 미국 에너지부(DOE)는 향후 수년간 텍사스, 뉴저지, 오레곤, 오하이오, 버지니아, 메인망 등에 건설될 7개의 해상풍력 프로젝트를 위해 1억 6,800만 달러에 해당하는 자금을 지원할 것이라고 발표했다. 2012년 12월에는 각 프로젝트별로 기획, 디자인, 건설 승인 등의 초기단계에 수행되는 작업지원을 위해 400만 달러씩 지원이 되었다.

(5) 중 국

중국은 2010년도에 신규로 18.9 GW의 풍력발전기를 설치하여 누적용량에서 미국을 제치고 풍력 분야 세계 1위 자리에 올랐으며(그림 2.2 참조), 세계풍력에너지협회(WWEA)는 중국이 2020년까지 설치용량 200 GW, 연간 440 TWh(1 TWh＝1조 Wh)의 풍력발전량을 기록할 것으로 예측하고 있다. 이와 같이 중국 풍력발전산업이 비약적으로 성장하는 데는 국가적 차원의 전략적 대응이 큰 역할을 했다. 중국정부는 2020년까지 신재생에너지를 전체 전력 사용량의 15%까지 끌어올리기 위해 830조 원이란 막대한 자금을 지원하기로 하였으며, 2010년 신재생에너지 분야에 대한 정부 투자액 544억 달러 중 풍력 분야 투자액이 430억 달러를 넘었다. 중국 정부는 보조금 및 송전망 지원, 부가가치세 50% 감면, 전력 의무구매 등 전폭적인 풍력발전 지원책을 실시하고 있고, 향후 자국 내에 설치되는 풍력 터빈의 70% 이상을 중국산으로 사용해야 한다는 법규까지 마련했다. 그 결과 전 세계 풍력발전의 1/3이 중국에 설치되고 있다.

중국은 2010년에 1,200억 원을 투자하여 아시아 최초로 3 MW급 풍력발전기 34기, 총 102 MW 용량의 해상풍력단지(Donghai bridge project)를 완공하였는데, 이 해상풍력단지는 중국 상하이 동쪽 해안에서 8∼13 km 정도 떨어진 해상지역에 약 14 km^{2}의 넓이에 걸쳐 분포되어 있다. 또한 중국은 12차 5개년 에너지계획을 조만간 발표하고, 상하이, 장쑤성, 저장성, 산둥성을 중심으로 한 해상풍력발전 용량이 2015년에는 15 GW, 2020년에는 35 GW로 확대되도록 발전 용량을 꾸준히 증가시킬 계획이다. 해상풍력발전 거점지역 중에서 옌청에는 국가에너지 해상풍력기술설비 연구센터가 조만간 설립되고 화루이 풍력발전산업단지가 소재해 옌청이 중국의 대표 풍력발전기지로 급성장할 것으로 전망된다.

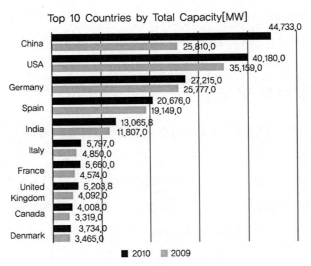

Top 10 Countries by Total Capacity[MW]

	2010	2009
China	44,733.0	25,810.0
USA	40,180.0	35,159.0
Germany	27,215.0	25,777.0
Spain	20,676.0	19,149.0
India	13,065.8	11,807.0
Italy	5,797.0	4,850.0
France	5,660.0	4,574.0
United Kingdom	5,203.8	4,092.0
Canada	4,008.0	3,319.0
Denmark	3,734.0	3,465.0

■ 2010   ▨ 2009

그림 2.2 세계 10대 풍력발전국가(WWEA, 2010)

(6) 일 본

일본의 풍력발전 도입량은 2010년 현재 2,304 MW로 세계 12위에 그치고 있지만, 풍력발전기 1기당 평균설비용량이 2004년 말부터 1 MW를 초과하여 현재는 2~3 MW가 주종을 이룰 정도로 대형화되고 있고, 집합형 풍력발전단지 건설도 증가하고 있다. 일본 풍력발전의 당면과제는 다른 나라와 마찬가지로 발전단지의 입지 문제이다. 최근 풍력발전업체가 산악지대나 국립공원에까지 풍력발전설비를 설치하겠다는 사례가 늘고 있으나, 정부는 기술적 문제나 계통안정화 문제이외에도 부지확보 문제나, 도로정비, 방재 문제, 생태계 파괴 문제 등으로 인해 해상풍력발전을 우선적으로 고려하고 있다.

일본에서의 해상풍력발전 시설은 이바라키현의 수심 5 m 카시마나다 앞바다 지역에 모노파일을 이용하여 14 MW(2 MW 터빈 7기)를 시공한 'Kamisu 해상풍력단지'가 있다. 일본에서의 해상풍력은 아직 초기 단계이지만, 해상풍력 부존량은 최소 936억 kWh/년~7,080억 kWh/년으로 추정될 만큼 개발 잠재력이 매우 높다. 일본의 신재생에너지 개발을 주도하고 있는 NEDO (New Energy and Industrial Technology Development Organization)에서는 2004년 수립한 '풍력발전 로드맵'을 통해 2030년 해상풍력발전 목표량으로 해상기초식 3 GW, 부유식 10 GW를 발표하였으며, 태풍과 지진 등을 고려한 부유식 해상풍력에 대한 기술개발에 중점을 두고 있다.

2011년 3월 11일에 발생한 대지진 및 쓰나미와 이로 인한 원자력 발전소 피해 이후 일본의 풍력발전협회는 일본 내 대부분의 풍력발전단지가 가혹한 재난 속에서도 붕괴되지 않았으며, 특히 진원지로부터 불과 300 km밖에 떨어지지 않은 'Kamisu 해상풍력발전 단지'가 높이 5 m에 달하는 쓰나미에서도 살아남은 세계 최초의 풍력발전단지라는 점을 강조하고 있다.

2.2.2 국내 시장현황 및 전망

한국에너지기술연구원에서는 국내에서 풍력발전으로 공급 가능한 발전 잠재량을 육상 3.6 GW, 해상 8.8 GW 정도로 예측하였으며, 최근 5년간(2005~2009년) 국내에 설치된 풍력발전기의 신규 용량은 324.5 MW 정도로서 3 MW 이하의 터빈이 사용되었다. 국내 풍력시장도 사업성과 효율성을 높이기 위하여 소규모에서 대규모로 전환되는 추세이며 풍력발전단지도 처음에는 소규모의 육상풍력발전으로 추진되었으나 점차 100 MW 단위의 대형화된 해상풍력발전 사업으로 전환되고 있다.

우리나라 해상풍력은 정부의 신재생에너지 확대정책과 세계 3대 해상풍력국가 목표에 발맞춰 서남해안과 제주도를 중심으로 해상풍력단지 건설을 추진하겠다는 사업계획이 많이 발표되었다. 그러나 몇 개 사업은 사업추진이 보류되었으며 여러 사업들의 추진이 지연되고 있어 2012년 현재까지는 한국에너지기술연구원과 두산중공업에서 2007~2011년 기간에 실증사업으로 제주도 월정리 해상에 2 MW 발전기 1기와 3 MW 발전기 1기를 건설한 것이 전부이다(표 2.8 참조).

서해안에 계획 중인 부안-영광 해상풍력사업은 정부 차원에서 대규모 발전단지 구축을 추진 중이며, 제주도에 계획되고 있는 대부분의 중소규모의 해상풍력단지들은 발전사가 포함된 민간업체 컨소시엄들이 주도하는 민간 차원의 해상풍력사업이다. 부안-영광 해상풍력사업은 정부 주도 아래 전라남북도 부안-영광 전면 해상지역에 2.5 GW 용량의 해상풍력발전 단지를 조성하는 사업으로, 3단계에 걸쳐 9년간 민·관합동 9조 2,000억 원 규모가 투자되며, 이 사업의 원활한 추진을 위하여 에너지기술평가원의 해상풍력추진단에서 사업 추진체계를 정립하고 해당지자체 관련 인허가 및 제도개선 업무 등을 지원하고 있다.

국내 해상풍력사업들이 지연되고 있는 이유는 사업별로 다양하나 민원 발생으로 사업지구 내 주민동의가 늦어지는 점과 사업성 확보를 위해 필요한 정부 고시 가중치(REC 적용기준)의 낮은 적용 등이 공통적인 사유로 볼 수 있다. 이 외에 사업별로는 사업투자자 확보 지연, 인근 군부대와의 협의 지연, 바람의 질(풍속, 풍향 등) 자료 미흡, 지자체의 조례제정을 통한 세금 부과문제, 시공 인프라 및 기술력 부족 등 다양한 이유를 들 수 있다. REC 적용기준과 관련하여서는 지경부의 '신재생에너지 공급의무화제도 관리 및 운영지침'에 따라 해상풍력의 경우 연계거리 5 km 이하에서는 가중치 1.5, 연계거리 5 km 초과 시에는 가중치 2.0을 적용하나, 연계거리에 대한 정의가 달라짐에 따라 가중치가 2.0에서 1.5로 축소되어 사업성이 열악해진 사업들이 발생하였으며, 현재 이 문제를 해결하기 위한 협의가 진행 중에 있다.

국내 해상풍력은 선진국가인 유럽에 비해 10년 이상 늦게 시작되었고 해상풍력사업 초기에 부딪치게 되는 다양한 사회적/기술적 문제들로 인해 어려움을 겪고 있다. 그러나 사업적/제도적/기술적 차원에서의 확실한 정부 지원과 함께 정부 주도의 부안-영광 해상풍력사업이 성공리에 추진된다면 중공업사/건설사 등 업체의 기술력 향상과 경험 축적을 통해 국내는 물론 해외의 해상풍력시장 활성화에 크게 기여할 것으로 전망된다.

표 2.8 국내 주요 해상풍력단지 사업 추진계획 및 현황(2013년 기준)

사업 명	위치	사업기간/사업비	설치용량/기초형식	추진주체	비고
제주 월정리 실증사업	제주시 구좌읍 월정리	2007~2011년	2 MW 1기(재킷 기초), 3 MW 1기(재킷 기초)	한국에너지 기술연구원/ 두산중공업	설치 완료
해상풍력 보급사업	제주도 행원항 인근해역	2012~2013년 (105억 원)	3 MW 1기 (중력식 기초)	제주도청/ 에너지관리 공단	
부안-영광 해상풍력 사업	전라도 부안-영광 해상	2011~2013년 (6,036억 원) 2014~2016년 (3조 254억 원) 2017~2019년 (5조 6,300억 원)	1단계 : 100 MW 2단계 : 900 MW 3단계 : 1,500 MW	지식경제부/ 한국전력	1단계 사업 : 1년 이상 지연
탐라 해상풍력 사업	제주도 한경면 두모리/ 금동리 해상	2012~2014년 (1,400억 원)	30 MW : 3 MW 10기 (재킷 기초 계획)	포스코파워/ 두산중공업	1년 이상 지연
한림 해상풍력 사업	제주도 한림읍 한수리/ 수원리 해상	2013~2014년 (6,400억 원)	150 MW : 3 MW 이상 30~50기 (모노파일 계획)	KEPCO/ 한국남부발전/ 대림산업	1년 이상 지연 가능성 있음
대정 해상풍력 사업	제주도 서귀포시 대정읍 해상	2013~2014년 (1단계)	84 MW : 7 MW 12기 (재킷 기초 계획)	한국남부발전/ 삼성중공업	
한라 해상풍력 사업	제주도 한동리/ 평대리 해상	2012~2013년 (1단계)	100 MW		사업투자자 미확정
신안군 해상풍력 사업(가칭)	전남 신안군 임자도 해상	2013~2015년	400 MW	포스코 건설	사업 지연 가능성 있음
완도군 해상풍력 사업(가칭)	전남 완도군 어룡도 해안	2014~2016년 2017~2019년	90 MW (1단계) 120 MW (2단계)	포스코 건설	사업 지연 가능성 있음
새만금 해상풍력 사업(가칭)	전북 새만금 해상	2010~2014년	40 MW (시범단지)	한국농어촌공사	기본설계 수행 중
무의도 해상풍력 사업(가칭)	인천 무의도 해상	~2012년	100 MW	한화건설 등	사업 장기 지연되고 있음

2.3 해상풍력 관련 기술개발 현황

해상풍력의 선진국인 유럽을 비롯한 미국, 일본, 중국 등 많은 나라에서는 앞으로의 해상풍력 시장에서의 주도권을 잡기 위해 초대형 풍력발전기와 고효율 지지구조물 및 최적 수송/설치기법 등의 개발에 심혈을 기울이고 있다. 특히 유럽은 2020년까지 북해를 중심으로 40 GW의 해상풍력단지를 개발할 계획을 갖고, 이 전력을 유럽 각국에 효과적으로 분배하기 위하여 영국과 독일, 스웨덴 등의 북유럽 7개국을 해저 케이블로 연결하는 Super Grid 관련 논의가 진행 중이다. 이와 함께 해상풍력으로 발전한 전력의 효율적인 공급을 위한 각국의 전력망 개선 및 연계방법에 대해 검토하고 있다.

현재 세계적으로 상용화된 풍력발전기 중에서 3 MW보다 큰 발전용량을 갖고 있는 발전기는 모두 7개(REpower 5 MW/6 MW, Siemens 3.6 MW, Areva Multibrid 5 MW, Bard 5 MW, Enercon 4.5 MW/6 MW)이며, 차세대 대형 해상풍력발전기로 6~10 MW 수준의 발전기가 개발되고 있다. Clipper는 10 MW급 해상풍력발전기를 개발하여 영국에서 시험설치를 할 계획을 갖고 있으며, 국내에서도 삼성중공업과 대우조선해양에서 7 MW급 해상풍력발전기를 개발하고 있다.

풍력발전기는 그동안 기어에 의해 구동되는 형태가 주류였으나 최근 기계적 구조가 단순하고 유지보수비용이 적게 드는 기어박스가 없는 직접 구동형(Gearless type) 풍력발전기에 대한 수요가 증가하고 있으며, 2009년에는 Siemens Wind에서 3 MW PMG 형식의 기어리스 풍력발전기를 개발하였다. 향후 기어리스형 풍력발전기의 수요는 더욱 증가할 것으로 전망되나, 해상환경에서의 염분에 대한 문제와 PMG magnet 원소재 공급의 제한성 등의 문제를 안고 있다.

고효율 지지구조물의 개발과 관련하여서는 기존의 지지구조물을 보다 최적화하거나 효율이 높은 새로운 형태의 지지구조물을 개발하는 방향으로 기술개발이 진행되고 있으며, 특히 차세대 지지구조로 전망하고 있는 대수심 조건에 적합한 부유식 지지구조에 대한 기술개발이 활발하다.

2.3.1 국외 기술개발 현황

유럽에서는 다양한 연구 프로젝트를 통하여 관련 기술개발을 수행하고 있다. Framework project를 통하여 풍력 기술 영역의 핵심역량 확보를 위한 다양한 관련 주제에 대한 연구가 진행 중이며, ReliaWind project를 통하여 구성기기의 신뢰성 모니터링 및 가격 경쟁력과 신뢰성 향상을 위한 모니터링 데이터의 해석 및 고장의 근본적인 원인 검증과 새로운 설계방안 제안 등의 연구가 진행되고 있다. 또한 EU 차원에서 체결된 대규모 풍력 프로젝트인 UPWIND project를 통하여 8~10 MW의 초대형 풍력발전기를 설계하고, 기상학 및 시스템 설계기술 등을 포함한 풍력발전 시스템 개발 관련 연구가 진행되고 있다.

영국은 해상풍력 에너지 개발 비용절감을 목적으로, 5개 주요 해상풍력 프로젝트 개발자로 구성된 OWA (Offshore Wind Accelerator) 프로젝트를 통하여 기초구조물과 전력 시스템 등 4개 항목에 대한 연구개발 및 검증을 단계적으로 수행하고 있다. 1단계는 2008~2010년으로 되어 있다. 덴마크는 대형 풍력발전 프로젝트를 통하여 기후상태와 풍력발전기 설계, 전기 시스템, 제어 시스템, 풍력시장 등 다양한 분야의 연구를 수행하고 있으며, Hoevsoere 지역에 테스트베드를 확보하여 5 MW 이상의 풍력발전기를 대상으로 실증연구를 수행하고 있다.

독일은 향후 개발이 필요한 주요 기술개발 프로젝트로서, 10 MW까지의 초대형 풍력발전기 개발과 기존 기초구조물의 최적화/새로운 기초구조 개발/대수심 최적 시공방안 등의 해상풍력 기초 기술 개발 및 해상풍력 시스템의 수송 및 설치의 최적화 등을 선정하여 연구를 수행하고 있다. 노르웨이는 세계 최초로 2009년에 용량 2.3 MW 발전기를 노르웨이 남서부 해안 10 km 떨어진 해상에 부유식 기초 위에 시험설치(Hywind model)하였으며, 현재 모니터링을 수행하여 시스템을 검증하고 있다. 포르투갈도 2011년에 2.0 MW 발전기를 부유식 기초 위에 설치하여 부유식 해상풍력발전의 실증연구를 시작할 계획에 있다.

미국은 풍력에너지 사용 증가를 통하여 국가 에너지 수급에 기여하고 국가 에너지 정책기반을 강화하기 위한 DOE Wind Energy 프로그램에 의해서 풍력 시스템의 발전원가 절감과 성능 향상 및 안정성 확보를 위한 기술개발을 수행하고 있다. 해상풍력발전 시장에의 진입을 위해 현재 보유기술과 해상풍력의 장기 원가절감방안에 대한 평가, 해상풍력 시스템의 해석모델 검토, 지지구조 형태에 따른 해상풍력 시스템의 거동 평가 등의 연구가 수행되고 있다.

일본은 NEDO (New Energy and industrial technology Development Organization)에서 추진하는 '풍력 등 자연에너지기술 연구개발' 프로그램을 통하여 2007년부터 차세대 풍력발전 기술과 해상풍력발전 기술 및 풍력발전 계통연계기술에 대한 연구개발을 수행하고 있다. 해상풍력발전 기술 연구개발에서는 해상풍황관측 시스템과 해상풍력발전 시스템을 개발하고 해상 테스트베드에서 실증하는 것으로 되어 있으며, 주력 개발 분야로 부유식 해상풍력을 선정하여 태풍과 지진 등을 고려한 설계/시공기법에 대한 연구를 수행하고 있다.

2.3.2 국내 기술개발 현황

국내에서는 '대체에너지개발촉진법'이 발효되면서 풍력발전 시스템에 대한 체계적인 기술개발이 시작되어 유니슨, 한진중공업, 효성중공업 등의 여러 업체에서 2 MW 이하의 풍력발전 시스템이 개발/실증되었으며, 두산중공업에서는 3 MW 해상풍력발전 시스템을 개발하여 실증 중에 있다. 최근에는 현대중공업, 삼성중공업, 대우조선해양 등에서 5 MW급 이상의 초대형 해상풍력발전기를 개발 중에 있다(표 2.9 참조).

블레이드 부분에서는 KM에서 국내 최초로 2~3 MW급 블레이드를 개발 완료하여 실증 중에 있고, 동국 S&C와 Win&P에서는 중대형 풍력타워를 생산하여 수출하고 있으며, 한국선재는 해저 케이블 강선 아모링 와이어 관련 기술을 국내에서 유일하게 보유하고 있으나, 국내 풍력발전 시스템 기술은 선진국과 비교해 70~90% 수준으로 평가되고 있다(표 2.10 참조). 지지구조와 관련하여서는 2010년부터 대형 국가 R&D 형태로 기술개발이 이루어지고 있으며, 부안–영광 해상에 설치될 대규모 해상풍력단지에 적합한 타워와 기초구조물 개발, 보다 경제적이고 안전한 대구경 모노파일과 버켓 기초 개발 등의 연구가 수행되고 있다.

표 2.9 국내 주요 해상풍력발전기 개발 현황

구분	대우조선해양	두산중공업	삼성중공업	유니슨	현대중공업	효성중공업
정격출력(MW)	7	3	7	5	5.5	5
발전기 구동	Gear type	Gear type	Gear type	Gear type	Gear type	Gear type
허브 높이(m)	106	80	110	100	100	100
로터 직경(m)	160	100	171.2	126	140	139
정격속도(m/s)	11.6	12.5	12.5	13	13	11.5
중량(t)	1,050	370	1,100	650	800	860

표 2.10 진국 대비 국내 풍력발전 시스템 기술수준(한국에너지기술평가원, 2011)

핵심 기술 내용	국외 현황	국내 개발 현황	기술수준
개념설계 및 통합기술	5 MW급 상용화	3 MW급 실증단계	80%
시스템 하중해석 기술	평가항목에 적합한 S/W의 조합	기술 자립도 부족	80%
제어 시스템 기술	제어 H/W 및 알고리즘 최적화	기술 자립도 부족	70%
블레이드 기술	로터직경 120 m급 개발	로터직경 90 m급 개발	75%
피치/요 베어링 기술	5 MW급 용량 개발	3 MW급 용량 개발	90%
중속기 기술	고효율 5 MW급 실용화	설계 및 평가 기술 미흡	70%
발전기 기술	6 MW급 발전기 실용화	3 MW급 발전기 개발	80%
PCS 기술	6 MW급 PCS 실용화	2 MW급 PCS 개발 완료	80%
타워 기술	120 m 이상급 하이브리드 타워 설치	80 m급 타워 설치	90%
해상용 기초 기술	부유구조 연구 중	해상구조물 설계 단계	70%
주물품 기술	6 MW급 주물품 개발	3 MW급 주물품 개발	90%
시험평가 기술	각 요소별 Lab 시험	시험 인프라 부족	60%
인증기술	인증제도 보편화 국제규격제정/참여국 증가	국외 인증 의존 인증 능력 확보 중	80%
시스템 감시진단 기술	해석 및 계측 통한 시스템 검증 S/W개발 및 실용화	시스템 감시기술의 풍력 시스템 적용 단계	70%

2.4 해상풍력 기초구조물 기술개발 동향

해상풍력발전기가 대형화되고 해상풍력단지가 점점 수심이 깊은 곳으로 확대되면서, 해상풍력발전기를 지지하는 기초구조물에 대한 중요도가 높아지고 있다. 특히 해저지반이 연약한 토사층이 두껍고 수심이 깊어질수록 해상풍력 전체 공사비 중에서 기초구조물 시공비용이 상당한 부분을 차지한다(표 2.11, 그림 2.3 참조). 따라서 유럽을 비롯한 선진국에서는 보다 경제적이고 효율적인 기초구조물을 개발하기 위해 심혈을 기울이고 있으며, 기초구조물에 대한 연구는 크게 현장 여건에 최적인 기초구조 개발과 재료 절감/중량 최소화/시공 우수성 등을 통해 공사비를 절감할 수 있는 기초형식 개발 및 대수심 조건에 적합한 부유식 기초구조물 개발 연구가 주류를 이루고 있다.

2.4.1 국외 기초구조물 기술개발 동향

해상풍력의 선진국인 유럽에서는 그동안 주로 수심이 20 m 이내의 해역에서 해상풍력단지를 건설해왔기 때문에 기초구조물로서 경제성과 시공성이 우수한 모노파일(monopile)을 70% 이상 적용하였으며, 그 외에 지반조건 등의 현장여건을 고려하여 중력식 기초나 재킷 기초를 적용하였다. 최근 터빈의 용량이 대형화되고 해상풍력단지가 수심이 20 m 이상인 해역으로 확산되면서 모노파일을 보강한 2-pile 또는 3-pile Tripod 형식이 개발·사용되고 있다(그림 2.4 참조).

독일의 Bard Engineering에서는 3개의 강관말뚝을 수면 위로 노출되도록 설치한 후 특수하게 제작된 Transition Piece(TP)로 연결한 형태의 구조인 Tripile을 개발하여 5 MW급 터빈의 기초구조물로 적용하였다(그림 2.5 참조). Tripile은 Tripod 형식이나 재킷 기초와는 달리 브레이싱이 없고 TP만 운반하여 미리 시공된 3개의 강관말뚝에 설치하면 되므로 운반이 용이하고 시공성도 우수하다.

또한 별도의 말뚝 항타 없이 버켓(bucket) 형태의 구조체를 공장에서 제작한 후 해상으로 운송하여 해상지반에 설치하고 석션압으로 지반에 고정시키는 버켓 기초(bucket pile 또는 suction pile)에 대한 연구가 활발하다. 버켓 기초는 저소음/저진동 공법으로 수심이 깊고 연약한 토사층이 두꺼운 해저지반에서는 매우 경제적이나 아직까지 해상풍력발전기의 기초구조물로 적용된 실적은 없으며, 모형실험을 통한 연구와 재킷 기초나 Tripod 형식의 하부 지지구조로 적용되는 등 공법의 안전성과 시공성 등이 검토되고 있다(그림 2.6 참조).

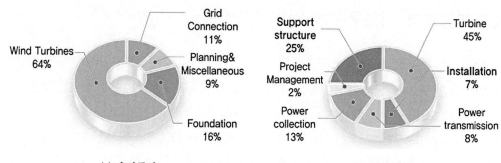

(a) 육상풍력　　　　　　　　　　　　　(b) 해상풍력

그림 2.3 해상 및 육상풍력 공사비 분포(EWEA, 2009)

표 2.11 수심별 기초구조물 예상 공사비(EUR/kW)(EWEA, 2009)

구분	수심(m)			
	10~20	20~30	30~40	40~50
터빈	772	772	772	772
기초구조물	352	466	625	900
설치	465	465	605	605
그리드 연결	133	133	133	133
기타	79	85	92	105
총합	1,800	1,920	2,227	2,514
수심별 비율(%)	100	106.7	123.7	139.6

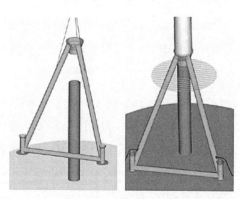 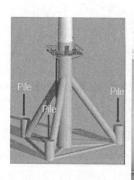 

(a) 2-Pile system Tripod　　　　　　(b) 3-Pile system Tripod

그림 2.4 2-pile 또는 3-pile Tripod 형식

그림 2.5 Tripile 형식

그림 2.6 버켓 기초의 형태

영국에서는 해상풍력 에너지 개발 비용절감을 목적으로 한 공동연구 프로젝트인 OWA 프로젝트 1단계(2008~2010년)를 통하여 대수심 조건에서 저비용 신개념 기초구조물에 대한 설계개념을 공모하였는데, 전 세계적으로 104개 작품이 접수되어 최종적으로 4개의 작품이 선정되었다. 선정된 4개 작품은 모두 수심 30~60 m에 적용할 수 있는 기초구조물로서 콘크리트를 사용하거나 강재 사용량을 절감하여 경제성을 확보하는 개념과 효율적인 시공을 위하여 항만에서 터빈/하부구조 전체를 조립한 후 전용 선박으로 운송, 설치하는 개념 등이 포함되어 있다(그림 2.7 참조).

	콘크리트 중력식 기초 • Slip forming stem 방식으로 콘크리트 기초 제작 • 수심 30~45 m에 적합 • 항만에서 터빈과 하부구조 전체를 조립한 후 전용 선박으로 운송, 설치		Twisted jaket 기초 • 강재 사용량을 최소화한 형태로 허리케인 Katrina 시 검증된 구조 • 수심 30~60 m에 적합 • 혁신적인 복합재료로 TP 제작 • 해상 인력작업 감소로 시공 시간 단축
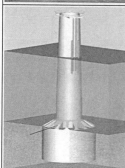	Suction bucket monopile • 강재력 적고, 용접 단순 • 수심 30~60 m에 적합 • 해상작업 적고, 바다에 띄어서 운반하므로 작은 규모의 선박과 장비 사용 • 필요시 해체작업 용이		Tri-bucket 기초 • Self-installing tribucket 형태 • 수심 30~60 m에 적합 • 표준 해상장비 사용 가능 • 항만에서 터빈과 하부 구조 전체를 조립한 후 전용 선박으로 운송, 설치

그림 2.7 영국 OWA 프로젝트에서 선정한 4개의 기초구조물 설계개념

전통적으로 오일과 가스산업이 강한 노르웨이는 이러한 기술을 바탕으로 2001년부터 부유식 해상풍력 지지구조에 대한 기술개발을 시작하여 2005년에 실내 모델 테스트를 거치고, 2009년에 용량 2.3 MW 발전기를 노르웨이 남서부 해안에서 10 km 떨어진 위치의 수심 220 m 해상에 시험 설치(Hywind model)하였는데, 이 부유식 발전기는 해수면에서 65 m 높이에 위치하며 해저지반에 3개의 앵커를 설치하여 지지하는 시스템이다(그림 2.8 참조). 현재 모니터링을 수행하여 시스템을 검증하고 있으며, 이 결과를 토대로 시스템을 보다 경제적이고 효율적으로 개선한 후 향후 5년 이내에 3~6개의 터빈을 설치하는 시범단지를 운영하여 부유식 해상풍력의 경제성 확보와 상용화를 검증하고, 향후 10년 이내에 0.5~1.0 GW 규모의 해상풍력단지를 건설할 계획에 있다.

최근 독일에서는 모노파일의 항타 시공 시 발생하는 소음과 진동이 해양 생태계에 심각한 영향을 준다고 판단하여 시공 중인 해상풍력단지 건설을 중단시킨 사례가 발생하였으며, 이에 대응하기 위하여 Air Bubble Curtain 공법 등과 같은 시공 시 소음과 진동을 최소화할 수 있는 공법에 대한 연구가 활발히 이루어지고 있다(그림 2.9 참조). 또한 덴마크와 네덜란드 등에서는 해저지반에 고정된 기초구조물의 세굴에 대한 안정성을 확보하기 위해 세굴현상 관찰을 위한 모니터링 기술과 세굴방지 시스템의 개발 연구가 수행되고 있다.

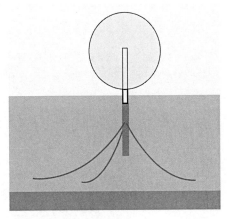

그림 2.8 세계 최초 부유식 해상풍력발전기(Hywind)

그림 2.9 Air Bubble Curtain

일본은 NEDO에서 추진하는 '풍력 등 자연에너지기술 연구개발' 프로그램을 통하여 2007년부터 해상풍력발전기술에 대한 연구개발을 수행하고 있으며, 2012년에는 개발된 2 MW 해상풍력발전 시스템을 치바현 해안에서 3.1 km 떨어진 수심 12 m 해상에 설치하여 실증할 계획으로 있다. 기초구조물로는 암반이 일찍 노출되는 지반조건을 고려하여 파력을 저감시킬 수 있고 경량화를 통한 급속시공이 가능하도록 삼각 플라스코 형상의 PS 철근콘크리트 벽체로 구성된 중력식 콘크리트 기초를 개발하였다(그림 2.10 참조). 또한 일본은 고정식 해상풍력에 비해 미개척 분야인 부유식 해상풍력을 주력 개발 분야로 선정하여 태풍과 지진 등을 고려한 설계/시공기법에 대한 연구를 수행하고 있으며, 전력난이 심각한 후쿠시마현에 부유식 해상풍력을 시험 설치하여 실증연구를 수행할 계획에 있다.

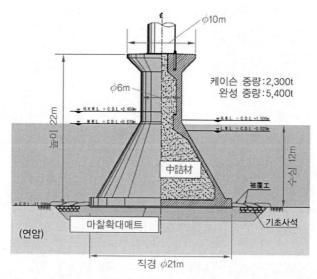

그림 2.10 일본 NEDO의 해상풍력 연구사업에서 제안한 중력식 기초

2.4.2 국내 기초구조물 기술개발 동향

국내에서는 에너지기술평가원에서 풍력발전과 관련된 기술개발 연구를 주도하여 왔으며, 1988년부터 2010년까지 2,710억 원을 투자하여 핵심부품 개발을 포함한 국산 풍력발전기 개발, 풍력자원 평가, 발전단지설계, 전력 그리드 등에 초점을 맞추어 연구가 수행되었다. 최근에는 해상풍력에 관한 관심이 높아지면서 해상풍력 하부구조에 대한 기술개발 연구가 에너지기술평가원은 물론 건설교통기술평가원, 해양과학기술진흥원 등에서 추진되고 있다(표 2.12 참조).

표 2.12와 같이 '대구경 대수심 해상기초 시스템 기술개발' 연구에서는 수심 30 m 이하이고 암반이 일찍 노출되는 해양지반 조건에서 3 MW급 이상의 대용량 발전기를 효율적으로 지지할 수 있는 직경 5 m 이상의 대구경 굴착식 모노파일 시스템을 개발하고 있는데, 세부적으로는 암반 굴착속도를 향상시킬 수 있도록 다수의 소형 해머를 사용하여 암반을 깨면서 굴착하는 타격식 암반굴착장비를 개발하고(그림 2.11 참조), LRFD 기반 국제설계기준과 부합하는 해상풍력발전 모노파일의 최적 설계지침과 신속/정밀한 해상시공을 위한 플랫폼 설계/작업선단 안정성 확보기술 및 TP (Transition Piece)의 최적형태 등을 개발하여 해상 테스트베드를 통해 검증하는 것으로 되어 있다. 또한 이와 병행하여 토사지반이 두꺼운 대수심(50~60 m) 조건에서 경제적으로 적용할 수 있는 단일 및 Tripod 버켓 기초 시스템을 개발하고 있는데, 수직도 1° 이내 유지가 가능한 관입장치 및 시공 시스템 개발과 한계상태설계법을 기반으로 한 버켓 기초의 설계지침 개발이 주요 내용이다.

표 2.12 국내 해상풍력 기초구조물 관련 기술개발 연구 현황

연구과제 명	연구기간	발주기관	연구내용
대구경 대수심 해상 기초 시스템 기술개발	2010. 9.~ 2014. 9.	한국건설교통 기술평가원	− 수심 30 m 이하 조건에 적합한 고효율 대구경 굴착식 모노파일 시스템 개발 − 토사지반이 두꺼운 대수심(50~60 m) 조건에 적합한 버켓 기초 시스템 개발
천해용 해상풍력 substructure 시스템 개발	2011. 7.~ 2015. 6.	한국에너지기술 평가원	− 부안−영광 해상풍력단지용 substructure 테스트베드 구축기술 개발 − 기초구조물 지반지지력 확보기술 개발 − Substructure 제작 생산성 향상 및 친환경 급속설치 기술 개발
해상풍력 지지구조 설계기준 및 콘크리트 지지구조물 기술개발	2012. 7.~ 2017. 6.	한국해양과학 기술진흥원	− 국제 인증시장 수준의 해상풍력 지지구조물 설계/시공/운영/인증/유지관리 기준 개발 − 항만과 연계된 콘크리트 해상풍력 지지구조물 개발 및 운영
해상풍력 하이브리드 지지구조 시스템 개발	2012. 10.~ 2016. 9.	한국에너지기술 평가원	− 하이브리드 지지구조 시스템 및 부재 연결기술 개발 − 하이브리드 지지구조 시스템용 기초 형식 및 세굴방지 기술 개발 − 유체−지반−구조물 상호작용을 고려한 하이브리드 지지구조물 응답해석기술 개발 − 하이브리드 지지구조물의 급속설치 공법 및 유지관리기술 개발
심해용 부유식 풍력 발전 substructure/ platform 기반기술 개발	2011. 9.~ 2020. 7.	한국에너지기술 평가원	− 심해용 부유식 substructure/platform 설계/건조/설치/평가/검증 핵심기술 개발 − 가혹한 해양환경 극복형 계류장치 및 소재/방식 기술 개발

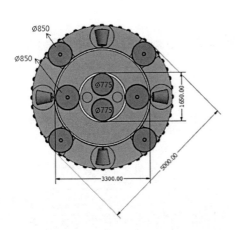

그림 2.11 다수의 해머를 사용한 타격식 암반굴착장비(한국건설교통기술평가원, 2013)

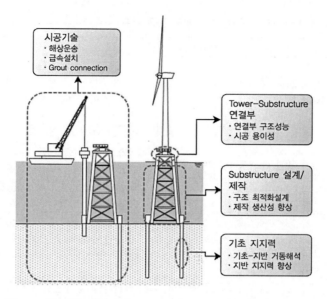

그림 2.12 '천해용 해상풍력 Substructure 시스템 개발' 연구의 개요도

'천해용 해상풍력 substructure 시스템 개발' 연구에서는 정부에서 추진하는 부안–영광 해상풍력 단지개발을 지원하기 위해 수심 40 m 이내의 국내 서남해안 환경에 설치되는 5 MW급 이상의 풍력발전 substructure 기술을 개발하고 있으며, 신개념 고정식 substructure 시스템 및 선진 설계기술 개발과 고내구성 해양구조용 소재 및 이용기술 개발, 기초구조물 지지력 확보기술 개발, 해상 테스트베드를 통한 검증 등의 내용이 포함되어 있다. 기초구조물 지지력 확보기술과 관련하여서는 실내 모형실험과 원심모형실험, 수치해석 등을 통해 해상풍력 기초구조물의 해석기법 및 지지력 평가 시스템을 개발하고, 해상풍력 터빈 응답해석에 필요한 국내 해저지반 모델링기법을 개발하고 있다(그림 2.12 참조).

'해상풍력 지지구조 설계기준 및 콘크리트 지지구조물 기술개발' 연구에서는 국제 인증을 획득할 수 있는 수준의 항만해상풍력 지지구조물의 설계/시공/운영/인증/유지관리 기준을 개발하고, 항만수역에 적합한 콘크리트 형식의 해상풍력 지지구조물을 개발하며, 콘크리트/비강재 형식의 기상탑 설계/운용기술과 풍력단지 건설공정의 최적화 및 위기관리(risk management) 등의 연구를 수행하고 있다.

'해상풍력 하이브리드 지지구조 시스템 개발' 연구에서는 국내 서남해안 환경에 적합하고 경제적인 신형식 하이브리드 지지구조 시스템을 개발하고 있으며, 세부적으로 구조재료(강재, 콘크리트)와 기초형식의 효율적인 결합을 통한 경제적인 하이브리드 지지구조 시스템 기술과 기초/지지구조물/타워 연결기술 개발, 하이브리드 지지구조 시스템용 기초 형식 및 세굴방지 기술 개발, 유체-지반-구조물 상호작용을 고려한 하이브리드 지지구조물 응답해석기술 개발, 하이브리드 지지구조물의 급속설치 공법 및 유지관리기술 개발 등이 수행되고 있다.

'심해용 부유식 풍력발전 substructure/platform 기반기술 개발' 연구에서는 심해용 부유식 substructure/platform 설계/건조/설치/평가/검증 핵심기술 개발과 가혹한 해양환경 극복형 계류장치 및 소재/방식 기술 개발을 목적으로, 1단계(2011~2013년)에서 시장수요 지향적 원천기술을 개발하고 2단계(2014~2016년)에서 경쟁력 있는 핵심 설계기술을 개발하며 3단계 (2017~2019년)에서 개발된 기술의 실해역 적용과 모니터링 및 상용화 기술을 개발하는 것으로 되어 있다. 이 연구에는 부유식 해상풍력 시스템의 핵심기술인 지반특성을 고려한 대수심용 앵커 시스템 개발과 부유식 해상풍력 플랫폼 기술개발이 포함되어 있다.

03

해상풍력 단지개발

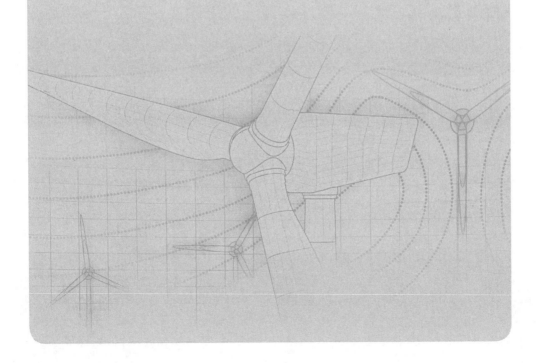

03

해상풍력 단지개발

타당성 평가/입지조사/계통연계 | 유무성

3.1.1 서 론

해상풍력은 대규모 전원개발이 가능한 신재생원으로서 연관 산업 유발효과가 매우 크기 때문에, 정부에서는 이를 국내 산업의 신성장동력으로 인식하고 해상풍력 관련 기반기술 확보 및 사업저변 확대를 위해 역량을 집중하고 있다. 주지하는 바와 같이 지식경제부에서는 해상풍력 추진 로드맵 발표('10.11.02)를 통하여 2019년까지 약 10조 원의 사업비를 투입하여 총 2.5 GW 규모의 해상풍력단지를 서남해안권에 건설할 계획임을 대내외에 공식화하였다. 이에 발맞추어 신재생에너지 의무할당제(RPS) 대상기업인 발전사와 전력사를 중심으로 사업 참여에 대한 타당성 검토를 통한 개발계획을 수립 중에 있으며, 학계 및 산업계를 중심으로 사업 활성화 방안이 활발하게 논의되고 있다. 지방자치단체 또한 지역산업 붐업(Boom-Up)을 기치로 해상풍력 단지개발에 적극적으로 나서고 있으며 민간사업자가 개발한 풍력단지의 발전수익을 공유하는 방식의 새로운 비즈니스 모델을 창출하고 있다. 그러나 이러한 활발한 개발계획 수립과는 달리 해상풍력단지의 경제성을 좌우하는 중요인자인 풍황자원에 대한 정밀한 분석이나 대상 입지의 적합성 평가 등은 상대적으로 부족한 상황이다. 즉, 개발대상 단지에 대한 충분한 자원조사 및 입지평가가 수반된 타당성 분석이 완료된 이후에 단계적으로 사업이 진행되어야 하나, 지자체의 경쟁적인 신재생에너지 개발정책과 맞물린 풍력산업계 및 학계의 성과(成果) 조급증으로 인하여 면밀한 사전검토 없이 개발계획이 수립되고 있는 실정이다. 이에 따라, 정부와 지자체의 중복투자 위험성이 높아지고 중장기적인 해양 개발계획과 배치될 수 있는 풍력단지의 조성과 향후 경관위해(Eye sore) 민원이 발생할 소지가 있는 연안 풍력단지의 개발 등이 초기 사업자를 중심으로 추신되고 있다. 또한 기본적인 전력계통 분석(해상풍력단지에서 생산된 전력의 소비처는 어디이며 사용량은 어느 정도가 될 것인지에 관한)을 통한 입지선정이 무엇보다 중요하나 신재생에너지 개발이라는 전제하에 개발대상지를 미리 선정하고 여기서 생산된 전력을 육상 수요처에 공급할 수 있도록 전력사업자에게 계통연계를 요구하고 있는 실정이다. 결과적으로, 사업관리에 수반되는 리스크는 확대되고 있으며 막대한 계통연계비의 부담은 사업 경제성 악화의 주원인이 되고 있다. 단지설계 또한 앞서 살펴본 입지평가와 더불어 해상풍력 경제성을 좌우하는 중요인자로서, 단지건설 이후 약 20년의 운영기간을 갖는 해상풍력단지의 특성을 감안할 때 단지효율을 극대화하는 기기의 최적 배치설계는 안정적 전력공급 및 운영 수익의 확보 측면에서 필수적인 요소라고 할 수 있다. 따라서 본 절에서는 해상풍력개발에서 기본이 되는 대상부지에 대한 자원분석과 입지평가(계통연계 포함), 그리고 이를 기반으로 시행되는 단지설계의 주요 내용을 살펴보고 그 중요성을 논의하고자 한다.

3.1.2 해상풍력 입지평가 및 단지설계

(1) 풍황분석(Wind Resource Analysis)

주어진 입지조건에서 풍력기기가 제대로 성능을 발휘하기 위해서는 풍력자원이 정확히 평가되고 이를 기반으로 기기가 설계되어야 한다. 가용한 풍력자원은 속도의 세제곱에 비례하므로 풍속이 2배로 증가할 경우 가용한 에너지양은 8배로 확대된다. 또한 바람은 시간, 날짜, 계절, 지상으로부터의 높이, 지역 특성 등에 따라 일정하지 않기 때문에 바람에 장애가 되는 요인으로부터 떨어진 적절한 위치를 선정하여야 풍력기기가 제성능을 발휘할 수 있다.

단위면적당 파워로 표현할 수 있는 풍력 밀도(wind power density)는 풍력단지에서 바람자원을 산출하는 유용한 방법으로, 풍력기기에 의해 얼마나 많은 풍력에너지가 변환될 수 있는지를 나타낸다. 풍력 밀도에 따른 바람등급(wind class)은 표 3.1과 같이 Pacific Northwest

Laboratory에서 개발한 10 m, 50 m 고도에서의 풍력밀도 분류표가 주로 사용된다. 최근에는 수 MW급 풍력 터빈이 개발되면서 실제 풍력 터빈 높이에서의 바람등급이 필요하게 되었으며, 본 고에서는 3 MW급 풍력 터빈의 허브 높이로 예상되는 고도 80 m에서의 풍속으로 보정된 값을 우측에 표기하였다.

표 3.1 풍력 밀도의 분류 방법(Source : American Wind Energy Association)

| | Classes of Wind Power Density at 10 m and 50 m[a] | | | | 80 m[c] | |
| | 10 m (33 ft) | | 50 m (164 ft) | | 80 m (262 ft) | |
Wind power class	Wind power density (W/m²)	Speed[b] m/s(mph)	Wind power density (W/m²)	Speed[b] m/s(mph)	Wind power density (W/m²)	Speed m/s(mph)
1	<100	<4.4 (9.8)	<200	<5.6 (12.5)	<245(240)[d]	<5.9 (13.3)
2	100−150	4.4(9.8)/ 5.1 (11.5)	200−300	5.6(12.5)/ 6.4(14.3)	245(240) − 367(384)	5.9(13.3)/ 6.9(15.4)
3	150−200	5.1(11.5)/ 5.6 (12.5)	300−400	6.4(14.3)/ 7.0(15.7)	367(384) − 490(494)	6.9(15.4)/ 7.5(16.9)
4	200−250	5.6(12.5)/ 6.0 (13.4)	400−500	7.0(15.7)/ 7.5(16.8)	490(494) − 612(623)	7.5(16.9)/ 8.1(18.1)
5	250−300	6.0(13.4)/ 6.4 (14.3)	500−600	7.5(16.8)/ 8.0(17.9)	612(623) − 735(744)	8.1(18.1)/ 8.6(19.3)
6	300−400	6.4(14.3)/ 7.0 (15.7)	600−800	8.0(17.9)/ 8.8(19.7)	735(744) − 980(972)	8.6(19.3)/ 9.4(21.1)
7	>400	>7.0 (15.7)	>800	>8.8(19.7)	>980(972)	>9.4(21.1)

(a) Vertical extrapolation of wind speed based on the 1/7 power law

(b) Mean wind speed is based on the Rayleigh speed distribution of equivalent wind power density. Wind speed is for standard sea-level conditions. To maintain the same power density, speed increases 3%/1000 m(5%/5000 ft) of elevation(from the Battelle Wind Energy Resource Atlas).

(c) 1/7 power law를 적용하여 풍속을 연직방향으로 외삽한 후, 10 m에서의 풍속−풍력밀도 관계를 동일하게 적용하여 추정

(d) 괄호 안은 Rayleigh 확률분포로 계산한 값으로서 계산값의 정확도에 따라 조금씩 다름

일반적으로 단지개발자들은 바람등급 4 이상의 지역을 풍력개발의 적지라고 평가하였으나, 최근에는 단지개발 경험 및 최신풍력기술 적용을 통해 바람등급이 3인 지역에서도 풍력단지를 활발히 개발하고 있는 추세이다. 국내에서도 풍력자원 조사를 목적으로 한국에너지기술연구원(이하 에기연)에서 격자크기가 (9×9) km, (3×3) km, (1×1) km인 한반도 풍황지도를 작성하고 있는데, 3시간 단위인 KMA/RDAPS (Regional Data Assimilation and Prediction System)를 기본 입력 자료로 사용하고 있다. 최근 (3×3) km 격자크기의 풍력자원지도를 완료하였으며, 3년간(2005~2007년)의 분석결과를 이용하여 고도 80 m에서의 평균풍속을 그림 3.1과 같이 나타내었다.

이 자료로부터 국내 해양에서의 풍력자원을 살펴보면, 제주도 및 남해안을 따라 평균풍속이 큰(바람등급 4 이상) 지역이 형성되며, 서해안의 경우 해안선과 거의 일치하는 모양으로 외해로 나갈수록 풍속이 증가하는 것을 볼 수 있다. 반면, 수심이 낮아 대규모 해상풍력 단지개발이 기대되는 서해 근해의 경우에는 바람등급이 3 이하로서 상대적으로 풍속이 낮음을 알 수 있다. 동해안을 살펴보면 풍력자원이 양호한 남부에 비해 중부 및 북부 지역의 연안은 상대적으로 풍력자원이 빈약한 것을 확인할 수 있다. 실제 기상관측자료를 이용한 국내 해양의 풍황 분석은 현재 기상청에서 운영하고 있는 기상 부이로부터 얻은 데이터를 사용하는 것이다. 그러나 최근 10년 동안의 자료만 확보되어 있어 30년 이상의 장기간 관측 자료의 활용에는 어려움이 있다.

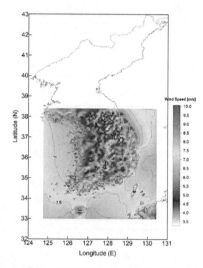

그림 3.1 국내 풍력자원 수치계산 자료(최근 3년간의 평균풍속)(출처 : 지식경제부, 2011)

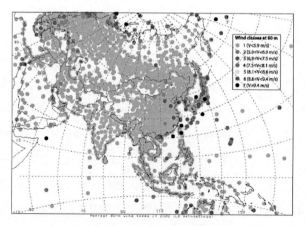

그림 3.2 한반도 주변 기상관측 자료를 이용한 바람등급(출처 : Archer and Jacobson, 2005)

그림 3.2는 국외 자료로부터 조사된 한반도 주변에서의 바람등급 분류결과를 보여주는 데 이데이터 또한 실제 기상 관측 자료를 이용한 것이다(Archer and Jacobson, 2005). 자료를 살펴보면, 그림 3.1의 결과와는 달리 서해 중부 및 수도권 인근 서해안은 바람등급이 3으로 나타나고 있으며 제주도 인근지역의 바람은 6등급으로 조사되어 국내 연구결과와는 약간의 차이가 있음을 알 수 있다. 따라서 풍력자원 조사 결과의 신뢰성을 높이기 위해서는 수치모의를 통한 풍황지도 작성과 함께 실제 해양에 기상탑을 설치하여 풍황을 관측하는 것이 매우 중요할 것으로 판단된다.

　　풍황분석에서 태풍의 발생빈도와 최대 풍속은 풍력발전 시스템(풍력 터빈 및 지지구조물)의 안전성 관점에서 매우 중요한 인자이다. 그러나 태풍의 강도가 강한 지역에 설치되는 풍력발전 시스템은 내풍설계를 견고히 해야 되기 때문에 초기투자비가 상승하게 된다.

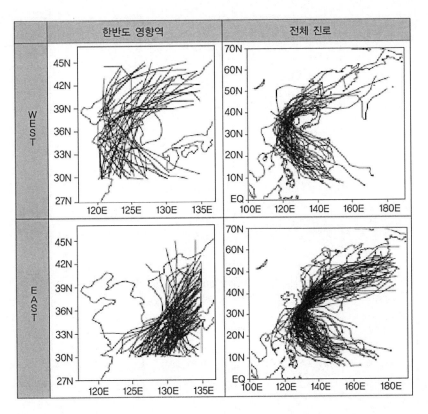

그림 3.3 한반도에 영향을 준 태풍의 이동 경로(출처 : 국립기상연구소, 2007)

그림 3.3은 1973년부터 2006년까지 한반도에 영향을 준 태풍경로를 분석한 것으로서 서해안에 영향을 준 태풍은 46건의 사례 중 38건이 중국 동부해안을 거쳐 한반도 서해로 진입하였다(국립기상연구소, 2007). 반면 동해에 영향을 준 태풍은 총 82건 중 5건만을 제외한 77건이 직접적으로 한반도에 영향을 주었다. 한반도 서해에 진입하는 태풍은 동해에 비해 그 횟수도 적고 대부분이 중국 동부해안을 거쳐 태풍의 세력이 약화되기 때문에 이 영향으로 제주도를 포함하는 남동해의 평균풍속이 서해지역보다 상승하는 것으로 보인다. 그러나 남해와 동해지역은 태풍에 의한 구조물의 피해위험이 상대적으로 높기 때문에 풍력발전단지 조성 측면에서는 이 지역이 반드시 서해보다 유리하다고 판단할 수는 없다.

표 3.2 한반도 통과 주요 태풍

No.	태풍 번호	태풍 이름	발생일	중심 최저 기압 (hPa)	중심 최대 풍속 (m/sec)
1	8410	HOLLY	84. 8. 16.	965	35.7
2	8508	KIT	85. 8. 1.	965	35.7
3	8605	NANCY	86. 6. 22.	960	42.4
4	8613	VERA	86. 8. 13.	925	51.0
5	8705	THELMA	87. 7. 9.	915	50.0
6	8712	DINAH	87. 8. 22.	915	50.0
7	9015	ABE	90. 8. 24.	955	38.0
8	9109	CAITLIN	91. 7. 22.	940	40.0
9	9112	GLADYS	91. 8. 15.	965	30.0
10	9119	MIREILLE	91. 9. 13.	925	50.0
11	9306	PERCY	93. 7. 28.	975	30.0
12	9307	ROBYN	93. 8. 2.	940	43.0
13	9411	BRENDAN	94. 7. 26.	992	23.0
14	9414	ELLIE	94. 8. 9.	965	35.0
15	9429	SETH	94. 10. 2.	910	55.0
16	9711	TINA	97. 7. 31.	950	40.0
17	9809	YANNI	98. 9. 28.	965	33.0
18	9810	ZEB	98. 10. 8.	900	55.0
19	9905	NEIL	99. 7. 25.	970	33.0
20	9907	OLGA	99. 7. 30.	980	25.0
21	9918	BART	99. 9. 19.	930	45.0
22	0004	KAI-TAK	00. 7. 6.	960	39.0
23	0006	BOLAVEN	00. 7. 26.	980	28.0
24	0014	SAOMAI	00. 9. 3.	925	49.0
25	0012	PRAPIROON	00. 8. 27.	965	36.0
26	0111	PABUK	01. 8. 14.	955	39.0
27	0205	RAMMASUN	02. 6. 29.	945	44.0
28	0215	RUSA	02. 8. 23.	950	41.0
29	0306	SOUDELOR	03. 6. 13.	955	41.0
30	0314	MAEMI	03. 9. 5.	910	54.0

표 3.2는 과거 약 30년 동안 한반도를 통과한 주요 태풍의 중심 최저 기압 및 중심 최대 풍속을 보여주고 있다. 태풍 자료는 풍력 터빈의 안전성 확보를 위한 기본 설계자료로써 이 중 최대 풍속, 빈도, 난류강도 등은 터빈 설계 시 주요한 설계 인자로서 IEC 61400-1 터빈 설계하중 조건 인증 및 분석 시 사용된다. 따라서 설계 최대 풍속을 결정하기 위해서는 과거 태풍 시의 시계열 자료로부터 극치 분포 해석이 필요하며 바람의 난류 강도, 돌풍 등의 특성을 파악하기 위해서는 대상지역에 기상탑을 운영하여 실측자료로부터 이를 확인하는 것이 중요하다.

(2) 입지분석(Site Assessment)

해상풍력 단지건설을 위한 입지평가 항목에는 앞서 언급된 풍황조건과 함께 파랑, 조류, 조위, 수심, 지반조건 및 환경보호구역 등이 포함된다. 또한 인근 항구의 규모 및 이격거리 등도 중요한 평가항목이며 여기에 어장, 채사장, 군사시설, 항로 포함 여부 및 국립공원 지정구역 여부 등이 추가된다(표 3.3 참조). 각각의 사업자는 단지개발 계획 수립 시 개발규모 및 목적에 따라 이러한 입지평가 항목에 대한 개별기준을 수립하여야 하며, 관련 인허가청의 허가기준 또한 검토항목에 포함하여야 한다. 특히, 군사시설 지역은 국가안보와 연관되어 있어 인허가과정에 문제가 발생할 경우 처리과정이 장기화될 수 있으므로 사전 검토가 필수적이며, 항로 간섭 여부 및 3절에서 논의될 기존 전력계통망과의 연계방법 또한 개발계획단계에서 반드시 검토하여야 할 항목이다.

표 3.3 해상풍력 발전단지 입지평가 주요 항목

항목	세부 항목	세부 기준
풍황	풍력자원	바람등급(풍력밀도 및 평균풍속)
	태풍 및 풍 기상	태풍 발생빈도와 최대 풍속
해황	파랑	파향별 파고 및 주기
	조위차 및 조류속	평균조차, 최대조차, 조류속
	수심 및 지질	수심, 해저지질, 지반상태
	지진	지진활동도, 지진력
환경보호	환경보호지역, 조류 이동경로 및 서식지	환경보호지역, 조류 이동경로 및 서식지 유무
입지조건	항구/연안/전력선이격거리	항구, 변전소 등으로부터의 이격거리
기타	인근 해양 이용현황	어장, 채사장, 군사시설, 항로, 국립공원 유무

풍력단지 설계 시, 풍력 터빈 지지구조물에 작용하는 동수력학적 하중에서 가장 영향이 큰 요소가 파랑이다. 파랑의 주기는 풍하중 주기 및 풍력 터빈의 회전에 의한 cyclic load의 주기와 맞물려 고유 진동수 검토가 필요하고, 최대 파고 및 파력은 지지구조물의 안전성 확보를 위해 고려해야 할 중요한 인자이다. 우리나라 해안에 내습하는 파랑은 주로 태풍과 동계 계절풍에 의한 것이다. 현재까지 우리나라에서 파랑의 실측기간은 길지 않으나, 바람자료는 관측기간이 매우 길기 때문에 바람자료로부터 추산한다. 최근에는 태풍 또는 저기압에 의한 바람은 기압 분포에서 비교적 정확하게 계산할 수 있고, 그 결과를 가지고 파랑수치모형을 사용하여 계산된 불규칙파의 파고와 주기를 사용한다. 파랑의 통계처리는 평상시 파랑과 이상 파랑으로 구분하여 이에 적합한 분석방법을 사용한다. 이상 시 파랑은 태풍, 폭풍 등에 의해 발생하는 고파랑의 장기간 자료에서 극치통계분석을 통해 구하며, 평상시 파랑은 1년 이상의 연속된 파랑자료를 통계 처리하여 구한 파랑조건을 사용한다. 이상 파랑은 구조물의 설계 심해파 산정과 이상 시 항내 정온도 검토에 이용되고, 평상시 파랑은 항내 정온도 분석 및 항만 가동일수 또는 작업일수를 산정하는 데 이용된다. 파랑 변형은 심해파가 파랑 자료를 필요로 하는 지점에 도달할 때까지의 변형이며, 천수변형, 굴절변형, 회절변형, 반사 및 쇄파 등에 의한 변형이다. 설계파는 파랑의 불규칙성을 충분히 고려하여 가능한 불규칙파를 이용한다. 해양과학기술원은 국내의 해안구조물 설계 시 필요한 설계파 산출을 위해, 과거의 기상상태를 수치 모델에 의해 재분석한 ECMWF (European Centre for Medium-Range Weather Forecasts, 중규모 유럽 기상예보센터)의 해상풍 자료를 이용하여 기상수치모델링을 수행하고 해양의 파랑을 산출하였다. 태풍이 없는 시기의 장기간 파랑 추산을 위해서 계산시간이 신속하면서도 비선형 에너지 교환을 변수로 표현하는 2세대 파랑모델인 HYPA 모델을 적용하였으며, 바람자료는 유럽 중규모 예보센터(ECMWF)에서 spectral model에 의해 재분석하여 매 6시간 간격으로 산출한 Gaussian 격자점 자료를 사용하였다. 이로부터, 25년간(1979~2003년)의 전 계산 격자점에서의 파고와 주기 및 파향에 대하여 약 1/6도 격자 간격과 매 1시간 간격으로 정밀도가 개선된 데이터베이스를 구축하였다. 또한 53년간(1951~2003년)의 128개 태풍에 대하여 해상풍 모델을 사용하여 태풍 시의 바람장을 3세대 파랑모델인 WAM 모델을 사용하여 태풍 시의 파랑을 산출하였다.

조석은 그 변화에 따라 해상풍력 설치위치의 수심이 변화하므로 지지구조물의 설계 시 이를 반드시 반영하여야 한다. 이때, 평균조차 및 최대 조차 등이 이용되며 국내 서해안은 조위차가 매우 커서 광활한 조간대가 발달해 있는 지역으로 볼 수 있다. 설계조위는 천문조 또는 상황에 따라서는 기상조, 해일 등에 의한 이상조위의 실측 또는 추산치에 근거하여 구조물이 가장 위험하게 되는 조위를 취하는 것을 원칙으로 한다. 설계조위는 구조물의 목적에 따라 다른 값을 사용하며, 같은 구조물이라도 설계계산의 목적에 따라서 다른 설계조위를 사용하는 경우가 있다. 예를 들면, 폭풍해일 대책시설에서 마루높이는 월파량에 의하여 결정되므로 월파량이 최대가 되는 조위를 설계조위로 하지만, 안정계산에서는 보다 낮은 조위에서도 위험한 경우가 있으므로 이때에는 그 조위를 설계조위로 하여야 한다. 방파제 안전계산의 경우에는 그 구조물이 가장 불안정하게 되는 조위를 적용한다. 천문조는 태양, 달, 지구의 상호관계에 의해 만유인력의 변화가 원인이 되어 발생하는 해면의 변화로, 원칙적으로 1개년 이상의 검조기록을 정리하여 조석패턴을 정한다. 국내 해안의 경우, 기상청에서 조위 관측소가 운영되고 있어서 조석예보 및 과거 실측자료를 얻을 수 있다. 해상 구조물 설계에는 해당 지역 조석의 조화분석을 통하여 산정한 조화상수 및 비조화상수를 이용한다.

조류는 조석에 의해 발생하는 흐름으로 조위차가 큰 서해안이 상대적으로 크고(0.5~1.0 m/s), 동해안은 0.2~0.3 m/s 정도로 작다. 파랑에 의해 발생하는 동수력보다는 작기 때문에 구조물의 안전성 측면보다는 해상풍력구조물의 설치에 따른 조류속의 변화, 해상 작업 조건, 해저 침퇴적 환경 변화, 국부 세굴 등을 평가하는 기초자료로 활용된다. 조류 정보 역시 조석과 마찬가지로 조화 분석을 통하여 설계나 평가에 활용하며, 국내 해안의 조류속에 관한 정보는 국립해양조사원의 조류예보, 조류개황, 과거실측치, 수치조류도 등의 정보를 제공받을 수 있다.

풍력 터빈을 해상에 설치하기 위해서는 해상용 지지구조물을 건설해야 하는데, 수심에 따라 구조물 형식 및 시공비가 달라지기 때문에 해상풍력 예정지의 수심은 단지의 경제성에 매우 큰 영향을 준다. 고정식 기초(모노파일, 중력식, 트라이포드 방식 등)는 많은 해양 구조물 기초로의 시공 실적을 통하여 검증이 완료된 구조형식으로 중·저수심에서는 경제적이고 효율적이지만 수심이 깊어지면 경제성이 낮아지는 단점이 있다. 반면 부유식 기초는 해안에서 멀리 떨어져 수심이 깊은 곳에 설치할 수 있지만 기술개발 수준이 낮고 아직까지 시공사례가 없어 실제 현장적용까지는 많은 시간이 소요될 것으로 예상된다. 따라서 개발자는 경제성 있는 해상풍력 단지개발을 위해 대상지역의 수심도를 사전에 파악하는 것이 필요하다. 그림 3.4는 국내에서 수행된 선행연구사업(한국수력원자력, 2007)에서 구축한 수치해도를 바탕으로 국내해역의 수심 분포도를 작성한 사례(한전전력연구원, 2011)이다. 각 수심의 격자 크기는 1분(약 1.5 km)으로 풍황자료의 해상도를 능가한다. 해외에서 운영 중인 해상풍력단지는 대부분 수심 30 m 이내에 위치하고 있으며, 기술적으로는 수심이 대략 50 m인 해역까지 고정식 지지구조물을 설치할 수 있는 것으로 보고되고 있다. 한반도 주변의 해양 수심 분포도를 보면 서해에 저수심 영역이 넓게 분포하고 있으며, 남해안은 다도해 연안에 50 m 이하의 저수심 영역이 존재한다. 반면 동해안의 경우는 급격한 해저 경사로 저수심 영역이 해안 일부로 국한된다. 따라서 현재 기술로 대규모 해상풍

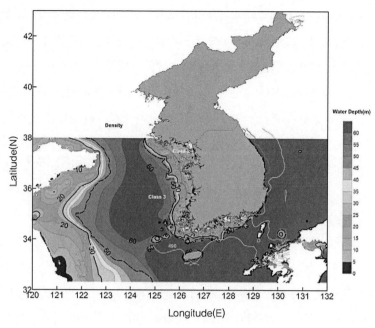

그림 3.4 한반도 해양의 수심 분포

력발전 단지 조성이 가능한 지역은 서해 및 남해 일부 해역이라 할 수 있다.

　표 3.4는 상기 결과를 이용하여 국내 연안의 수심별 면적을 산출한 결과로서, 수심 10~20 m 해역이 전체 면적의 약 51%를 차지한다. 특히, 현재 기술수준에서 바로 적용이 가능한 것으로 평가되는 해상풍력 설치수심인 5~20 m 사이 해역은 22,251 km^{2}로서 연안 해역의 약 48%에 해당한다.

표 3.4 한반도 주변 해양의 수심별 면적

수심(m)	0~5	5~10	10~20	20~30	30~40	40~50	total
면적(km^2) (면적비, %)	1,655 (3.6)	6,484 (13.9)	15,767 (33.8)	9,530 (20.5)	5,423 (11.6)	7,728 (16.6)	46,587
누적면적(km^2) (누적면적비, %)	1,655 (3.6)	8,139 (17.5)	23,906 (51.3)	33,436 (71.8)	38,859 (83.4)	46,587 (100.0)	46,587

　해상풍력 단지개발 시 대상지역의 지반조건은 지지구조물 기초형식 선정 및 시공전략 수립을 좌우하는 주요인자로서 사업비에 미치는 영향이 매우 크기 때문에 사전조사가 필수적이다. 그러나 대규모 해상풍력단지의 경우 터빈간 이격거리가 1 km에 육박하고 설치수량 또한 수십기가

넘기 때문에 사업계획 수립단계에서 대상부지에 대한 시추조사를 시행하기는 어렵다. 따라서 사업 타당성 검토단계에서는 저주파 지층탐사와 같은 간접적인 지반조사 방법을 채용하여 대상부지의 전반적인 지층 프로파일을 파악하고, 이후 단지 상세설계단계에서 해상풍력 전용 설계기준에 의거 터빈 설치위치에 대한 현장 시추 및 원위치 시험(CPT, SPT) 등을 수행하는 것이 합리적이라고 할 수 있다. 사전 지층탐사가 중요한 이유는, 이를 통해 개략적인 지층 프로파일을 확정하게 되면 기초형식 선정이 가능하고 지지구조물 시공비가 최소로 소요되는 단지배치 설계가 가능하여 개발단지에 대한 예비 경제성 평가가 가능하기 때문이다. 따라서 사업계획 수립 전에 다양한 시공전략 수립 및 사업관리 시뮬레이션이 가능하기 때문에 본 사업 시 발생할 수 있는 리스크를 저감할 수 있는 이점이 있다.

해상풍력의 경우, 수평력이 지배적이기 때문에 기초에 전달되는 주요 수평력의 하나인 지진에 대한 검토 또한 매우 중요하다. 최근 들어 국내에 지진 발생 빈도가 증가하고 있지만 국내 연안에 대해 활성단층대의 존재가 보고된 적은 없다. 그러나 국내 해양 구조물 설계기준에 내진검토가 필수사항으로 규정되어 있기 때문에 해상풍력 지지구조물 역시 이에 준하는 내진설계가 필요할 것으로 보인다. 국내 「항만 및 어항 설계기준」과 「항만 및 어항시설의 내진설계 표준서」에서는 다양한 형태의 기초형식을 가진 항만구조물에 대한 설계기준을 포함하고 있기 때문에, 이를 반영하여 적절한 내진성능을 갖추도록 설계하여야 한다. 상기 기준에 언급되지 않은 내용에 대해서는 국토교통부 주관으로 제정된 제 관련 기준에 준하여 설계하도록 되어 있다. 시설물의 내진 검토 시 고려할 사항으로는 대상지역의 지진활동도·대상으로 하는 지진·지진력과 함께 건설지점의 지반조건, 시설물의 내진등급 및 내진성능 목표, 그리고 시설물 이용 상 지진 시 한계조건이다. 이때, 세부 검토항목은 ① 구조물 전체 안정성, ② 기초지반의 활동, 전도 등에 대한 안정성, ③ 액상화 현상이 기초지반의 안정성 및 상부구조물에 미치는 영향, ④ 구조물의 부재응력, ⑤ 기능상으로 본 구조물 각 부재, 인접하는 구조물이나 지반과의 상대변위 등이 있다. 따라서 해상풍력 구조물에 대한 내진설계를 위해서는 설계 지진하중의 산정, 액상화 평가, 지진응답 해석이 이루어져야 할 것으로 보이며, 이들 절차와 설계기준은 상기 기준(항만 및 어항 설계기준, 2005) 등에 제시되어 있다.

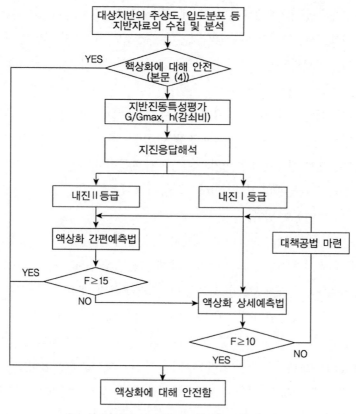

그림 3.5 지반 액상화 평가 흐름도

육지로부터의 이격거리는 해상풍력의 소음 및 경관 등의 문제를 고려하기 위한 요소이다. 현재 국내에는 경관 문제에 대한 법적 규제기준은 없으나 외국의 경우에는 거리에 따라 일부 규제를 하고 있으며, 해안 이격거리 및 수심에 따라 REC 가중치 또는 FIT를 달리 적용하는 등 사업성의 중요한 판단기준으로 작용하고 있다. 원거리에 있는 풍력 터빈의 가시성 판단 방법으로 유럽의 해상풍력 단지개발지역에서는 다음과 같은 방법을 사용하고 있다. 성인 평균신장(1.7 m) 높이에서 팔을 60 cm 앞으로 뻗어 손가락 부분에서 원거리에 있는 풍력 터빈이 차지하는 길이를 기준으로 하여 가시성을 판단하는 방법으로 이격거리별 가시길이는 표 3.5와 같다. 즉, 연안으로부터의 이격거리가 10 km일 경우 풍력 터빈은 약 0.7 cm의 크기로 보이게 된다.

표 3.5 이격거리별 가시길이

이격거리(km)	5	7.5	10	15
가시길이(cm)	1.5	1.0	0.7	0.5

* 두산의 WindDS3000(허브 높이 80 m, 블레이드 직경 91.3 m) 기준

Hoogwik 등(2004)은 환경 및 사회적 측면을 고려하여 연안으로부터의 이격거리별 개발 가능량을 다음과 같이 가정하였다. 이 방법은 해양의 이용 현황, 가시성, 환경문제 등 계획 단계에서의 불확실한 부분을 반영하는 방법으로서 매우 유용할 것으로 판단된다.

 – 연안 이격거리 0~10 km 지역 : 해상 면적의 최대 4%
 – 연안 이격거리 10~30 km 지역 : 해상 면적의 최대 10%
 – 연안 이격거리 30~50 km 지역 : 해상 면적의 최대 10%

환경영향(Environmental impact) 부분은 해상풍력단지 건설 시 가장 중요한 검토요소의 하나로서 사업초기 및 건설단계에서 대부분 해소되는 타 영향인자들과 달리 건설 이후에도 지속적으로 민원이 제기될 수 있는 가능성이 있으므로 이에 대한 면밀한 검토가 선행되어야 한다. 그림 3.6은 국가 지정 환경보호구역을 나타내는 그림으로 이 부분은 해상풍력단지 선정 시 우선적으로 배제되어야 한다.

조류의 이동경로 및 서식지에 대한 사전평가 역시 이루어져야 한다. 해외 해상풍력 선도국 사례를 살펴보면, 풍력 터빈에 조류가 충돌하여 사망하는 경우가 자주 보고되고 있으며 그에 따라 주요한 조류 이동경로 및 서식지에는 풍력단지의 설치를 회피하는 것이 권장되고 있다. 국내의 조류 이동경로에 대한 종합적인 조사 결과는 전무한 것으로 나타났으며, 실제 부지가 선정된 이후 조류의 연간 분포 및 이동현황에 대한 조사를 통하여 파악하여야 한다. 현재 전력연구원과 해양과학기술원에서는 위도에 조류관측기를 설치하고 실증단지 예정지구 주변의 조류이동 관측 및 분석을 계획하고 있다.

별도관리지역
☑ 습지보호구역
☐ 수산자원보호구역
☐ 생태경관보전지역
☑ 백두대간보호지역
☐ 문화재보호지역P
☑ 문화재보호지역A
☐ 국립공원
☑ 군립공원
☐ 도립공원
☐ 대기보전특별대책지역
☐ 생태계보전지역
☐ 수변구역
☑ 특정도서지역
☐ 야생동식물보호지역
☐ 팔당대청호특별대책지역
☐ 상수원보호구역
☐ 산림유전자원보호림

그림 3.6 국가 지정 환경보호지역(출처 : 해양수산부 국가해양환경정보통합 시스템 www.meis.go.kr)

해상풍력 예정지구 주변에서 이루어지고 있는 어업활동, 어장 설치현황, 오염물질 투기장, 채사장, 군사시설 등 해양의 이용현황 파악 또한 입지분석을 위해 매우 중요하며 해당 지역은 풍력단지 선정에서 가급적 배제하여야 한다. 이에 관한 정보는 그림 3.7과 같이 상세지도를 통해 일부 입수가 가능하지만, 단지 상세설계 시에는 수치 해도나 국가 지리정보 시스템(NGIS) 및 국토해양부의 해양 GIS를 통한 구체적인 자료 파악이 필요하다. 특히, 군사시설 지역은 국가안보와 연관되어 있어 인허가 과정에 문제가 발생할 경우 처리과정이 장기화될 수 있으므로 사전 검토가 필수적이다.

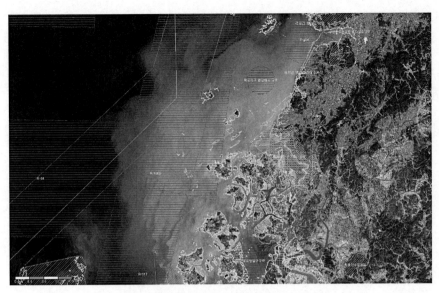

그림 3.7 환경정보에 대한 예시(국토해양부)

(3) 전력계통(Grid Connection)

전력계통 연계방안은 해상풍력발전 단지 입지평가에서 매우 중요한 요소의 하나로서 사업계획단계에서 반드시 고려되어야 할 항목이다. 왜냐하면 해상풍력발전 단지의 경우 외해에 위치하고 있기 때문에 생산된 전력을 육상의 적정 수요처에 공급하기 위해서는 전력선 연계망의 검토가 필수적이기 때문이다. 현재 지자체나 민간을 중심으로 개발되고 있는 소규모 해상풍력단지의 경우에는 전력생산량이 적어 배전급(22.9 kV) 선로의 접속이 가능하고 인근지역에서 소비가 가능하여 전력계통에 미치는 영향이 상대적으로 적다. 그러나 서남해안을 중심으로 개발되는 대규모 해상풍력단지의 경우에는 배전급이 아닌 송전급(154 kV) 선로에 접속하여야 하고 생산된 전력 또한 인근지역에서 소비가 불가능하여 최대 수요처인 수도권으로 보내져야 하기 때문에 전력계통 연계망에 대한 사전 검토가 필수적이다(표 3.6 참조).

표 3.6 전력계통 연계조건

시설용량(MW)	변전소 규모	비고
20~500	154 kV급	40 MW 이하는 배전 선로 가능
500~1,000	154 kV 또는 345 kV급	
1,000 이상	345 kV급 이상	

그림 3.8은 이러한 사실을 보여주는 국내 전력계통망 구성도로서 대부분의 전력 수요처가 수도권 중심으로 분포되어 있음을 알 수 있다. 특히, 대규모 해상풍력 단지개발 계획이 수립된 서남해안을 중심으로 살펴보면 345 kV 이상의 대용량 변전소의 수가 매우 적음을 알 수 있는데, 이는 실제로 해당 지역의 전력소비량이 많지 않음을 보여주는 것이다.

그림 3.8 국내 전력계통망 구성도

결국, 서남해안의 대규모 해상풍력단지가 건설될 경우 여기서 개발된 전력은 수도권으로 송전해야 하고 이를 육상으로 보낼 경우 그림 3.9와 같이 345 kV 또는 765 kV의 대용량 송전선로의 신설이 불가피하다. 이를 우선개발이 가능한 약 8 GW의 발전용량에 한정한다고 하더라도 약 11조의 투자비가 소요되며 여기에 별도의 예비전원과 배후계통보강비까지 고려할 경우 천문학적인 비용이 소요될 전망이다. 또한 대용량의 송전선로 건설로 인해 유발되는 환경훼손에 대한 민원에 직면할 경우, 장기간의 사업지연이 예상되어 현실적으로 육상을 통한 송전은 사실상 불가능한 실정이다. 따라서 해외 해상풍력 선도국의 경험을 바탕으로 그림 3.10과 같이 HVDC (High Voltage Direct Current, 초고압 직류 송전) 해저 케이블을 이용하여 해상풍력단지로부터 수도권 수요처로의 전력 직송을 계획하는 것이 합리적일 것이다. 해저 케이블의 경우 직송에 따른 전기품질 확보 및 육지 배후계통 보강을 최소화할 수 있을 뿐만 아니라, 해저선로를 이용하여 경과지를 구성함으로써 환경훼손 및 소유지 보상 등의 민원을 피할 수 있고, 그에 따른 사업비를 대폭 절감할 수 있다. 또한 서해권 일대에서 개발되고 있는 조력, 화력 등에서 생산한 전력을 수송하는 수단으로도 활용될 수 있는 이점이 있다.

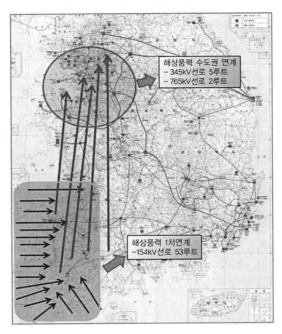

그림 3.9 육상 연계방안 검토(안)

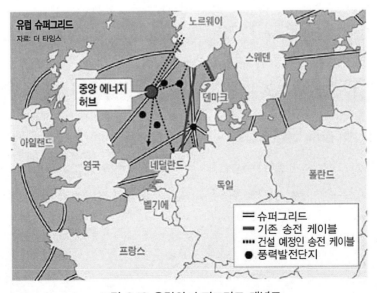

그림 3.10 유럽의 슈퍼그리드 개념도

그러나 국내 HVDC 전송기술은 아직 초기단계로서 이를 현실화하기까지는 상당한 기간이 소요될 것으로 보인다. 따라서 해상풍력 개발계획에 맞추어 단계적인 전력망 연계검토가 필요할 것으로 보인다. 표 3.7은 대규모 신재생에너지원을 육상에 접속하기 위해 선택할 수 있는 계통연계방안에 대한 분석자료이다.

표 3.7 계통연계방안 장단점 비교

구분	장점	단점
HVAC 계통연계	• 기존 AC연계 기술 적용 용이	• 계통 전력품질 저하 • 계통 신뢰도 저하 • 풍력단지의 출력을 개별적인 풍력기기 단위로 제어해야 함 • 계통 보호회로 및 풍력단지 주변설비 교체 필요
HVDC 계통연계 (전압형)	• 무효전력 및 유효전력의 개별적 제어 가능 • AC연계에서 발생 가능한 문제점 해결	• 대용량(150 MW 이상)에서 경제성 저하 • 국내의 기반기술 전무
HVDC 계통연계 (전류형)	• AC연계에서 발생 가능한 문제점 해결 • 대용량(150 MW 이상)에 적용 가능	• 무효전력 보상설비 필요 • 국내의 기반기술이 전무

표 3.7과 같이 HVAC 방식(High Voltage Alternating Current, 초고압 교류 송전)은 기존 계통연계기술을 기반으로 바로 적용이 가능하기 때문에 단기적으로는 본 기술이 적용될 전망이다. 이와 병행하여 향후 대규모 단지건설을 대비한 HVDC 기술개발이 진행될 예정이다. 현재, 한전을 중심으로 연구개발이 활발히 추진되고 있으나 조기목표 달성을 위해서는 정부 또는 해상풍력추진단 등의 적극적인 지원이 필요할 것으로 보이며, 추진방향은 해상풍력 및 기타 신재생에너지의 개발계획을 고려하여 장기적인 전력계통 마스터플랜 형식으로 진행되어야 할 것이다.

(4) 단지설계(Farm Design)

단지배치 설계는 해상풍력 대상입지가 선정되고 개발 계획이 수립된 이후에 수행된다. 단지배치 설계의 핵심은 입지특성과 제약 조건을 고려하여 최적의 터빈 배치 안을 찾는 과정으로서 그림 3.11과 같이 요약할 수 있다.

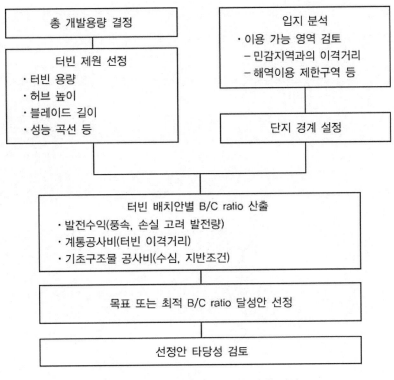

그림 3.11 해상풍력 단지배치 설계 절차

그림에서 알 수 있듯이 입지가 선정되면 제2절에서 기술된 바와 같이 대상 입지에 대한 분석이 필요하다. 고려해야 할 입지특성은 크게 풍황 등의 기상과 입지영역을 결정하는 제약조건으로 구분할 수 있다. 따라서 가장 먼저 수행해야 할 사항은 단지개발서의 입지제약조건을 규정하는 것으로서 다음과 같은 사항을 검토해야 한다.

- 총개발용량(최대 설치용량 – 계통 연계 또는 전력구매 규정 등을 고려)
- 부지 경계
- 도로, 거주지, 소유권 경계 등으로부터의 이격거리 설정
- 환경 제약조건
- 소음 민감 거주지 위치와 평가 기준
- 경관 민감 전망 지점의 위치와 평가 기준
- 기기공급사 규정 터빈 최소 간격
- 초단파 연결 경계와 같은 통신신호와 관련된 제약조건
- 해역 이용제한 구역(해상교통 상황, 보호구역 등의 고려)

상기와 같은 제약조건을 고려하여 개발 가능 최대 면적을 설정하고 단지 경계를 확정한다. 그림 3.12는 서남해 실증단지 개발을 위한 단지경계 설정 사례이다.

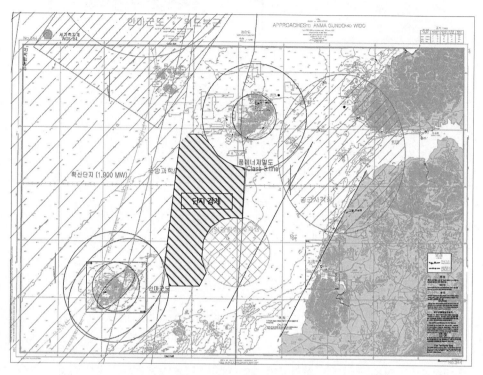

그림 3.12 해상풍력단지 경계 설정 예시

입지분석을 통한 단지 경계 설정이 완료되면 이후 단지개발 계획을 수립하여야 한다. 단지개발 계획은 단지설계에 필요한 총개발용량, 목표 B/C ratio, 터빈 제원 등의 선정을 포함한다. 총개발용량과 터빈 단위기기 용량이 결정되면 터빈의 총설치 대수가 결정되는데, 이는 풍력단지 소요면적에 영향을 주는 요소가 된다. 또한 터빈의 블레이드 길이와 같은 기본제원에 따라 터빈 간의 간섭으로 인한 효율 저하도(후류손실)가 달라지기 때문에, 이 역시 단지 소요면적에 영향을 주는 요소가 되며 이는 단지 배치 설계를 위한 전제조건이다. 목표 효율은 사업의 경제성 및 타당성 확보를 위해 달성해야 할 목표 발전효율로서, 단위기기 이용률과 후류손실을 비롯한 각종 손실을 고려한 단지의 평균발전 효율을 의미한다. 터빈 배치형태에 따라 단지 효율이 달라지므로 목표 효율 또한 단지배치 설계의 전제조건으로 반드시 설정되어야 한다. 따라서 최적의 단지 배치 설계를 위해서는 총개발용량과, 목표 효율, 터빈 제원을 설정한 후 이들 조건을 만족하는 배치안을 찾는 과정이 수반되어야 한다.

앞서 언급한 바와 같이 터빈 배치형태는 단지 발전효율에 영향을 주며, 터빈 배치형태를 결정하는 요인이 단지배치 설계의 주요인자가 된다. 이러한 인자들의 상호관계는 그림 3.13과 같은 Fish bone diagram으로 표현될 수 있다. 단지효율뿐만 아니라 기기의 배치형태와 설치위치에 따라 공사비가 달라지므로 이를 함께 고려하여 최적배치 설계를 수행하여야 한다. 따라서 그림 3.12와 같이 발전량에 따른 수익, 수심 및 지반조건에 따른 기초구조물 공사비, 이격거리에 따른 내·외부 전력계통 연계 공사비 등을 함께 고려하여 경제성을 갖는 최적의 단지배치안을 결정하여야 한다.

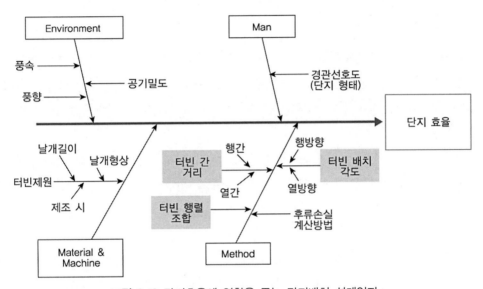

그림 3.13 단지효율에 영향을 주는 단지배치 설계인자

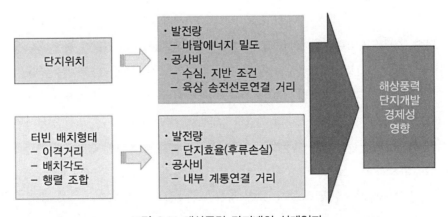

그림 3.14 해상풍력 단지배치 설계인자

상기 과정을 거쳐 최종 확정된 단지 배치안에 대해서는 다음과 같은 항목에 대하여 타당성 여부를 검토하여야 한다. 이러한 검토과정을 거쳐 개선이 필요할 경우 상기 과정을 반복하며 최종 설계안을 결정한다.

– 시공성
– 계통연계 타당성
– 환경영향평가(소음, 그림자 영향 등)
– 개선 여부

3.1.3 결 론

해상풍력은 대규모 전원(電源) 개발이 가능하고 비교적 민원에서 자유로우며 설비 이용률이 높을 뿐만 아니라 관련 산업 유발효과가 매우 크기 때문에, '저탄소 녹색성장'이라는 국가비전 달성과 수출산업화를 통한 신성장동력 창출이라는 두 마리 토끼를 잡을 수 있는 신재생원으로 평가되고 있다.

본 절에서는 풍황자원 분석의 중요성과 함께 개발부지에 대한 입지평가 방법 및 단지 배치설계 과정을 살펴보았으며, 해상풍력 개발이 확대될 경우를 대비한 국가적인 전력계통 연계방안의 수립 필요성을 확인하였다. 특히, 초고압 직류송전방식(HVDC)을 이용한 대규모 신재생원 전용 전력선 구축은 해상풍력뿐만 아니라 동북아 슈퍼그리드 추진전략과 맞물려 상당한 의미가 있을 것으로 보이며, 육상의 배후계통 보강에 소요되는 천문학적 비용을 절감할 수 있는 합리적 대안으로 판단된다. 단지설계 분야에서는 단지효율 향상을 위한 최적 배치설계의 중요성을 확인하였고 이를 위한 터빈 배치형태의 결정과정을 살펴보았다. 입지평가 및 단지설계와 관련한 일련의 과정들은 사업초기에 수행되는 것으로 향후 본 사업의 경제성을 좌우할 수 있는 중요한 결정사항들을 다수 포함하고 있다. 따라서 단지 개발자는 이 단계에서 기술역량을 집중하여 정확한 자원분석과 입지평가, 그리고 최적의 단지설계가 이루어지도록 최선을 다하여야 한다.

그러나 국내에서 지속적인 해상풍력개발이 이루어지기 위해서는 앞서 언급된 개별 사업단계의 기술적 장애요인의 해소뿐만 아니라 해양환경의 보호와 난개발 방지를 위한 정부차원의 거시적 노력이 수반되어야 한다. 즉, 정부에서는 해상풍력 대상해역 전반에 걸친 전략적 환경영향평가(SEA, Strategic Environmental Assessment)를 시행하여 해양환경에의 영향 정도, 사회적 수용성, 매장 문화재 분포현황 및 군사·보안 시설과의 중첩 가능성과 같은 사회·환경적 요인에 대한 사전 스크린 작업을 수행하여야 한다. 이러한 업무는 범부처 차원의 협력이 필요한 사안으로서 정책적으로 추진되어야 하며, 이를 통해 해상풍력개발 가능지구를 사전에 고시함으로써 개별 사업자 및 지자체의 중복투자를 방지하고 난개발을 막을 수 있으며 궁극적으로는 해양 환경을 보호할 수 있다.

끝으로 해상풍력은 단순한 해양 구조물이 아닌 '다양한 요소가 결합된 하나의 정교한 시스템'으로서 인식되어야 한다. 즉, 기계(터빈, 블레이드)·토목(기초, 타워)·해양(환경, 어류)·화학(부식, 방식)·생물(조류, 해상 포유류)·전기(해저 케이블, 해상변전소)·전자(스카다, 상태감시) 등 다양한 분야의 전문가들이 각자의 영역에서 제 역할을 다해야 비로소 '시스템이 안전하게 구동'된다고 할 수 있다. 여기에 정부의 적극적인 지원정책과 지자체의 협조, 민간의 투자, 그리고 학계 및 연구소의 연구개발 성과가 결합될 때, 하나의 완성된 시스템으로서 본연의 기능을 다하게 된다. 이런 의미에서 해상풍력은 국가적 역량을 결집하여 추진하여야 하고 '제2의 조선산업'으로 성장할 수 있도록 각계의 아낌없는 지원과 노력이 뒤따라야 할 것이다.

3.2.1 서 론

최근 들어 우리나라에서는 동북아 물류 중심 경쟁에서 앞서나가기 위한 목적으로 많은 신항만이 건설되고 있고 이어도 해양관측기지나 장대 해상 교량과 같은 다양한 해양 구조물의 계획 또는 시공되고 있으며, 조력/조류 발전소나 해상풍력발전 단지 등 무궁무진한 해양 자원을 개발하고자 하는 시도가 활발히 진행되고 있다. 이렇듯 다양한 분야에서 해양 구조물을 안전하게 설계 및 시공하기 위해서는 구조물을 지지하고 있는 해저지반의 특성을 정확하게 평가하는 것이 상당히 중요하며, 따라서 지반 특성 파악을 위한 신뢰성 있는 시험장비의 개발 및 연구가 필요하다는 것은 주지의 사실이다.

해양의 경우, 육상과 마찬가지로 상부구조물의 종류 및 외부 환경조건 등에 따라 지반조사 항목이 달라진다. 해상풍력 구조물을 설계하는 데 활용되는 지반조사 항목 및 지반 물성치에 대해 DNV-OS-J101(2007) 기준을 참고하여 간단하게 소개하면 다음과 같다.

① 지반조사는 상세설계를 위한 모든 지반정보를 얻을 수 있을 만큼 수행하여야 하는 것으로 정의되어 있으며, 일반적으로 현장지질조사, 해저면 지형조사, 시추 및 원위치 시험 보정을 위한 물리탐사, 시료채취를 통한 실내실험, CPT와 같은 원위치 시험 등을 포함한다.

② 지반조사는 기초뿐만 아니라 상부구조와 터빈의 안전성에 영향을 주지 않는 범위까지 필요한 정보를 얻을 수 있도록 수행되어야 하고, 엄밀한 지반조사를 위하여 해상 기초에 대한 이해가 풍부한 전문 지반기술자가 현장지반조사 전 과정에 입회하여야 한다.

③ 횡방향 하중에 저항하는 말뚝을 설계하기 위해서는 콘관입시험(CPT) 1공과 시료채취를 위한 시추조사 1공을 충분한 깊이까지 수행하는 것을 원칙으로 하는데, 재킷 기초에서는 말뚝지름의 10배까지, 단말뚝은 말뚝지름의 1/2 정도까지 조사하여야 한다.

④ 축하중에 대한 말뚝 설계를 위해서 최소 콘관입시험 1공과 인접한 위치에서 시추조사 1공에 대하여 말뚝 밑으로 그 영향이 미치는 깊이까지 조사를 수행하여야 한다.

⑤ 불균질한 지층이 있거나 연약층이 존재하는 경우에는 추가적인 지반조사를 수행하여야 한다.

⑥ 단독 설치되는 풍력발전기초는 최소 1공의 실내실험을 위한 시추조사가 필요하며, 단지로 조성되는 풍력발전기초는 각 기초에 1공의 시추조사와 1공의 콘관입시험이 필요하다. 균질하지 않은 지반에 설치되는 풍력단지에서는 기초와 기초 사이에서 추가적인 조사를 수

행할 수 있다.

⑦ 해저 케이블이 시공되는 위치에서는 계획된 선형에 따라 설계에 필요한 심도까지 상세지반조사를 수행하여야 한다.

⑧ 지반이 견고하여 콘관입시험이 불가능한 경우에는 표준관입시험(SPT)과 같은 다른 현장조사방법으로 대체하여 적용할 수 있다. 이 경우에도 점토나 실트질 지층에서는 콘관입시험을 수행하는 것을 권장한다.

본 고에서는 국내에서 많이 활용되고 있는 해양지반조사 중 천공에 의한 조사 기법의 현황 및 향후 개선 방향에 대해서 정리하였다. 우선 해상풍력 구조물과 관련한 지반조사 항목에 대해 DNV 설계기준을 바탕으로 정리하였으며, 육상지반조사와 해양지반조사의 차이점 및 국내 해양지반조사 사례에 대하여 소개하였다. 이후 기존의 국내외 해양 지반조사 기법 및 문제점에 대하여 간략하게 정리하였으며, 마지막으로 최근 국내 R&D를 통해 개발하고 있는 해양 지반조사 장비에 대해 요약·정리하였다.

3.2.2 육상지반조사 vs 해양지반조사

현재 해양에서 수행되는 지반조사는 육상지반조사 기법들이 거의 대부분 활용되고 있지만, 조류나 파랑 등 여러 가지 열악한 해상 조건으로 인해 효율적인 면이나 경제적인 면에서 육상에 비해 많이 부족한 것이 현실이다. 특히, 우리나라에서는 SEP (Self Elevated Platform) 바지와 같은 해상 작업장 위에서 육상 장비를 그대로 활용하는 정도로 천해에서의 해양지반조사에 국한되어 있으며, 대수심에서의 작업이 필요할 경우 외국의 장비를 주로 활용하는 데 고가의 비용이 소요되고 있는 실정이다. 따라서 향후 해양 구조물에 대한 수요 증대 및 해양지반조사의 중요성을 감안할 때 국내 독자적인 기술로서 대수심/대심도에 적합한 해양지반조사 장비의 개발이 반드시 필요하다 할 수 있다.

그림 3.15는 일반적인 육상지반조사 모습을 나타낸 것이고, 그림 3.16은 국내 현장에서 활용되고 있는 해상작업장을 이용한 해양지반조사 모습을 나타낸 것이다.

그림 3.15 육상지반조사

그림 3.16 SEP barge에서 수행 중인 해양지반조사

국내에서는 이미 다양한 해양지반조사를 수행한 바 있다. 일례로 인천대교 현장에서는 지반시추조사와 함께 표준관입시험을 실시하였으며, 공내재하 시험이나 주사검층(BHTV) 등 다양한 원위치 시험을 수행한 바 있다(그림 3.17). 이 외에도 거가대교 침매터널 현장에서는 대수심 및 높은 조류 속으로 인해 해상 작업장을 활용하기 어려웠기 때문에 D cm 구간의 상태 확인을 위한 목적으로 외국 소유의 착저 방식 해양 콘관입시험을 수행한 사례가 있다(그림 3.18).

그림 3.17 인천대교 건설 현장 해상의 시추공 주사검층 실험 모습(조성민, 2007)

그림 3.18 거가대교 건설 현장의 착저식 해양 콘관입시험기(해양수산부, 2007)

3.2.3 기존의 해양지반조사 기법

(1) 개 요

현재 세계적으로 해양지반의 공학적 특성을 규명하기 위하여 사용하고 있는 방법은 단순 시추조사, 시료채취 및 원위치 시험 등이 있다. 표 3.8에서 제시한 장비별 시추 깊이를 살펴보면 실험심도는 대체적으로 매우 깊은 수심에서도 가능하며, 코어형 시추기는 표층 0.1~6.0m 내외까지 사용 가능하지만, 굴진형 시추기의 경우에는 원치 등의 부대장비가 지원된다면 아주 깊은 심도까지 시추가 가능하다. 우리나라의 경우, 현재까지는 별도의 해양 시추장비가 없으며 대부분 해외 장비를 활용하고 있다.

표 3.8 시추장비의 성능

Equipment description	Maxmum water depth(m*)	Penetration(m*)
Drill mode borings from vessels	Unlimited**	Unlimited**
Rock corer(seabed unit)	200 m	2~6 m
PRODTM seabed drilling/coring	20~2,000 m	2~100 m
Basic gravity corer	Unlimited**	1~8 m
Piston corer	Unlimited**	3~30 m
Vibrocorer	1,000 m	3~8 m
Box corer	Unlimited**	0.3~0.5 m
Seabed push-in sampler	250 m	1~2 m
Grab sampler(mechanical)	Unlimited**	0.1~0.5 m
Grab sampler(hydraulic)	200 m	0.3~0.5 m

* 이 표는 일반적인 경우에 해당함
** 원치와 각종 부대 장비에 의해 결정됨

국내외의 해저지반조사 장비를 작용 수심별로 살펴보면 그림 3.19와 같이 나타낼 수 있다. 수심 20~30 m에서는 해상작업장을 설치하여 육상장비를 옮겨 시험을 수행하며 기상조건의 여부에 따라 조류 및 파도에 의해 작업에 영향을 크게 받는다. 이보다 수심이 깊은 경우에는 다운홀(downhole) 방식을 활용하거나 장비를 해저면에 내려놓고 실험을 수행하는 착저 방식, 또는 선박 형태로 작업이 가능한 시추조사선(drill ship)을 이용하는 방식 등이 있다.

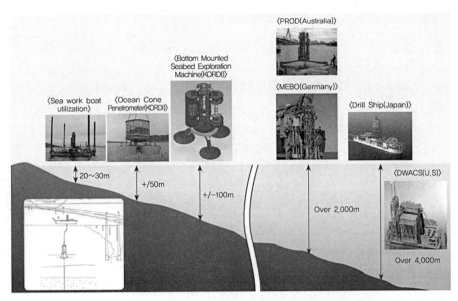

그림 3.19 심도별 국내외 해저지반조사 장비 현황(김우태 등, 2011a)

이 절에서는 천해 조건에서 활용되고 있는 해상 작업장의 종류에 대해 알아보고, 구조물 설계를 위해 해저지반의 공학적 특성을 파악하는 데 활용되는 다양한 해양지반조사 기법들을 표층 탐사와 해저면 아래층에 대한 원위치 시험 및 시료채취 기법 등으로 구분하여 알아보고자 한다. 해상 작업장을 활용하는 천해용 실험과 착저 방식의 심해용 실험 기법을 소개하고, 각각의 문제점에 대해서도 제시하였다.

(2) 해상작업장

해상조사에서 가설작업장은 안전, 능률, 조사 성과의 품질확보에 적절하게 기능하는 것이 중요하다. 가설작업장은 강성의 양부에 의해 작업의 정도가 크게 좌우되기 때문에 선정하는 데 충분한 고려가 있어야 한다. 가설작업장에는 여러 가지 형식이 있고 조사목적, 수심, 해상조건, 교통 선박의 운행 빈도, 조사현장에서 수배가 가능한 크레인선의 규모, 그리고 경제성이 가미되어 선정되는 것이 보통이다.

해상 가설작업장의 종류와 적용수심에 대해서 분류하면 표 3.9와 같이 된다.

표 3.9 해상 가설작업장의 종류와 적용수심(해양수산부, 2007)

구분	작업장 종류	구조 형식		적용수심(m)	적용 크레이선 능력(tf)	
부체작업장	선박식 작업장	선박방식		100~200		
		대선방식		5~30		
고정작업장	강제작업장	이동방식		5~30	5~10 m(수심)	50
					10~20 m(수심)	100
					20~30 m(수심)	300
		항타방식		10~20		
	스팟트식 작업장	SEP 방식	대형	15~20	(트럭크레인 45)	
			중형	10~15	(트럭크레인 30)	
			소형	5~10	(트럭크레인 25)	
		대형 SEP 방식		10~30		
	파이프식 작업장	현지조립장식		2~5	10	
		육상조립설치방식		5~10	50~100	
	원통형 작업장	원통단체방식		50~100		
		원통·대선조합방식				
		경동자재형 공법		30~50	30	
		서스팬드 공법		20~40	10	
	부이식 작업장	슈퍼 부이방식		20~60	50	

① 부체작업장

부체작업장은 고정작업장의 설치가 곤란한 대수심의 경우나 정온인 해역에서 이용되는 일이 있다. 부체작업장의 종류는 선박식 및 반잠수식이 있다. 선박식은 상하(pictching)나 좌우(rolling)에 흔들리기 때문에 보링이나 샘플링에 악영향을 주는 가능성이 높고, 특히 교란되지 않은 샘플링을 수반하는 조사에는 부적절하였지만, 최근에는 상하 및 좌우의 흔들림을 흡수할 수 있는 기구가 개발되어 샘플러를 사용할 수 있게 되었다.

선박식 작업장의 경우, 작업에 걸리는 시간이 일반적으로 공당 3~4일 이상 걸리기 때문에 위치를 유지하는 것이 상당히 중요하다. 배의 위치를 유지하기 위하여 앵커링을 하지만 수심 20 m 정도가 한계인 것으로 알려져 있다. 그 이상의 수심에서는 DP(Dynamic Positioning) 등의 위치유지 시스템을 이용하여야 한다. 한편 반잠수식은 석유 굴삭링 등에 이용되어 지고 있는 작업장으로 건설공사를 목적으로 한 해상에 있어서 지질조사의 규모에서는 도저히 채산성이 맞지 않기 때문에 이용되는 일이 적다고 생각되지만, 안정한 해상작업장의 하나임에 틀림없다.

② 고정작업장

고정작업장은 해상에서 토질조사에는 필수적인 것이다. 항만공사 시방서에 의하면 해상작업에서 작업장은 '작업의 안전 및 조사 정도를 확보할 수 있는 구조의 보링작업용 작업장을 이용하는 것으로 한다'로 되어 있다. 고정작업장에는 대표적인 강제작업장과 스팟트식 작업장(소형 SEP)이 대표적이지만(조성민, 2007), 이외에 천해역 특히 수 m보다 얕은 수심에서는 파이프식 작업장이 적절하다. 또 대수심 해역에서는 원통식 작업장이 적합하다.

강제작업장은 고정작업장 중에서 가장 신뢰도가 높은 것으로 알려져 있다. 강제작업장은 10 m 이하의 소형에서부터 수심 30 m 정도에서 사용할 수 있는 작업장 높이 40 m급의 대형까지 있다. 스팟트식 작업장은 4개의 다리로 작업대를 지지하는 방식으로 그 작업대는 이동 시에 부체로 되어 4개 다리를 상승한 상태로 이동할 수 있기 때문에 크레인선을 필요로 하지 않는 점이 강제 작업장에 비해 경제적이다.

파이프식 작업장은 육상에서 이용되는 가설작업장 파이프를 작업선에 의해 현지에서 조립하기도 하고 육상에서 조립한 것을 크레인선으로 운반하여 설치하기도 한다. 어느 것도 수심이 비교적 얕은 곳이나 육상으로부터 뻗어나온 작업장에 적합하다.

부이식 작업장은 슈퍼 부이식 작업장으로 불리고 원통형 작업장의 일종으로 분류할 수 있지만 다른 것이 앵커와이어에 의해 안정을 확보하는 데 대해 슈퍼부이식 작업장은 부이를 수중에 인입하는 것으로 앵커와이어 없이 자립하는 구조이기 때문에 반잠수식 작업장의 일종으로 생각할 수가 있다.

그림 3.20 다양한 종류의 SEP 바지선(조성민, 2007)

(3) 해양물리탐사

3차원 천해 지진파 조사 및 사이드 스캔 소나 조사 등으로 이루어진 지구물리탐사는 넓은 범위의 해저면 상태를 제공한다. 대표적인 조사방법은 다음과 같다.

– 수심 및 해저면 경사를 나타내는 수심측량술(bathymetry)

– 해저면 상태 분석을 위한 사이드 스캔 소나

– 해저 지층 분석을 위한 지진 반사파

지구물리학적 데이터의 경우, 지반공학적인 설계에 유용하게 활용되기 위해서는 실제 지반의 물성치가 필요하며 해저면의 상태를 확보하는 데 필수적인 정보로 쓰일 수 있다. 지구물리탐사 데이터는 지반시추조사 결과와 연계 및 내삽 작업을 통해 넓은 범위의 해저면 결과 및 해저 지층 물성 결과를 확보할 수 있다.

해양물리탐사의 경우 크게 수심측량, 해저면 분석, 그리고 지층탐사 등 3가지 목적으로 이루어지고 있다. 그림 3.21은 3가지 형태의 해양물리탐사 개념을 나타낸 것이다. 먼저 수심측량의 경우에는 수심을 정량화하고 3차원 이미지를 제공함으로써 원하는 위치에서의 해저면 경사에 대한 중요한 정보를 제공함과 함께 고대 해저면 경사지 형태 또는 토석류(debris flow), 화산이나 급경사와 같은 지형학적 특성 등을 파악할 수 있게 한다. 음향 측심기(echo sounder)는 가장 보편적인 수심측량장비이다. 이는 음파를 이용하여 수심을 측정하는 장비로 단시간에 고정밀 측량이 가능하여, 선박의 항해에 필수적이고, 수로측심, 준설 측심 등 수중측심에 사용될 수 있다.

사이드 스캔 소나는 음파를 이용한 수중영상촬영 장비로 공기 중의 카메라와 같은 역할을 수행하며, 수중물체 파악, 2차원 지형조사 등 수중환경 파악에 필수적인 장비이다. 이를 통해 해저면 상태를 이미지 형태로 구할 수 있다. 무인잠수정(ROV, Remotely Operated Vehicle)이나 towfish와 같은 장치에 부착하여 음파에너지를 활용함으로써 수중 이미지를 확보할 수 있는 것이다. 인공어초 조사, 수중폐기물 조사, 2차원 수중지형 조사, 침몰선박, 추락된 비행선체 및 익사체 조사, 해저파이프라인 및 해저 케이블 실태조사, 수중구조물 실태조사 등의 목적으로 활용될 수 있다. 짧은 거리에서 높은 해상도로 물체를 확인할 수 있는 고주파(500 kHz~1 MHz) 장치와 비교적 긴 거리의 물체를 낮은 해상도로 확인할 수 있는 저주파(50~100 kHz) 장치 등으로 구분할 수 있다.

연속적 지진파를 이용한 지층탐사기법인 천부지층탐사기(SBP, Sub-Bottom Profiler)는 음파를 이용 하여 지층을 탐사하는 장비로 지층의 직접적인 천공 없이도 지층의 파악이 가능하며, 전체적 지층구조의 파악이 가능한 장비이다. 주로 매몰된 유물조사, 해양 및 내수면 지질조사, 매몰된 해저파이프라인 및 해저 케이블 실태조사, 해양 및 내수면 지층조사, 매몰된 기뢰 탐색 등의 목적으로 활용된다.

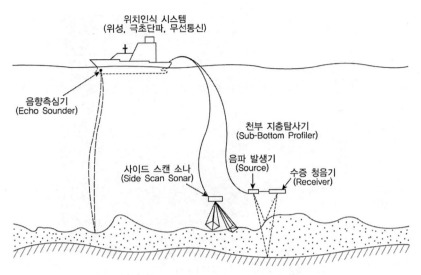

그림 3.21 해양물리탐사의 종류(음향측심기를 이용한 수심측량, 사이드 스캔 소나를 이용한 해저면 맵핑, 천부 지층탐사기를 이용한 해저지층 분석)

(4) 시추조사 및 시료 채취기법

현장 지반조사의 기본이라 할 수 있는 시추조사는 시추기를 이용하여 지반을 천공하면서 지반의 층서 및 층후, 암상 등을 파악하기 위하여 실시하며, 이는 육상과 해상 모두 동일하다. 지금까지 해상에서 이루어지는 대부분의 시추조사는 천해 조건(수심 30 m 이내)에 대한 것으로 해상작업장 위에 육상장비를 거치하여 이루어지고 있다. 또한 해양 구조물 설계를 위해서 해저 지반에 대한 시료채취도 함께 이루어지는데, 표층 시료를 비롯하여 해저면 아래 지층 시료에 대한 다양한 채취 기법이 있다.

① 표층 탐사

해저 파이프라인이나 해저 케이블 공사 등에 활용하기 위하여 해저면의 표층 지반에 대한 물성을 위주로 탐사하는 기법은 수심에 따라 다양한 방법으로 발전되어 왔다. 그림 3.22의 중력식 시료 채취기는 수심에 관계없이 활용 가능하며, 매립 지반의 물성 파악이나 외해 가스공학 등에 적용될 수 있으나 시료 채취 깊이는 1~8 m 정도로 제한되어 있다. 그림 3.23은 착저형 압입식 시료채취기를 나타낸 것으로 주로 다운홀(downhole) 방식과 연계하여 표층 1~2 m 깊이에서의 시료 채취에 활용된다. 물리 탐사 결과의 확인을 위한 목적으로 주로 활용되는 grab sampler(그림 3.24)는 0.5 m 이내의 아주 얕은 심도에서의 시료 채취에 국한된다.

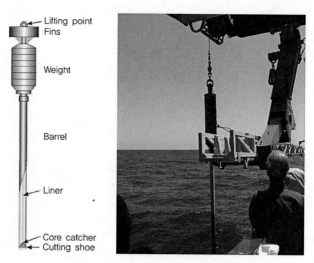

그림 3.22 중력식 시료채취기(http://shaldril.org/)

　각 시료채취 기법에 대한 시료의 품질을 다음 표 3.10과 표 3.11에 정리하였다. 코어형 시료채취기는 표층의 시료를 채취하지만 양질의 시료를 얻기 어려우며, 굴착형 시료채취기에서는 육상 장비와 마찬가지로 피스톤 샘플러(piston sampler)가 가장 품질이 우수한 시료를 얻을 수 있으며 암반에서는 회전식 코어링 장비에서 좋은 품질의 시료를 얻을 수 있는 것을 알 수 있다.

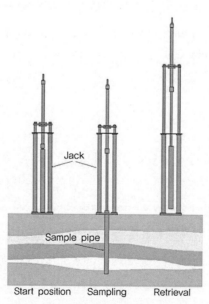

그림 3.23 착저형 압입식 시료채취기

그림 3.24 Grab sampler

표 3.10 코어형 시료채취기별 시료의 품질

Type of equipment	Sampling quality			Recovery (relative to length of sample tube)		
	sand	clay	rock	sand	clay	rock
Gravity/Piston corer	2	3	1	1	3~4	1
Vibrocorer	2~3	2~3	1	3~4	2~3	1
Grab sampler	1~2	1	1	1~2	2	1
Box corer	1~2	5	1	1	5	1
Rotary corer	1	2	3~4	1	3	3~4

1 : 불량 또는 부적합, 2 : 심각하지 않은 경우 가능, 3 : 보통 정도, 4 : 좋음, 5 : 매우 좋음

표 3.11 굴착형 시료채취기별 시료의 품질

Type of equipment	Sampling quality			Recovery (relative to length of sample tube)		
	sand	clay	rock	sand	clay	rock
Hydraulic piston sampler	0~4	5	1	3	5	1
Hydraulic push sampler	3~4	4~5	1	3	5	1
Hammer sampler	1~3	2~3	1	3~4	3~4	1
Rotary coring	2	2	3~4	1	3	3~4

1 : 불량 또는 부적합, 2 : 심각하지 않은 경우 가능, 3 : 보통 정도, 4 : 좋음, 5 : 매우 좋음

② 해저 착저형 장치에 의한 시료채취

해상조사는 육상의 조사와는 다르고 수심, 조류, 파랑 등의 영향을 피할 수 없고 끊임없이 가혹한 조건 속에서 가동률이 낮은 작업이다. 또 해상작업은 좁은 공간에서 행해지기 때문에 큰 위험성을 수반하고 비능률적인 작업으로, 해상작업의 안전성과 능률화를 도모하기 위하여 조사기

기를 해저면에 가라앉혀 모선에서 원격조정에 의한 방법을 생각할 수 있다. 해저 착저형 보링장치는 해저의 암반 코어링에 원비트런 방식(코어링이 종료하면 1회마다 장치 전체를 들어 올려 코어를 회수한다)이 이용된 것이 최초이다. Seikan 터널의 사전조사 등이 있다. 그 후 항만지역의 대수심 해역의 연약지반에서 '교란되지 않은 시료'의 샘플링을 목적으로 해저착저형 장치의 연구개발이 1970년 초기에 시작되어 1978년에는 연구 성과가 결실을 보아 실용장치(MAS-78)를 제작하였다. MAS-78의 개념도는 그림 3.25와 같으며 장치의 전체 모습을 나타낸 것이다. 이 장치에는 와이어 라인로드나 샘플러를 장치 전체에 반송하는 엘리베이터가 탑재되어 있다. MAS-78은 Kamaishi 만 입구부에 계획된 지진, 해일 방파제 건설을 위한 조사에 이용되었다.

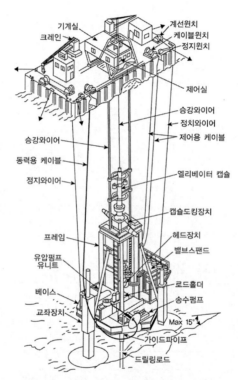

그림 3.25 해저착저형 샘플링 장치의 개요도
(출처 : 日本土質工學會, "海の構造物と基礎", 土質工學ライブラリ- 39)

(5) 원위치 시험

해상지반조사에서도 해상작업장을 이용하여 육상과 마찬가지로 다양한 종류의 원위치 시험이 활용되고 있다. 특히, 시추조사와 함께 표준관입시험은 재래식 시험법임에도 불구하고 모든 현장에서 기본적으로 이루어지고 있고, 연약지반의 경우에는 콘관입시험이나 원위치 베인시험 등이 적용되고 있다. 이 외에도 T-bar 시험 등이 최근 도입되었다. 원위치 시험의 해석방법은 육상 장비를 활용할 때와 다르지 않다. 본 서에서는 해석방법보다는 활용 장비 및 측정방법을 위주로 설명하고자 한다.

① 콘관입시험

콘관입시험은 최근 선단 저항, 간극수압, 주면마찰저항의 3개 성분을 계측할 수 있는 것이 주류로 되어 있다. 당초 정적 콘관입시험은 선단저항의 한 성분을 계측할 수 있는 방식으로 지층의 경연, 다짐 정도를 조사하는 것을 목적으로 시작되었다. 그 후 간극수압이 계측되도록 되어 흙의 분류에서 압밀정수 나아가 액상화의 판정 등으로 그 활용범위가 넓어지고 있다.

대수심 조건에서는 다운홀 방식(그림 3.26) 또는 착저 방식의 시험이 활용될 수 있다. 다운홀 방식의 해양 콘관입시험기는 드릴에 의해 굴착된 굴착면에서부터 관입이 이루어진다. 즉, 원하는 깊이까지 선상의 동력장치나 시험기 자체의 동력원에 의해 드릴링 작업이 이루어진 후, 관입이 이루어지는 방식이다. 다운홀 방식의 시험장비는 근본적으로 드릴링에 의한 지반의 관입이 발생하기 때문에 현재 이용 중이거나 개발 중인 대부분의 장비들이 지반의 교란을 최소화하는 방향으로 목표를 잡고 있다.

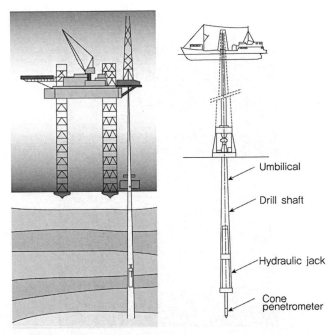

그림 3.26 다운홀 방식 콘관입시험기(해양수산부, 2007)

반면 착저 방식은 해저면에 장비를 착저시킨 이후 콘관입을 진행하는 방식으로 수심의 제약이 없을 뿐만 아니라 시험법이 상대적으로 간편하다. 이에 따라 시험 비용 또한 경제적인 것으로 알려져 있다.

그림 3.27은 프랑스의 IFREMER에서 사용하고 있는 착저식 해양 콘관입시험기이다(Meunier et al. 2004). 이 장비의 특징은 연속적인 관입을 위해 코일 형태로 감겨진 로드를 사용한다는 점이다. 감겨진 형태의 로드로 인하여 장비의 이동이 편리하고 취급 또한 용이하다는 장점이 있다. 또한 로드의 관입을 위해 배터리에 의해 작동되는 휠 형태의 관입장비가 사용되고 있다. 휠은 관입력뿐만 아니라, 감겨진 로드가 관입 전 펴지게 하는 역할도 하고 있다. 로드가 코일 형태이기 때문에 기존에는 단면적 $1\,cm^2$의 소형 피에조콘이 사용되었으나 이 장비는 $10\,cm^2$의 표준 콘을 활용하고 있으며 최대 $30\,m$까지 관입이 가능하다. 사용 수심은 $6,000\,m$ 내외이며 측정 데이터는 로깅 케이블에 의해 실시간으로 선상에 전달된다.

그림 3.28은 네덜란드의 A.P. van den Berg사에 의해 개발 및 제조된 해양 콘관입시험 장비인 ROSON rig를 나타낸 것으로, 현재 전 세계적으로 많은 지반조사 회사들에 의해 이용되고 있다. 여기서는 콘 로드를 관입하기 위하여 한 쌍의 롤러 휠이 사용되고 있는데, 로드를 잡아주는 장치는 유압을 사용하며 관입시키는 휠은 배터리에 의해 전기식으로 작동된다.

그림 3.27 착저식 해양 콘관입시험기(Meunier et al., 2004)

그림 3.28 ROSON rig(해양수산부, 2007)

② 원위치 베인시험

원위치 베인시험은 원위치 시험에서 점성토의 전단강도를 직접 측정할 수 있기 때문에 샘플링하여 얻어진 시료를 이용하여 구한 전단강도보다 원위치의 값보다 가까운 값이 얻어지는 것으로 알려져 있다.

원위치 시험에서 이용되는 베인의 치수는 일반적으로 폭 5 cm, 높이 10 cm를 많이 볼 수 있다. 이 시험에서 중요한 것은 지반에 압입한 베인을 편심하지 않도록 회전시키는 것이다. 실제 문제로 로드의 굽힘이나 기울기를 없애는 것은 불가능하고 로드길이가 길수록 그 영향은 현저하게 되어 축을 벗어나지 않도록 회전하는 것은 어려운 일이다. 특히, 해상에서 이것을 요구하는 것은 더더욱 곤란한 일이다. 그러므로 해상의 대수심이나 대심도에서는 로드를 이용하지 않는 방법이 적절하다. 즉, 베인의 바로 위에 회전을 주는 기구 및 회전각이나 비틀림을 측정하는 기구를 설치하여 와이어라인 공법과 조합하여 해상부에서 리모콘 조작하는 것으로 축을 벗어나지 않는 회전이 가능하게 되었다. 그림 3.29는 Halibut 원격조작 베인 시험장치를 보여주고 있는데, 이는 착저 형태로 활용할 수 있다.

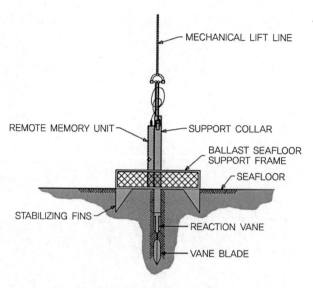

MECHANICAL LIFT LINE

REMOTE MEMORY UNIT

SUPPORT COLLAR

BALLAST SEAFLOOR
SUPPORT FRAME

SEAFLOOR

STABILIZING FINS

REACTION VANE

VANE BLADE

그림 3.29 Halibut 원격조작 베인시험기

③ T-bar 또는 볼(ball) 관입시험

그림 3.30에 나타난 T-bar 또는 볼 관입시험은 콘관입시험과 유사한 시험이긴 하지만, 매우 연약한 지반의 전단강도를 신뢰성 높게 측정할 수 있는 시험방법이다. T-bar 관입시험(TBT, T-Bar penetration Test)은 주로 착저식 방법에 대해 개발되고 검증이 완료된 반면, 볼 관입시험(BPT, Ball Penetration Test)은 착저식이나 다운홀(downhole) 방식과 관계 없이 수행할 수 있다. CPT와 마찬가지로 T-bar 또는 볼이 관입되면서 Bar 뒤에 있는 로드셀(load cell)에 의해 측정되는 저항력을 바탕으로 주로 경험적인 방법에 의해 지반의 물성을 파악할 수 있다. 매우 연약한 흙에서 발생되는 큰 저항력을 보다 개선된 해석기법에 적용하여 CPT에 비해 정확한 전단 강도를 산정할 수 있게 된다.

Wheel-drive를 활용한 착저식 관입장치에 부착되는 T-bar의 크기는 직경이 40 mm이고 길이가 250 mm이다. 로드셀 이외에도 2개의 간극수압 측정장치와 경사계를 36 mm 길이의 로드에 부착하여 관입 시 발생하는 간극수압과 함께 로드의 경사각도 측정할 수 있게 되어 있다. 관입 속도는 CPT와 마찬가지로 2 cm/sec이다. 반면 볼 관입시험기는 60~80 mm 직경의 볼을 활용하며, 볼 위의 샤프트(shaft) 직경은 20~25 mm 정도이다. 볼 안쪽 중앙 부분이나 볼 뒤쪽 샤프트 부분에 간극수압 센서도 부착하여 관입 시 간극수압을 측정할 수 있도록 하였으며, 관입저항을 측정하는 로드셀 이외에도 경사계도 부착하였다.

그림 3.30 T-Bar와 Ball 프로브(Kolk and Wegerif, 2005)

일반적으로 T-bar를 이용한 시험은 CPT에 비해 상대적으로 2가지 장점을 가지고 있다. 첫 번째로 로드셀을 통해 T-bar 상단 및 하단의 압력 차이, 즉 순압력(net pressure)을 산정할 수 있으므로 상재하중이나 정수압(수심)의 영향을 최소화할 수 있다는 점이며, 두 번째로는 콘계수 는 지반에 따라 ±40% 정도의 오차를 보이는 반면 T-bar 시험의 경우에는 순압력과 점성토의 비배수 전단강도 사이의 상관계수인 bar 계수의 오차는 ±10% 이내로 상당히 신뢰성 높게 활용 할 수 있다.

식 3.1은 측정된 관입저항력을 바탕으로 면적을 고려하여 보정된 저항력을 산정하는 식이다.

$$q_T \text{ or } q_{ball} = q_m - [\sigma_{v0} - u_0(1-\alpha)]A_s/A_p \tag{3.1}$$

여기서, u_0는 수심을 고려한 정수압, α는 CPT에서 활용되는 것과 동일한 것으로 간극수압 측 정장치를 고려한 면적비를 나타낸다. A_s/A_p는 관입체 선단 대비 주면의 면적비를 의미하는 것 으로 일반적으로 0.1 정도로 무시할 정도의 수준이다. 보정된 순압력(q_k)으로 비배수 전단강도 를 산정하기 위해서는 보정계수(N_{T-bar} or N_{ball})이 필요한데, Low 등(2010)은 해양에서 얻은 시 료를 바탕으로 구한 N_{T-bar}는 시료의 교란을 고려하여 약 11.0 정도로 제시하였다.

한편, Randolph와 Gourvenec(2011)은 연약한 토사층에서 비배수 전단강도를 산정하는 기법 인 콘관입시험과 원위치 베인시험, 그리고 T-bar 시험의 신뢰성을 표 3.12와 같이 서로 비교한 바 있다.

표 3.12 연약지반에 대한 원위치 시험 간 신뢰성 비교(Randolph와 Gourvenec, 2011)

구분	콘관입시험	T-bar 또는 Ball 관입시험	베인시험
불교란 비배수 전단강도	좋음	아주 좋음	보통
재성형 비배수 전단강도, 예민비	신뢰하기 힘듦	아주 좋음	보통
불교란 비배수 전단강도 측정 속도	20 mm/s 정도 + 로드 교환시간	20 mm/s 정도 + 로드 교환시간	1회 측정당 1~3분 + 관입시간 + 대기시간 등
연속적인 주상도	가능	가능	불가능
흙의 분류	좋음	가능함	적용 불가
압밀 특성	좋음	가능함	적용 불가

④ 프레셔미터 시험

보링공 내에서 행하는 재하 시험의 하나로 공내 수평재하 시험이 있다. 보링공을 이용하여 그 공벽을 가압하고 그때의 재하량과 공벽의 변위의 관계에서 지반의 정지토압, 항복압, 파괴압 등 강도 특성이나 응력계수, 변형계수 등 지반의 수평방향에서 변형 특성을 조사할 수 있다.

이 시험은 보링공벽을 가압하여 변형시키기 때문에, 공벽의 끝마침 상태가 시험 정도를 좌우하게 된다. 이 때문에 고도의 기술력과 조사 정도에 대한 배려가 중요하다. 또 이 시험을 해상에서 실시하는 경우에는 육상에서 필요한 기술력 이상으로 고도 또한 해상 특유의 특수한 삭공 기술력이 필요하다. 이 외에 해상의 경우, 해상 작업장을 사용하기 때문에 작업대와 해수면과의 5~10 m 정도의 차가 생기는 것이 보통이다. 그 때문에 시험장치에 수두차가 생기고 측정부가 시험 전에 가압상태로 되어 공벽에 압력이 걸려 적정한 시험을 할 수 없는 경우가 있다. 그 때문에 특수한 고안으로 수두압을 조절하는 기구를 조립한 마린 LLT로 불리는 시험장치가 개발되었다. 이 장치는 시험 종료 후 바로 그 아래의 샘플링이 가능하게 되었고, 1회 조작으로 2개의 일을 할 수 있도록 되어 있다. 대수심, 대심도의 경우 2개의 조작을 1회 로드의 승강공정에 행하기 때문에 경제성에 대단히 도움이 된다. 또한 와이어라인 공법과 조합으로 인해 효율적인 조사법으로 활용할 수가 있다.

(6) 대수심용 착저식 보링 및 원위치 시험 장비

그림 3.19와 같이 수심 조건에 따라 최근 들어 다양한 대형 착저식 지반조사 장비가 개발되어 활용되고 있다. 이 중 대표적인 장비를 소개하면 다음과 같다.

① MEBO(독일)

수심 2,000 m에 대한 시료채취를 주목적으로 개발된 독일의 대수심용 MEBO 장비는 보링 깊이가 70 m이고, 연약한 토사에서부터 단단한 암반까지 실험을 수행할 수 있다(그림 3.31).

그림 3.31 MEBO(Freudenthal and Wefer, 2006)

코어의 직경은 55~84 mm까지이며, 2,000 m 수심까지 운용 가능하다. 공기 중 무게는 10 tf 정도이며, 전체 시스템의 무게는 약 75 tf 정도이다. 20 TEU 컨테이너에 보관하여 전 세계 어디든 이동 가능하게 설계, 제작되어 있다. 그림 3.32와 같이 MEBO를 바다에 진수하기 위해서는 umbilical을 활용하게 되는데, 동력 전달뿐만 아니라 원격제어를 위한 센서 신호 연결 등의 역할을 한다. 드릴로드 및 드릴링 장치 등의 보관, 작업 공간 등을 위한 컨테이너 또한 확보하고 있다.

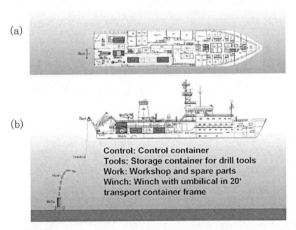

그림 3.32 선박을 활용한 MEBO의 운용 모습(Freudenthal and Wefer, 2006)

3 m 길이의 로드를 운용하며, 따라서 50 m 심도의 보링을 위해서는 총 17개의 코어 배럴과 16개의 로드가 필요하다. 연약 퇴적토의 경우 관입식 코어배럴을 암반의 경우에는 회전식 코어배럴을 활용한다. 해저면 착저 시 3개의 발판을 이용하여 장비의 안전성을 증대시키고자 하였으며, 장비에 부착되어 있는 수중 비디오카메라 및 다양한 센서를 활용하여 작업 중 제어 및 운용을 원활하게 하고자 하였다.

② PROD(호주)

호주의 Benthics Geotech Pty Ltd에서 보유하고 있는 PROD (Portable Remotely Operated Drill)는 해저 착저식으로 운용되는 해양지반조사 전용 장비로서(그림 3.33), 선박에서 전력 공급뿐만 아니라 지반조사 작동을 원격으로 조작이 가능하며, 이송이 간편하고 보링 및 샘플링을 비롯하여 다양한 원위치 시험을 수행할 수 있다(Kelleher and Randolph, 2005)

(a) 수중 진수 모습(Lunne, 2010)   (b) 수중 진수 모습(출처 : http://www.bgt.com.au/)

그림 3.33 PROD

PROD의 가장 큰 특징 중의 하나는 시험 위치까지 이송이 간편하다는 점인데, 독일의 MEBO와 같이 이동을 위한 20인치 컨테이너를 활용하여 전 세계 어느 곳이든 관계없이 운반이 가능하다는 점이다(그림 3.34). PROD의 공기 중 무게는 10 tf, 수중 무게는 8 tf이며, 길이는 6 m이다. 총 260 m의 rod(drill rod 100 m, sampling barrel 100 m, casing 60 m)를 보유하고 있다. 보링 이외에도 토사 및 암반 샘플링, 콘관입시험기(CPT), 볼관입시험기(BCT), 다운홀 시험, 세굴 측정 장치 등을 수행할 수 있다.

PROD를 운용하기 위해서는 최소한 4개 이상의 컨테이너가 필요한데, 운영실(control room, 그림 3.35), 실내실험실(CPT 준비 포함), drill rod 보관실, drill tool 보관실 등이 있다.

싱가포르와 미국, 앙골라, 노르웨이, 영국, 한국 등에서 다양한 실적을 보유하고 있으며, 한국에서도 프로젝트를 수행한 바 있다. 2005년 11월 우리나라 동해 인근에서 수심 1,000~1,600 m 조건에 대한 보링 및 샘플링을 수행하였다. 1,000 m 수심 조건에서 20 m 보링하는 데 약 6시간이 소요되었고, 1,500 m 수심 조건에서 40 m 보링하는 데 약 12시간이 소요되었다. 여기에서는 PROD에 부착되어 있는 hydrocarbon 센서를 이용하여 실시간 메탄 하이드레이트 검사도 함께 수행한 바 있다.

그림 3.34 PROD 선박(출처 : http://www.bgt.com.au/)

그림 3.35 PROD 운영실(control room)(출처 : http://www.bgt.com.au/)

시료는 그림 3.36과 같이 플라스틱 라이너에 보관하게 되고, 필요시 실내실험실에서 간단한 실험도 수행하게 된다. 모래나 실트, 점토의 경우에는 44 mm 직경, 2.75 m 길이의 피스톤 샘플러를 활용한다. 연약한 점토나 혼합토의 경우에는 24시간 동안 약 70 m의 시료를 채취할 수 있으며 모래층의 경우에는 케이싱을 많이 설치하여야 하는 관계로 시간이 더욱 많이 소요된다.

그림 **3.36** 시료보관실(출처 : http://www.bgt.com.au/)

③ DWACS(미국)

미국의 Williamson & Associates, Inc.에서는 수심 4,000 m, 심도 150 m를 대상으로 시료채취 장비인 DWACS를 개발 운용 중이다(Murray, 2010). 공기 중 무게는 13 tf, 수중 무게는 12 tf 정도이며, 폭 3.7 m, 길이 8.1 m에 높이 5.7 m로서 다른 장비에 비해 상대적으로 큰 규모이고, 40 ft의 컨테이너에 이송, 보관할 수 있도록 제작되어 있다(그림 3.37). 시료채취 직경은 최대 73 mm이고 최대 추력은 9 tf 정도이다. 그림 3.38은 해상에서 운용하고 있는 모습을 나타내고 있다.

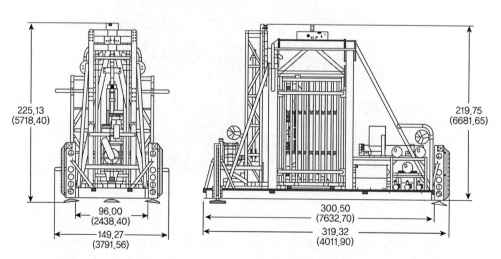

그림 **3.37** DWACS의 설계 단면(Murray, 2010)

그림 3.38 DWACS의 현장 활용 장면(출처 : http://shaldril.org/)

④ GREGG(미국)

미국 GREGG 사에서는 수심 3,000 m, 심도 150 m에 적용할 수 있는 해저 착저식 장비를 개발하였으며, 시료채취 및 원위치 시험을 주목적으로 하고 있다. 크기는 5.4×3.8×6.6 m이고 공기 중 무게는 약 10 ton이다. 이 장비는 로드를 공급하기 위하여 다관절 로봇 팔을 활용한다(그림 3.39). Wireline 방식을 이용하여 최대 85 mm 직경의 시료채취 및 CPT를 수행할 수 있다.

그림 3.39 GREGG사의 해저지반조사 장비(Robertson 등, 2012)

⑤ 대수심용 착저식 장비 비교

표 3.13은 Osborne 등(2010)이 대수심용 착저식 해저지반조사 장비를 다양한 기술적인 이슈에 대해 비교한 것이다. 적합도 및 우수성에 따라 0~5점으로 구분하고, 각각 점수를 매긴 것으로 PROD 장비가 다른 장비에 비해 전체적으로 가장 우수한 것으로 제시하였다.

표 3.13 착저식 해저지반조사 장비의 기술적 수준 비교

분류	기술적인 이슈	착저식 해저지반조사 장비			
		DWACS	GREGG	PROD	MeBo
외부 환경 측면	진수 및 회수 時 기후 상태	3	3	3	3
	운용 시 기후 상태	3	3	3	3
	해저면 표층 경사	3	3	3	2
	표층 연약지반 적합도	4	4	5	2
	모래 및 실트 적합도	3	3	3	1
기능적 측면	관련 시스템의 실적	4	3	4	2
	채취 시료의 질적 수준	3	3	5	2
	원위치 시험의 질적 수준	3	5	5	1
	생산성(대수심, 천부심도)	3	3	5	2
	유지관리 프로그램	4	4	5	4
	여유 장비	4	4	4	4
	신뢰성	3	3	3	2
	회사의 장비 및 인프라	2	3	4	2
	작업자 숙련도	3	4	4	3
	시스템의 정확도	4	4	5	3
기술적 측면	장치 적합도	4	4	5	2
	구축된 장비 파워	4	4	4	4
	다른 시스템 의존도	3	3	3	3
	합계	57	60	70	42

〈점수 기준〉 0 : 적합하지 않거나 고려되지 않음, 1 : 요구되는 기능을 만족하기 어려움, 2 : 평균 요구 기능보다 수준이 낮음, 3 : 평균 정도임, 4 : 평균 요구 기능보다 수준이 높음, 5 : 아주 높은 수준임

(7) 기존 해양지반조사 방법의 문제점 및 개선방향

앞서 설명한 바와 같이 해상작업장을 이용하는 천해용 지반조사와 대수심용 지반조사 방법에는 조사 방법이나 활용 장비 등에 있어 큰 차이가 있다. 각각의 경우에 대해 서로 다른 문제점을 가지고 있는데, 이를 간단하게 정리하면 다음과 같다.

① 해상작업장을 이용한 천해용 해양 지반조사 방법의 문제점

천해에서의 해양지반조사는 육상에서 활용 중인 시험기를 그대로 활용하여 실험을 수행할 수 있지만, 육상의 경우에 비해서 능률이나 정도가 자연조건에 의해 크게 좌우된다. 이는 조류나 파랑, 항적파 등 육상에서는 생각할 필요가 없는 장애를 가지고 있기 때문인데, 시험위치의 수심에 따라서 작업 방법에 큰 차이가 있다. 작업 공간을 위해 사용되는 가설작업장은 안전, 능률, 조사 성과의 품질확보에 적절하게 기능하는 것이 중요하다.

이렇듯 천해에서의 해양지반조사는 육상에서 활용 중인 시험기를 그대로 활용할 수 있기 때문에 시험기 자체에 대한 문제점은 없다고 할 수 있는 반면, 가설작업장을 이용하여야 하는데 이 작업장의 경우 조류나 파랑, 그리고 바람 등 작업환경 및 안전성에 영향을 미칠 수 있는 다양한 변수가 항시 존재한다는 문제점을 가지고 있다. 즉, 해상에서 열악한 조건에서 작업을 하기 때문에 발생할 수 있는 여러 가지 실험 수행에서의 문제점과 수심이 10 m 이상이 되는 경우나 지반이 아주 연약한 경우에는 바지선과 같은 작업장 자체의 안전성에도 문제가 발생할 수 있다. 또한 지중으로 관입되는 로드가 바로 지반 속으로 관입되는 것이 아니라 바다 속을 통하여 관입되기 때문에 로드가 자유롭게 놓이는 구간이 증가하게 되며, 이렇게 로드의 자유장 길이가 증가하면 로드가 좌굴되어 파손이 발생할 수도 있고 파랑이나 조석 등과 같은 해수의 유동으로 인해 로드가 충격을 받아 실험결과에도 악영향을 미칠 수 있다. 그리고 시험 위치에 해당하는 수심에 따라 약간씩 차이가 있을 수 있긴 하지만, 천해에서의 해양지반조사 비용의 거의 대부분이 가설작업장에 소요되고 있는 실정이다.

② 심해용 해양지반조사 방법의 문제점

심해에서는 파고가 높고 유속이 클 뿐만 아니라 수심이 깊기 때문에 가설작업장의 적용이 힘들다. 따라서 다운홀(downhole) 방식이나 착저형(seabed) 방식 등의 기법이 활용되는데, 다운홀 방식은 굴착된 보어 홀의 바닥으로부터 장비를 관입시키는 방식이고, 착저 방식은 해저 바닥면에서 직접 관입시키는 방식이다. 큰 규모의 해양 공사의 경우, 지반조사를 계획하는 데 두 가지 방식의 시험방법 중 어느 방법을 택할 것인가 하는 문제는 어떤 목적으로 시험이 수행되며 어느 정도의 정밀도를 요구하는가에 따라 달라진다.

다운홀 방식의 시험장비는 굴착 후 관입의 과정이 일반적이기 때문에 보다 깊은 심도까지 시험을 수행할 수 있는 장점을 지니고 있을 뿐만 아니라, 드릴링에 의해 원하는 심도에 도달한 후 관입이 이루어지므로 중간에 존재할 수 있는 단단한 층에서도 시험이 수행될 수 있다. 그리고 다양한 지반조사 방법과 병행할 수 있고, 현장 시료의 채취를 가능할 수 있다. 그러나 다운홀 방식은 지반조사를 위한 전용선박에서 흔들림을 제어할 수 있는 특수한 장비(dynamic positioning)를 사용하여 시험기가 파랑이나 바람에 흔들리지 않도록 하여야 하기 때문에 실험에 매우 많은 비용이 소요되는 단점이 있고, 또한 단단한 지층에 대한 드릴링의 작업 시 지반을 교란시킨다는 문제점을 가지고 있다.

착저식 시험 장비는 장비 자체의 경량화, 소형화로 인하여 운용이 쉽고 빠르다는 장점을 지니고 있다. 이는 여러 다른 위치에서 신속하게 시험을 수행할 수 있도록 해주고 있다. 특히, 수심이 깊어질수록 이러한 장점은 더욱 빛을 발하게 된다. 또한 드릴링 작업이 없기 때문에 이에 의해 발생할 수 있는 지반의 교란을 제거할 수 있어 양질의 시험결과를 얻을 수 있다.

3.2.4 해양지반조사 관련 국내 R&D 동향

지금까지 국내 해양구조물은 대부분 항만이나 해상교량 등 20 m 이내의 천해 조건에 위치하였으나, 최근 들어 다양한 종류의 해양 구조물 수요가 증대되고 있고 설치 수심 또한 점차적으로 깊어지고 있는 추세이다. 해외의 경우 해양플랜트 구조물의 설계 및 시공을 위한 목적으로 2,000 m 내외의 대수심 조건에서 지반조사를 수행할 수 있는 다양한 조사장비가 개발 및 활용되고 있다. 하지만 국내의 경우에는 해상 작업장과 육상용 장비를 활용한 해양지반조사가 대부분으로 30 m 이상 깊은 수심 조건에 대한 조사 장비가 전무한 실정이다. 따라서 증가 추세의 해양 구조물 수요와 수심이나 조류 등 열악한 해양환경을 고려하여 이에 적합한 해저 지반조사기법 개발이 필수적이다.

2000년대 초반부터 국내 독자적인 기술을 바탕으로 해양지반조사 장비의 개발이 진행되고 있다. 이 중 대표적인 것이 연약지반을 대상으로 수행 가능한 해양 콘관입시험기와 모든 지반에서 수행 가능한 해저지반 보링 및 시료채취/SPT 장비를 들 수 있다. 이에 대해 간략하게 정리하면 다음과 같다.

(1) 해양 콘관입시험기

한국해양과학기술원에서는 국토해양부의 연구개발 과제의 일환으로 해양 연약지반의 물성을 신뢰성 있고 경제적으로 측정할 수 있는 착저식 해양 콘관입시험기를 국내 독자적인 기술로 개발하였다(장인성 등, 2007). 국내 해양의 지형 및 지질 조건과 가용 선박조건 및 기존 해양 콘관입시험기가 가지고 있는 단점을 해결할 수 있는 조건 등을 고려하여 다음과 같이 시험기의 제원을 결정하였다. 먼저, 대상지반 및 수심의 경우, 최대 시험 수심은 60 m이고(적정 활용 수심 : 10~40 m), 최대 시험지반두께는 GL−60 m 정도, 지반의 표준관입시험 N=40 정도까지 적용하는 것으로 계획하였다. 여기서 장비 규모의 경우, 콘의 관입에 의한 반력을 자중으로 활용하고자 하는 목적으로 총중량은 11 ton(수중 중량 기준) 정도로 하였고, 부가되어 있는 앵커식 기초(석션파일)의 용량까지 고려한다면 약 20 ton 이상의 반력을 확보할 수 있도록 하였다. 그리고 장비의 폭은 차량 탑재 한계인 2.3 m를 기준으로 정하였으며, 높이는 2.5 m이다. 여기서 콘 및 로드의 직경은 일반적인 표준콘에 해당되는 35.7 mm이다.

새로이 개발되는 무인 착저용 해양 콘관입시험기는 수중에서 무인 착저식 전자동의 개념으로 작동되기 때문에 육상에서 사용하는 콘관입시험기와는 상당히 다른 제작 기술을 요구하는데, 이 시험기의 핵심 기술로는 신축이 자유로우면서 강성을 확보하는 관입로드 시스템, 휠드라이브 시스템을 이용한 자동관입기술, 콘의 연속 관입을 위한 관절형 로드 연결 및 제거 기술, 무인 작업을 위한 자동센서기술, 대수심에서의 작업을 위한 수밀기술 등 다양하다.

그림 3.40과 같이 원통형의 기초를 3함 설치하고 석션 기초 기술을 이용하여 지반에 완전히 밀착시킴과 동시에 지반에 안정적으로 위치할 수 있도록 제작되었다. 장비 내부는 공기로 채우고 외부 수압과 동일한 공기압을 유지하도록 자동 제어하여 장치의 내구성을 높이게 되며, 만약을 대비하여 모든 내부 장치는 수중에서도 작동이 가능하도록 제작하였다. 그리고 콘이나 측정 장치 등은 기존에 육상에서 활용되고 있는 장치를 그대로 활용하였다.

그림 3.40 개발된 무인 착저식 해양 콘관입시험기(I)

그림 3.41은 착저식 해양 콘관입시험기의 다른 예를 보여주고 있다. 이는 휠드라이브와 석션 기초를 활용한다는 측면에서는 4.1의 장비와 유사하지만, 콘 로드를 장비에 연속적으로 연결한 상태에서 관입 및 인발을 한다는 측면에서는 다른 방식이다. 이 장비의 경우에는 약 15 m 심도의 물성을 신속하게 파악할 수 있는 장점을 가지고 있다.

그림 3.42는 국내 서해안 해상(수심 약 30 m)을 대상으로 실험한 결과를 나타낸 것이다. 그림 3.42(a)는 해상작업장 위에 육상보링장비를 활용하여 구한 SPT 및 보링 주상도를 나타낸 것이고, 그림 3.42(b)는 육상콘관입시험장비를 활용하여 구한 CPT 결과이다. 상부 12 m 정도까지는 N 값이 0인 점토층이 분포하고 있는 것으로 나타난다. 육상 콘관입시험 결과는 상부 선굴착으로 인해 2.0 m까지는 결과를 얻을 수 없을 뿐만 아니라 조류의 영향으로 9.5 m 이후의 결과를 확보하지 못하였다.

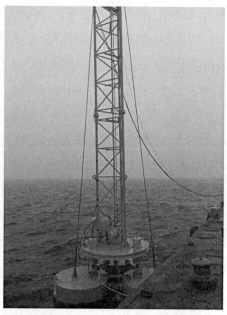

그림 3.41 개발된 무인 착저식 해양 콘관입시험기(II)

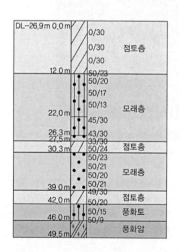
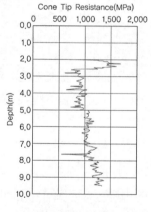
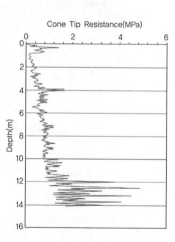

(a) 보링 및 표준관입시험 결과

(b) 해상작업장 및 육상장비를 활용한 CPT 결과

(c) 착저식 장비를 활용한 CPT 결과

그림 3.42 서해안 해상에서의 현장지반조사 결과 비교

반면 착저식 실험 결과를 나타낸 그림 3.42(c)를 보면, 전반적으로 단단한 모래층의 위치 면에서 보링 주상도 결과와 유사하지만, 점토층의 콘저항력이 1 MPa 이상으로 나타나 N 값이 0인 SPT 결과의 신뢰성에도 한계가 있음을 예상할 수 있다. 이는 조류 SPT에서 조류의 영향으로 인

해 보링 동안 발생한 확공이나 교란 때문인 것으로 파악된다. 이 현장의 경우에는 조류가 상당히 큰 지역으로 앞서 언급한 바와 같이 해상작업장을 활용한 실험의 신뢰성이 낮으며, 착저식 실험 방법의 필요성을 확인할 수 있다.

(2) 해저지반 보링 및 시료채취/SPT 장비

① 장비의 개요

한국해양연구원에서 개발 및 제작 중인 착저식 해저지반조사 장비는 해저면에 착저하여 유선에 의한 원격 조정이 가능한 무인 자동화 지반조사 장비이며, 100 m의 수압 조건에서 심도 50 m까지 지반 굴착이 가능한 보링 장비 기술을 개발하는 것이다(김우태 등, 2011a; 2011b).

본 장비는 수심 100 m에서 보링 및 표준관입시험이 가능하게 하기 위하여 전기, 전자, 제어, 기계 작업이 가능한 장비 제작 기술과 100 m 수압 조건에서 전원, 유압, 신호, 제어 케이블 연결 기술을 개발하고 있다. 또한 해저 지반의 심도 50 m까지 굴착할 수 있는 장치(물 순환 장치, 로드 회전 장치, 로드 관입 장치 포함)를 제작하고 있으며 그에 필요한 자동 착탈식 로드 50 m 이상 제작, 자동 착탈식 토사 지반 공벽 보호용 케이싱 장치, 로드 및 케이싱 자동 연결 및 분리 시스템, 로드 및 케이싱 자동 공급 및 수납 시스템, 무인 원격 조정이 가능한 장비 제어 시스템 기술, 다양한 표층 지반에 사용 가능한 착저식 프레임 장치 기술을 포함하고 있는 장비이다.

또한 해저면 착저 후 drilling 장치를 통해 형성된 보링공에서 무인 자동화 현장 원위치 시험 장비를 활용하여 해저지반의 설계정수를 3가지 이상 분석하는 장비 기술과 분석 시스템 기술을 포함하며 무인 자동 표준관입시험(Standard Penetration Test)을 통해 저항치 N 값을 산정한다. 여기에 필요한 기술로 자동 표준관입장치 기술, 자동인양 및 낙하 기술, 자동제어 해머 타격 속도 조절 기술, 타격회수 자동측정 기술, 타격당 관입량 자동측정 기술, 표준관입시험 시 교란 시료채취 및 보관기술, 해저지반조사 장비 활용 설계정수 분석 시스템 기술, 수중에서의 획득한 자동 표준관입시험 N 값 분석 기술, 개발 장비를 활용한 설계정수 도출 기술들이 있다. 이 외에도 토사 및 암반 시료채취를 위한 샘플링 및 코어링 장치도 개발 장비에 포함되어 있다.

② 장비의 설명

그림 3.43은 2012년 현재까지 개발이 진행되고 있는 해저지반조사 장비를 나타낸 것으로 하부의 모양이 직사각형으로 보링과 표준관입시험이 가능하도록 설계가 되어 있다. 그림 3.43에 있는 번호의 설명은 다음과 같다.

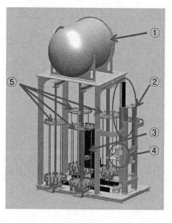

① 내압탱크
② 표준관입시험
　재하장치
③ 로드공급모듈
④ 자동관입모듈
⑤ 로드보관모듈

(a) 모식도　　　　　　　　　　(b) 제작 중인 장비

그림 3.43 해저지반조사 장비

㉠ 내압 탱크 : 내압 탱크는 수심 100 m의 조건에서도 작동할 수 있는 구조로 설계 및 제작되었다. 이 내압 탱크의 내부에는 각종 유압 시스템과 유압모터, 전기제어, 측정데이터, 각 모듈과 작동되는 모습을 관찰하는 비디오카메라의 송수신 장치가 장착되어 있다.

㉡ 표준관입시험 재하장치 : 표준관입시험의 결과인 N 값은 63.5 kg 해머가 76 cm 높이 자유낙하 조건에서 지중으로 스프릿 스푼 샘플러(split spoon sampler)가 30 cm 관입될 때까지의 타격횟수이다. 육상에서 사용하는 장비와 동일한 조건의 자유낙하 조건을 구현하기 위하여 수밀된 케이스를 제작하여 케이스 내에 해머를 자유낙하시키는 방법으로 수중에서도 육상에서와 동일한 N 값을 구할 수 있도록 제작되었다. 해저에서 사용되기 때문에 수밀성이 보장되어야 하며 또한 낙하 에너지는 육상장비와 동일하게 로드에 전달되어야 한다.

㉢ 로드공급모듈 : 2기의 그리퍼를 이용하여 ㉤의 로드보관모듈에서 케이싱이나 로드를 그리퍼를 이용하여 파지하여 케이싱을 이동시켜 자동관입모듈에 공급하고 굴착 후 케이싱이나 로드, 그리고 샘플러를 회수하여 로드 보관모듈에 보관할 때 사용된다.

㉣ 자동관입모듈 : 자동관입모듈은 보링작업 시 모터가 회전을 하면서 관입을 하는 장치로서 케이싱이나 로드의 결합과 분리를 할 수 있게 상부의 모터가 회전을 하며 회전 모터가 장착된 테이블이 상승과 하강운동이 가능하다. 로드 공급 모듈에서 공급받은 케이싱을 자동관입모듈의 회전 모터에 장착하여 모터가 회전하면서 하강을 하여 보링 작업을 수행하도록 설계되었으며 작업 후 케이싱이나 로드를 회수 시 상승을 하여 로드이동모듈로 케이싱을 회수하게 된다.

⑰ 로드보관모듈 : 굴착 심도 50 m까지를 목표로 하기 때문에 케이싱과 로드를 충분히 보관할 수 있도록 설계되어 있다. 해저지반조사 장비의 착저 후 보링 작업을 할 경우 BX 케이싱, NX 케이싱, AW 로드, AW 로드+SPT 샘플러의 4가지의 로드와 케이싱을 준비하여야 하고 또한 보링 시 케이싱의 선단에는 토사용 메탈비트와 암반출현 시 사용되는 다이아몬드비트가 장착되어 있다. 그리고 표준관입시험 시 사용되는 다수의 AW 로드와 각 지층마다 시료채취를 위한 스플릿 스푼 샘플러가 심도 50 m까지 지반조사작업을 원활히 수행하도록 다수의 샘플러와 연결을 위한 AW 로드가 장착되어 있다.

③ 수중 SPT 자동화 장치

그림 3.44는 착저식 해저지반조사 장비를 개발하기 위한 SPT 모듈로서 해저 지질 조사용 표준관입시험 장치이다. 기존의 육상에서 사용되는 표준관입시험 장치는 육상에서 지반을 조사하기에는 적합하지만 해저의 지질을 조사하는 데 어려움이 있다. 해양에서는 물의 저항 등으로 인해 육상에서와 동일한 조건으로 표준관입시험을 하기 어려운 여러 가지 문제점이 있다.

따라서 본 연구에서 개발된 해저 지질 조사용 표준관입시험 장치에서는 그림 3.44(a)와 같이 밀폐 케이스를 이용하여 수밀성을 유지하도록 하였다. 또한 밀폐케이스의 하부와 로드의 연결 부분은 씰링 처리를 하여 항타 중에도 밀폐케이스의 수밀성을 유지하도록 하고 방식 처리를 하였다. 항타기 내부의 무게가 63.5 kg의 해머의 운동은 그림 3.44(b), (c)와 같이 상부의 유압실린더의 작동에 따라 실린더 하부에 장착되어 있는 그리퍼가 하부로 이동을 하여 해머를 걸고 상승하여 항타높이인 76 cm까지 상승하면 그립 해제부재에 의해 해머를 잡고 있는 그리퍼가 해제가 되어 해머가 자유낙하를 하면서 연결 로드를 타격하여 지반 조사를 수행하는 구조이다. 해머의 연결 로드에 수직으로 낙하하도록 2개의 가이드라인에 의하여 해머는 수직으로 낙하운동을 하게 된다. 이와 같은 운동으로 육상장비와 동일한 에너지를 전달하도록 설계되어 있다.

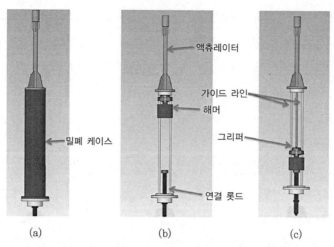

그림 3.44 수중 SPT 자동화 장치의 작동 순서

새롭게 개발된 SPT 타격 시스템의 타격 에너지에 대한 정량적인 평가와 보완이 필요하다. 검증실험은 이천지역의 풍화대를 대상으로 하였고 측정 장치는 Pile Dynamics Inc.(PDI)사의 Pile Driving Analyzer (PDA) 장비를 이용하였다. SPT 타격 시 로드를 통하여 샘플러에 전달되는 탄성파 신호를 측정한 결과이다. 보링공의 위치에서 타격 시 감지된 시간에 따른 응력파의 힘의 크기와 가속도의 크기를 산정하고, 인장파가 도달된 시간까지의 힘에 관한 적분값을 해머의 이론적 에너지 값으로 나눈 값, 즉 SPT 타격 에너지 비(%)를 나타내었다. 해머의 이론적 에너지 식은 다음과 같다.

$$E_n = W \times h \tag{3.2}$$

여기서, E_n : 해머의 에너지

W : 해머의 중량

h : 해머의 낙하고

그림 3.45는 PDA 장비를 이용하여 얻은 SPT 에너지 효율 테스트 결과이다. SPT 효율 시험은 네 지역에서 각각 10~20차례의 시험을 하였다. 타격시험 결과 타격 에너지 효율이 평균 약 78%를 나타내었으며 이론적인 에너지 효율과 비교하여 국제 표준 값으로 인정되는 60% 효율을 상회하는 결과값이다. 이 값은 한국도로공사에서 개발한 육상용 자동 SPT 장비(Auto SPT)의 에너지 효율 테스트 결과인 평균 80.1%와 유사하다.

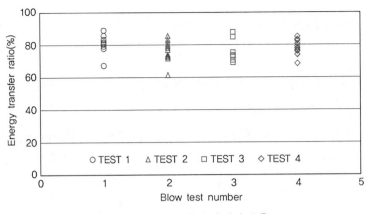

그림 3.45 SPT 해머 에너지 효율

3.2.5 맺음말

지금까지 국내외에서 활발하게 활용되고 있는 해양지반조사 기법 중 천공 방식에 의한 조사기법을 위주로 정리하였다. 천공 방식 이외에도 지반을 구성하는 각 지층의 물리적 성질의 변화와 특성을 조사하는 지구물리학적 탐사(geophysical survey) 역시 해상지반조사에 널리 활용되고 있다. 다른 기회에 해상물리탐사 기법에 대해서도 소개할 수 있을 것이다.

지금까지 국내 해양구조물은 대부분 항만이나 해상교량 등 천해 조건에 대한 것인 반면 최근 들어 해상풍력을 포함한 해양에너지 시설 및 해양플랜트 시설 등 점차적으로 대수심 조건으로 변해가고 있는 추세이다. 이에 따라 다양한 종류의 해양 구조물 수요가 증대되고 있고 설치 수심 또한 점차적으로 깊어지고 있다. 대수심 조건에 대한 지반조사의 경우, 해외 장비를 임대할 경우 활용장비의 제한으로 인해 천문학적인 비용이 소요될 뿐만 아니라 적절한 시기에 적절한 장비를 활용하기가 어려울 수 있다. 따라서 국내 독자적인 기술을 통해 착저식 해저지반조사 장비의 개발이 필수적으로 이루어져야 하며 나아가서는 대수심 조건(100 m 이상 수심)에 맞는 시추선박(drill ship)의 개발 또한 필요하다 할 수 있다.

현재 국가연구개발사업을 통해 개발되는 해저지반 보링 및 시료채취/SPT 장비(수심 100 m, 심도 50 m 조건)는 단순한 기술개발보다는 실제 현장 적용에 주목적이 있으며, 현장검증을 통해 장비의 성능이 입증된다면 향후 사업화 및 실용화에 상당히 유리한 입지를 확보할 수 있을 것으로 판단된다. 향후 다양한 분야에서 해저지반조사 장비가 사용될 수 있기 때문에 보다 정확한 지반정수들을 도출해내고 순수 국내 기술로 개발 및 제작되어 국가의 예산 절감뿐만 아니라 개발된 여러 핵심기술들을 다양한 분야에 적용되어 기술 확보에도 크게 기여할 것으로 기대된다.

해저 케이블 설계 및 시공 | 윤상준

해상풍력단지는 다수의 풍력발전기로 구성되어 있다. 각각의 발전기는 단지 내부 계통연계망과 외부송출 계통연계선으로 연결된다. 이러한 계통연계 수단은 해저전력 케이블을 통해서 이루어진다. 해저 케이블 설계와 시공 과정은 전체 해상풍력단지의 성패를 좌우하는 많은 요소들을 내포하고 있다. 특히 해저 케이블의 시공 내용을 충분히 이해하여야 해저 케이블 또는 풍력단지의 최적화된 설계가 가능하다.

3.3.1 해저 케이블 시공 개요

해저 케이블 시공 기술은 지난 20년간 급격하게 발전되어왔다. 해저 케이블 제조기술도 단일 연속 케이블로 160 km 이상의 해저전력 케이블까지 생산하게 되었다. 해저 케이블 설치선박은 6,000 ton 이상의 해저 케이블을 싣고 GPS 신호와 선박 추진기 제어 시스템을 연동시키면서 작업을 한다. 해양 유가스 플랫폼 시장에도 이러한 해저 케이블 설치 기술이 적용되면서 관련 기술의 발달을 촉진시켜왔다. 최근 원격무인잠수정(ROV)을 포함하는 해양조사장비와 기술의 비약적인 발전으로 해저면의 상태를 매우 정밀하고 손쉽게 파악할 수 있게 되었다. 그러나 여전히 해저 전력 케이블 설치작업은 많은 어려움을 내포하고 있는데, 해저 케이블 특성, 설치 경로상의 문제, 설치에 필요한 장비 등에 대한 다양하고 심도 있는 사전 검토가 필요하다. 성공적인 해저 전력 케이블의 설치를 위해서는 설치선박과 기술자, 보조 장비에 대한 신중한 선택 및 조합이 요구된다.

3.3.2 해저 케이블 설치선박

해저 케이블 설치선박은 설치 프로젝트에서 가장 중요한 요소이다. 전 세계적으로도 대용량의 해저 전력 케이블을 한 번에 싣고, 설치 작업을 원활하게 수행할 수 있는 장비를 보유한 설치선박의 숫자는 제한적이다. 일반적으로 해저 케이블 공사에 사용되는 40 kg/m의 대구경 해저 전력 케이블의 경우 150 km의 연장에 소요되는 해저 케이블의 중량은 약 6,000 ton이 되는데, 이러한 설치작업을 원활히 수행할 수 있는 설치선박은 'Skagerrak' 및 'Gulio Verne' 등이 해당되고, 전 세계적으로도 몇 척 되지 않는다.

그림 3.46 'Skagerrak' DP2 선박(출처 : www.4coffxhore.com)

이러한 고사양 설치선은 수요가 몰릴 때 상대적으로 높은 일일 임차료로 계약된다. 물론 해저 통신 케이블 설치선박은 대용량의 설치선이 다수 존재한다. 그러나 대다수 통신 케이블 선박은 선박에 탑재된 해저 케이블 제어 장비들이 해저 전력 케이블을 설치하기에 적합하지 않다. 해저 전력 케이블은 상대적으로 무겁고, 굵은 직경을 가지고 있어서 통신 케이블 선박은 적절한 개조를 거쳐야 해저 전력 케이블 설치 작업에 투입될 수 있다.

특정한 설치선이 아닌 경우에도 임시로 개조된 선박을 동원하여 작업에 투입할 수는 있다. 바지선과 지원선(supply vessel)도 해저 케이블 포설을 위한 부속 장비를 탑재하여 작업을 수행할 수 있다. 바지선은 자항 능력이 없지만 예인 선박이나 앵커를 이용하여 조심스럽게 이동하면서 포설작업을 할 수 있다.

케이블 설치선 결정 시 바다에서는 바람과 파도에서도 안정성을 유지하기 위한 장치들이 필수적이며, 해저 케이블 적재용량, 해저 케이블을 다루기 위한 갑판 면적 및 선원을 위한 공간들이 고려되어야 한다. 바다에서는 바람과 파도에서도 안정성을 유지하기 위한 장치들이 필수적이다.

그림 3.47과 같은 바지선은 자항 추진기가 없기 때문에 다른 선박에 의해 목적지까지 예인되고, 해저 케이블 포설작업 시에는 앵커 계류 라인 및 윈치를 사용하여 선박을 움직인다.

그림 3.47 예인되고 있는 해저 케이블 바지선의 일반적인 모습

최근에 건설되고 있는 고성능 다목적 설치선의 요구사항들은 다음과 같다.

① 6,000~7,000 ton의 해저 케이블 적재 용량을 가진 턴테이블(또는 케이블 탱크)

② 접속실과 케이블 텐셔너(cable tensioner)를 위한 선미 공간

③ 케이블 조출(내보내기)을 위한 대형 휠 또는 슈트(chute 또는 sheave)

④ 추가적 해저 케이블 포설 장치나 임시 턴테이블을 거치하기 위한 고강도 갑판

⑤ 해저 케이블을 다루기 위해서 케이블 트랙 위에 거치된 크레인

⑥ 응급 시를 대비한 헬리데크(helideck 또는 helipad)

(1) 적재 용량

케이블 설치과정에서 가급적이면 한 번에 많은 용량의 케이블을 설치선에 선적하여 케이블 부설 위치까지 이동할 수 있어야 한다. 짧은 케이블을 여러 차례 싣고 나가서 작업을 하게 되면 선박 및 장비의 임대비용이 상승할 뿐만 아니라 해상에서의 접속 작업 중에 예상치 못한 위험이 발생될 수 있기 때문이다. 해저전력 케이블 설치에 활용할 수 있는 대형선박은 턴테이블 외경이 30 m 정도이고 용량으로 6,000 ton이 되는 선박이며, 케이블 사양에 따른 부피나 중량이 적재 용량의 제약 요소가 될 수 있다.

(2) 턴테이블

턴테이블(Turntable 또는 Carousel)은 수직축을 가지고 해저 케이블을 감아 저장할 수 있는 장치이다. 회전해서 감을 수 없을 경우에는 고정 탱크에 정리해서 저장(coiling store)하기도 한다. 대부분의 턴테이블은 바닥층으로부터 차례로 수평한 층 형태로 적재된다. 이와 달리 실이나 소구경 케이블을 감는 일반적인 방식처럼 턴테이블 중앙 수직축을 바닥으로 삼아 아래위로 번갈아 층층이 감는 방식도 있다. 'H P Lading' 설치선의 경우가 그런 예인데, 해저 케이블의 적재 또는 조출 시 텐션 조절에 이상이 발생하게 되면 케이블이 적재상태에서 흘러내릴 수 있으므로 유의할 필요가 있다.

그림 3.48 턴테이블(Turntable 또는 Carousel)(출처 : http://subseaworldnews.com)

일부 선박은 두 개의 독립적인 턴테이블을 가지고 있다. 이런 경우 해저 케이블 두 개선이 동시에 포설될 수 있으며 설치선에는 선미 또는 선수에 두 개의 조출구가 있어야 한다. 이때 조출구에는 해저 케이블이 적절한 곡률반경 이상으로 미끄러지며 조출될 수 있는 휠(wheel), 슈트(chute) 또는 쉬브(sheave)를 설치하여야 한다.

하나의 케이블탱크에 안쪽 및 바깥쪽으로 나누어 해저 케이블을 적재할 수도 있다. 각각의 해저 케이블은 순차적으로 풀어낼 수도 있고 동시에 풀어낼 수도 있다. 이러한 방식은 일정 간격으로 복수개의 해저 케이블을 시공할 때 사용된다.

(3) 고정 케이블 탱크

원통 형태의 용기에 해저 케이블을 저장할 수 있는 구조물인데, 해저 케이블의 비틀림에 안정적이지 않다. 이 경우 케이블 적재와 조출을 위해 케이블 탱크 위로 상당한 높이에 고정시켜 놓은 통과휠을 거쳐야 한다. 케이블을 적재할 때에도 해저 케이블 제조사가 제공한 최저 곡률 반경 이상을 유지하여야 한다. 안팎의 지지대는 케이블 적재 시의 하중으로부터 케이블이 이탈되지 않도록 견뎌야 한다. 포설 시에는 적재 시와 반대로 하되, 내부 비틀림이 생기지 않도록 주의하여야 한다. 고정 케이블 탱크 사용 시 이러한 점 때문에 단일방향으로 충분히 완만하게 보강된 해저 케이블에 한해 사용한다. 단일 코어의 단층 와이어로 보강된 케이블이 고정 케이블 탱크를 사용하는 좋은 예이다. 중전압 삼상(medium-voltage three-phase) 해저 케이블도 같은 방법이 적용되어 감아두었다가 풀어낼 때 비틀림 등의 변형이 없을 경우에 사용될 수 있다.

그림 3.49 고정 케이블 탱크(출처 : www.wind.nl)

(4) 케이블 드럼

다수의 해저 케이블 설치 프로젝트는 짧은 길이의 해저 케이블이 대상이므로, 전용 설치선박이 필요 없을 때가 많다. 해상풍력단지 내에서 풍력발전기 사이를 연결하는 해저 케이블 길이는 대략 400~800 m이다. 이런 케이블은 바지선이나 지원선에 적당한 해저 케이블 텐셔너와 케이블 드럼을 갖추면 설치작업을 할 수 있다. 하지만 복잡한 내부계통망으로 구성된 단지에서는 바지선 이동 시의 앵커 사용이 해저 케이블에 손상을 입힐 수 있으므로, 터그선을 이용하거나 탈착식 DP 시스템을 사용하도록 요구되고 있다. 극단적으로 큰 수평축 드럼은 대구경 해저 케이블이나 파이프라인 설치에 사용된다.

그림 3.50 대구경 해저 케이블 및 해저파이프라인 포설용 드럼(세계로 호, 출처 : KTSubmarine)

(5) 위치 제어

모든 해저 케이블 선박은 지정된 위치에 해저 케이블을 설치할 수 있도록 원하는 방향으로 위치 제어를 완벽하게 할 수 있어야 한다. 계획된 위치나 방향에서 미세하게 벗어나더라도 해저 케이블의 상태나 포설의 정확성에는 치명적이다. 예상과 다르게 포설된 해저 케이블은 회수하여 재포설하거나 폐기하는 쪽으로 결정될 수도 있는데, 해저 케이블이 사전 준설 트랜치(pre-dredged trench)를 벗어나거나, 인허가 영역 이탈 및 위험 해역에 설치된 경우가 여기에 해당된다.

① 앵커 시스템

고전적 방식의 해저 케이블 설치선박은 위치 제어를 위해 앵커 시스템을 사용하였다. 자항 능력이 없는 바지선과 같은 설치선은 여러 방향으로 앵커를 뻗침으로써 위치를 유지한다. 이 앵커는 AHT (Anchor Handling Tug)를 이용하여 옮긴다. 케이블 설치 바지선은 보통 4~8개의 앵커를 가지고 있다. 앵커는 선박에 탑재된 윈치로부터 수백 또는 천 미터 이상 떨어진 지점에 연결되어 놓여진다. 바지선은 자신의 위치, 속력 및 진행방향을 이 윈치 작동을 통해 제어한다. 얕은 바다에서는 예인선과 함께 납작한 바지선을 동원하는 앵커링 방식의 설치선이 유리한데, 그 이유는 대형 설치선은 큰 흘수를 가지고 있고, 추력기의 원활한 작동에 깊은 수심이 요구되기 때문이다. 앵커링 방식은 설치 해역에 기존의 해저 케이블이나 해저파이프라인이 있을 때는 위험하다. 이러한 시설물들이 많은 수의 앵커로 인해 쉽게 손상될 수 있기 때문이다. 앵커링 방식은 자항 설치선에 비해 시간 소모적 작업임에는 분명하나 비싼 용선료는 피할 수 있다.

② DP (Dynamic Positioning) 시스템

이 시스템은 선박을 원하는 위치에 정선시키기 위해 항법 장치와 추진기들을 유기적으로 통합한 것이다. DP 시스템은 선박을 작업지에서 미리 정해놓은 경로로 움직일 수 있으며, 정해진 지점에서 원하는 방향으로 선수를 유지할 수 있게 한다. 강한 바람, 파고 및 조류가 선박의 경로를 이탈하게 만드는 경우에도 일정 범위 내에서는 위치 유지가 가능하다. 일반적으로 스크류 프로펠러도 추진기와 러더(rudder)를 통해 일정각도의 방향 조절이 가능하다. 그 외 몇 개의 다른 추진기는 러더 없이도 방향 조절이 가능하다. 선수와 선미의 터널 추진기(tunnel thruster)는 선박을 옆으로 이동시킬 수도 있고 한자리에서 회전시킬 수도 있다. 아지무스 추진기(azimuth thruster)는 선박 아래의 회전축에 달려있는 스크류 프로펠러이다. 이것은 대부분의 경우 360° 회전을 해서 어떠한 속도 상태에서도 뛰어난 선박 조종성능을 제공한다. 보통 두 개의 독립적인 아지무스 추진기가 선박 위치 제어를 하거나 원하는 방향으로 회전시킨다. 일부 선박은 얕은 바다에서 항해 및 작업하기 유리하도록 해수면 위로 접어 올리는 아지무스 추진기를 가지고 있다.

DP 시스템은 GPS 기반 항해 시스템, 토트 와이어(taught wire) 시스템 및 음향 수신기(acoustic beacon) 등 여러 가지 다른 항해 시스템을 사용한다. 대부분의 현대식 선박은 GPS 기반 시스템을 보유하고 있다.

이러한 선박은 IMO (International Maritime Organisation)가 정하는 여분의 시스템 보유 정도에 따라 DP0에서부터 DP3까지 등급이 매겨진다. 잉여(Redundancy) 시스템은 독립적인 추진기 및 항해 시스템뿐만 아니라 발전기와 다른 보조 시스템까지 모두 고장에 대비하여야 한다. 높은 DP 등급은 케이블 삭업의 안정성을 승가시키는데, DP 등급은 프로젝트의 요구와 위험도에 맞게 선정되어야 한다. 어떤 경우에는 프로젝트의 위험성을 낮추고자 보험사가 특정한 DP 등급의 선박을 사용할 것을 요구하기도 한다. 최근의 대다수 해저 케이블 프로젝트는 DP2 선박을 동원한다.

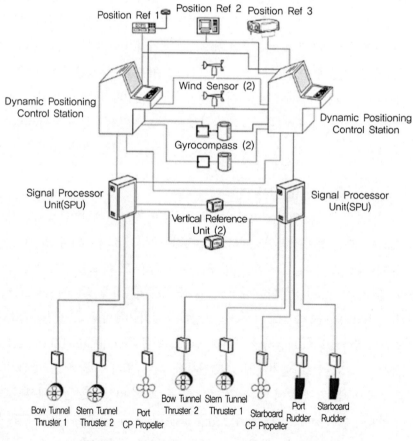

그림 3.51 DP System, Dynamic Positioning System

(6) 케이블 텐셔너(Cable Tensioner)

리니어 머신(linear machine, linear cable engine)이라고 불리기도 하는 케이블 텐셔너는 선상에서 해저 케이블을 안전하게 포설하기 위해 필요한 장비이다. 다수의 리니어 머신은 쌍을 이루는 바퀴들로 구성된다. 쌍으로 구성된 바퀴들은 케이블을 잡는 압력을 조절하기 위해 개폐가 가능한 구조로 구성된다. 케이블의 덩어리 접속부(bulky joint)가 통과할 때에는 개별적으로 작동되기도하며, 바퀴의 작동은 대체로 유압으로 한다. 리니어 머신은 케이블탱크와 가까운 갑판 또는 선미의 포설 휠 근처에 설치되어 있다. 케이블의 첫 머리단이 리니어 머신을 통과하기 시작할 때는 별도의 로프를 연결하여 당겨내야 한다. 해저 케이블이 바다 속으로 입수되면 리니어 머신은 제동(braking) 모드로 작동된다. 많은 장비들이 속력 조절 또는 텐션 조절 모드로 작동이 가능하다. 리니어 머신은 바퀴 대신에 무한궤도와 같은 마찰 벨트 형식이 사용될 수도 있다. 이때 바퀴와 케이블 표면에서의 마찰이 케이블이 허용하는 범위 내에 있어야 한다. 리니어 머신의 바퀴는 해저 케이블의 효율적인 제동과 당김을 위해 충분한 그립(grip)을 가져야 하고, 해저 케이블의 설계 및 제작 시 그 표면이 너무 미끄럽게 되어서는 안 된다. 리니어 머신과 턴테이블 및 선박은 섬세하게 상호 유기적으로 조절될 수 있어야 한다.

그림 3.52 케이블 엔진, Linear machine/engine(출처 : Parkburn)

(7) 케이블웨이, 롤러, 슈트, 포설 휠(Cableway, Roller, Chute and Laying Wheel)

해저 케이블 설치를 위해서는 케이블웨이, 롤러, 슈트 및 포설 휠 등의 장비가 필요하다. 각각의 설치 작업에서 각 장치들의 조합은 기본 요구 사항의 충족뿐만 아니라 안전하고 성공적인 작업이 되도록 선택되어야 한다. 특히 해저 케이블에 장력이 가해질 때 특정 곡률반경은 중요한 요소로 취급된다. 설치 작업에 있어서 장비 사양 결정시 비용을 절약하지 않는 것이 오히려 유리한 결과를 낳기도 한다. 강한 하중에 의하여 케이블 롤러가 파손되거나 상대적으로 약한 리니어 엔진(linear engine)을 사용하여 공기가 지연된 사례들이 다수 발생되었다.

포설 휠 또는 슈트에 능동 수직 동요 저감장치(dynamic heave compensation)를 설계하고 장착하는 것이 거친 해양 조건에서 해저 케이블 설치의 안전을 보장하는 방법이 될 수 있다. 포설 휠에서 수직 동요를 줄이는 다른 방법으로 선체의 상하 동요(heave)와 피치(pitch)가 적은 선박의 중앙 부근에서 작업하는 것도 방법이 될 수 있다.

(8) 케이블 긴급 절단기(Cable Emergency Cutter)

태풍, 갑작스런 고파랑 또는 강풍 및 강한 조류 등의 해양 환경하에서 이루어지는 해저 케이블 건설 작업 중에 불가피하게 해저 케이블을 절단해야만 하는 경우가 있다. 이때 절단은 신속하게 이루어져야 한다. 절단기는 선미 부근의 유압 절단 헤드(hydraulic cutting head)에 의해 원격으로 작동되며, 휴대용 디스크 커터와 같이 작업자가 들고 사용할 수 있는 장비들도 있다. 비상 절단 장치는 해저 케이블을 60~90초 이내에 절단할 수 있어야 한다.

(9) 케이블 접속실(Cable Jointing House)

해저 케이블의 접속은 특별한 시설이 갖추어진 접속실에서만 수행될 수 있다. 접속실은 접속회사(또는 해저 케이블 제작사)에 의해 설계되어야 하며 충분한 공간을 가져야 한다. 최근의 해저 전력 케이블 프로젝트는 선상 접속실의 공간으로 4×17 m를 확보하고 있다. 접속실은 온도 및 습도 조절장치를 가동할 수 있도록 전기가 공급되어야 하며, 선상 갑판의 케이블웨이(cableway) 위치와 적절하게 어울리도록 위치되어야 한다. 안전을 위해서 접속실은 선교(bridge)와 연락하는 별도의 직통 유무선 교신기를 갖추어야 하며, 선교로부터 긴급 경고 명령을 바로 받을 수 있어야 한다.

(10) ROV 장비

ROV는 다양한 로봇팔(manipulator)과 장치를 탑재한 무인 잠수정인데, 다수의 해저 케이블 포설 작업에 효과적으로 이용되기도 한다. ROV는 카메라를 이용해서 호박돌이나 노두(outcrop)가 존재하는 작업하기 어려운 경로를 탐색하거나 잔해 또는 인공구조물 등을 조사할 수 있다. 또한 ROV를 이용하여 작업 후 결과 보고서(as-built documentation) 제출을 위한 자료 획득용으로 사용할 수 있다. ROV로 수중 물체의 인양 작업, 손상 부위의 조사 및 의문 부위의 근접 촬영을 할 수 있다. ROV는 매우 복잡한 시스템을 가지고 있으며, 크기에 따라 다양하게 활용할 수 있다. ROV 시스템은 탑재 공간, 진수 및 인양 시스템(LARS, Launch And Recovery System), 엄빌리컬 드럼(umbilical drum), 조종실 및 기자재실, ROV 운용 기술자 숙소 등 운용을 위한 다양한 시스템이 수반되는데, 작업선은 이러한 통합 ROV 시스템을 활용하기 위해 필요한 충분한 공간을 충분히 확보해야 한다.

그림 3.53 수중 무인잠수정 ROV, Remotely Operated Vehicle(T-800, 출처 : 케이티서브마린)

(11) 헬리데크(Helideck, Helicopter Landing Pad)

먼 바다의 장기간 설치 작업인 경우에는 선원 교대, 접속기술자, 손상점 계산기술자(fault locator) 등의 전문가 또는 응급환자 수송을 위해 헬리데크 설치를 요구하는 경우가 많다.

(12) 기타 선박

해저 케이블 설치작업에는 해저 케이블 설치선박 외에도 별도의 선박이 필요한 경우가 있다. 강한 바람이나 조류에서 위치 유지를 위해, 설치선은 한 척 또는 여러 척의 예인선의 도움이 필요할 때도 있다. 해저 케이블의 육양(landing) 작업 중에는 소형 선박들이 와이어를 끈다던지, 앵커나 부이 및 해저 케이블을 다루는 등 다양하게 활용하기도 한다. 앵커 핸들링(anchor handling) 선박은 자항 능력이 없는 해저 케이블 포설선박일 경우에 반드시 필요하다. 복잡한 케이블 경로일 경우, 포설 시 해저조사의 용도로 별도의 소형선이 필요하다.

포설 후 매설작업 시 트랜칭 또는 제팅 장비를 운용하는 모선이 필요하다. 작업이 종료되기 전까지 작업지에서의 어로활동이나 허가받지 않은 선박의 출입을 통제하기 위해 감시선박 운용이 필요하다.

연안으로부터 매우 멀리 떨어진 곳에서 작업을 수행할 경우 선원 및 작업자들의 숙소로 사용하기 위하여 별도의 선박이 필요한 경우도 있으며, 숙소로 사용되는 선박은 관리기관과 보험사로부터 승인을 받아야만 한다. 유인 잠수정이 가끔 사용되기도 하지만, 최근에는 거의 대부분 작업의 안전성을 이유로 무인 잠수정인 ROV를 사용한다.

3.3.3 해저 케이블의 포설

(1) 해저 케이블 이동과 선적

짧은 해저 케이블을 운송할 때에는 규격화된 드럼이나 약간 큰 정도의 드럼을 사용하여 해저 케이블을 다룰 수 있다. 대부분의 드럼은 해안까지 운송할 수 있는 납작한 바닥의 트레일러를 이용하게 된다.

해저 케이블 공장이 바닷가에 인접한 경우, 운송 선박을 이용하여 해저 케이블 드럼을 목적지까지 바로 운송할 수 있다. 대형 드럼의 경우에도 값비싼 도로 통행료를 들이지 않고 같은 방식으로 이용할 수 있다. 경우에 따라서는 긴 케이블을 운송하기 위하여 제조사가 철도를 이용하기도 한다.

해상풍력단지 내의 발전기 사이를 연결하는 해저 케이블 길이는 약 400~800 m 정도이다. 여기에는 두 가지의 해저 케이블 공급 개념이 있다.

① **규격화된 해저 케이블 드럼의 사용** : 운송과 설치에는 단순한 장비와 값싼 운임의 바지선이 소요되지만, 대규모의 케이블 설치과정에서는 많은 양의 케이블이 필요하기 때문에 해저 케이블은 정확한 길이로 제공되어야 하며, 해저 케이블 설치과정에서 대규모의 자투리 케이블이 발생되기 때문에 여분의 케이블이 비교적 많이 필요하게 된다. 또한 빈 드럼은 재사용될 수도 있지만, 폐기될 수도 있다. 또 다른 단점은 각 케이블 드럼에 대해 공장 검수가 개별적으로 요구될 수도 있다는 것이다.

② **대형 릴이나 턴테이블에 의한 해저 케이블 운송** : 현장에서 포설에 필요한 만큼씩 해저 케이블을 잘라서 사용할 수 있다. 직관적으로 자투리 케이블이 거의 발생하지 않을 것이고, 폐기될 가능성이 있는 드럼 사용도 줄어들 것이다. 그러나 해저 케이블 공장이나 현장에서 매우 복잡한 장비가 필요한 경우가 많다.

그림 3.54 케이블 창고에 보관되어 있는 해저 케이블 탱크들(출처 : KTSubmarine)

(2) 해저 케이블 포설

드럼에 감긴 해저 케이블은 제동장치를 갖춘 리니어머신(linear machine, cable engine)으로 포설되는데, 이러한 장치들은 단순한 항해 장치를 가지는 바지선에도 탑재가 가능하다. 자항능력이 없는 바지선이면 예인선이나 앵커 윈치 시스템이 갖추어져야 한다. 보통 앵커는 네 개에서 많게는 여덟 개를 사용하는데, 선박 이동을 위해 터그선에 의해 하나씩 주기적으로 회수 및 투하가 반복된다. 이러한 해저 케이블 설치작업은 최대 하루에 1~2 km 정도 수행가능하며, 극천해 지역에서는 간혹 조수간만의 차이로 수면 위로 드러난 해저면 위에 얹힌 바지선에서 수행되기도 한다.

리니어 머신은 턴테이블로부터 해저 케이블이 설치될 때 필요하다. 해저 케이블은 턴테이블에서부터 픽업 암(pick-up arm)에 의해 해저 케이블 롤러를 거쳐 슈트나 휠까지 이동된다. 보통 거위 목처럼 생긴 픽업 암은 회전이 가능하면서 높이 조절이 가능하다. 픽업 암에서부터 턴테이블까지의 해저 케이블은 늘어져 매달려 있는 형태이다. 이 여장(slack)은 턴테이블과 리니어 엔진의 갑작스런 속도 차이를 완화해준다. 픽업 암을 지난 해저 케이블이 자중에 의해 바다로 쏟아져 내려가는 것을 리니어 엔진이 조절한다. 필요한 경우 턴테이블과 케이블 엔진 및 선박 추진기 등을 통합 컨트롤하는 장비를 설계, 설치하여 운용하기도 한다.

해저 케이블이 해저면에 안착되면, 루프(해저 케이블이 포설 반대 방향으로 돌아와 겹치는 현상)가 발생하지 않도록 각별히 신경 써야 한다. 선박의 동요(heave, pitch, roll 등)로 해저 케이블의 안착점(touch down point)에서 해저 케이블의 손상이 발생할 수 있는데, 이를 저감시키기 위하여 인위적으로 해저 케이블의 장력을 조절하여 해저 케이블을 적절한 현수선(catenary)이 유지되도록 한다. 이렇게 되면 해저 케이블은 선박의 큰 동요에도 불구하고 해저 케이블과 해저면의 충격력을 급감시킬 수 있다. 고성능 해저 케이블 설치선은 이러한 현수선을 모니터링할 수도 있다. 해저 케이블의 조출각도와 해저 케이블의 장력 계측치는 현수선을 계산하는 자료로 활용 가능한데 수심, 바닥 및 조출 장력, 조출 각도, 쉬브와 안착점 간의 수평 거리로 계산할 수 있다.

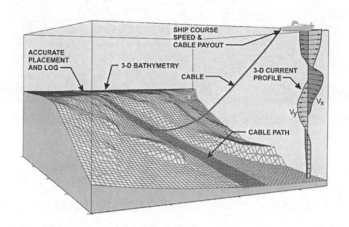

그림 3.55 케이블 포설 계산(출처 : Makai Ocean Engineering 제공)

단층 외장 케이블(single-armoured cable)은 비틀림에 대해 안전하지 않다. 포설 휠과 해저면 바닥에서의 장력이 같지 않기 때문에, 해저 케이블을 해저면에 안착시킬 때 비틀림이 발생될 수 있으며, 특히 수심이 깊은 곳에서는 해저 케이블이 루프가 생길 수가 있다. 해저 케이블의 현수선은 ROV를 이용하여 다음과 같은 목적으로 가급적 불규칙한 상황을 모니터링해야 한다.

① 해저 케이블이 부적절하게 안착할 때 생기는 해저 케이블 손상의 방지 또는 적절한 조치를 위한 조기 발견
② 고품질 작업 결과 보고서 제출을 위한 자료 획득 도구

3.3.4 해저 케이블의 보호

타 해양시설물과 달리 설치 후 접근이 쉽지 않은 해저 케이블은 소중한 자산이며 외부의 위해로부터 각별히 보호될 필요가 있다. 이러한 보호가 해저 케이블 건설 투자의 상당 부분을 차지하기도 하는데, 해저 케이블의 고장과 보호 방안에 대한 포괄적인 편집자료(Cigre, 1986)에 의하면, 해저 케이블의 보호는 다음과 같은 네 가지 단계로 나눌 수 있다.

① 적절한 해저 케이블 경로 선정
② 적절한 해저 케이블 내부보강 설계 및 제작
③ 매설 등에 의한 해저면에서의 외부보호 공법
④ 해저 케이블 설치 이후의 보호 활동

잘 설계된 해저 케이블 보호안은 해저 케이블 시스템의 신뢰도를 향상시키고 따라서 유용성을 증가시키는 것으로 인식되고 있다. 적절한 보호안은 해저 케이블의 설치 후 유지보수 비용을 줄이는 역할을 한다.

(1) 적절한 해저 케이블 경로 선정

수집된 다양한 정보들로부터 해저 케이블의 경로를 잠정적으로 선정하는데, 다음과 같은 해안 및 위해지역으로부터 가능하면 멀리 떨어질수록 좋다.

① 항로, 정박지(anchorage) 및 항구 입구
② 어로 지역
③ 암반 자갈(boulder) 지역, 노두(outcrop), 해저 협곡 및 급경사
④ 난파선, 탄약 투하 지역, 잔해물
⑤ 강조류 지역

해저 케이블 경로는 항로를 벗어나야 하는데, 그 이유는 많은 선박 이동이 건설작업을 방해할 가능성이 있고, 또 선박의 이동이 있는 곳에는 앵커로 인한 해저 케이블 손상 위험도 높기 때문이다. 만약 불가피하게 항로가 일정 부분 교차되더라도, 적당한 각도로 건설 경로를 설정하여 간섭을 최소화시켜야 한다. 정박지, 탄약 투하지역 및 군사 훈련 지역은 해저 케이블 경로 선정과정에서 제외되어야 한다.

어로 지역은 해저 케이블이 직접적으로 위협받는 곳이다. 어로 그물뿐만 아니라 계류 장치와 같은 보조 장비도 해저 케이블에 위해를 가할 수 있다.

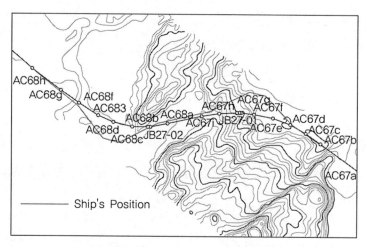

그림 3.56 해저 케이블 경로 설정 예시 도면

해저 케이블 연결을 위한 육양점(landing point)도 신중히 결정되어야 한다. 해양 특성, 즉 조류, 해류, 파도 형태 및 태풍 출현에 따라 해안선 부근은 매우 복잡, 다양하고 시간에 따라 급변할 수 있다. 또한 해저 케이블 보호 또는 포설과정에서 작업자의 안전을 높이기 위해 설치되는 구조물, 방파제, 항구 입구, 호안 보호시설 등 인공적 구조물의 시공 등으로 인하여 해안 부근에서의 해양 특성이 변화되기도 한다. 따라서 이러한 사실을 인지하고 미래의 연안개발에 대해서도 예상을 하여 해저 케이블 경로를 선정하여야 한다.

(2) 해저 케이블 설계, 제작

① 해저 전력 케이블의 설계와 제작

해저 가스시추를 위한 드릴링은 저압(10 kV 이하)과 중전압(10~100 kV)을 사용하지만 해상풍력단지의 전압은 100 kV 이상의 고압을 사용하고 있는 추세이다. 경제성 확보를 위한 해상풍력 발전기의 운전용량 확대와 대규모 해상풍력단지에서 생산되는 변동성이 큰 전력을 육상전력송전선과 연계시킬 경우 큰 전력충격이 발생할 수 있다. 이러한 점을 최소화하고 여러 곳에 분포하고 있는 해상풍력 전력망을 연계하면서 손실을 저감시키기 위하여 HVDC 송전을 활용하고 있다.

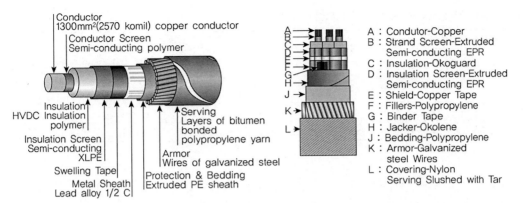

그림 3.57 Single-core XLPE 케이블(좌, 출처 : ABB 제공) 및 Three-core 케이블(우, 출처 : Okonite 제공)

HVDC의 장점은 비동기 접속이 가능하여, 풍력 터빈 발전기가 가변속도에 따른 전력생산에 효과적으로 대처할 수 있으며, 용량이 큰 풍력 터빈의 선택이 자유로워진다는 것이다.

HVDC는 전력송전거리에 따른 손실량이 비교적 적으며, 케이블 가격과 가설비용, 그리고 케이블 제조비용 측면에서, 고압의 대규모 전력송전을 할 경우 많은 차폐기술 필요에 따른 비용 상승이 발생하는 AC에 비해 HVDC는 경쟁력을 가진다.

표 3.14 고압케이블 용량(출처 : ABB 제공)

System	AC 3 single-core cables		DC bipolar operation, 2 cables		
Cable insulation type	XLPE polymer	LPOF : Oil-filled paper	LPOF : Oil-filled paper	Mass imp paper	XLPE polymer
Maximum voltage	400 kV	500 kV	600 kV	500 kV	150 kV
Maximum power	1,200 MVA*	1,500 MVA*	2,400 MW	2,000 MW	500 MW
Maximum length	100 km	60 km	80 km	Unlimited	Unlimited

* Losses may be excessive at these powers

해저 케이블은 포설을 위한 기본 장력을 견디고 설계 수명을 다할 때까지 기능하기 위한 장력 보강이 필요하다. 해저통신 케이블의 경우에는 다음 표와 같은 보강 규격을 정해놓고 있다. 이 표에 따르면 천해수심에서는 강도 높은 보강을 심해에서는 상대적으로 약한 보강을 하는데, 이 것은 깊은 수심에서는 상대적으로 해저 케이블의 위협이 줄어드는 것을 감안했기 때문이다.

표 3.15 해저통신 케이블의 해저 케이블 보강 형태(Allan, 2001)

수심	보강	특징
<200 m	Rock Armor (RA)	Double armor with short lay in the outer armoring layer, improved impact resistance and better flexiblity to follow seafloor undulations
<500 m	Double Armor (DA)	Protected cable for areas with little or no burial depth
<1,500 m	Single Armor (SA)	Used for areas with limited burial depth

1950~1980년대 해저전력 케이블의 경우에도 마찬가지로 얕은 바다에서 강한 보강을 깊은 바다에서 약한 보강을 하였다. 그런데 대부분의 해저전력 케이블은 수심 300 m 이내의 적당히 얕은 바다에서 설치되고 있다. 초기 극단적인 강한 보강을 했던 해저 케이블들이 점차 약한 보강으로 바뀌면서 해저 케이블 제조비를 절감하고, 고장 수리가 필요한 상황에서 그 비용을 활용하는 개념으로 바뀌었다. 해상풍력단지 내의 해저 케이블처럼 짧은 구간의 경우에는 약한 자체 보강의 해저 케이블 표면에 플라스틱 덮개를 덧씌움으로써 보완하는 경우도 많다.

그림 3.58 해저 케이블에 플라스틱 덮개를 씌우는 장면(출처 : KTSubmarine)

(3) 해저 케이블 외부보호 공법

초기의 해저 케이블들이 강한 자체 보강에 의존했던 데에 비하여 약한 보강으로 제작된 뒤 필요에 따라 플라스틱 덮개로 보강을 하고 있다. 그러나 지속적인 고장 사고 발생으로 인해서 더욱 추가적인 보호공법을 요구하게 되었다.

① 매설, 트랜칭(Trenching)

해저면에 해저 케이블을 해저면 아래로 매설하는 방법으로, 가장 일반적인 보호공법이며 트렌치 방법은 작업 방식에 따라 매우 다양하다.

첫째로 쟁기식 매설이 수세기 동안 많이 시행되어 왔다. 선박이 견인하는 썰매 형태의 장비가 해저면 위에서 주행하면서 해저 케이블 바로 아래의 해저토질을 파내면서, 해저 케이블을 그 속으로 매설한다. 이러한 장비는 바퀴를 가진 것도 있고 무한궤도를 가진 것도 있다. 장비 몸체 중심부의 쉐어(shear)는 땅 밑까지 파고 들어가는데, 육상에서 사용하는 쟁기가 땅을 파 뒤집는 기능을 하는 반면에, 해저의 매설용 쟁기는 굴착 저항 저감 차원에서 가능한 좁은 단면으로 해저면을 찢어 가르듯이 수직굴착을 한 뒤에 그곳에 해저 케이블이 설치되는 공법이다.

쟁기 매설기는 선박이 견인하므로 강한 견인내구강도가 요구되는데, 심해로 갈수록 더 길고 강한 견인케이블이 요구되고 장비의 위치 조종도 어려워진다.

해저면 상태에 따라 3 m 깊이까지 매설이 이루어진다. 암석이 많은 해저지질 조건에서는 쟁기 매설기 투입에 위험 부담이 있다. 바위나 호박돌이 있는 곳에서의 쟁기 매설기는 원하는 경로를 이탈하게 되기도 하고, 해저 케이블이 손상될 수도 있다.

쟁기 매설기는 연약 토질에서부터 중간 강도의 토질을 가지는 천해 해저지반에 투입되는데, 신뢰성이 높고 가장 경제적인 매설 공법 중의 하나로 인식되고 있다.

그림 3.59 해저 케이블 매설기(Plough, Plow, 출처 : IHC 제공)

② 워터제팅(Water jetting)

수중 펌프와 연결된 제팅 노즐을 통하여 강력한 물을 분사하면서 해저면을 굴삭하는 방법이다. 이렇게 분사되는 물은 해저면을 액상화시키면서 퇴적층을 절단하여 걷어낸다. 해저 케이블 주위의 제팅 과정에서 무거운 해저 케이블이 액화된 토질 아래쪽으로 가라앉게 된다. 보통은 두

개의 제팅관(swords, arms)을 사용하여 해저 케이블을 양쪽에서 끼는 형태로 작업을 한다. 가장 단순한 형태는 쟁기 매설기처럼 썰매형 몸체에 대용량 고압사출 펌프를 설치하여 사용하는 것이다. 썰매나 ROV 장비에 장착되는 이러한 수중 펌프는 $1,100 \text{ m}^3/\text{h}$의 유량을 5.5 bar의 수압으로 분사한다.

워터제팅 장치는 ROV에 장착해서 사용하기도 한다. 이러한 ROV는 고압의 물을 분사할 수 있는 수중펌프, 제팅관, 케이블 검지장치, 위치제어 시스템 및 각종 모니터링 센서를 갖추고 있다. ROV 구동형태는 바닥면에 바퀴나 무한궤도가 달린 것도 있고, 썰매판을 달고 있으면서 프로펠러 추진기로 유영하는 것도 있다. ROV의 전력을 공급하고 각종 신호를 주고받는 엄빌리컬(umbilical) 케이블이 선박에서부터 연결되어야 한다. 이상 언급한 해저 케이블 매설 장비와 관련하여 윤상준 등(2010)은 국내외의 다양한 해양건설 수중로봇 운용 현황과 개발 동향을 정리하였으며, 특히 해저 케이블 매설 시공을 위한 수중로봇에 관한 사양 분석을 한 바 있다(윤상준, 2011).

그림 3.60 워터젯 시스템이 장착된 ROV(출처 : Perry Slingsby System)

(4) 해저 케이블 설치 후 보호

비록 성공적으로 완수된 해저 케이블 설치라 할지라도 해저 케이블의 지속적인 유지관리가 필요한데도 불구하고 해저 케이블 매설 후 유지관리에 대한 관심은 부족한 편이다.

대부분의 해저 케이블 손상은 사람에 의해 발생하기 때문에, 해저 케이블 부근에 사람의 접근을 차단하는 것이 좋다. 해변가에 경고표지판을 설치하여 사람들에게 해저 케이블이 매설되어 있고, 접근 시 감전이나 다양한 사고가 발생할 수 있다는 사실에 대하여 경고하여야 한다. 또 해저 케이블 위치에 대한 정보는 국가의 해양 또는 수산 관련 기관에서 취급하는 모든 해도에 제공되어야 한다. 국가의 해도 발행기관은 새로 설치된 해저 케이블에 관한 내용을 '소식지' 등을 통해서 선원에게 알려야 한다. 해저 케이블 정보가 수록되는 해도의 종류 또는 등록대상 기관을 결정하는 것도 중요하며, 해저 케이블 정보는 최소한 해저 파이프 라인 공사 관련기관, 항만 기관, 기상 및 수로측량 기관 등에 제공되어야 한다. 또한 군사기관에도 해저 케이블 매설에 관련된 정보들을 제공하여 군사작전 또는 훈련 구역 설정 시 해저 케이블 경로가 포함되는 것을 방지하여야 한다.

런던에 본사를 둔 국제 케이블 보호 위원회(International Cable Protection Committee, www.iscpc.org)가 주로 해저 통신 케이블 산업계를 대변하고 있는데, 해저 전력 케이블도 자체 해도에 포함시켜 관리할 수도 있을 것이다.

무엇보다 어로활동 종사자들의 해저 케이블에 대한 인식 변화가 중요한데, 종종 어로 과정에서 해저 케이블이 앵커나 그물과 같은 어로작업 장비에 걸려 인양될 수 있다. 이러한 경우에는 회수하려는 시도를 금지시켜야 한다.

해저 케이블 소유주 입장에서는 인양하려는 앵커나 장비를 포기하는 대신 그 비용을 보상해주는 것이 해저 케이블 고장수리 비용보다 경제적이라는 사실을 어로사업에 대한 현업 종사자 또는 장래 예비 종사자들을 대상으로 교육이나 전시회 등을 통해 인식시켜야 한다. 또는 이러한 내용을 쉽게 이해할 수 있는 해도 등의 자료를 작성하여 무료로 배포하는 것도 하나의 유용한 방편이 될 수 있다.

한국에서 가장 많은 해저통신 케이블이 출발하는 부산 해운대구 송정동 KT 국제해저센터에서는 설치된 해저 케이블을 보호하기 위한 감시선박을 운용하고 있고 인근 주민들에게 해저 케이블에 대한 정보를 지속적으로 제공하고 있기 때문에 이 지역 어촌계에서는 해저 케이블의 존재를 잘 알고 있다.

또 다른 설치 후 보호방법으로는 해저 케이블 경로상의 선박 이동을 감시하는 방법인데, 해당 지역 어선의 위치를 파악하기 위해 특별히 고안된 선박감시 시스템이나 AIS는 선박의 식별 및 위치에 대한 실시간 정보를 해양 당국이나 특별히 허가된 보안 업체에 제공함으로써 해저 케이블 경로상으로 접근하는 선박에 경고가 가능해진다. 선박의 위치와 이동 정보는 해저 케이블 손상 문제 발생 시 법적 처리에 활용될 수 있다. ICPC(2007)에서는 해저 케이블 설치 후 보호와 관련된 다양하고 많은 정보들을 제공하고 있다.

국제전기표준회의(IEC, International Electrotechnical Commission)는 1906년에 설립되어 전기전자와 관련된 모든 기술에 관한 국제기준을 제정하는 조직이다. 풍력 분야로는 1988년 풍력기술에 대한 국제기준을 준비하는 기술위원회의 IEC/TC88이 결성되어 풍력발전기의 안전, 로터 블레이드 시험, 출력곡선, 소음과 하중 측정 및 IEC 61400 시리즈를 기반으로 전력품질에 관한 기술적 가이드라인과 기준들을 발표하고 풍력발전기 인증 절차를 수립하기 위해 노력하였다. 그 결과 2001년 4월 풍력발전기 인증제도 기준 및 절차 등을 규정한 IEC WT 01을 공표하였다. IEC WT 01은 풍력발전기의 인증 및 적합성 평가, 절차정의, 문서조항 등 인증에 관한 모든 요구사항을 다루고 있다. 풍력발전기 제조사 또는 개발자가 인증을 받기 위해서는 IEC WT 01의 기준 및 요구사항에 따라 인증기관에서 수행하는 해당 절차를 통해 요구기준을 만족시켜야 한다.

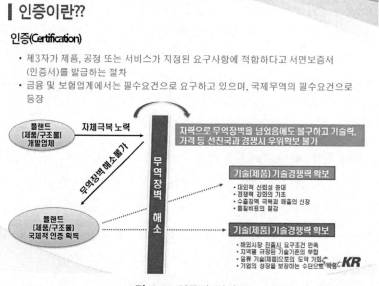

그림 3.61 인증의 정의

즉, 인증을 통하여 개발된 기술 또는 제품에 대해 설계평가, 제조검사, 성능평가를 모두 검증 받은 후 최종적으로 인증서를 발급받을 수 있으며, 필요에 따라서는 개별 항목별 SOC (Statement of Compliance) 획득이 가능하다.

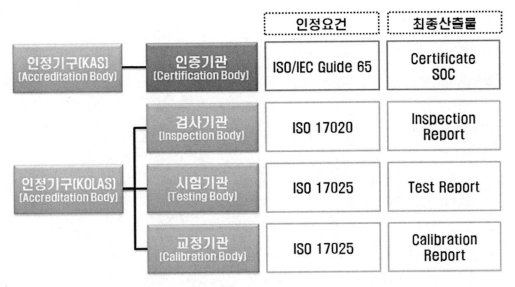

그림 3.62 인증기관의 요건

✓ **인증기관의 최소 요구사항**

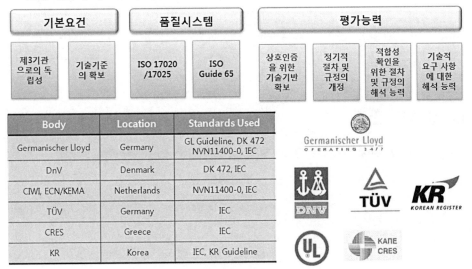

그림 3.63 인증기관의 최소 요구사항

3.4.1 인증의 신청

신청자는 풍력발전기의 인증을 받고자 할 경우에는 다음 항목을 기재한 신청서를 인증기관에 제출하여야 한다.

(1) 풍력 터빈의 제조자 및 제조장소
(2) 획득하고자 하는 인증의 종류
(3) 풍력 터빈의 상세사양
(4) 승인받아야 할 도면목록

신청자는 인증기관의 요구 서류에 따라 풍력발전기 해당 구성에 대한 도면을 각 2부를 제출하여야 한다. 해당 도면이 없는 경우에는 확인할 수 있는 동등의 자료를 제출할 수 있다.

3.4.2 인증서의 발급

설계평가, 제조평가 등이 관련된 규정에 적합하고, 성능평가기관이 검토한 성능평가보고서를 접수하여 그 결과가 관련 규정에 부합할 경우 인증기관은 최종평가보고서와 인증서를 발급하여 신청자에게 전달한다.

3.4.3 인증의 관리

인증을 수행하기 전에 신청자와 인증기관은 협약을 맺어야 한다. 협약에는 재정적, 그리고 다른 통상적인 계약조건 외에 다음 사항을 포함하여야 한다.

(1) 인증의 범위
(2) 협력기관(시험 또는 검사기관)의 인정 및 책임의 확인
(3) KS C IEC 61400 규격들 및 다른 관련 규격, 그리고 적합성을 평가하여야 하는 기술 요구사항
(4) 평가를 위해 신청자가 제공하여야 할 문서 범위의 설명
(5) 사고를 보고하고, 조사하기 위한 조건

3.4.4 인증서와 적합확인서의 관리

(1) 최종평가보고서는 풍력 터빈 문서의 평가와 검사결과, 감독 또는 시험결과에 근거하여 문서화되며 인증서 또는 적합확인서는 최종평가보고서 및 각 평가요소별 보고서의 완전함과 정확함의 평가를 기초로 하여 발행된다.

(2) 안전과 풍력 터빈의 성능에 중대한 영향을 미치지 아니하는 미결사항이 있는 경우에는 제한된 기간 내에 해당 미결사항을 확인할 수 있는 문서 또는 결과를 제출하는 조건으로 임시인증서 또는 임시적합확인서를 발행할 수 있으며 1회에 한하여 연장할 수 있다.

(3) 인증서 또는 적합확인서에는 평가범위, 풍력 터빈, 공급자, 설계가정과 적용된 규정, 규격과 다른 기술 요구사항이 기록되어야 한다.

3.4.5 관련 문서의 보안

인증기관은 인증서 또는 적합성 문서에 관한 제출된 모든 자료의 파일을 보존하여야 한다. 파일은 자료 접수의 마지막 날짜 이후 또는 최종 인증서가 만기된 이후 적어도 5년 동안 접근 제한으로 보존되어야 한다. 그 후에 제출된 문서와 사본은 신청자에게 반송하거나 또는 서면 통고와 함께 파기되어야 한다.

3.4.6 인증서 또는 적합확인서의 유효기간 및 관리

적합확인서는 설계의 변경이 있는 경우를 제외하고는 해당 기간 동안 유효하며 5년을 초과하지 아니하는 범위에서 발급된다.

3.4.7 인증의 범위

(1) 일반사항

인증절차는 풍력 터빈의 형식 평가, 주요 구성부품 형식 및 특정한 사이트에서 1기 이상의 풍력 터빈에 대한 적합성 평가로 구성된다.

① 형식 인증
② 프로젝트 인증
③ 부품 인증

④ 프로토타입 인증

형식 인증은 타워 및 기초 사이의 연결을 포함하는 하나의 형식에 대한 풍력 터빈을 다루며 프로젝트 인증은 기초를 포함하고, 설치 사이트에서 지정된 외부조건에 대해 평가된 1기 또는 그 이상의 풍력 터빈을 다룬다. 프로젝트 인증은 형식 인증서를 전제로 하고, 의무 사항으로 사이트 평가와 기초설계 평가를 포함한다.

부품 인증은 블레이드 또는 기어박스 같은 주요 풍력 터빈 구성 부품을 다루며 프로토타입 인증은 아직 상용화되지 않은 시험용으로서 제한된 기간 동안 유효한 풍력 터빈을 다룬다.

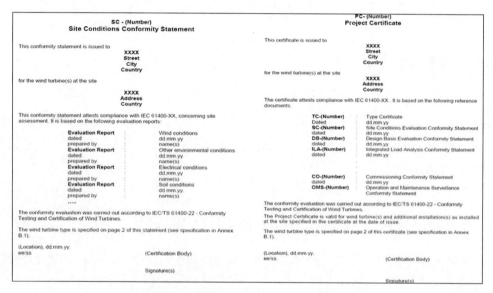

그림 3.64 적합확인서 및 프로젝트 인증서 샘플

(2) 형식 인증

형식 인증은 풍력 터빈 형식이 설계가정, 지정된 규격, 기타 기술 요구사항에 적합하게 설계되고 문서화되며, 제작되었음을 확인하는 것을 목적으로 한다. 또한 풍력 터빈이 설계 문서에 따라 설치, 운전, 유지된다는 검증이 필요하다. 형식 인증은 동일한 풍력 터빈의 설계와 제작에 적응하며 다음의 의무적인 요소로 구성된다.

① 설계근거평가
② 설계평가

③ 형식시험
④ 제조평가
⑤ 최종평가

선택적인 요소는 다음과 같다.

⑥ 기초설계평가
⑦ 기초제조평가
⑧ 형식특성측정

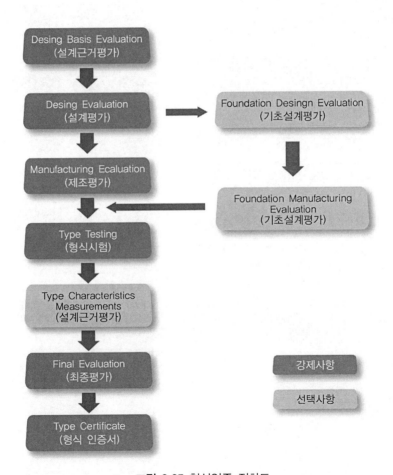

그림 3.65 형식인증 절차도

(3) 프로젝트 인증

프로젝트 인증은 형식 인증된 풍력 터빈 및 특별한 기초설계가 외부조건, 즉 지정된 사이트에 관련되는 건설, 전기의 규격 및 기타 요구사항 등에 적합한지를 평가하는 것을 목적으로 한다. 풍력 터빈의 형식인증서가 없는 경우 프로젝트 인증을 획득하기 위하여 형식 인증에 포함된 강제적인 요소들에 대한 평가가 이루어져야 한다. 인증기관은 사이트의 바람 조건, 기타 환경조건, 전력계통조건과 지반특성이 풍력 터빈 형식과 기초에 대하여 설계문서에 정의된 것과 비교하여 적합한지를 평가한다.

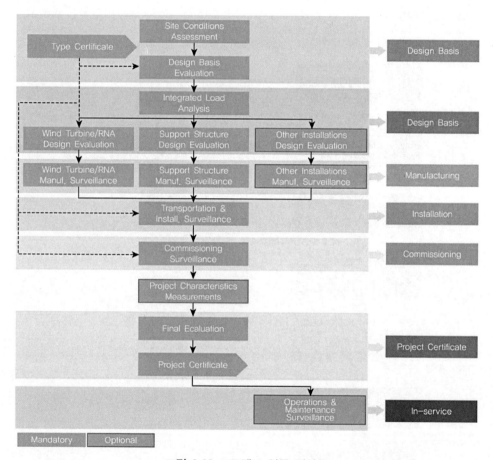

그림 3.66 프로젝트 인증 절차도

형식 인증된 풍력 터빈의 프로젝트 인증은 다음의 요소들로 구성된다.

① 사이트 평가
② 설계근거평가
④ 특정 사이트에 대한 풍력 터빈 설계평가
⑤ 특정 사이트에 대한 지지구조 설계평가
⑥ 기타 기기 설계평가
⑦ 풍력 터빈 제조 감독
⑧ 지지구조 제조 감독
⑨ 기타 기기 제조 감독
⑩ 프로젝트 특성 측정
⑪ 운송 및 설치 감독
⑫ 시운전 감독
⑬ 최종평가
⑭ 운전 및 정비 감독

① 사이트 평가(Site assessment)
다음과 같이 해상풍력발전기가 설치/운전될 사이트의 환경조건, 전력계통조건, 지반특성이 풍력 터빈의 설계문서에 정의된 조건과 일치 여부를 판단해야 한다.
- Wind condition(풍속분포/속도 프로파일/돌풍/난류/방향 등)
- Other environmental conditions(온도/습도/공기밀도/일사량/비, 우박, 눈 및 결빙/낙뢰/염분/화학적 활성물질/기계적 활성입자)
- Earthquake conditions
- Electrical power network conditions
- Geotechnical conditions
- Marine conditions
- Weather windows and weather downtime

설치 사이트에서 측정된 데이터는 충분한 분량으로 문서화되어야 하며 공인된 시험기관 또는 인증기관에 의해 측정에 대해품질 및 신뢰성이 확인되어야 한다. 또한 시험 및 교정법/장비/측정이력/시험 및 보정결과의 품질보증/결과보고 등에 대하여 평가되어야 한다.

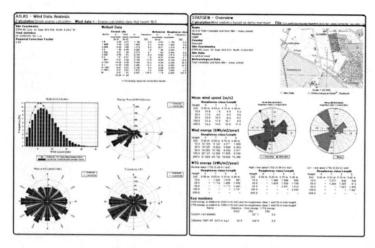

그림 3.67 사이트 평가의 예(주풍향, 풍속 등)

② 설계근거평가(Design basis evaluation)

설계근거평가는 설계근거가 적합하게 문서화되고 사업의 이행과 안전한 설계를 위해 충분한지 평가하는 것이며 다음과 같은 항목을 평가한다.

- 외부조건에 대한 설계 파라미터
- 설계방법 및 원칙
- 규정 및 기준
- 기타 정부의 관련 법상의 요구사항
- 풍력 터빈 형식/주요 사양/형식 인증서
- 지지구조 개념
- 제조, 이송, 설치 및 시운전 요구사항
- 운전 및 유지보수 요구사항
- 계통연결 요구사항
- 기타 사업의 요구사항

설계방법 및 원칙 중 검토해야 할 항목은 다음과 같다.

- 설계 코드 또는 기준(Codes and standards)
- 외부 환경 설계 인자(External design parameters)
- 후류 영향(Wake effects)
- 설계하중 케이스(Design load cases)
- 부분안전계수(Partial safety factor)
- 극치 및 피로 설계하중 분석(Extreme and fatigue design loads analysis)

③ 통합하중평가(Integrated load assessment)

통합하중평가는 풍력 터빈에 작용하는 하중이 RNA(Rotor-Nacelle Assembly), 지지구조 및 지반 특성 등을 고려하여 설계근거에 따라 계산 수행 여부를 평가하는 것이며, 다음과 같은 항목을 검토하게 된다.

- 외부 환경 조건과 설계상태의 조합 고려
- 부분안전계수 고려
- 해상풍력 조성단지의 특성 하중과 형식 인증에서 가정한 하중 비교(특성하중 값이 작을 경우 추가의 하중계산이 필요 없음)

Wind farm configuration	N
2 wind turbines	1
1 row	2
2 rows	5
Insidde a wind farm with more than 2 rows	8

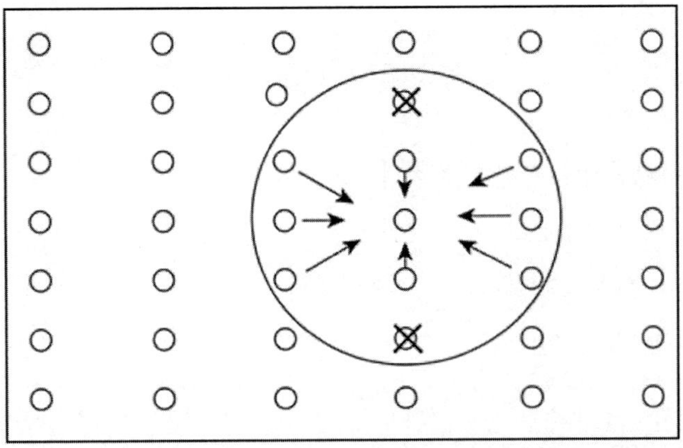

그림 3.68 Wind farm configuration 분석

다음은 IEC 61400-1에 명시되어 있는 풍력발전기의 등급(class)과 외부 환경 조건(external condition)에 따른 분류표이다.

표 3.16 풍력 터빈 등급 및 외부 환경 조건과의 관계(WTGS class & external condition)

풍력 터빈 클래스		I	II	III	S
V_{ref} (m/s)		50	42.5	37.5	제조사가 규정하는 값
A	$I_{ref}(-)$	0.16			
B	$I_{ref}(-)$	0.14			
C	$I_{ref}(-)$	0.12			

V_{ref} : 10분 평균한 기준풍속

A : 고 난류강도에 대한 카테고리

B : 중 난류강도에 대한 카테고리

C : 저 난류강도에 대한 카테고리

I_{ref} : 풍속이 15 m/s일 때 난류강도의 기댓값

④ 기타사항 평가

사이트 특성에 따른 풍력발전기의 구조적, 기계적인 평가가 다음과 같은 항목에 요구된다.

- Rotor/nacelle assembly

- Structural, mechanical and electrical components

- Tower, substructure, foundation

- Substation, cables

- 기타 신청자 요청에 의한 평가

⑤ 제조검사

다음과 같이 풍력발전기에 관한 제조검사가 실시되어야 한다.

- 풍력타워 제조검사

  • Critical items/processes

  • Test programs/procedures

- 지지구조 제조검사

  • Manufacture of steel plates

- Manufacture of primary load-carrying steel structure
- Manufacture of secondary steel structure (Deck, ladder)
- Build of concrete structure

⑥ 프로젝트 특성 측정

다음과 같이 특성치들이 검증되어야 한다.

– 계통연결
- Grid code
- 출력성능 검증
- 측정절차 : IEC 61400-12

– 신청자에 의한 요구사항 및 절차
- 음향소음
- 지역 규정 또는 신청자가 제시한 기준
- 인증기관은 측정절차 검증

⑦ 운전 및 유지보수

시운전은 적어도 50기마다 1기의 풍력발전기를 시운전해야 하며 매뉴얼/지침에 따라 시운전되는지를 평가해야 한다. 또한 운전 및 유지보수에 관해서는 인증기관과 신청자 사이의 계약이 필요하며 매뉴얼에 따라 유지보수되는지가 평가되어야 한다. 다음과 같은 항목을 검토하게 된다.

– 운전 및 유지보수 기록 및 서면 평가(O&M record 및 report 평가)
– 풍력 터빈 및 기타 설비 검사
- 운전 및 유지보수(O&M) 기록 및 보고서
- 이전 검사 시 지적 및 추천 사항의 상황
- 수리/수정/교체 상황

(4) 부품 인증

풍력 터빈 부품 인증은 지정된 형식의 주요 구성부품이 설계가정, 지정된 규격, 기타 기술 요구사항에 적합하게 설계되고 문서화되며, 제작되었음을 확인하는 것을 목적으로 한다. 부품 인증은 다음 요소로 구성된다.

① 설계평가
② 형식시험
③ 제조평가
④ 최종평가

(5) 프로토타입 인증

프로토타입 인증의 목적은 새로 개발한 풍력 터빈 형식이 이 기술기준에 따라 형식 인증을 취득하기 전에 확인 목적으로 한다. 프로토타입 인증서는 대량 생산하기 전에 3년의 제한된 기간으로 발행될 수 있다. 인증기관은 제한된 기간 내에 프로토타입이 안전한지를 평가한다. 프로토타입 인증의 구성요소는 다음과 같다.

① 설계근거평가
② 프로토타입 시험계획서의 평가
③ 안전 및 기능 시험

3.4.8 건설(토목)에서의 인증의 필요성

다양한 풍력산업 중 해저지반기초, 해양공학, 강재 및 콘크리트 해양구조물, 타워 구조물 등에서 토목공학 분야에 해당된다고 할 수 있다. 해상풍력 기초시공 분야의 경우 풍력 터빈 전체 비용에서 약 20~40% 정도를 차지하고 있어 매우 중요한 분야이다. 개발된 기술 및 공법 등이 실질적으로 사업화와 연결되기 위해서는 해당 기술 및 공법에 대한 국제 인증서를 획득함으로써 해외시장 진출이 가능해진다.

앞으로 풍력 터빈의 대형화, 해상풍력 단지개발 등으로 인해 풍력 터빈 인증제도의 중요성이 더욱 커지고 있다. 인증제도에 대한 거부감 및 부담감을 갖기보다는 풍력산업의 활성화 및 사업화를 위해 인증제도의 필요성도 함께 인지하여 국내 기업들의 해외진출 무역장벽 해소로 활용하는 것이 바람직할 것으로 판단된다.

04
해상풍력 기초설계

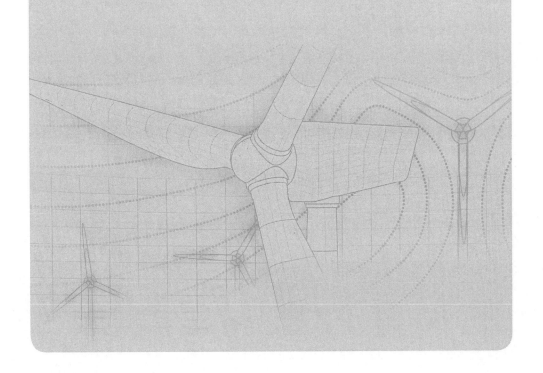

04

해상풍력 기초설계

4.1 신뢰성 기반 한계상태설계법　　┃윤길림, 김선빈, 김홍연

4.1.1 개 요

　국제표준화 기구인 ISO (International Organization for Standardization)에서 제정한 ISO 2394 'General Principles on Reliability for Structures'와 유럽표준화위원회(European Committee for Standardization)에서 규정한 유로코드(Eurocode)는 토목 및 건축 구조물 설계와 관련, 이미 세계 각국에 그 영향을 발휘하기 시작하였다. 우리나라도 국제 기술기준이 요구하는 기본 방향과 부합되는 기술기준을 연구하여 국제적인 조류에 합류하고자 노력 중에 있다. 현재 세계 각국의 기술자 사이에서 논의되고 있고 국제적인 기술표준으로 자리잡은 한계상태설계법(LSD, Limit State Design)에 대한 국내 연구는 최근에 와서 착수되어 사실상 국내에 한계상태설계법을 본격적으로 도입이 시작된 상태이고 우리도 기술기준의 국제 표준화에 대한 관심을 가지고 대비를 해야 하는 상황에 놓여 있다. 특히, 국내외 신재생 에너지 사업의 부각과 함께 해외에서 해상풍력발전에 적용되고 있는 기술기준과 관련하여 한계상태설계법은 그 중요성이 커지고 있는 실정이다.

(1) 국제 표준화 기구와 기술의 표준화

ISO는 스위스의 제네바에 본부를 두고 있고 1974년에 창설된 비정부 국제조직으로서 국가간의 각종 상품과 서비스의 교역을 촉진시키기 위한 국제적인 표준을 개발하기 위하여 설립되었다. 현재 130개 국가를 회원으로 하고 있으며 기본적인 표준(Basic Standard)으로서 품질관리를 목적으로 한 'ISO 9000 시리즈'와 환경관리를 목적으로 한 'ISO 1400 시리즈'를 제정하였다. ISO 설계표준 중에서 건설설계 분야와 직접적인 관련이 있는 분야는 ISO 2394 '구조물의 신뢰성에 관한 일반원리(General Principles on Reliability for Structures)'이다. 즉, 현재 국제적으로 토목 및 건축 구조물에 대한 실험과 설계에 대한 표준을 ISO 2394를 통해 규정하고 있는 것이다.

ISO 2394는 기본적으로 공용성(serviceability) 및 신뢰성(reliability)을 기준으로 한계상태설계법을 채택하고 있다. 그러므로 구조물은 대상 구조물의 한계상태 조건에서 필요로 하는 공용성을 확보하는 차원에서 설계되는 것이다. ISO의 부속 위원회인 TC 250 CEN(European Committee for Standardization)은 유럽 18개 국가로 구성되어 있으며 현재 구조물의 모든 면을 다루는 소위 유로코드(Eurocode)를 개발해왔다. 총 9개 부분으로 이루어진 유로코드도 공용성을 기준으로 한 한계상태설계법을 기본으로 하고 있다.

미국과 캐나다를 중심으로 한 북미는 한계상태설계법의 하나인 하중저항계수 설계법(LRFD)을 개발하고 있는 상태이며 미국의 연방도로국의 설계기준으로 이미 채택되었고 빌딩과 구조물에 대한 미국 국립표준설계기준(ANSI)에도 포함되었다.

국내의 구조물 설계 기술기준은 현재까지 확정론적 설계법으로 허용응력설계법(Allowable Stress Design)이 주류를 이루어왔으며 부분적으로 극한강도설계법(Ultimate Strength Desisgn)을 사용함과 동시에 최근 들어 한계상태설계법이 점차적으로 도입되고 있다. 이는 최근에 세부적인 구조물 설계 기술기준과 관련 기술의 축적을 위해 건설기술 관련 분야에 연구개발비를 투자하기 시작함으로써 토목구조물 설계 기술기준 분야에 많은 관심을 두고 있기 때문이다.

(2) 허용응력설계법과 신뢰성 설계법

신뢰성 설계법은 불확실성들의 결합된 중첩효과를 평가하기 위한 수단으로 제공되며 불확실성이 크거나 작은 곳을 구별하기 위한 수단으로 사용된다. 지반구조물 설계에서 신뢰성 해석이 충분한 가치가 있음에도 불구하고 아직까지도 지반 분야에서 신뢰성 이론이 많이 사용되고 있지 않은데, 그 이유로 대표적인 두 가지를 들면 다음과 같다.

첫째, 신뢰성 이론은 대부분의 지반기술자들에게 익숙하지 않은 용어와 개념은 포함하고 있다는 것이다. 둘째, 신뢰성 해석은 지반공학 해석에 필요한 데이터, 시간, 노력보다도 훨씬 많은 것들이 필요하다는 일반적인 인식 때문이다. 이러한 개념들을 불식시키기 위해서 전 세계의 많은 연구자들은 신뢰성 이론을 적용한 간단한 예를 통하여 비교적 간단하고 명백하게 지반설계에 신뢰성 이론을 사용할 수 있음을 보여주고자 노력하였다. 전통적으로 지반구조물 설계의 타당성 평가를 위해 허용응력설계법의 안전율 개념을 이용하였다. 이러한 안전율은 저항과 하중의 비로 표현될 수 있다. 그러나 기존의 안전율 개념은 지반구조물의 상대적인 신뢰성을 측정하는 데 한계를 가지고 있다. 이 방법의 주요한 단점은 실제적으로 적용되고 있는 파라메타(재료특성, 강도, 하중 등)가 불확실성을 가지고 있음에도 각 설계정수에 대한 대푯값을 할당해야 한다는 점이다. 이와 같이 대푯값을 이용하여 해석하는 방법을 결정론적(deterministic) 방법이라 한다. 이 방법을 이용하여 구한 안전율은 구조물의 조건, 기술자의 판단, 파라메타에 적용될 보수성 등을 경험적으로 반영한다.

안전율에 대한 또 다른 방법인 확률론적 접근법은 파라메타의 불확실성(uncertainty)을 보다 명료하게 하여 안전율의 개념을 확대한 것이다. 이러한 불확실성은 기존의 데이터나 판단에 의해 할당된 데이터를 통계 분석하여 정량화시킬 수 있다. 비록, 지반 기술자의 판단에 의해 결정된 데이터라 할지라도 이 방법은 각 설계 파라메타의 불확실성을 판단할 수 있는 정보를 제공해 주기 때문에 결정론적 방법보다는 훨씬 의미가 있다고 할 수 있다. 지반공학에서 사용되고 있는 안전율은 주로 논리적인 경험에 바탕을 두고 있다. 그러나 장기사면안정 문제와 같이 주어진 조건을 적용하는 경우에도 해석 시 동반되는 불확실성에 대한 고려 없이 동일한 안전율을 적용하고 있다. 규정과 관습 때문에 불확실성이 크게 변하는 경우에도 동일한 안전율이 적용되고 있는 데 합리적인 방법은 아니다.

4.1.2 한계상태의 정의

한계상태(limit state)는 구조물이나 구조요소가 설계 요구조건을 더 이상 만족시킬 수 없는 상태를 가리키며, 주로 극한한계상태, 사용한계상태, 보수한계상태, 피로한계상태 등으로 구분된다. 다음 그림은 대표적으로 극한한계상태(ULS)와 사용한계상태(SLS)를 비교한 것이다.

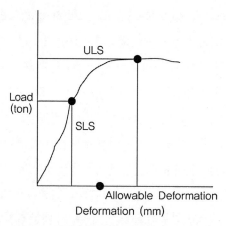

그림 4.1 한계상태의 정의(윤길림 등, 2008)

해상풍력 구조물을 다루고 있는 DNV(2011)에서는 다음의 한계상태를 고려하고 있다.

1) 극한한계상태(ULS, Ultimate Limit State) : 최대 내하력 저항
   예) 구조적 저항력의 상실(과도한 항복 및 좌굴)
       취성파괴에 의한 요소의 파괴
       강체로 고려된 구조물이나 그 일부요소의 정적평형의 상실(즉, 전도나 전복)
       극한저항력 초과 또는 요소의 극한변형으로 인한 구조물 주요부재의 파괴
       구조물의 역학적인 변형(붕괴 또는 과도한 변형)

2) 피로한계상태(FLS, Fatigue Limit State) : 반복하중의 영향에 의한 파괴
   예) 반복하중에 의한 누적손상

3) 우발한계상태(ALS, Accidental Limit State) :
① 우발하중에 대한 최대 내하력
② 우발상황 이후 손상된 구조물에 대한 건전도
   예) 우발적인 하중에 의한 구조적 손상
       손상된 구조물의 극한저항력
       국부적 손상 이후에 구조적 건전도의 상실

4) 사용한계상태(SLS, Serviceability Limit State) : 통상적인 이용에 적용할 수 있는 내성
   기준
   예) 외력의 영향으로 변할 수 있는 변위
      지지된 강성물체와 지지구조물 사이에 하중분배를 변화시킬 수 있는 변형
      불편을 유발하거나 구조 외적인 요소에 영향을 미치는 과도한 진동
      장비의 한계를 초과하는 움직임
      허용할 수 없는 풍력 터빈의 기울어짐을 유발하는 기초지반의 부등침하
      온도로 인한 변형

4.1.3 신뢰성 설계와 확률론

(1) 확률변수와 확률과정

일반적으로 신뢰성 해석에서는 임의성을 가지는 모든 불확실한 변동성을 그 물리적 특성에 따라 확률변수와 확률과정으로 모델링하여 고려한다. 확률변수(random variable)는 동일한 조건하에서 실행한 동일한 실험의 결과가 항상 동일한 값을 갖지 않고 대푯값을 중심으로 이산성을 나타내는 변수를 의미한다. 예를 들어, 주사위를 던지면 1에서 6까지의 눈이 나올 수 있는데, 이 경우 주사위를 던져 나오는 눈의 값은 확률변수로 볼 수 있다. 반면 확률과정(random process)은 일찍이 불규칙 진동론(random vibration theory) 분야에서 활발히 연구되어왔으며 대개의 경우 시간에 따른 하중이나 응답 등의 물리량의 변동성을 나타내기 위한 것으로, 예를 들면 태평양을 횡단하는 정기화물선의 상갑판에서의 응력기록이나 지진파의 기록과 같은 것은 확률과정으로 취급하게 된다.

확률과정은 시간에 따른 통계적 특성의 변화 여부에 따라 정상상태 확률과정(stationary random process)과 비정상상태 확률과정(non-stationary random process)으로 구분한다. 확률변수와 확률과정은 모두 분포형태(distribution type)와 함께 평균(mean)과 분산(variance) 등 여러 통계적 특성치에 의해 그 특성이 정의되며, 확률론적 안전성 평가란 이러한 통계적 분포 특성치를 고려하여 대상 구조물의 안전성 또는 신뢰도를 평가하는 것을 의미한다.

(2) 확률분포함수

확률분포함수 또는 누적 확률분포함수(cumulative probability function)는 확률변수나 확률과정 X가 임의의 값 x보다 작을 확률을 의미한다.

$$F_X(x) = P[X \leq x] \tag{4.1}$$

확률분포함수는 반드시 단조증가함수이며 0에서 1 사이의 값을 갖는다.

$$if\, a < b,\ 0 \leq F_X(a) < F_X(b) \leq 1 \tag{4.2}$$

(3) 확률밀도함수

확률밀도함수(probabilistic density function) $f_X(x)$는 확률변수 X가 임의구간 x와 $x+dx$ 사이에 존재할 확률로 정의되고

$$P[x \leq X \leq x+dx] = f_X(x)dx \tag{4.3}$$

다음과 같은 특성이 있다.

$$f_X(x) \geq 0 \tag{4.4a}$$

$$\int_{-\infty}^{\infty} f_X(x)dX = 1 \tag{4.4b}$$

$$f_X(x) = \frac{dF_X(x)}{dx} \tag{4.4c}$$

$$F_{X(x)} = \int_{-\infty}^{x} f_X(u)du \tag{4.4d}$$

확률밀도함수는 이산(discrete) 확률변수에 대해서 probabilistic mass function이라고 한다.

(4) 평균과 분산, 상관계수

확률변수 X의 함수인 $g(x)$의 기댓값(expectation) $E[g(x)]$는 다음과 같이 계산할 수 있다.

$$E[g(x)] = \int_{-\infty}^{\infty} g(x)f_X(x)dx \tag{4.5}$$

식 4.5에서 $g(x) = x^m$ 일 때의 기댓값을 확률변수 X의 m차 모멘트라고 하는데,

$$E[x^m] = \int_{-\infty}^{\infty} x^m f_X(x) dx \tag{4.6}$$

확률변수 X의 평균(mean)은 1차 모멘트로 정의되며

$$\mu x = E[x] = \int_{-\infty}^{\infty} x f_X(x) dx \tag{4.7}$$

분산(variance)과 표준편차(standard deviation)는 각각 다음과 같이 정의된다.

$$Var[X] = E[(x - \mu_X)^2] = E[x^2] - \mu_X^2 \tag{4.8}$$

$$\sigma_X = \sqrt{Var[X]} = \sqrt{E[x^2] - \mu_X^2} \tag{4.9}$$

확률변수 X의 변동성에 대한 지표인 변동계수(COV, Coefficient of Variation)는 평균과 표준편차의 비로 정의된다.

$$\delta_X = \frac{\delta_X}{\mu_X} \tag{4.10}$$

두 확률변수 X_1과 X_2 사이의 공분산(covariance) $Cov[X_1,\ X_2]$는 분산의 정의와 유사하게

$$\begin{aligned} Cov[X_1,\ X_2] &= E[(x_1 - \mu_{X_1})(x_2 - \mu_{X_2})] \\ &= E[x_1,\ x_2] - \mu_{X_1}\mu_{X_2} \end{aligned} \tag{4.11}$$

와 같이 정의되며, 이를 이용하여 두 확률변수 사이의 선형적인 상관관계에 대한 지표인 상관계수(correlation coefficient) $\rho_{X_1 X_2}$는

$$\rho_{X_{1_{X_2}}} = \frac{E[(x_1 - \mu_{X_1})(x_2 - \mu_{X_2})]}{\sigma_{X_1} \sigma_{X_2}} = \frac{E[x_1 x_2] - \mu_{X_1}\mu_{X_2}}{\sigma_{X_1}\sigma_{X_2}} \tag{4.12}$$

와 같으며 항상 −1.0에서 +1.0 사이의 값을 갖는다.

다음 그림은 상관계수의 의미를 보인 것으로 두 확률변수 X_1과 X_2 사이의 상관계수가 0이라는 사실은 두 확률변수 사이에 선형적인 상관관계가 없다는 것을 의미할 뿐 통계적인 독립(statistical independency)을 의미하는 것은 아니라는 점에 유의하여야 한다.

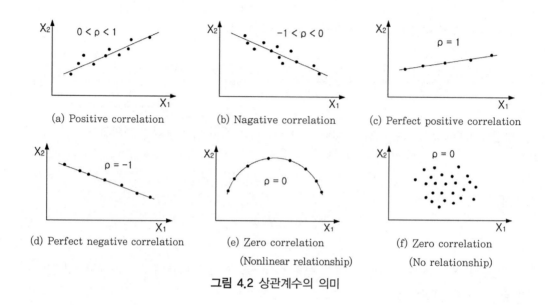

그림 4.2 상관계수의 의미

4.1.4 신뢰성 해석법

(1) 해석법의 분류

토목공학이나 구조공학 문제에 필연적으로 발생할 수밖에 없는 불확실성을 합리적으로 고려하기 위하여 기존의 확정론적 방법에서는 이러한 불확실성을 주로 경험에 입각한 안전율을 사용함으로써 해결하였다. 그러나 내재되어 있는 한계상태에 대한 초과 확률을 정량적으로 제시하지는 못하고 있다. 이에 반해 불확실성 자체를 정량적으로 고려하는 신뢰성 해석 방법은 파괴의 가능성, 즉 한계상태 초과확률 또는 파괴확률(probability of failure)을 정량적으로 제시해준다. 이러한 신뢰성 해석을 이용한 다양한 설계 방법이 개발되어왔으나 크게 4가지의 신뢰성 설계방법으로 구분된다. 이 중 Level I~III는 가정된 구조단면에 대해 신뢰성 해석 및 설계가 충분히 가능하나 경제성과 안정성의 균형설계에 대안 부분을 명확히 설명하지는 못한다. 반면, Level IV 방법은 안전성 검토뿐 아니라 비용효율적인 설계(cost effective design)가 가능하다. 다만 비용 관련 정보가 미흡할 경우 결과의 신뢰도가 다소 저하될 수 있다.

(2) 신뢰성 설계수준

① 설계수준 Level I 방법

이 방법은 확률론적인 설계방법의 기본 개념으로 부분안전계수들을 각각에 해당하는 특성치(characteristic value)에 나누어주거나 또는 곱해 다음의 조건을 만족시킴으로써 구조물의 안성성을 확보하도록 설계하는 방법이다.

$$R_d\left(\frac{x_{k1}}{\gamma_{r1}}, \ \cdots \frac{x_{kn}}{\gamma_{rn}}\right) \geq S_d\left(y_{k1} \cdot \gamma_{s1}, \ \cdots y_{km} \cdot \gamma_{sm}\right) \tag{4.13}$$

여기서, R_d와 S_d는 저항 및 하중의 설계치이고, X_k 및 y_k는 확률변수 X와 y의 특성치, γ_r과 γ_s는 각각 저항과 하중의 부분계수를 나타낸다.

Level I의 방법은 그림 4.3과 같이 나타낼 수 있다. 각각의 항목을 대표하는 값을 특성치라 하는데 일반적인 표준정규분포의 경우, 평균값이 μ이고 표준편차값이 σ일 때 특성치는 $(\mu-1.64\sigma)$와 $(\mu+1.64\sigma)$로 적용된다. 즉, 최저 최고 5% 값에 해당되는 경계조건을 뜻하며 이러한 각각의 특성치는 많은 샘플시험을 통해서 결정되어야 하며 또한 시방서에 명시되어 있어야 한다.

Level I 방법의 사용상 간편성과 기존 설계법과의 유사한 형식 때문에 대표적인 한계상태 설계코드인 유로코드와 LRFD에서 부분안전계수법(Level I)을 채택하고 있고 중국과 일본 등 그 외의 국가에서도 그러한 형태의 한계상태 설계기준을 마련해놓고 있다. 풍력발전기 설계기준의 경우도 이러한 경향은 동일하며 대표적인 DNV 기술기준에서 이를 확인할 수 있다.

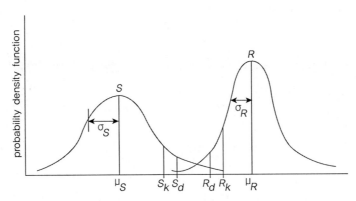

그림 4.3 Level I의 부분안전계수 이론

② 설계수준 Level II 방법

파괴확률은 다음과 같이 확률밀도함수에 의해 나타내며, 파괴확률의 조건은 다음과 같다.

$$P\big[R(x_1, \cdots x_n) < S(y_1, \cdots y_m)\big] = P(z < 0) \le P_{f0} \tag{4.14}$$

여기서, P_{f0}는 설계자가 요구하는 한계상태에 만족하는 파괴확률을 나타낸다.

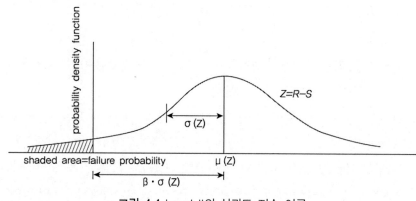

그림 4.4 Level II의 신뢰도 지수 이론

파괴확률 P_f 와 함께 신뢰도 지수 β도 한계상태에서 안전여유를 결정하는 데 같은 개념으로 사용된다. 신뢰도 지수 β는 Level II의 방법에 의해 결정된 지수이며 β와 파괴확률의 관계는 다음과 같이 나타낼 수 있다.

$$P_f = \phi_N(-\beta) \tag{4.15}$$

Z의 함수가 정규분포함수를 이룰 경우 신뢰도 지수 β와 기대치 μ, 그리고 표준편차 σ 사이에는 다음과 같은 관계가 성립된다.

$$\beta = \frac{\mu(Z)}{\sigma(Z)} \tag{4.16}$$

③ 설계수준 Level III 방법

우선 가장 기본적인 예로서 식 4.17과 같은 한계상태식을 갖는 신뢰성 모델에 대하여 생각해 보자.

$$Z = R - L \tag{4.17}$$

만일 R이 확률분포함수가 $FR(r)$인 저항성분 확률변수이고 L은 확정적인 값 l을 갖는 하중이라고 하면, Z가 0보다 작게 될 확률인 파괴확률은

$$P_f = P[Z \leq 0] = P[R \leq l] = FR(l) \tag{4.18}$$

와 같다.

반대로 R이 확정적인 값 r의 값을 갖는 저항성분이고 L이 확률분포함수가 $FL(l)$인 하중성분 확률변수이면, 파괴확률은

$$P_f = P[Z \leq 0] = P[r \leq L] = 1 - FL(l) \tag{4.19}$$

와 같이 산정할 수 있다.

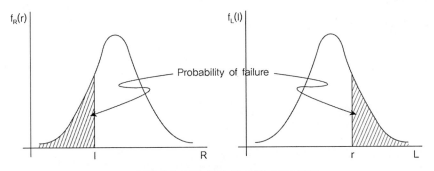

그림 4.5 임의 변수에 대한 파괴 확률

한편, R과 L이 모두 각각의 확률분포함수를 갖는 확률변수로 고려되는 경우에는

$$P_f = \iint_{z \leq 0.} f_{R,L}(r, l) dr dl$$
$$= \int_{-\infty}^{\infty} \{1 - F_L(r)\} f_R(r) dr = \int_{-\infty}^{\infty} F_R(l) f_L(l) dl \tag{4.20}$$

와 같이 파괴확률을 표현할 수 있다.

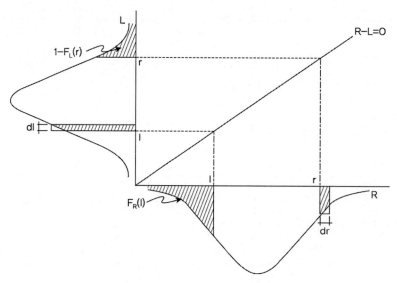

그림 4.6 하중과 저항인 R과 L에 따른 파괴확률

만일 식 4.20에서 두 확률변수 R과 L이 각각 서로 독립인 정규분포 확률변수라면, 한계상태 식에 의한 새로운 확률변수 Z는 평균과 분산이

$$u_z = u_R - u_L, \quad \sigma_{Z2} = \sigma_{R2} + \sigma_{L2} \tag{4.21}$$

와 같은 정규분포 확률변수이므로, 파괴확률은

$$P_f = P[Z < 0] = F_Z(0)$$

$$= \int_{-\infty}^{0} \frac{1}{\sigma_Z \sqrt{2\pi}} \exp\left\{-\frac{1}{2}\left(\frac{z - \mu_z}{\sigma_z}\right)^2\right\} dz \tag{4.22}$$

으로부터 계산할 수 있다. 여기서, 새로운 확률변수 U를

$$U = \frac{Z - \mu_Z}{\sigma_Z} \tag{4.23}$$

와 같이 정의하면, 식 4.22의 파괴확률은

$$P_f = \int_{-\infty}^{-\beta} \frac{1}{\sqrt{2\pi}} \exp\left(-\frac{U^2}{2}\right) du = \phi(-\beta) \tag{4.24}$$

여기서, $\beta = \dfrac{\mu_z}{\sigma_z} = \dfrac{\mu_R - \mu_L}{\sqrt{\sigma_R^2 + \sigma_L^2}}$

와 같이 표현된다. 이때 파괴확률 P_F와 표준정규 확률분포함수인 ϕ 사이에 식 4.24의 관계가 성립하도록 하는 β를 신뢰도 지수라 한다. 이상에서와 같이 한계상태식을 구성하는 모든 확률 변수의 결합 확률밀도함수가 주어지면 해석적인 적분을 이용하여 파괴확률을 계산할 수 있으며, 이와 같은 방법으로 주어진 파괴양식의 한계상태식에 대한 파괴확률을 해석적으로 산정하는 방 법을 Level III 방법이라고 한다.

보통 적분 형태로 정의되는 파괴확률을 해석적으로 계산하기가 곤란하며, 특히 확률변수가 많을 경우 다중적분의 수행에 많은 어려움이 있다. 이러한 이유로 순수한 의미에서 해석적 접근 법을 이용한 파괴확률의 산정은 신뢰성 해석법으로 일반화되지 못하고 단순히 이론적으로 신뢰 성 해석의 유효성을 입증하기 위해 사용된다. 대부분 추출법(simulation technique)에 의해 파 괴확률을 추정하는 방법을 이용하는 것이 일반적이다.

4.1.5 신뢰도 지수(β)와 파괴확률(P_F)과의 관계

신뢰성 해석을 수행하려면 먼저 지반의 안전과 파괴 또는 만족과 불만족을 판단할 수 있는 설 계기준 Z를 지반에 가해지는 하중요소 L과 그에 저항하는 지반의 저항요소 R로 표시해야 한다.

$$Z = R - L \tag{4.25}$$

여기서, $R > L$이면 지반이 안전한 경우이고 $R < L$이면 지반의 파괴가 발생한 경우이므로, $Z = 0$은 지반의 안전과 파괴의 경계인 한계상태(limit state)가 된다. 식 4.25와 같은 설계기준 식은 대개가 해석의 대상이 되는 지반의 파괴양식에 따라 유도된 식인 관계로 파괴방정식, 한계 상태식, 또는 안전여유 등으로 불린다.

기존의 확정론적인 방법에서는 R과 L의 분산특성을 무시하고 대푯값 $\overline{R}$과 $\overline{L}$만을 고려하여 적당한 안전계수의 값을 유지하도록 하여 항상 $\overline{R}$이 $\overline{L}$보다 큰 상태가 유지되도록 함으로써 파 괴에 대한 안전여유를 두어왔다. 이와 같은 방법은 R과 L의 분산특성을 고려하는 확률론적인 입장에서도 파괴확률의 변화에서 확인할 수 있듯이, 대푯값 $\overline{R}$를 증가시키면 파괴확률과 관계 가 있는 R과 L의 밀도함수가 겹쳐지는 부분의 면적이 감소하게 되는 사실로도 그 유효성을 설 명할 수 있다.

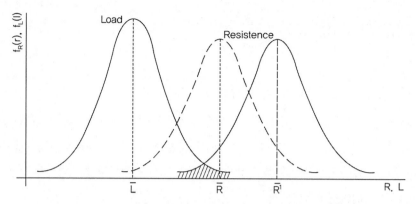

그림 4.7 설계변수의 평균치 변화에 의한 파괴확률의 변화

그러나 그림 4.7에서 알 수 있듯이 R과 L의 대푯값 $\overline{R}$과 $\overline{L}$이 일정하게 유지되어 동일한 안전계수를 갖는 경우라 하더라도 R이나 L의 분산특성이 변화함에 따라 파괴확률도 달라질 수 있다. 따라서 구조물의 신뢰도를 평가하기 위해서는 단순 설계변수들의 대푯값만을 고려한 안전율 개념을 사용하는 것보다 설계변수들의 통계적인 분산특성까지도 고려한 파괴확률의 개념을 이용하는 것이 합리적임을 알 수 있다.

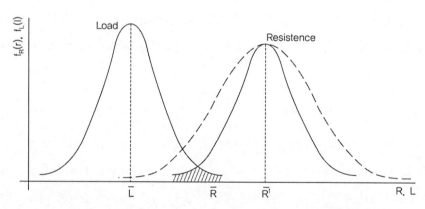

그림 4.8 설계변수의 분산(불확실성)에 따른 파괴확률의 변화

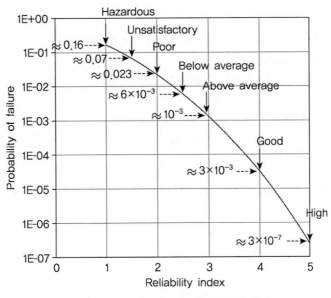

그림 4.9 신뢰도 지수와 파괴확률의 관계

4.1.6 목표안전수준

기존의 허용응력설계법에서 이용되었던 안전율(factor of safety)의 개념과 마찬가지로 신뢰성설계법에서 목표안전수준은 설계상 궁극적으로 안정성 판정의 지표가 된다는 측면에서 매우 중요하다. 목표안전수준에 의해 설계자는 최종적인 설계결과의 타당성을 판단하게 되고 결국 그 기준에 따라서 설계되는 모든 구조물의 안전여유(safety margin)가 결정되기 때문이다.

신뢰성 설계법에서 목표안전수준은 목표파괴확률(target probability of failure) 또는 목표신뢰도 지수(target reliability index)로 나타난다. 이러한 목표안전수준은 구조물의 종류, 중요도, 등급과 내구연한 등에 따라 달라지며, 사회적으로 합의가 이루어질 만한 적정한 수준에서 신중히 결정되어야 한다.

(1) 목표안전수준의 선정방법

① 기존 구조물의 안전도 수준 평가를 통한 접근

기존 구조물의 안전도 수준을 이용하여 목표안전수준을 결정하는 방법은 북미의 LRFD를 비롯하여 한계상태 설계기준을 개발하기 위해 현재까지 가장 많이 이용되어온 방법이다. 이 방법에 따르면 목표안전수준은 현재까지 적용되어온 설계사례에 반영된 불확실성 수준을 보정함으로써 결정된다. 즉, 과거의 설계기준에 의해 안전하다고 인정된 사례를 재현하여 구성하고 이를 새로운 설계기준의 수정 및 보정을 위한 기초자료로 사용하는 것이다. 이렇게 반영된 안전도 수준은 차후에 한계상태 설계기준이 통용될 때 설계결과들 사이의 신뢰도에 대한 일관성을 부여하기 위하여 조정이 필요하다.

② 생애주기비용(LCC) 분석에 의한 접근

LCC란 구조물의 기획 단계에서부터 폐기 처분 시까지의 모든 비용, 즉 계획 및 설계비, 건설비, 운용관리비, 폐기물 처분비용 등을 모두 합한 것으로 시설물의 생애 중 필요한 모든 비용을 말하며, 기대총비용(ETC, expected total cost)이라고도 한다. LCC의 산성식은 다음과 같이 나타낼 수 있다.

$$LCC(ETC) = C_I + C_M + C_F \tag{4.26}$$

여기서, C_I는 초기건설비용(initial construction cost), C_M은 유지관리비용(maintenance cost)이고 C_F는 파괴손실비용(failure loss cost)이다.

그림 4.10과 같이 최적(목표) 파괴확률은 LCC가 최소가 될 때의 파괴확률이 되며, 이것이 목표안전도가 된다. 일반적으로 LCC 곡선에서는 LCC의 최솟값을 기준으로 좌측과 우측이 각각 다른 경향을 나타낸다. 위험 측인 우측에서 파괴확률이 증가함에 따라 LCC는 급격히 증가하여 파괴확률 변화에 대하여 민감하다. 반면, 안전 측인 좌측에서는 파괴확률이 감소함에 따라 LCC는 서서히 증가한다.

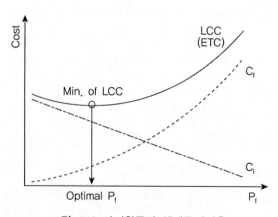

그림 4.10 파괴확률과 생애주기비용

(2) 일반적인 목표안전수준

목표안전수준은 구조물의 형식, 하중조합, 재료 및 파괴모드 등에 따라 다르나 일반적으로 건축물이나 도로교 등의 구조물에서 목표 신뢰도 지수는 2.0~3.5의 범위로 선정하여왔다. Wirsching(1984)은 API 시방서에 포함된 용접된 강관 연결부의 피로에 대하여 고정식 해상구조물이 가지는 신뢰도 지수를 2.5(파괴확률 0.00621)로 평가하였으며, 이 값은 파고의 영향을 받는 하단부에서의 값이다. Canadian Standard Association은 Canadian해에서 해상구조물 설치를 위한 설계기준을 개발하기 위하여 다음과 같은 목표파괴확률을 발표하였다. 즉, 대규모 인명피해를 유발하거나 환경피해에 대한 가능성이 큰 파괴에 대하여 연간 목표파괴확률은 10^{-5}, 인명피해가 적거나 환경피해에 대한 가능성이 낮은 파괴에 대하여는 10^{-3}이며, 일반적 파괴확률과 연간 파괴확률 사이에 직접적인 상관관계는 없다.

Meyerhof(1970)에 의하면 기초의 파괴확률은 10^{-3}~10^{-4} 범위에 있어야 하며, 이는 신뢰도 지수 3.0~3.6에 해당된다. 한편 Wu 등(1989)이 발표한 해상말뚝의 신뢰도 지수는 2.0~3.0 범위 내에 있다. 그러나 말뚝 시스템에 대한 신뢰도 지수는 다소 높아 4.0 가량으로 산정하였고, 그에 해당하는 공용 연 파괴확률은 0.00005이다. Tang 등(1990)은 해상말뚝은 1.4~3.0 범위의 신뢰도 지수를 가진다고 보고하였다. 항타말뚝에 대한 신뢰도 지수는 로그정규분포 절차에서 일반적으로 1.5~2.8 범위의 값이 얻어진다(Barker 등, 1991). 따라서 2.5~3.0 범위의 목표치가 적절할 것이다. 그러나 말뚝은 대개 그룹으로 사용되므로 한 개 말뚝의 파괴가 말뚝 그룹의 파괴를 의미하지는 않는다.

무리말뚝에서는 여용성(redundancy)으로 항타말뚝에 대한 목표 신뢰도 지수는 2.5~3.0에서 2.0~2.5의 범위로 감소될 수 있다. Zhang 등(2001)은 말뚝에 대하여 시스템 효과가 고려되지 않을 경우 신뢰도 지수는 2.0~2.8, 시스템 효과가 고려될 경우의 신뢰도 지수는 1.7~2.5 범위로 제안하였다.

(3) 해상풍력 구조물의 목표안전수준

노르웨이 선급협회(DNV)에 따르면 일반 구조물과 마찬가지로 해상풍력 구조물의 안전등급도 그 목적에 따라 결정되며, 목표안전수준은 연간(단위 : 년) 파괴확률로 정의한다. 이를테면, 해상풍력단지 구조물에 대하여 안전등급은 다음과 같이 세 가지로 분류한다.

① 낮은 안전등급

파괴로 인한 인적피해, 오염 및 경제적인 결과에 대하여 낮은 위험성과 인명에 미미한 위험이 내재하는 구조물

② 보통 안전등급

파괴로 인하여 인적피해에 다소의 위험성, 오염이나 소규모의 사회적 손실 또는 상당한 경제적 파급 가능성을 가지는 구조물

③ 높은 안전등급

파괴로 인하여 부상 및 사망자, 상당한 오염 또는 주요한 사회적 손실이나 대단히 큰 경제적 파급가능성을 가지는 구조물

보통 안전등급의 풍력발전기에 대한 지지구조물 및 기초의 목표안전수준은 연간(단위 : 년) 파괴확률로서 10^{-4}로 규정되며, 이는 무인구조물에서 허용되는 값이다. 극심한 하중조건에서도 사람이 구조물 내에 존재하는 것으로 설계된다면 높은 안전등급에 해당되어 10^{-5}의 연간 파괴확률이 보장된다.

표 4.1 풍력발전기의 안전등급에 따른 목표파괴확률(DNV, 2011)

안전등급	목표파괴확률(P_f^T)	파괴거동	설계조건
보통	10^{-4}	연성	무인
높음	10^{-5}	취성	유인

4.1.7 신뢰성 해석예제

해상풍력기초에 관한 설계기준은 아직까지 국내에서는 전무한 상황이며, 국외 기준인 DNV-OS-J101(2011), GL(2005), IEC 61400-3(2009) 등이 제한적으로 이용되고 있다. 이들 설계기준은 국내와는 다른 조건인 유럽의 해양환경을 토대로 정립되고 신뢰성 기반 한계상태 설계법을 근간으로 하고 있어 기초구조물 설계 시 허용응력설계법을 적용하고 있는 국내 실정과는 차이가 있다. 따라서 국내 해양환경에 맞는 설계기준의 정립이 시급하며, 아울러 국제기준이 요구하는 방향과 부합되도록 신뢰성 기반 한계상태설계법으로의 설계방식이 요구된다. 본 고에서는 향후 국내 해상풍력발전기 기초의 설계기준 개발방향에 대한 논의를 위해 구체적인 서남해안 지반조건을 대상으로 한 해상풍력발전기 기초의 신뢰성 해석 사례를 소개하도록 한다.

(1) 해석조건

본 사례검토에 적용한 해상풍력 터빈은 Jonkman 등(2009)이 발표한 NREL 5.0 MW급 모노
파일 타입의 풍력 터빈 제원을 사용하였다. 허브높이는 87.6 m이며, 수심은 서남해안 실증단지
예정지역의 평균수심인 15.0 m로 고려하였다(그림 4.11). 모노파일 두부에 작용하는 통합하중
은 IEC 61400-3에서 규정하는 설계하중케이스 중 DLC 1.3, 1.4, 6.2를 고려하여 계산된 값을
사용하였다(표 4.2).

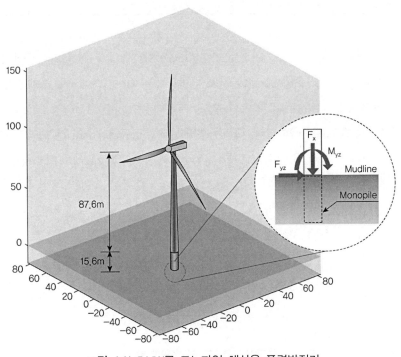

그림 4.11 5 MW급 모노파일 해상용 풍력발전기

표 4.2 모노파일 두부에 작용하는 통합하중(Mud line 위치)

구분	연직하중, Fx(kN)	수평하중, Fyz(kN)	전도모멘트, Myz(kN·m)
통합하중	11,525.0	1,676.9	168,507.0

지반조건은 실증단지 해역에서 수행된 지반조사 결과를 토대로 표 4.3과 같이 가정하였으며,
해저지반 말뚝두부의 지층이 투수성이 매우 작은 점성토인 점을 고려하여 비배수 조건에 대한
검토를 수행하였다. 이때 지반은 등분포 스프링식 해석모델로서 t-z, q-z, p-y 곡선을 이용하

였다. 점토의 경우 API(2005) 방법, 사질토의 경우 t-z와 q-z 곡선을 API(2005) 방법, p-y curve는 Evans & Duncan(1992)이 제안한 방법을 각각 적용하였다.

표 4.3 해석에 적용한 기초지반 지층분포 및 설계지반정수

지층 구분		심도(m)	층후(m)	단위중량(kN/m³)	점착력(kPa)	내부 마찰각(°)
퇴적점토층	CH	0~5.0	5.0	17.0	20.00	–
	CL	5.0~12.3	7.3	18.0	33.54	–
퇴적사질토층	SM	12.3~23.0	10.7	19.0	16.63	31.59
퇴적점토층	CL	23.0~30.0	17.0	18.0	60.00	–

확률론적 해석에서 작용력(자중, 외력 등)과 저항요소(재료특성 등)의 불확실성에 대한 정량화는 매우 중요하다. 특히, 그 중에서도 확률분포와 변동성은 해석결과에 주요하게 영향을 미치는 인자이다. 본 사례검토에서는 여러 가지 설계변수 가운데 기초지반의 전단강도 정수인 점착력과 내부 마찰각을 확률변수로 취급하였다. 확률변수의 분포는 정규(normal) 분포를 따르고, 점착력의 변동계수(COV)는 0.265(26.5%), 내부 마찰각의 COV는 0.065(6.5%)로 고려하였다. 또한 표 4.4와 같이 점착력이 10~40%의 불확실성을 갖고, 내부 마찰각은 5~11%의 불확실성을 가지는 범위에 대해 매개변수해석을 수행하였다. 이는 현재까지의 실증단지 지반조사결과 점착력의 변동계수는 17.8~26.5% 정도이며, 내부 마찰각은 1.6~6.3% 범위를 갖는 것으로 분석된 바 이를 고려하기 위함이다(윤길림 등, 2013). 본 검토에서는 실증단지 기초지반의 불확실성 정도에 따른 영향검토에 주안점을 두어 작용력과 말뚝재료에 대해서는 확률변수로 고려하지 않았다.

표 4.4 확률변수 특성 매개변수 조건

확률변수	변동계수(COV)							확률분포
점착력	0.10	0.15	0.20	0.25	0.30	0.35	0.40	normal
내부 마찰각	0.05	0.06	0.07	0.08	0.09	0.10	0.11	normal

표 4.5는 본 검토에 적용한 모토파일의 제원이다. 파일은 강관파일을 적용하였으며, 파일의 직경이 6.0 m인 경우와 7.0 m인 경우 각각에 대해 파일두께와 근입깊이를 조정하여 합리적인 수준으로 결정하였다.

표 4.5 신뢰성 해석에 사용된 모노파일 제원

구분	Case 1	Case 2	비고
파일제원	$\phi 6{,}000$ mm $\times$ 60t	$\phi 7{,}000$ mm $\times$ 30t	steel pile
근입길이	21.6 m	22.5 m	퇴적사질토층 근입

(2) 신뢰성 해석

신뢰성 해석기법의 종류는 앞서 살펴본 바와 같이 설계자의 편의성을 고려하여 가장 단순화된 방식을 취하는 부분계수법(Level I)에서부터 한계상태함수의 평균치 또는 파괴점 부근에서 근사해를 찾는 근사화 방법(Level II), 그리고 함수를 근사화하지 않고 직접 적분하거나 수많은 난수를 생성시켜 파괴가 일어나는 경우의 수를 찾는 추출법(Level III)에 이르기까지 매우 다양하다. 본 사례검토에서는 그 가운데 근사화 방법인 Level II와 추출법인 Level III 방법을 이용하여 신뢰도 지수 및 파괴확률을 산정하였으며, 이를 토대로 임의의 목표파괴확률에 대한 부분안전계수(Level I)를 산정하는 방법을 소개하였다.

일반적으로 해상풍력발전기 기초는 wind와 wave 및 current 등의 수평하중이 크게 작용하므로 말뚝두부에서의 변위를 설계기준 이하로 관리되도록 하는 것이 중요하다. 따라서 해상풍력발전기 기초에 대한 신뢰성 해석 시 주요 파괴모드는 말뚝두부의 수평변위와 회전각이 되며, 한계상태함수는 식 4.27과 식 4.28로 정의할 수 있다.

$$g_1 = \delta_a - \delta_{\max} \tag{4.27}$$

$$g_1 = \theta_a - \theta_{\max} \tag{4.28}$$

$\delta_{\max}$와 $\theta_{\max}$는 외력에 의해 발생되는 말뚝두부에서의 수평변위와 회전각이며, δ_a와 θ_a는 허용수평변위와 허용회전각으로 δ_a은 말뚝직경의 1%를 적용하여 60 mm (Case 1)와 70 mm (Case 2)로, θ_a은 0.3°로 고려하였다.

현재까지 말뚝의 수평거동은 수평하중에 대하여 말뚝의 변형과 말뚝주변의 흙의 저항력을 표현하는 $p - y$ 곡선에 의해 해석함이 가장 합리적이라 알려져 있다. 이러한 비선형 $p - y$ 거동해석은 보통 유한차분법(FDM)에 의해 해석하기도 한다. 따라서 FDM 해석으로 부터 얻을 수 있는 종속변수인 말뚝의 변위나 회전각 등의 성능변수인 한계상태함수는 non-closed form의 음함수(implicit function) 형태이므로 Level II 신뢰성 해석에 어려움이 따른다. 응답면기법(RSM, Response Surface Method)은 이러한 음함수 형태의 한계상태함수를 방정식 4.29와 같이 양함수(explicit function)의 형태로 근사화할 수 있는 기법이다. 여기서 x_i는 확률변수이고 C는 구조해석을 통해 회귀분석으로 구할 수 있는 계수이다.

$$g(x_1, x_2, x_3) = C_0 + \sum_{i=1}^{3} C_i x_i + \sum_{i=1}^{3} C_{ij} x_i^2 + \sum_{i=1}^{3} \sum_{j=1(\neq i)}^{3} C_{ij} x_i x_j \tag{4.29}$$

이렇게 근사화된 2차방정식 형태의 응답면 함수를 이용하면 한계상태함수가 일계신뢰도법(FORM)을 이용하여 신뢰성 해석이 가능하게 된다. 이와 같은 방법으로 Level II 신뢰성 해석 시에는 응답면기법을 이용하여 파괴확률(P_f)과 신뢰도 지수(β)를 산정하였다. Level III 신뢰성 해석은 Monte Carlo Simulation (MCS) 기법을 이용하였다. Monte Carlo Simulation은 50,000개의 난수를 생성하여 한계상태함수를 계산한 후 파괴확률을 산정하였고, 계산된 한계상태함수 값들의 변동성은 0.01% 이내가 될 때까지 반복하여 정밀도를 확보하였다.

각 확률변수의 부분안전계수는 목표신뢰도 지수(β_T) 또는 목표파괴확률(P_{fT})을 만족하는 MPFP(Most Probable Failure Point)에서의 변수값과 특성값과의 관계에서 산정된다. 각 확률변수의 특성치에 목표신뢰도 지수에 해당하는 부분안전계수를 곱한 값은 파괴표면 상의 값이 되며 해당 목표신뢰도 지수를 만족하게 된다. 부분안전계수는 목표신뢰도 지수와 각 확률변수의 민감도 지수에 기초하여 식 4.30으로부터 얻을 수 있다.

$$\gamma_{X_i} = (1 - \alpha_{X_i} \beta_T COV_{X_i}) \frac{\mu_{X_i}}{X_k} \tag{4.30}$$

여기서 γ_{X_i}는 확률변수에 대한 부분안전계수이며, α_{X_i}는 확률변수별 민감도 지수, COV_{X_i}는 확률변수의 변동계수, μ_{X_i}는 확률변수의 평균값, X_k는 확률변수의 특성값을 의미한다.

(3) 신뢰성 해석 결과

표 4.6은 기초지반의 점착력의 변동계수(COV)가 0.265이고 내부 마찰각의 변동계수(COV)가 0.065인 조건에 대한 모노파일 설계조건별 Level II 신뢰성 해석결과를 나타낸 것이다. 먼저 Case 1의 결과를 살펴보면, 확률변수의 평균값에서 계산된 결정론적 해석결과는 말뚝두부의 수평변위 50.5 mm, 회전각 0.252°이다. 말뚝두부 수평변위의 허용값을 60 mm로 고려한 경우 신뢰도 지수는 3.3525로 계산되었으며, 회전각의 허용값을 0.3°로 고려한 한계상태함수에서는 신뢰도 지수가 4.5332로 계산되었다. 따라서 Case 1의 파괴모드는 말뚝두부의 수평변위에 대한

한계상태함수가 된다.

Case 2에서는 결정론적 해석결과, 말뚝두부의 수평변위는 51.7 mm, 회전각은 0.273°이고, 두부 수평변위와 회전각의 허용값을 각각 70 mm와 0.3°로 고려 시, 각각의 파괴모드별 신뢰도 지수는 두부 수평변위 5.9069, 회전각 3.6918로 계산되었다. 따라서 Case 2의 파괴모드는 말뚝 두부의 회전각에 대한 한계상태함수가 된다.

표 4.7은 상기 Level II 해석결과의 신뢰도 지수(β)와 파괴확률(P_f)을 Level III의 Monte Carlo Simulation (MCS) 기법을 이용한 해석결과와 비교한 것이다. Case 1과 Case 2에서 각각 주요 파괴모드로 검토된 두부 수평변위와 회전각의 한계상태함수에 대한 결과로서 Level II와 Level III의 해석결과는 매우 유사한 것을 확인할 수 있다. 즉, Case 1에서 두부 수평변위에 대한 파괴모드에서 Level II 해석결과의 신뢰도 지수는 3.3525이고 Level III MCS 결과 신뢰도 지수는 3.3530으로 오차는 0.015%에 불과하다. Case 2 역시 회전각에 대한 파괴모드에서 Level II 해석결과의 신뢰도 지수는 3.6918, Level III MCS 결과 신뢰도 지수는 3.6333으로 오차는 1.61%이다. Level II 해석 시 응답면기법(RSM)을 사용하는 경우 한계상태 방정식을 확률변수의 함수로 근사시키는 과정에서 일부 오차가 발생할 수 있는데, 상기 비교 결과로부터 RSM을 적용한 Level II 해석방법이 합리적임을 알 수 있었다.

표 4.6 모노파일 설계조건별 Level II 신뢰성 해석결과

구분	파괴모드	파일근입길이 (m)	신뢰도 지수 (β)	말뚝두부변위(mm)		회전각(°)	
				계산값	허용값	계산값	허용값
Case 1	두부 수평변위	21.6	3.3525	50.5	60.0	–	–
	회전각		4.5332	–	–	0.252	0.3
Case 2	두부 수평변위	22.5	5.9069	51.7	70.0	–	–
	회전각		3.6918	–	–	0.273	0.3

표 4.7 신뢰성 해석결과 비교(Level II & Level III)

구분	파괴모드	파일근입길이 (m)	Level II		Level III	
			β	P_f	β	P_f
Case 1	두부 수평변위	21.6	3.3525	4.005×10^{-4}	3.3530	4.000×10^{-4}
Case 2	회전각	22.5	3.6918	1.113×10^{-4}	3.6333	1.400×10^{-4}

Level II 신뢰도 지수를 계산하는 과정에서 각각의 확률변수에 대한 민감도 지수를 구할 수 있다. 민감도 지수가 큰 변수일수록 한계상태 발생에 미치는 영향이 큼을 의미하며, 하중에 기여하

는 확률변수는 (+), 저항에 기여하는 확률변수는 (−)의 부호를 갖는다. 그림 4.12는 상기 Case 1과 Case 2의 Level II 신뢰성 해석결과로부터 주요 파괴모드별 확률변수의 민감도 지수를 찾아 낸 결과이다. 민감도 지수는 두 가지 경우 모두 말뚝선단이 근입된 퇴적사질토층의 내부 마찰각 (ϕ_SM)이 가장 크며, 퇴적점성토층의 비배수 전단강도(c_u_CH, c_u_CL), 퇴적사질토층의 점착력 (c_SM)은 상대적으로 작아 본 검토사례의 경우 해상풍력기초 모노파일의 수평거동에 가장 지배 적인 영향을 미치는 인자는 사질토층의 내부 마찰각인 것으로 확인되었다.

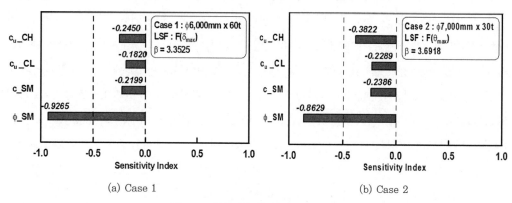

(a) Case 1   (b) Case 2

그림 4.12 확률변수별 민감도 지수 분포

(4) 목표파괴확률 및 부분안전계수

표 4.4에 제시된 확률변수(기초지반의 점착력과 내부 마찰각)별 COV 범위에 대한 Level II 신뢰성 해석결과로부터 식 4.30을 이용하여 각 확률변수의 부분안전계수를 산정하였다. 그림 4.13은 각 확률변수의 변동계수 범위에 대한 신뢰도 지수와 각 신뢰도 지수에 해당하는 확률변 수의 부분안전계수를 산정한 결과이다. 먼저 확률변수의 변동계수에 따른 신뢰도 지수를 살펴보 면, 변동계수가 증가할수록 신뢰도 지수는 감소하는 경향을 나타내고 있다. 이는 기초지반의 설 계지반정수의 불확실성이 증가할수록 파괴확률 또한 증가하는 것을 의미하는 것으로서 목표신 뢰도 지수를 2.5~3.5 범위로 고려하는 경우 점착력의 COV는 0.25(25%), 내부 마찰각의 COV 는 0.09(9%) 이하를 확보해야 한다.

확률변수의 COV 및 신뢰도 지수에 따른 확률변수의 부분안전계수는 뚜렷한 특징을 보이고 있지는 않지만 전반적으로 퇴적사질토층의 내부 마찰각(ϕ_SM)에 대한 부분안전계수(PSF)가 1.3 정도로서 다른 확률변수의 부분안전계수에 비하여 비교적 큰 값을 나타내고 있다. 내부 마찰 각의 COV가 점착력의 COV에 비하여 2배 이상 작음에도 불구하고 부분안전계수가 크게 산정된 데는 전술한 바와 같이 확률변수별 민감도 지수 분석 시 퇴적사질토층의 내부 마찰각의 민감도가 가장 크게 나타났기 때문으로 이해할 수 있다. 따라서 목표신뢰도 지수를 2.5~3.5 범위로 고려 시 퇴적사질토의 내부 마찰각(ϕ_SM)에 대한 부분안전계수는 1.3 정도로 산정되며, 상부 점토층의 비배수 전단강도(C_u_CH)에 대한 부분안전계수는 1.2~1.3 정도로 산정된다. 이때의 각 지반정수에 대한 COV는 점착력 0.15~0.25, 내부 마찰각 0.07~0.09 범위에 해당한다.

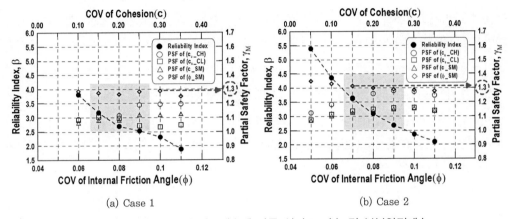

(a) Case 1   (b) Case 2

그림 4.13 확률변수의 변동계수에 따른 신뢰도 지수 및 부분안전계수

4.2.1 서 론

해상풍력발전기는 육상풍력발전기와 달리 수중 기초 구조물 및 지반 설계에 따른 시공비용이 전체 금액의 약 30~40% 정도를 차지하고 있어 이 분야의 안전성 확보는 물론 비용 절감을 위해서는 최적의 기초설계기준이 필요하다. 최근 5 MW급 이상의 대형 해상풍력발전기가 개발, 보급되면서 육상용 풍력발전기보다 안전성과 신뢰성이 무엇보다도 중요시되고 있다. 따라서 풍력발전기의 안정성 및 제품 신뢰성에 대한 요구와 함께 해상풍력발전기에 대한 새로운 기술기준을 제정하여 국제적으로 공인된 기관으로부터의 설계평가 및 인증을 요구하고 있다. 그러나 국내에는 이러한 풍력발전기의 설계를 실질적으로 수행하고, 검증할 수 있는 국제 공인기관이 없는 실정이며, 따라서 GL(Germanischer Lloyd) 또는 DNV(Det Norske Veritas) 등 외국의 인증기관으로부터 설계평가를 받는 등 기술적으로 미약한 상황이다.

본 고에서는 해상풍력발전기 기초에 관한 국내의 설계기준이 전무한 상황임을 감안하여 국외에서 가장 많이 적용되고 있는 해상풍력발전기 기초 설계기준의 내용과 특징을 소개, 분석하고 향후 국내 해상풍력발전기 설계기준의 개발방향을 논의하고자 한다.

4.2.2 해상풍력 지지구조물의 설계

(1) 설계 일반

해상구조물이 육상구조물에 비해서 달리 고려해야 할 점은 다음과 같이 크게 세 가지로 구분할 수 있다. ① 바람, 조류, 파랑 등에 의해 발생하는 수평하중의 크기가 발전기의 터빈 및 지지구조물의 자중에 의해 발생하는 연직하중에 비해 월등히 크다(그림 4.14 참조). ② 바람, 조류 및 파랑 등으로 대표되는 수평하중은 자중과 다르게 반복적으로 작용하게 되는 하중으로 재료의 피로파괴로 인해 안정성에 영향을 끼칠 수 있다. ③ 하중이 가해지는 작용점의 위치가 높기 때문에 구조물에 상당히 큰 모멘트가 작용한다.

따라서, 일반적인 토목구조물과는 다른 속성의 하중에 노출된다는 점에서 해상풍력기의 지지구조물에서는 설계에 앞서 하중에 대한 세심한 노력이 필요하다. 본 장의 흐름은 해상풍력 설계서 중 하나인 IEC 61400-3(IEC, 2009)을 참고하였다.

해상풍력발전기 건설을 위해서는 RNA(Rotor Nacelle Assembly)로 대표되는 터빈 부분과 터빈을 지지하는 지지구조물(support structure)에 대한 설계가 필요하다. 그러나 RNA는 토목, 건설 분야에서 다룰 수 있는 부분이 아니기 때문에 본 장에서는 RNA에 대한 내용은 다루지 않도록 한다. 지지구조물에는 터빈을 직접적으로 지지해주는 타워, 그리고 지반에 설치된 기초와 타워를 연결시켜주는 TP(Transition Piece), 그리고 기초(foundation)로 나뉘어져 있으며, 여기에서 TP와 기초를 합하여 하부구조물(sub-structure)이라고도 부른다. 여기에 타워를 포함시켜 지지구조물(support structure)로 통칭할 수 있다(그림 1.6 참조). RNA에 대한 설계와 지지구조물에 대한 설계는 독립적으로 하게 되지만 최종적으로는 하중에 대한 통합해석을 통하여 풍력발전기의 안정성을 검토하게 된다.

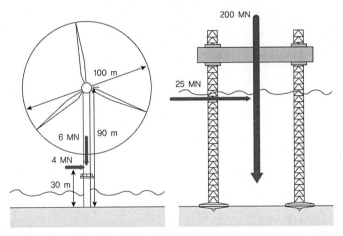

그림 4.14 해상 플랫폼과 해상풍력기와의 하중 비교(Byrne and Houlsby, 2003)

해상풍력발전기의 일반적인 설계 흐름은 그림 4.15와 같다. 해상풍력발전기 설계는 풍력발전기가 설치되는 지점의 환경조건들과 풍력발전기에 가해지는 외적 인자들의 자료수집 및 자료평가로부터 시작된다. 현장에서의 자료를 수집하고 그로부터 여러 자연하중과 사하중, 그리고 작동으로부터 발생하는 작동 하중 등의 여러 발생 가능한 하중들을 조합하여 이에 대한 안정성을 검토하게 된다. 따라서 풍력발전의 설치환경으로부터 필요한 정보를 최대한 수집하도록 해야 하며, 이런 필요한 정보들은 Design Basis에 명시하여 설계자들이 가용한 모든 정보를 확보한 상태에서 안정한 설계를 할 수 있도록 해야 한다. Design Basis에서 요구되는 정보와 조건에 독립적으로 지지구조물을 설계가 완성되면 따로 설계된 RNA과 함께 여러 설계하중 조합에 대하여 통합분석을 통한 거동을 분석하게 된다.

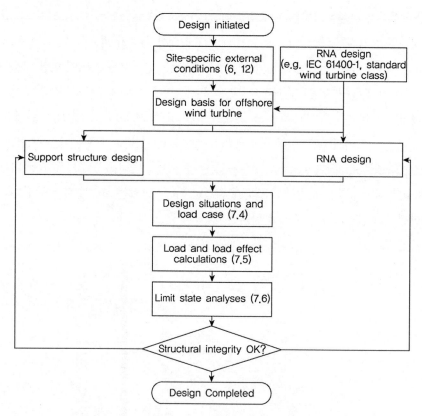

그림 4.15 해상풍력발전기의 설계 흐름도(IEC, 2009)

통합 분석에서는 설계환경(design situations)과 그에 따른 적절한 하중조합(load cases)에 대한 검토를 하게 된다. 설계환경이라는 것은 지지구조물을 세운다거나 유지관리한다거나 조립한다는 등과 같은 현장여건에 대한 것을 말하게 되며, 이러한 설계환경을 고려하여 각 설계환경당 여러 개의 하중조합을 생성해낼 수 있다. IEC 61400-3에서 제시하고 있는 최소 하중조합의 수는 총 34개이며, 제시된 각 하중조합은 그에 해당하는 해석의 종류(ULS, FLS)와 적용해야 하는 부분안전계수(γ_m)가 제시되어 있다.

검토하고자 하는 설계하중조합이 정해졌으면 하중과 하중효과에 대해서 통합 하중해석을 수행한다. 하중(load)과 하중효과(load effect)에 대한 계산은 해상풍력발전기가 관련된 외부조건에 의한 하중조합에 어떤 동적응답을 보여주는지에 대한 검토를 의미한다. 이러한 하중과 하중효과에 대한 계산이 완료되면 극한상태해석(limit state analyses)을 수행함으로써 RNA와 지지구조물의 안전성을 검토한다. 설계가 불만족스러운 경우에는 RNA와 지지구조물을 재설계하게 되며 만족할 때까지 반복적으로 검증함으로써 해상풍력발전기의 구조적 안전성을 확인해야 한다. 추가적으로 실규모 현장실험을 활용하여 설계 값들에 대한 신뢰성을 높일 수 있다.

해상풍력 터빈 설계 시 필요한 주요 변수 및 정보는 다음과 같다(IEC, 2009).

① RNA 설계 시 필요한 정보

② 하부 지지구조물 설계 시 필요한 정보

③ 바람정보(10분 동안의 표준 바람 정보 및 단지 후류 효과 정보)

④ 해양정보

⑤ 터빈의 전기 네트워크 조건

상기 정보 중 지반공학자가 주의를 기울여야 하는 정보는 바로 RNA에 대한 정보와 하부 지지구조물 설계 시 필요한 정보이다. RNA와 지지구조물의 설계에 필요한 주요 정보들은 다음과 같다.

RNA parameters	Support structure parameters

* rated power [kW]
* rotor diameter [m]
* rotational speed range [rpm]
* power regulation
* hub height(above MSL) [m]
* hub height operating wind speed range
  Vin–Vout [m/s]
* design life time [yr]
* operational weight(min, max) [kg]
* corrosion protection of RNA
	* description of foundation including scour protection
	* design water depth [m]
	* bathymetry in the vicinity of the wind turbine
	* soil conditions at turbine location
	* resonant frequencies of the support structure (min, max)
	  – at normal operating conditions [Hz]
	  – at extreme operating conditions [Hz]
	* corrosion allowance [mm]
	* corrosion protection
	* height of access platform(above MSL)

풍력발전기는 보통 20년 이상의 설계수명에 대해서 설계를 하게 되며, 시동, 발전, 정상정지, 비상정지, 아이들링 및 정지 상황에 대해 다양한 외부 하중조건(난류, 돌풍, 지진, 고장 등)을 고려하게 된다. 이러한 풍력발전기의 안전요구사항은 설치지역 및 풍속과 난류강도에 따라 등급이 구분되고 풍력 터빈 운전상태에 따라 각종 하중조건이 고려되어야 한다(김범석 등, 2008). 설계 하중조건은 극한하중과 피로하중에 대해서 검토하게 되는데, 구조물 자체의 안정성 및 변형과 침하 해석 등을 통해 설계수명 동안의 구조적 안정성을 확보하도록 한다.

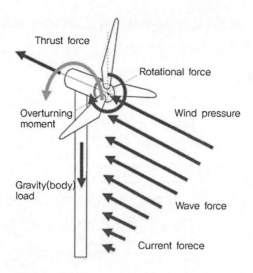

그림 4.16 풍력발전기에 작용하는 주요 하중조건

해상풍력기초에 작용하는 주요 설계하중은 자중 및 관성하중(gravity and inertial loads), 풍하중(aerodynamic load), 추력하중(actuation load), 파랑/조류/해수위 하중(hydrodynamic load), 충돌하중(accidental load)이나 해빙하중(sea ice load) 등의 기타 하중으로 구분할 수 있으며(그림 4.16), 설계 하중조합(DLC, Design Load Case)은 풍력발전기의 운전상태와 외부하중조건의 조합을 통해서 결정된다. 발전기의 여러 가지 운전상태와 다양한 외부하중을 조합하게 되므로 해상풍력발전기초의 설계에 적용하게 되는 하중조합의 수는 수십 가지에 이르게 된다. 설계 하중을 계산하는 모식도는 그림 4.17과 같다.

해상풍력기초의 설계에는 타워와 기초의 경계면에서의 수직, 수평력 및 모멘트 등의 설계하중과 특성하중을 적용한다. 또한 조합 가능한 모든 하중케이스를 이용하여 극치 동적하중과 피로 하중이 고려하게 된다. 한편 풍력 터빈의 고유진동수 및 진동모드에 영향을 줄 수 있는 기초의 내구성과 유연성 등을 풍력 터빈이 설치될 사이트의 지반조건을 고려하여 평가하도록 한다.

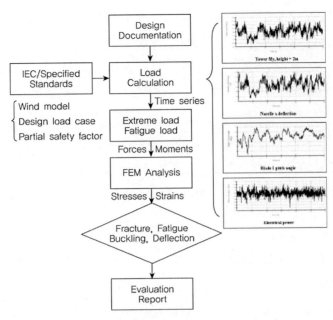

그림 4.17 하중 계산 과정(음학진 등, 2007)

(2) 한계상태와 설계정수

① 극한한계상태(Ultimate Limit State)

극한한계상태(ULS)설계는 구조물이 최대로 견딜 수 있는 하중에 대한 지지력 설계를 말한다. 예를 들어 구조물이 과도한 항복상태나 버클링(buckling)이 일어나 지지력이 감소하는 상태, 취성 재료의 균열 때문에 일어나는 구조물 요소들의 파괴, 또는 하중이 최대 지지력을 초과함으로써 발생하는 구조물의 주요 부분 파괴 등을 예로 들 수 있다. 극한 한계상태설계는 해상기초의 안전성 확보를 위해서 가장 기본적으로 검증해야 되는 설계 종류이다.

② 사용성 한계상태(Serviceability Limit State)

사용성 한계상태란 풍력발전기가 제대로 작동하지 않을 정도의 변위나, 비구조적인 요소들이나 겉표면(finish)에 해가 될 만한 변위, 사람에게 불안감을 주는 정도의 진동, 구조물의 외적미감을 망칠 정도의 변형이나 변위 등을 말한다. 예를 들어 구조물에 작용하는 힘에 변화를 주는 변위(deflection), 하중 분배를 변화시킬 수 있는 변형, 과도한 진동, 장비의 작동 한계를 초과하는 움직임, 기초 구조물의 부등침하나 온도에 의해 발생하는 변형 등이 사용성 한계상태에 포함된다.

해상 기초의 사용성 한계상태를 이용 말뚝두부의 변위나 말뚝 내의 응력을 측정할 때, 지지력계수나 하중계수는 1.0을 적용한다. 이때 단기간에 발생하는 변형뿐만이 아니라 장기간 동안 발생하는 축적된 지반의 영구변형(cumulative permanent deformation)을 고려할 수 있는 해석을 한다. 지반의 영구 변형에 의해 말뚝두부가 회전하게 되는데, 두부의 과도한 회전이나 그에 따른 구조물의 변형이 풍력발전기의 운행을 방해하거나 미관상 좋지 않은 경우에는 사용성 한계를 넘은 것으로 본다. 이 최대 허용변형량은 일반적인 해상 교각에 대해서는 지표면에서 38 mm로 제시된 경우가 있으나, 해상풍력 지지구조물 설계 시 풍력 터빈 제원을 고려해야 한다. 풍력기초 설치 시에도 발생 가능한 변위가 주어진 설계기준을 넘어서지 않도록 유의해야 한다.

③ 피로한계상태(Fatigue Limit State)

피로란 반복적이고 지속적인 재료 내의 응력 변화로 인해 재료의 성질이 악화되는 과정을 지칭한다. 해상풍력구조물은 현저한 양의 수평하중이 시간에 따라 강도와 방향이 변화하므로 이로 인한 재료의 피로상태에 대해서 고려해야 한다. 기초 시스템에 대한 피로한계상태는 따로 정의되어 있지 않으며 반복하중에 대해 말뚝 주변의 지반에서 강도감소현상이 발생하는 것을 고려하여 ALS나 ULS에 포함시켜 해석하도록 설명하고 있다. 강재 지지구조물이나 기어박스 등 피로 파괴가 발생할 수 있는 재료에 대해서는 피로한계상태를 검토하도록 하고 있다. FLS에 대한 내용은 DNV-OS-J101을 참고할 수 있다.

강재의 피로에 대한 저항성은 보통 S-N 곡선을 이용해서 구한다. S-N 곡선이란 어떠한 응력과 상응하는 파괴에 이르기까지 필요한 반복하중의 숫자와의 관계를 나타낸 곡선이다. S-N 곡선은 주로 실험실에서 구해서 사용한다. 피로해석을 하기 위해서는 구조물의 설계수명이 주어져야 하는데 주어지지 않은 경우 20년을 기준으로 해석한다. S-N 곡선의 내용과 사용법에 대해서는 DNV-OS-J101(2011)의 p.123에 있는 Section 7-J를 참조할 수 있다.

Horns Rev에서는 피로하중에 대해서 매우 추상적으로만 다루어졌다. 동적 풍하중으로 인한 지지구조물의 최대 응력크기를 바탕으로 피로하중을 예측했으며, 파랑은 매우 적은 응력변화를 발생시킨다고 가정하여 무시했다. 결론적으로 응력의 변화가 미미하여 피로에의 영향은 고려하지 않았다. Utgrunden 풍력단지에서는 로터(rotor)에 작용하는 풍하중에 대해서 구조물의 사용 기간 동안의 time domain에서 피로해석을 실시하고, 파랑에 의해 발생하는 파랑/조류/해수위 하중(hydrodynamic load)에 대해서는 frequency domain에서 해석한다. 이들 두 피로도에 대해서 각 하중사례(load case)별로 합산하여 총피로도를 측정할 수 있다.

피로한계상태에 대한 설계는 실제로 강재나 콘크리트의 재료 특성에 가깝고, 그에 대한 내용이 설계기준들의 주를 이루고 있다. 실제로 풍력기초에서 지지 지반과 구조물 간의 상호작용에 의한 거동을 해석할 때, 반복 하중이 재하되는 경우 명확한 해석법이 주어지지 않고 있다. 수평지지력 계산 시 $p-y$ 곡선을 정적 하중이 아닌 반복하중인 경우로 전환하여 사용하면, 반복하중에 의한 더 큰 수평변형률을 예측할 수 있을 것이다. DNV-OS-J101에서는 반복하중에 의한 파괴를 ULS(Ultimate Limit State)로 다루거나 또는 ALS(Accidental Limit State)로 다루라고 명시되어 있다. 이때 하중계수나 지지력계수(material factor)는 각각에 해당하는 한계상태해석(즉, ULS 또는 ALS)에 따라 선택하여 사용하도록 제안하고 있다. 반복하중의 영향을 FLS를 이용하여 독립적으로 설계하는 것이 아니라, 반복하중에 의해서 발생하는 지반의 공학적 성질 저하를 예측하여 그 결과를 ULS 설계에 반영한다.

(3) 해상풍력 지지구조물 설계를 위한 지반모델링

해상풍력 시스템의 하부기초 설계는 지반지지력 확보를 위하여 해양지반조건뿐만 아니라 해양하중조건에 대한 고려를 필요로 한다. 해상풍력구조물은 풍력, 조력, 파력 및 블레이드의 회전에 의해 지속적으로 발생하는 동적 진동이 주요하중으로 작용한다. 따라서 수평하중으로 작용하는 반복적인 동적하중으로부터 해상풍력구조물을 설계수명 동안 안정적으로 지지할 수 있도록 하는 기초구조물의 설계 및 해석은 해상풍력 시스템의 장·단기적 안정성을 결정하는 지배적인 요소이다. 특히, 상기 언급한 반복적인 동적 수평하중이 기초구조물에 미치는 장기적인 영향은 기초구조물과 해저지반 상호작용에 의해 지반강성의 변화를 초래하여 전체 시스템의 응답을 변화시키는 중요한 요인 중 하나로 알려져 있다(Kuhn, 2011). 이러한 현상과 더불어 국내 해양 지반조건은 연약지반이 깊게 분포하는 곳에서부터 암반이 조기에 출현하는 곳까지 다양하여 수심 및 지반조건별로 경제성이 우수한 시스템을 선정하고 이를 최적화는 기술 및 지반지지력을 정확하게 평가할 수 있는 기법이 필요하다. 따라서 신뢰성 있는 지반 정수를 얻고 장기적인 동적 하중을 고려하여 하부기초구조물의 안정성을 확보하는 공학적 검토가 반드시 필요하다.

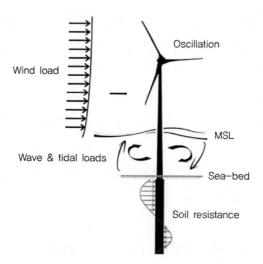

그림 4.18 해상풍력발전기에 작용하는 하중조건들(최창호 등, 2011)

수평하중을 받는 기초구조물에 대하여 허용수평지지력을 산정하는 방법에는 극한평형법, 지반반력법, 하중(p)-변위(y) 곡선법 등이 일반적으로 활용되고 있다. 극한평형법은 말뚝기초를 짧은, 중간, 긴 말뚝의 세 분류로 구분하여 파괴형태를 가정한 후 근입 깊이를 산정하는 방법이며, 지반반력법은 말뚝기초를 탄성지반에 지지된 보(beam)라고 가정하여 지반에 관입된 말뚝의 휨 변형을 산정하는 방법이다. 하지만 국외 해상풍력 기초구조물의 설계기준들은 공통적으로 기존의 $p-y$ 곡선법을 바탕으로 해상풍력 기초구조물에 전달되는 수평하중에 대한 지반 거동을 분석할 것을 제안하고 있다.

대표적인 국외 설계기준의 수평하중에 대한 설계법은 표 4.8과 같다. 각 기준들은 해상에서 작용하는 외력조건에 의해 기초지반에 전달되는 수평하중에 대한 해석을 통한 안정성 검토를 요구하고 있다. 하지만 현재 활용되고 있는 $p-y$ 곡선법은 5 MW급 이상의 해상풍력발전기 설계에서 기초에 전달되는 반복하중으로 인하여 기초구조물에 누적되는 영구 변위를 고려할 수 없으며, 또한 어느 설계기준을 적용하느냐에 따라 해상풍력 기초구조물의 장기안정성 및 경제성에 큰 차이가 발생할 수 있을 것으로 판단된다.

표 4.8 수평하중에 대한 각 설계기준들의 특성(최창호 등, 2011)

API-RP2A-WSD	DNV	GL	IEC 61400-3
• $p-y$ 곡선법을 활용한 지반의 수평거동 검토 권유 • 각 지반조건에 따른 전형적인 $p-y$ 곡선이론 활용을 제안함 　- 점토지반 : Metlock(1970) $$P_u = 3c + \gamma X + J\frac{cX}{D}$$ $$P_u = 9c \ (\text{for } X \ge X_R)$$ 　- 굳은 점토지반 : Reese et al.(1975) 　- 사질토지반 : O'Neill and Murchinson(1983) $$P_{us} = (C_1 H + C_2 D)\gamma H$$ $$P_{ud} = C_3 D \gamma H$$	• $p-y$ 곡선법을 활용한 지반의 수평거동 검토 권유 • 지반조건을 점토와 사질토로 대별하여 $p-y$ 관계식을 제안함 　- 점토지반 $$P_u = (3s_u + \gamma' X)D + J s_u X$$ $$P_u = 9 s_u D \ (\text{for } X \ge X_R)$$ 　- 사질토지반 $$P_u = (C_1 X + C_2 D)\gamma' X$$ $$P_u = C_3 D \gamma' X$$ • API 기준에서 제안하고 있는 $p-y$ 관계식과 유사함	• 단기 정적하중에 대한 해석 시 API기준($p-y$ 곡선법을 활용한 지반의 수평거동 검토)에 따른 지반거동 평가수행 • GL Wind에서 제안하고 있는 조건들을 따라 수평하중에 대한 지반거동 및 장기 반복하중에 의한 기초구조물의 안정성 평가를 함께 수행하도록 제안	• GL 및 DNV 기준에서 제안하고 있는 기초설계기준 활용을 권유($p-y$ 곡선법을 활용한 지반의 수평거동 검토)
여기서, P_u : ultimate resistance c : undrained shear strength D : pile diameter γ : effective unit weight of soil J : dimensionless empirical constant(0.25-0.5) H : depth C_1, C_2, C_3 : friction angle ϕ에 대한 상수	여기서, P_u : ultimate resistance D : pile diameter s_u : undrained shear strength of soil γ' : effective unit weight of soil J : dimensionless empirical constant(0.25-0.5) C_1, C_2, C_3 : friction angle ϕ에 대한 상수	–	–

　이와 더불어 반복적인 동적하중이 해저지반에 작용하면 해저지반의 강성과 강도의 변화로 인하여 해저지반이 원래의 지반특성을 잃고 약화되어 정하중을 받을 때보다 낮은 응력에서 파괴되는 현상이 나타나기도 한다. 따라서 반복하중에 의한 급격한 강성 변화는 기초구조물의 내구성 및 안정성에 문제를 발생시키고, 지반강성의 변화로 인한 시스템의 동적 응답변화는 시스템 상에 심각한 문제를 초래하는 공진현상의 원인으로 작용할 가능성이 크므로, 기초구조물에 대한 수평하중의 영향과 그에 따른 강성의 변화를 예측하고 설계에 반영할 수 있는 신뢰성 있는 설계기법 및 설계기준의 도출이 요구된다.

　현재 단계에서 해상풍력발전기 기초구조물의 설계는 교량 기초구조물 설계 절차를 적용할 수 있을 것으로 판단된다. 우선, 기초구조물의 단면설계를 위해서는 해상풍력발전기 전용 수치해석 프로그램과 말뚝해석 전용 프로그램을 병용하여 각 부재에 작용하는 하중을 산정할 수 있다. 해상풍력발전기 전용 수치해석 프로그램의 하나인 GH-Bladed는 국제표준규격인 IEC 규정에서 제안하고 있는 해상풍력발전기의 설계기준을 충족시킬 수 있는 다양한 옵션을 바탕으로 기초구조물과 해저지반과의 상호작용을 고려하여 설계가 가능하도록 구성되어져 있다(GH-Bladed, 2011).

해상 기초구조물을 설계하는 흐름도를 보여주는 그림 4.19와 같이 일반적으로 해상풍력 기초구조물은 식섭 모델링을 하지 않고 해저지반-기초구조물의 비선형 특성이 고려된 강성행렬(K)을 산정하여 고려한다. 강성행렬은 기초구조물의 길이, 지층 및 하중 조건을 고려하고, $p-y$(수평방향 하중-변위 관계) 곡선, $t-z$(수직방향 하중-변위 관계) 곡선, $q-w$(파일선단 하중-변위 관계) 곡선 및 말뚝해석 전용 프로그램을 활용하여 산정하게 된다. 기초구조물을 설계하기 위한 첫 번째 단계로는 구조물 하부 경계조건을 고정단으로 구조해석을 수행한 후 해상풍력발전기 전용 해석 프로그램을 사용하여 작용하중(P_i, Mi, Vi)을 산정한다. 산정된 작용하중을 고려하여 기초구조물을 설계한 후 말뚝해석 전용 프로그램에 하중을 입력하여 지반면 경계조건을 고정단에서 강성행렬로 대체하기 위한 해저지반-기초구조물의 비선형 특성이 고려된 대표 강성행렬(Ki)을 산정하거나, 지중에 설치된 파일을 스프링으로 치환하여 해석하는 winkler-foundation의 강성을 산정한다. 산정된 강성행렬을 통하여 작용하중(P_i+1, $Mi+1$, $Vi+1$)를 해상풍력발전기 전용 해석 프로그램을 통해 다시 산정한 후 강성행렬($Ki+1$)을 재해석한다. 이와 같은 과정을 반복하여 $P_i ≒ P_i+1$, $Mi ≒ Mi+1$, $Vi ≒ Vi+1$이 되는 선형 또는 비선형 스프링 상수(K)를 결정한 후 최종적인 해상풍력발전기의 응답해석을 해상풍력발전기 전용 해석 프로그램을 통해 수행할 수 있다.

이와 더불어 해상풍력발전기 전용 해석 프로그램을 통하여 해상풍력발전기의 정확한 응답해석을 위해서는 강성행렬뿐만 아니라 관성에 의한 영향을 고려하기 위한 기초의 질량 및 풍력 시스템의 진동하중에 따른 에너지를 해저지반에서 흡수할 수 있는 감쇠 행렬을 산정할 수 있는 방안에 대한 정립이 요구된다.

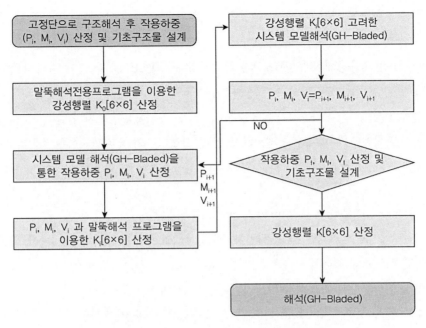

그림 4.19 해상 기초구조물의 설계 흐름도(최창호 등, 2011)

4.2.3 해상풍력 지지구조물 설계기준 비교

(1) 설계기준 일반

국제적으로 해상풍력발전기 기초설계에 사용되는 설계기준으로는 IEC 61400-3, DNV-OS-J101, GL wind가 이용되는데, 이 기준들은 모두 한계상태설계법을 적용하고 있어 국내 설계기준과 차별화되어 있다. 따라서 해상풍력발전기 설계기준인 ISO, IEC 61400-3, DNV-OS-J101, GL wind과 기존 해양구조물 설계 기준인 API를 함께 비교함으로써, 향후 국내 해상풍력발전기 설계에 필요한 제반사항을 비교하고자 하였다.

① American Petroleum Institute (API)

API에서는 현재 유전산업과 관련한 해양산업 부분에서 고정식 구조물과 부유식 구조물을 포함하여 500여 개가 넘는 분야에서 설계기준 및 실무 가이드라인을 제시하고 있다. API는 1969년 처음으로 해상플랫폼에 대한 실무 가이드라인(API RP-2A Working Stress Design)을 제시한 이후 변화되는 산업 분야의 요구와 산업발전에 따른 필요성을 충족시키기 위해서 실질적으로 확장 및 세분화되었다. API RP-2A는 파고, 바람, 해류 및 지진 등의 외부 환경조건을 고려하여 해상구조물의 설계 전반에 대한 내용은 포함하고 있으나, 해상풍력 하부구조물 설계에 요구되는 상세 기준은 포함하고 있지 않으므로 해상풍력 하부구조물 설계 시 전용 설계기준을 일부 참조할 것을 명시하고 있다.

API RP 2A는 허용응력설계법(WSD)과 하중저항계수법(LRFD) 두 가지 방식의 설계기준을 제시하고 있다. API RP 2A-WSD에서는 하부구조물 설계 시 하중조건에 따라 1.5~2.0의 안전율을 제시하고 있으며, API RP 2A-LRFD에서는 하부구조물 종류에 따라 말뚝기초의 경우 0.8(극한 시), 0.7(상시)의 저항계수를 제시하고 있고, 직접기초의 경우 파괴유형에 따라 0.67(지지력), 0.8(활동)의 저항계수를 제안하고 있다.

② International Electrotechnical Commission (IEC)

풍력 발전기에 대한 국제적인 가이드라인이 1988년 International Electrotechnical Commission 기술 위원회 TC-88에 의해서 처음으로 만들어졌다. IEC 61400은 TC-88에 의해서 개발된 설계기준으로 풍력발전기에 대한 설계와 평가기준에 대한 내용을 포함하고 있다.

IEC 61400은 총 10개의 Guideline으로 구성되어 있으며, 육상 및 해상의 풍력발전 설계를 위한 기준을 제시하고 있다. 특히 해상풍력과 관련해서는 IEC 61400-1 'Design requirement' 와 IEC 61400-3 'Design requirements for offshore wind turbine'에 주요 내용이 수록되어있다. IEC 61400-3의 경우 해상풍력 구조물뿐만 아니라 해상풍력과 관련된 subsystem 설계 관련된 내용까지 포함하고 있으며, 특히 가장 중요한 것은 해상풍력 구조물 설계를 위한 모든 운영 시 조건을 고려할 수 있는 설계 하중(wind, wave, current, tidal, ice, etc)에 대한 상세한 규정을 34개의 설계하중조건(design load conditions)으로 구분하여 제시하고 있다. IEC 61400-3에서는 설계상태를 극한상태(ULS)와 피로상태(FLS)로 구분하고 있으며, 극상상태의 경우 설계조건에 따라 3가지 하중계수 1.35(Normal), 1.1(Abnormal), 1.5(Transport)를 제안하고 있고, 피로상태의 경우 1.0의 하중계수를 사용하고 있다. 저항력 산정을 위한 설계기준 및 저항계수는 특별히 제안하고 있지 않으며, 설계 시 다른 해상구조물 설계기준을 사용할 것을 권고하고 있다.

다만, IEC 61400-3에서는 기초설계를 위한 특별 고려사항을 다음과 같이 제시하고 있다.

- 기초설계는 정하중과 동하중에 의해서 설계되어야 함
- 반복적인 하중 효과에 대하여 특별한 고려가 필요함
- 해저면의 거동에 대한 고려가 이루어져야 함
- 지반의 액상화 가능성, 장기침하 거동 및 유동, 사면안정 등이 고려되어야 함

③ Germanicher Lloyd (GL)

Germanicher Lloyd는 해상풍력발전기 인증 가이드라인(Edition 2005)에 따라 풍력발전기

를 인증하는 기관으로 1995년에 처음으로 해상풍력발전기 설계 및 인증에 관한 규정을 제정하였고, 추후 1999년, 2004년, 2005년에 수정 보완하였다. 'Guide line for the certification of offshore wind turbines'는 해상풍력구조물을 위한 전용 설계서로 해상풍력과 관련된 전반적인 사항(support structure, turbine machinery, blades, etc)을 포함하고 있으며, 하중, 물성, 구조물, 기계, 로터 블레이드, 전기 시스템, 안전 시스템 및 모니터링 시스템 분야에 이르기까지 인증과 관련된 기준을 포함하고 있다. 또한 GL에서는 'Guideline for the certification of condition monitoring systems for wind turbine'을 해상풍력과 관련된 참고 자료로 제안하고 있으며, 필요시 IEC, DIN 등의 설계서를 참조자료로 사용토록 제안하고 있다. 특히 구조물 기초 설계의 경우 개략적인 내용은 포함하고 있으나 구체적인 내용은 다른 설계서를 참조토록 제안하고 있다.

하부구조물 설계 시 하중계수의 경우 IEC 61400-3 기준과 유사하나 하중의 원인에 따라 좀더 상세한 기준을 제시하고 있고, 저항계수의 경우 재료의 특성 및 재료 성질의 불확실성에 따라 상세 설계기준을 제안하고 있다. 특별히 기초구조물 설계 시 지반특성에 따라 전응력해석과 유효응력 해석을 구분하여 수행할 것과 반복하중에 의한 지반의 전단강도 감소를 고려하게 되어 있으며, 액상화 가능성, 해저면 안전성, 해저 변위, 세굴 및 세굴 보호공에 대한 검토도 수행할 것을 규정하고 있다.

④ Det Norske Veritas (DNV)

DNV 해상풍력발전 가이드라인인 DNV-OS-J101은 2004년 처음으로 출판되었으며 해상풍력과 관련된 기본 이론, 기술적 요구사항, 설계 가이드라인, 시공 및 감리에 관한 규정을 제시하고 있다. 특별히 DNV 가이드라인은 하부 지지구조물의 설계 및 해상풍력발전기 기초에 대한 내용을 포함하고 있으며, 해상 변전소 및 기상탑 등 해양구조물 기초에 대한 설계 지침을 제시하고 있다.

해상풍력 전용설계서인 DNV-OS-J101 'Design of offshore wind turbine structures'는 해상풍력발전 구조물의 설계, 시공, 유지관리에 관한 Guideline을 제시하고 있다. 특히 DNV의 경우 구조물기초 설계편이 다른 설계서와 비교하여 매우 상세하게 기술되어 있다. DNV에 포함된 기초 설계와 관련된 내용은 API RP-2A (WSD)와 유사하나, 부분안전계수 설계(partial safety factor design) 법을 사용하고 있다.

DNV 기준에서 제시하고 있는 하중 조합은 IEC 기준과 유사하며 이러한 하중조합들은 구조물 기초 타입과 부지조건에 따라 일부 보완된 값을 제시하고 있다. 하중계수는 IEC 기준과 유사한 값을 적용하고 있으며, 저항계수는 ULS 조건의 경우 1.15(유효응력해석), 1.25(전응력해석), SLS 조건의 경우 1.0(유효응력, 전응력해석)을 제안하고 있다.

말뚝 연직지지력 검토 시 저항계수를 1.25, 말뚝 재료응력 및 변위에 대해서는 1.0을 제안하고 있다. 말뚝의 수평지지력을 검토하기 위해서는 말뚝의 비선형 모델을 사용하여 설계 검토할 것을 명시하고 있으며, 모노파일 지지력과 변위를 확인하기 위해서는 연직, 수평 및 모멘트 하중에 대한 검토 시 $p-y$, $t-z$ 곡선을 이용하여 해석하고, 이를 대신할 수 있는 방법으로는 유한차분해석(FDM) 또는 유한요소해석(FEM)을 수행할 것을 규정하고 있다.

추가석으로 말뚝의 수평하중에 대하여 설계할 때 반복하중에 따른 영향을 검토하도록 되어 있다. 또한 설계 시 반복하중에 따른 지반 강도저감 및 누적간극수압을 고려하여 설계하도록 규정하고 있으며, 해저면의 안정성 및 세굴, 세굴 보호공에 대한 설계검토도 요구하고 있다.

DNV-OS-J101은 해상풍력발전 지지구조물 및 기초 설계에 관해서는 상세 내용이 수록되어 있으나, 터바인 구성 요소(nacelle, rotor, generator, gearbox, etc)와 관련된 내용은 반영하지 못하고 있어, 이 부분에 대해서는 IEC 등 기타 설계기준서를 참조하도록 제안하고 있다. 부유식 기초의 경우 DNV-OS-C101 (Design of offshore steel structure-LRFD method)를 사용할 것을 권고하고 있다.

⑤ International Organization for Standardization (ISO)

1947년에 설립된 국제표준기구로서 157개국의 국가표준기구들과의 네트워크를 형성하고 있으며 국제기준, 산업, 기술 분야에 이르기까지 다양한 분야에 대한 국제 표준을 제시하고 있다. ISO 기준에서 해상기술과 관련이 있는 부분은 ISO 19900~19909 시리즈이다. 해상기술과 관련해서 해상풍력발전기에 대한 기준을 상세히 제시하고 있지는 않으나, 일반적인 해상 구조물에 대해서 언급하고 있으며 특별히 구조물의 건전도에 대한 규정을 언급하고 있다. ISO 규정은 API 규정과 마찬가지로 offshore structure에 대한 전반적인 규정을 제시하고 있으며, 저항계수, $p-y$ 곡선, $t-z$ 곡선 결정 방법 등 일부 하부구조물 설계에 대한 내용을 포함하고 있다. 특별히 $p-y$ 곡선과 $t-z$ 곡선 사용 시 대구경 말뚝과 반복하중이 작용하는 구조물에서는 특별한 주의를 기울여 사용할 것을 권고하고 있다.

⑥ 설계기준 특징 비교

이상의 설계기준을 비교해볼 때 해상구조물에 대한 기본적인 설계기준들은 서로 유사하나, 기준별로 특별히 상세히 다루고 있는 분야가 있다. IEC와 GL 기준의 경우 해양조건을 고려한 설계하중에 대한 상세 기준을 다루고 있으며, API와 ISO의 경우 일반적인 해상구조물에 대한 전반적인 설계기준을 제시하고 있다. DNV의 경우 해상풍력 하부 구조물에 대한 상세 설계기준을 제시하고 있다. 설계기준별로 주로 다루고 있는 세부 분야를 정리하면 표 4.9와 같다.

표 4.9 해상풍력단지 설계서 비교(Saigal et al., 2007)

설계 항목	API	IEC	GL	DNV	ISO
Environmental conditions	∨				
Design load cases	∨	∨∨	∨∨	∨	∨
General guidance on offshore structure design	∨∨	∨	∨	∨	∨∨
Specific guideline on offshore wind turbine design		∨∨	∨∨	∨∨	
Ultimate limit state code checks	∨∨		∨∨	∨∨	∨∨
Fatigue limit state and serviceability limit state	∨∨		∨∨	∨∨	∨∨
Project certification			∨∨	∨∨	

그림 4.20은 유럽에서 설치된 4개의 해상풍력단지의 건설시기와 기술개발을 위한 관련 프로젝트들의 진행기간, 그리고 관련된 보고서들이 발간된 날짜를 보여주고 있다. 2006년 현재 발표된 내용이므로 현재에는 더 많은 내용들이 추가되었으리라고 생각이 된다. 그림 4.20에서 보이는 Blyth, Utgrunden, Home Rev, OWEZ, Ringhome은 해상풍력단지를 나타내며 Opti-OWECS, OWECS는 연구과제를 설명하고 있으며 마름모는 현재까지 발간된 해상풍력 설계기준을 표시하고 있다. 4개의 해상풍력단지는 90년대 초반에 계획 및 조성이 시작되었으며, 이를 기반으로 1995년에 제시했던 첫 번째 GL 설계기준이 2004년도에 연구결과를 기반으로 발간되었고 2005년도에 최종본이 발간되었다. IEC의 경우 2009년도에 가장 최신판이 발간되어 있다. DNV나 GL 설계기준은 Blyth, Utgrunden, Horns Rev, 그리고 Egmond aan Zee(OWEZ)로부터 얻은 경험과 연구과제들로부터 정립된 것이라고 볼 수 있다. 표 4.10은 설계서 개발과 관련이 있는 4개의 해상풍력단지에 대한 정보를 보여주고 있다. 상대적으로 얕은 수심에서의 해상풍력 단지개발이었으며 단말뚝을 항타하여 시공되었음을 알 수 있다.

표 4.10 설계서 개발과 관련된 해상풍력단지

연도	국가(위치)	발전용량(MW)	수심(m)	기초 형식	설치방법
2000	영국(Blyth)	3.8	6~8.5	단말뚝	잭업
2000	스웨덴(Utgrunden)	10.0	7~10	단말뚝(항타)	잭업 2척
2002	덴마크(Horns Rev)	160.0	10~20	단말뚝	전용 잭업바지
2006	덴마크(OWEZ)	108	15	단말뚝(항타)	잭업

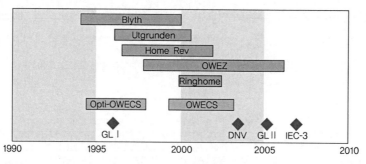

그림 4.20 해상풍력 설계기준과 관련된 4개의 해상풍력단지(Blyth, Utgrunden, Home Rev, OWEZ, Ringhome), 연구과제(Opti-OWECS, OWECS), 그리고 설계기준 발간(마름모 모양)(Van der Tempel, 2006)

표 4.11은 해상풍력발전기 건설에 적용 가능한 국내외 설계기준들을 비교·나열하고 있다. 국내에는 최근까지 해상구조물에 대한 공인된 설계기준이 없기 때문에 해안 구조물 건설에 사용되고 있는 항만 및 어항설계기준(2005)의 내용이 포함되었다. 그러나 최근 해상풍력발전기에 대한 설계기준을 위한 연구개발이 활발히 진행 중이어서 조만간 국내에서도 해외와 엇비슷한 설계기준이 등장할 것이라 기대된다. 지지구조물 중 기초설계에 대해서는 ULS와 SLS만 한계상태 해석에 사용되며, 타워를 포함하는 전체 지지구조물 해석에는 ALS (Accidental Limit State)와 FLS (Fatigue Limit State)를 포함하여 해석을 수행해야 한다.

표 4.11 해상풍력발전기초 건설에 적용 가능한 설계기준 비교(윤희정, 2009)

구분	API RP2A (1993, 2000)	DNV-OS-J101 (2011)	GL (2005)	IEC 61400-3 (2008)	국내 항만 및 어항설계 (2005)	일본 해상풍력 발전의 기술 매뉴얼 (2001)
목적	해상 구조물 범용 설계기준	해상풍력발전 전용 설계기준	해상풍력발전 전용 설계기준	해상풍력발전 전용 설계기준	항만시설 설계기준	해상풍력발전기 전용 설계기준
극한 하중	100년 주기	50년 주기	50년 주기	50년 주기	불명확	파랑 : 30~50년 풍속 : 50년
하중 사례수	불명확	33개	44개	34개	불명확	2개 (지진 시/폭풍 시)
한계 상태*	ULS SLS	ULS SLS	ULS SLS	ULS SLS	미포함	미포함
해석 방법	한계상태설계 허용응력설계	한계상태설계	한계상태설계	한계상태설계	허용응력설계	허용응력설계
지지력 계산	API 방법	API 방법 및 다른 공인된 표준	API 방법 DIN 2003 다른 공인된 표준	ISO 19902	항만 및 어항설계기준의 지지력 산정식	일본 항만시설기준의 지지력 산정식

주 : * 해상풍력발전기 전용 설계기준에서는 피로한계상태(FLS)를 조사하도록 되어 있으나 지반과 관련된 해상 기초구조물에서 반복하중에 대한 영향은 극한상태(ULS)에 포함하여 설계한다.

(2) 설계기준 구성 비교

이 절에서는 전용 해상풍력 설계기준인 DNV (Det Norske Veritas), GL (Germanicher Lloyd), 그리고 IEC (International Electrotechnical Commission) 61400-3의 목차에 대하여 살펴보았다. 다음은 노르웨이 선급에서 발간하고 있는 DNV-OS-J101(2011) 'Design of Offshore Wind Turbine Structures'의 목차를 보여주고 있다.

① Introduction
② Design principles
③ Site conditions
④ Loads and load effects
⑤ Load and resistance factors
⑥ Materials
⑦ Design of steel structures
⑧ Detailed design of offshore concrete structures
⑨ Design and construction of grouted connections
⑩ Foundation design
⑪ Corrosion protection
⑫ Transport and installation
⑬ In-service inspection, maintenance and monitoring

DNV-OS-J101 설계기준의 순서는 기본적인 설계원칙을 시작으로 설계 시 가장 중요한 정보인 현장조건 정보수집, 하중 산정 및 하중계수 지지력 계수, 콘크리트나 강재와 같은 물질에 대한 내용, 그리고 기초와 지지구조물 설계, 그라우팅, 부식방지, 이송 및 설치, 작동 시 유지보수에 관한 문제 등을 다루고 있다. 다른 해상풍력발전기 설계기준에 비해 지지구조물에 대한 비교적 상세한 설명과 내용을 포함하고 있으나 RNA에 대한 설명은 부족하여 다른 설계기준을 참조토록 하고 있다. 2011년에 가장 최신판인 설계기준이 발간되었으며 목차에는 변화가 없으나 2007년 발간본에 비해서 상세한 내용들이 많이 추가되었다. 최근에는 DNV-OS- J101에서 다루고 있지 않은 substation의 지지구조물 및 기초 설계를 다루고 있는 DNV-OS- J102이 발간되었다.

이와 비교되는 GL에서 제시하고 있는 'Guideline for the certification of offshore wind turbines'의 목차는 다음과 같다. 영문 제목처럼 DNV 기준은 설계를 위한 기준인 반면 GL은 인증을 위한 기준을 제시하고 있다. 지지구조물에 대한 상세내용은 DNV에 비해 부족하여 필요시 국제적으로 통용되는 다른 설계기준(DIN, API, ISO, IEC 등)을 따르도록 유도하고 있다. 특히 DNV 기준과 다르게 전기계통이나 기어박스와 같은 기계전기적인 설계인증도 포함하고 있다.

① General conditions for approval
② Safety system, protective and monitoring devices
③ Requirements for manufacturers, quality management, materials, production and corrosion protection
④ Load assumptions
⑤ Strength analysis
⑥ Structures
⑦ Machinery components
⑧ Electrical installations
⑨ Manuals
⑩ Testing of offshore wind turbines
⑪ Periodic monitoring
⑫ Marine operations
⑬ Condition monitoring

국제전기표준회의(IEC)에서 발간한 국제표준인 IEC 61400-3 'Design requirements for offshore wind turbines'에서는 다음과 같은 목차를 제공하고 있다. IEC 61400-3의 경우 GL(2005)나 DNV(2007) 등에 비해 늦게 준비된 만큼 GL과 DNV에 있는 내용들이 전체적으로 골고루 녹아들어 있는 것으로 보인다. 목차의 용어는 상이하지만 전체적으로 외부조건들로부터 하중에 대해 산정하고, 구조물 설계, 보호 시스템, 기계 시스템, 전기 시스템, 기초설계, 시공방법, 유지관리 등 전반적인 내용을 포함하고 있다.

① Scope
② Normative references
③ Terms and definitions
④ Symbols and abbreviated terms
⑤ Principal elements
⑥ External conditions
⑦ Structural design
⑧ Control and protection system
⑨ Mechanical system
⑩ Electrical system
⑪ Foundation design
⑫ Assessment of the external conditions at an offshore wind turbine site
⑬ Assembly, installation and erection
⑭ Commissioning, operation and maintenance

(3) 국외 설계기준 안전수준 비교

본 장에서는 해상풍력발전기 설계기준에서 제시하고 있는 기초의 안전율 수준을 비교하였다.

① IEC 61400-3

IEC 61400-3(Design requirements for offshore wind turbine)은 해상풍력발전기 구조물의 안전 등급은 다음과 같이 크게 2가지 범주로 구분하고 있으며, 설계에서는 normal safety class에 해당하는 기준을 적용하고 있다.

- Normal safety class : 풍력발전기의 고장으로 인해 인체의 상해 또는 경제적, 사회적 영향을 일으키는 경우에 적용
- Special safety class : 안전요구사항이 그 지역의 법규에 의해 결정되는 경우 및 또는 제조자와 고객 사이에 합의된 경우에 적용, IEC 61400-3의 극한조건은 다음 식과 같다.

$$R_d \geq Q_d \tag{4.31}$$

$$R_d = R\left(\frac{1}{\gamma_m}f_k\right) \tag{4.32}$$

$$Q_d = \gamma_f \gamma_n Q_k \tag{4.33}$$

여기서, R_d = 설계 저항, Q_d = 설계 하중력, γ_m = 재료에 대한 부분안전계수, f_k = 재료특성값, γ_f = 하중계수, γ_n = 파괴중요도계수, Q_k = 하중특성 값이다. 위의 식 (1)~(3)은 IEC뿐만 아니라 DNV와 GL 등 한계상태설계법을 따르는 모든 설계기준에 적용된다.

IEC 61400-3에서는 저항계수에 대한 기준을 따로 제시하고 있지 않으며, 국제적으로 인정된 값을 사용하도록 권장하고 있다. 타워의 경우 재료에 대한 부분안전 계수 값과 파괴의 중요도에 따른 부분안전계수는 다음과 같이 IEC 61400-1에서 제시된 값을 사용하도록 권장하고 있다.

- $\gamma_m \geq 1.1$
- $\gamma_m = 1.2$ for 발전기 타워 및 블레이드와 같은 곡선 쉘의 전체 좌굴의 경우
- $\gamma_m = 1.3$ for 인장강도 또는 압축강도의 초과에 의한 파단

표 4.12 IEC 61400-1 파괴의 중요도에 따른 부분안전계수

Component class의 형태		
Component class 1	Component class 2	Component class 3
$\gamma_n = 0.9$	$\gamma_n = 1.0$	$\gamma_n = 1.3$
'fail-safe' : 파괴가 풍력발전기 주요 구조 부재에 영향이 없는 경우	'non fail-safe' : 풍력발전기 주요 구조 부재의 파괴를 유발하는 경우	'non fail-safe' : 예비부품 없이 엑츄레이터와 브레이크를 주요 부재에 연결시켜주는 경우

IEC 61400-3에서 제시하고 있는 하중계수는 표 4.13과 같다. IEC 61400-3에서는 해상풍력 발전기 기초의 설계에 필요한 주하중을 풍황, 파도, 바람과 파도의 방향성, 조류, 해수위로 구분하고 있으며, 설계조건은 전력생산, 전력생산과정 중 고장, 시동, 정상 정지, 위급정지, 파킹, 고장상태에서의 운전정지, 이송, 설치, 유지보수 상황에서의 조합을 통하여 극한한계상태(ULS, Ultimate Limit State)와 피로한계상태(FLS, Fatigue Limit State)를 검토하도록 제시되어 있다. 따라서 위의 설계조건을 모두 고려한 설계하중을 바탕으로 기초부 설계를 수행해야 하며, 이때 설계하중 평가과정이 반드시 선행되어야 한다.

표 4.13 IEC 61400-3 하중계수

불리한 하중조건			유리한 하중조건
설계조건의 형태			모든 조건
정상(N)	비정상(A)	운반 및 설치(T)	
1.35	1.1	1.5	0.9

IEC 61400-3에서 하중과 하중조합에서 반드시 포함되어야 하는 항목은 다음과 같다.

- Gravitational and inertial loads → 자중 및 관성하중
- Aerodynamic loads → 풍하중
- Actuation loads → 추력하중
- Hydrodynamic loads → 파랑, 조류, 해수위 하중
- Sea ice loads → 해빙하중
- Other loads → 기타 하중(후류하중, 충돌하중, 지진하중, 쓰나미 등)

② DNV-OS-J101

DNV-OS-J101(Design of offshore wind turbine structures)에서는 IEC와 달리 해상풍력 발전기의 안전등급을 다음과 같이 크게 3가지로 구분하고 있으나, 해상풍력발전기 설계 시 IEC와 동일하게 Normal safety class로 설계하도록 권장하고 있다.

- Low safety class : 인간의 삶에는 무시할 수 있는 위험, 낮은 경제적 영향, 낮은 인체 상해의 경우
- Normal safety class : 약간의 인체의 상해가 발생되며, 마이너한 사회적 손실, 중요한 경제적 영향이 있는 경우
- High safety class : 큰 인체의 상해 또는 사망 가능성, 중요한 오염, 중요한 사회, 경제적 손실이 있는 경우

해상풍력발전기 기초를 Normal safety class로 설계할 경우 목표 파괴확률(P_F)과 신뢰도 지수(β_T)의 범주는 다음 표 4.14와 같이 제시하고 있다.

표 4.14 목표 파괴확률과 신뢰도 지수

파괴 형태	Low Safety Class	Normal Safety Class	High Safety Class
여용성이 있는 구조물의 연성파괴	$P_F = 10^{-3}$ $\beta_F = 3.09$	$P_F = 10^{-4}$ $\beta_F = 3.72$	$P_F = 10^{-5}$ $\beta_F = 4.26$
여용성이 없는 구조물의 연성파괴	$P_F = 10^{-4}$ $\beta_F = 3.72$	$P_F = 10^{-5}$ $\beta_F = 4.26$	$P_F = 10^{-6}$ $\beta_F = 4.75$
취성 파괴	$P_F = 10^{-5}$ $\beta_F = 4.26$	$P_F = 10^{-6}$ $\beta_F = 4.75$	$P_F = 10^{-7}$ $\beta_F = 5.20$

DNV-OS-J101에서 극한한계상태(ULS)에서의 하중계수(γ_f)는 다음 표 4.15와 같이 제시하고 있다.

표 4.15 DNV-OS-J101 하중계수

Load factor set	Limit state	Load categories			
		G	Q	E	D
(a)	ULS	ψ	ψ	1.35	1.0
(b)	ULS for abnormal wind load cases	ψ	ψ	1.1	1.0

* G=permanent load(자중, 장비하중)

　　Q=variable functional load(사람, 크레인 작업 하중, 선박 충돌하중)

　　E=environmental load(풍하중, 파랑, 조류, 해수위)

　　D=deformation load(온도, 침하)

* G와 Q는 일반적으로 ULS 조건에 대해서 ψ=1.0 적용

* G와 Q가 유리한 하중조건이고, 다른 요구조건이 없을 경우 ψ=0.9 적용(단, 지반공학문제에서 지지지반으로부터 발생하는 우호하중의 경우 하중계수 1.0을 사용한다.

만약 high safety class로 설계할 경우 위 테이블의 normal safety class에서 환경하중에 대한 하중계수를 13%로 증가시킨다. 기초의 안전성을 검토하기 위한 저항계수는 대표적으로 $\gamma_M = 1.25$를 제시하고 있다.

③ GL wind

GL wind(Guideline for the certification of offshore wind turbines)의 경우에도 safety class에 대한 기준은 IEC 61400-3과 동일하게 normal safety class와 special safety class 2가지 등급으로 제시하고 있다. 그러나 하중계수는 IEC 61400-3과 다소 차이가 있는데, IEC 61400-3 설계기준의 Normal 값을 GL wind 설계기준에서는 Extreme 값으로 제시하고 있다. GL wind 설계기준의 경우 독일선급의 특성에 맞게 대부분의 기준을 EUROCODE에 기반을 두고 있다.

GL wind 설계기준에서는 구조부재(콘크리트, 강재)의 부분안전계수들을 GL 설계기준에서 제시된 값을 지지력에 대한 부분안전계수는 EUROCODE 또는 API-LRFD 값을 사용할 것을 권장하고 있다.

표 4.16 GL wind 하중계수(GL, 2005)

하중의 종류	불리한 하중조건				유리한 하중조건
	설계조건의 형태				모든 조건
	정상(N)	극단상황(E)	비정상(A)	운반 및 설치(T)	
Environmental	1.2	1.35	1.1	1.5	0.9
Operational	1.2	1.35	1.1	1.5	0.9
Gravity	1.1/1.35[*]	1.1/1.35[*]	1.1	1.25	0.9
Other inertial forces	1.2	1.25	1.1	1.3	0.9
Heat influence	–	1.35	–	–	0.9

* In the event of the masses not being determined by weighing

GL wind에서 제시하고 있는 해상풍력발전기 기초의 설계 요구조건식은 다음과 같다.

$$\Sigma (\gamma_F \circ F_k) < \Sigma (R_k / \gamma_M) \tag{4.34}$$

여기서, γ_F는 하중에 대한 부분안전계수(partial safety factor for loads), F_k는 하중특성치(characteristic load), R_k는 지반-구조물의 저항특성치값(characteristic ultimate resistance of soil or structure or its combination), γ_M은 지반–재료의 부분안전계수(partial safety factor for the soil, the material or its combination)이다.

API–LRFD 설계기준에서 pile 기초에 대한 저항 계수값을 극한 환경조건일 경우에는 0.8, 운전 중일 경우에 0.7 값을 사용할 것을 권장하고 있으며, 중력식 기초에 대한 기준은 현재 전무하다.

④ 설계기준의 등가안전수준 분석

해상풍력발전기 기초 설계를 위한 국내외 관련 설계기준의 안전율 정도를 파악하기 위하여 해상풍력발전기에 작용하는 대표적인 하중인 자중, 풍하중, 파랑, 조류, 추력, 침하, 온도 하중을 토대로 검토하였으며, 하중저항계수 설계법의 안전율 수준은 다음 식으로 추정하였다.

$$FS_{LRFD} = \gamma / \phi \tag{4.35}$$

여기서, γ는 평균하중계수이고, ϕ는 저항계수이다.

IEC 61400–3에 의한 하중조합 및 하중계수는 다음과 같다. 최대 하중계수는 1.35로서 선형적 조합을 토대로 저항계수는 타워의 재료에 사용되는 안전계수를 사용하였으며, 파괴의 중요도는 component class 2를 적용하였다. 검토결과 IEC 61400–3 코드에 의한 해상풍력발전기 기초의 안전율 정도는 1.76으로 분석되었다.

COMB=1.35×(dead load+wind+wave+current+thrust+settlement+temperature)

$$SF_{LRFD} = \cfrac{1.35}{\cfrac{1}{1.3 \times 1.0}} = 1.76$$

DNV–OS–J101에서 하중조합 다음 식과 같으며, 최대 하중계수는 1.35이며, 평균하중계수는 1.20이다. 따라서 DNV–OS–J101에 의한 안전율은 1.50으로 분석되었다.

COMB=1.0×dead load+1.35×(wind+wave+current+thrust)+1.0×
      (settlement+temperature)

$$SF_{LRFD} = \cfrac{1.20}{\cfrac{1}{1.25}} = 1.50$$

GL wind에 의한 하중조합은 IEC 61400-3과 동일하나, 저항계수는 API-LRFD 값(0.7 또는 0.8)을 적용하여 등가 안전수준을 계산한 결과 1.69, 1.93로 분석되었다.

$$COMB = 1.35 \times (dead\ load + wind + wave + current + thrust + settlement + temperature)$$

$$SF_{LRFD} = \frac{1.35}{0.7} = 1.93$$

$$SF_{LRFD} = \frac{1.35}{0.8} = 1.69$$

표 4.17 각 설계기준에 따른 등가 안전수준 비교

IEC 61400-3	DNV-OS-J101	GL wind
1.76	1.50	1.69~1.93

(4) 기초의 목표안전수준

한계상태설계법에서 목표 신뢰도 지수는 해당 구조물에 대해서 요구되는 수준의 안전율 또는 파괴확률을 대변하는 값으로서, 최적의 하중계수와 저항계수를 결정하는 가장 중요한 요소 중의 하나이다. 따라서 여러 가지 요인들로 인한 불확실성뿐만 아니라 현재의 설계·시공 실무현황, 구조물의 파괴확률 요구 수준, 경제·사회적 요인 등 다양한 원인에 의해 그 값을 결정하기가 어려우며 대상 구조물의 현재 신뢰성 수준을 고려하여 공공의 합의를 이룰 수 있는 값이 도출되어야 한다.

Wirsching(1984)는 API 시방서(API RP2A, 2003)의 고정식 해양구조물의 용접부재에 대한 목표 신뢰도 지수 하한값을 2.5로 제안하였으며, Madsen 등(1986)은 캐나다의 National Building Code에 대해서 높은 신뢰도 지수(4.0~4.75)를 제시하였고 노르웨이의 Building Regulations에 대한 목표 신뢰도 지수는 파괴영향을 고려한 값(3.5~5.2)을 제시하였다.

지반공학 분야에서도 건설·토목 구조물의 설계에 있어서 구조공학 및 지반공학의 체계적이고 일관된 수준의 기술기준 제고를 위한 많은 노력을 기울여 지역특성과 기초구조물의 특성을 모두 고려한 목표 신뢰도 지수가 제안되었다. Meyerhof(1970)는 기초의 파괴확률 $10^{-3} \sim 10^{-4}$을 제안하였으며, 이는 신뢰도 지수(β) 3.0~3.6에 해당한다. Wu 등(1989)이 보고한 해양파일(offshore piles)의 파괴확률은 신뢰도 지수(β) 2.0~3.0에 해당하는 값이며, Meyerhof(1970)와 Wu 등(1989)이 제안한 말뚝구조물 시스템의 파괴확률 0.005%는 신뢰도 지수 4.0에 해당하

는 값이다(Barker 등, 1991). Tang 등(1990)은 해양파일(offshore piles)의 경우 1.4~3.0 범위의 신뢰도 지수를 갖는다고 보고하였으며, Barker 등(1991)이 제안한 항타말뚝에 대한 신뢰도 지수는 표 4.11과 같다. 일반적으로 대수정규해석에 의해 1.5~2.8의 신뢰도 지수(β)를 구할 수 있으므로 목표 신뢰도 지수(β_T)는 2.5~3.0이 적절하다고 할 수 있다. 그러나 무리말뚝으로 시공되는 경우 무리효과를 고려하여 목표 신뢰도 지수(β_T)를 2.0~2.5로 감소시킬 수 있다.

표 4.18 타입말뚝의 신뢰도 지수(Barker 등, 1991)

사하중과 활하중의 비	신뢰도 지수, β	
	대수정규 해석(lognormal)	개선된 해석(advanced)
1.00	1.6~2.8	1.6~3.0
3.69	1.7~3.1	1.8~3.3

Zhang 등(2001)은 일차신뢰도법(FORM)을 이용하여 전통적인 설계법으로 설계된 연직하중을 받는 무리말뚝의 신뢰도를 산정하였으며, 무리효과(group effects)와 시스템 효과(system effects)에 의해 무리말뚝의 파괴확률이 단말뚝의 파괴확률에 비해 $10 \sim 10^4$배 낮아질 수 있음을 해석적으로 분석하였다. 이 밖에도 다른 연구자들이 단말뚝과 무리말뚝 전체의 신뢰도 수준을 비교, 분석하여 무리말뚝의 신뢰도 수준을 높게 제안한 바 있다(Zhou 등, 2003; Rollins 등, 2006). 이상에서 살펴본 바와 같이 국내외 설계기준에서 제안하고 있는 기초에 대한 목표 신뢰도 지수는 2.0~3.0 수준이며, 해상 기초의 목표 신뢰도 지수는 구조물의 중요도와 설계수명을 고려하여 3.0~5.2 수준이다.

해상풍력발전기의 설계와 관련하여 IEC 61400-3이나 ISO 기준에서 지지구조에 대한 특정 목표신뢰도 지수를 제안하지 않고 있으나, DNV-OS-J101(DNV, 2011)에서는 해상풍력발전기의 안전등급을 크게 3가지로 구분하였고(low safety, normal safety, high safety), 목표 파괴확률(P_F)과 신뢰도 지수(β_T)의 범주는 총 9가지로 제안하였다.

앞서 설명한 바와 같이 일반적인 기초구조물의 경우 설계수명이 약 50~100년임에 반해 해상풍력기초 구조물의 경우 풍력 터빈의 설계수명에 대응하는 수준인 20~30년이며, 지지구조의 설계 시 50년 빈도의 하중에 대해서 설계한다.

표 4.19 구조물의 중요도 및 목표 신뢰도 지수별 저항계수(DNV, 2011)

구분		Low Safety Class	Normal Safety Class	High Safety Class
여용성이 있는 구조물의 연성파괴	목표신뢰 수준	$P_F = 10^{-3}$ $(\beta_F = 3.09)$	$P_F = 10^{-4}$ $(\beta_F = 3.72)$	$P_F = 10^{-5}$ $(\beta_F = 4.26)$
여용성이 없는 구조물의 연성파괴	목표신뢰 수준	$P_F = 10^{-4}$ $(\beta_F = 3.72)$	$P_F = 10^{-5}$ $(\beta_F = 4.26)$	$P_F = 10^{-6}$ $(\beta_F = 4.75)$
취성 파괴	목표신뢰 수준	$P_F = 10^{-5}$ $(\beta_F = 4.26)$	$P_F = 10^{-6}$ $(\beta_F = 4.75)$	$P_F = 10^{-7}$ $(\beta_F = 5.20)$

4.2.4 결 론

국외에서 적용되고 있는 해상풍력발전기 기초설계기준은 IEC 61400-3, DNV-OS-J101, GL wind, ISO 19902 등이 있으며 대부분 한계상태설계법을 채택하고 있어 허용응력설계법을 고수하고 있는 국내 기초구조물 설계기준과 차별화되어 있다. 해상풍력발전기 기초설계에서 한계상태설계법은 하중 및 저항특성을 고려하여 해상풍력발전기 기초의 신뢰도 수준을 일정하게 할 수 있고 중요도와 설계 조건에 적합한 최적 설계가 가능하다는 점에서 합리적이라고 할 수 있다. 각 설계기준에 따른 등가안전수준을 분석한 결과, 주요 하중조건에 대해서 IEC는 1.76, DNV는 1.50, GL wind는 1.69~1.93 등으로 산정되어 유사한 등가안전율을 내포하고 있으며, 허용응력설계법에 비해 경제적인 설계 경향을 나타내었다. 또한 해상풍력발전기 기초설계에서 한계상태설계법은 하중 및 저항특성을 고려하여 해상풍력발전기 기초의 신뢰도 수준을 일정하게 할 수 있고 중요도와 설계 조건에 적합한 최적 설계가 가능하다는 점에서 합리적이다. 그러나 현재 국내에서는 일관된 안전율을 적용한 허용응력설계법을 적용하고 있어, 타 해외 설계기준과 비교해 볼 때 경제성이 떨어질 수 있으므로 국내 실정에 맞는 해상풍력발전기 기초 설계기준 개발이 시급하다. 특히, 우리나라와 같은 아시아 태평양 지역의 경우 태풍을 포함한 열대성 저기압, 낙뢰, 지진 등의 환경 하중에 대한 영향이 큰 지역이므로 이에 대한 설계능력 및 설계기준의 확보가 필요하다. 현재의 설계기술 수준으로는 국제적인 기술조류의 대열에 능동적으로 대처하기가 곤란하며 선진국의 수준 높은 설계기술과의 경쟁에 뒤쳐질 수밖에 없는 실정이다. 또한 새로운 국제표준에 대비하지 않고는 앞으로 외국의 건설시장에 진출하거나 외국건설 관련 업체의 국내 건설시장 진출 시 기술적인 문제는 물론 국제적 문제에 봉착할 수 있다. 향후 해상풍력발전기 지지구조의 구체적인 설계기준을 마련하기 위해서는 설계, 시공, 인증기관 및 관련 전문가들의 업무 협의 및 연구개발이 지속적으로 수행되어야 할 것이다.

4.3.1 해상풍력발전기 설계요건

해상용 풍력발전기의 설계요건은 IEC 61400-3에서 규정하며 이는 육상용 풍력발전기의 설계요건인 IEC 61400-1을 포함한다. 본 교재에서는 IEC 61400-3에서 규정하는 해상풍력발전기 설계 시 요구되는 외부환경조건과 구조설계에 필요한 설계하중 케이스 및 강도해석방법을 제시한다.

4.3.2 외부조건

(1) 풍력발전기 클래스(Class)

외부조건은 풍력발전기를 설치하려고 하는 사이트 또는 사이트 유형에 따라 다르지만, 풍력발전기 설계에 필요한 기본적인 바람조건은 풍력발전기의 클래스에 따라서 결정할 수 있다. 클래스(표 4.20)는 풍속과 난류인자로 정의하며 대부분의 풍속범위를 포함하지만 특성 사이트를 정확히 대표하지는 않는다.

표 4.20 풍력발전기 클래스

Wind turbine class	I	II	III	S
V_{ref} (m/s)	50	42,5	37,5	Values specified by the designer
A $I_{ref}(-)$		0,16		
B $I_{ref}(-)$		0,14		
C $I_{ref}(-)$		0,12		

풍속은 기준풍속(reference wind speed)으로 정의되며, 기준풍속(V_{ref})은 풍력발전기의 허브 높이에서 10분간 평균 풍속이 50년 재현주기를 가지는 극치풍속을 말한다. 난류강도는 A, B, C 세 가지로 구분하며 풍속이 15 m/s일 때의 평균 난류강도를 기준 난류강도(I_{ref})로 정의한다. 풍력발전기의 수명은 클래스 I에서 III에 대해 최소한 20년이어야 한다.

(2) 바람조건(Wind Conditions)

풍력발전기의 클래스가 결정되면 설계에 필요한 바람의 세기가 결정되며, 바람영역은 하중과 안전을 고려하여 풍력발전기가 정상적으로 운전될 때 자주 발생하는 정상바람조건과 1년 또는 50년 주기로 재현하는 극치바람조건으로 나뉜다.

① 풍속분포(wind condition)

풍속분포는 풍속의 발생빈도로서 풍속에 따른 하중의 발생빈도를 결정하는 중요한 인자가 되기 때문에 피로하중 예측, 극한강도의 통계적 추정 및 풍력발전기의 연간 발전량(AEP) 예측에 사용된다. 일반적으로 풍속분포는 와이블(Weibull) 분포로 하며, IEC 요건에서는 와이블 분포의 특수 형태인 레일리(Rayleigh) 분포를 사용한다.

$$P_R(V_{hub}) = 1 - \exp\left[-\pi(V_{hub}/2\,V_{ave})^2\right] \tag{4.36}$$

② 정상풍속 프로파일(NWP)

풍속 프로파일은 지면으로부터 높이 z의 함수로서 평균 풍속으로 나타낸다. 표준 풍력발전기 클래스인 경우에 정상풍속 프로파일은 지수법칙을 따른다고 가정한다.

$$V(z) = V_{hub}(z/z_{hub})^\alpha \tag{4.37}$$

여기서, 지수 α는 육상의 경우 0.2, 해상의 경우 0.14로 가정한다.

③ 정상난류모델(NTM)

난류강도는 풍력발전기의 허브 높이에서 10분 평균풍속에 대한 표준편차의 비로서 정의한다. 표준편차는 표준편차에 대한 확률분포에서 90% 분위수 값을 취하며, 종방향 표준편차는 기준 난류강도에 대해 다음과 같이 정의된다.

$$\sigma_1 = I_{ref}(0.75\,V_{hub} + b); \quad b = 5.6\,\text{m/s} \tag{4.38}$$

난류모델로는 Von Karman, Kaimal, Mann 모델을 사용할 수 있다.

④ 극치풍속모델

정상 극치풍속모델의 경우 50년 재현주기를 가지는 극치풍속 V_{e50}과 1년 재현주기의 극치풍속 V_{e1}을 허브 높이 z의 함수로 계산해야 한다. 이 경우 요에러(yaw error)는 ±15°를 고려한다.

$$V_{e50}(z) = 1.4 V_{ref}(z/z_{hub})^{0.11}, \quad V_{e1}(z) = 0.8 V_{e50}(z) \tag{4.39}$$

⑤ 난류 극치풍속모델

풍속이 난류인 상태에서 극치풍속을 해석하기 위해서는 마찬가지로 다음과 같은 50년 또는 1년 재현주기를 가지는 풍속분포를 사용하며, 요에러는 ±8°를 고려한다.

$$V(z) = V_{ref}(z/z_{hub})^{0.11}, \quad V_1(z) = 0.8 V_{50}(z) \tag{4.40}$$

극치난류모델의 경우 난류강도에 사용되는 표준편차의 경우 다음 식을 사용하되 c 값은 조절이 가능한다.

$$\sigma_1 = c I_{ref}(0.072(V_{ave}/c + 4)(V_{ave}/c - 4) + 10), \quad c = 2\,\mathrm{m/s} \tag{4.41}$$

⑥ 기타 극치풍속

기타 극치풍속으로는 극치운전돌풍(EOG), 극치풍향변화(EDC), 풍향변화를 동반한 극치코히어런트 돌풍(ECD)와 극치풍속변화(EWS)가 있으며 상세한 식은 IEC 61400-1을 참고한다.

(3) 파랑조건(Wave Conditions)

파랑은 형상이 불규칙하며 파고, 길이 및 전파속도가 변하여 동시에 1개 이상의 방향에서 풍력발전기로 접근하는 것이 특징이다. IEC에서는 설계 시 고려되는 파랑의 특성을 해상상태를 확률론적 파랑과 결정론적 파랑으로 표현한다. 확률론적 파랑은 유의파고(H_s)와 피크스펙트럼 주기(T_p)로 나타내며, 파랑스펙트럼 분포(S_η)를 통해 파랑의 시간분포를 생성하게 된다. 결정론적 파랑은 개별파고(H)와 파주기(T)로 나타내며, 규칙파랑 이론을 사용하여 파랑의 시간분포를 생성하게 된다.

① 해상상태(sea states)

해상상태는 유의파고의 피크스펙트럼 주기로 나타내며, 정상해상상태(NSS), 위험해상상태(SSS), 극치해상상태(ESS)로 구분된다.

ⓐ 정상해상상태(NSS) : 해상상태가 정상(Normal)인 상황으로 풍속이 정상풍속과 관련된 유의파고와 피크스펙트럼 주가 및 파향으로 정의되며, 피로하중해석을 위해서는 평균풍속에 대한 유의파고와 피크스펙트럼 주기의 결합확률분포가 요구된다.

ⓑ 위험해상상태(SSS) : 풍속이 정상풍속일 때 파랑이 극치상태인 경우로서, 태풍 등 폭풍이 거치고 난 뒤 풍속은 풍력발전기를 운전할 수 있을 정도로 정상상태에 도달했지만, 파랑은 폭풍의 영향권에 남아 있어 극치상태에 해당된다. 따라서 위험해상상태[$H_{s,SSS}(V)$]는 풍속이 정상상태인 상황에서 파랑은 1년 또는 50년 재현주기를 가지는 유의파고[$H_{s1}(V)$, $H_{s50}(V)$]로 나타낸다. 여기서 재현주기를 가지는 유의파고는 사이트에서 측정된 해상기상(metocean) 데이터를 바탕으로 통계적으로 추정할 수 있으며, 추정 방법에 대해서는 IEC 61400-3의 Annex G를 참고할 수 있다.

ⓒ 극치해상상태(ESS) : 위험해상상태(SSS)와는 다르게 풍속과 파랑이 극치상태에 해당되는 경우로서 풍력발전기는 정지상태(Parking)이어야 한다. 따라서 파랑은 풍속과는 상관 없는 1년 또는 50년 재현주기의 유의파고(H_{s1}, H_{s50})가 된다.

② 설계파고(wave height)

결정론적 파랑은 개발파랑의 파고와 파주기로 나타내며, 규칙파랑 이론에 따라 그림 4.21에서 파랑이론을 선택하여 규칙파를 생성하게 된다. 해상상태와 같이 설계파고에는 정상설계파고(NWH), 위험설계파고(SWH), 극치설치파고(EWH)가 있으며, 추가로 환산설계파고(RWH)가 있다.

ⓐ 정상설계파고(NWH) : 정상해상상태에 대응되는 개념으로서 유의파고로 주어지지 않고 개별파고(H)와 파주기(T)로 정의되며, 풍속에 따른 개별파고와 파주기로 주어져야 한다. 일반적으로 개별파고는 평균풍속에 대한 유의파고 분포의 기댓값(평균값)과 동일하다고 가정한다. 파주기는 다음과 같이 범위로 주어지며, 해상풍력발전기에 가장 큰 하중이 발생하는 파주기를 선택해야 한다.

$$H_{NWH} = H_{s,NSS} = E[H_s(V)|V=V_{hub}]$$
$$11.1\sqrt{H_{s,NSS}(V)/g} \le T \le 14.3\sqrt{H_{s,NSS}(V)/g} \qquad (4.42)$$

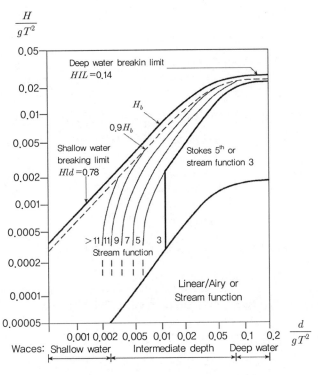

그림 4.21 Regular wave theory selection diagram

ⓛ 위험설계파고(SWH) : 위험해상상태와 대응되는 개념으로서 태풍 등의 폭풍의 영향권에 서 풍력발전기가 벗어나서 바람조건은 발전기를 가동할 수 있는 상태에 도달한 반면 파고 가 폭풍의 영향권 내에 놓인 상태에 해당된다. 위험설계파고는 위험해상상태를 근거로 하 여 1년 또는 50년 재현주기를 가지는 개별파고와 파주기로 나타낸다.

$$
H_{SWH}(V) \approx 1.86 H_{s,SSS}(V), \ H_1(V) \approx 1.86 H_{s50}(V), \ H_{50}(V) \approx 1.86 H_{s50}(V)
$$
$$
11.1 \sqrt{H_{s,SSS}(V)/g} \leq T \leq 14.3 \sqrt{H_{s,SSS}(V)}
$$
(4.43)

ⓒ 극치설계파고(EWH) : 극치해상상태와 대응되는 개념으로서 풍력발전기가 극치풍속과 극 치파랑조건이 놓인 상태를 나타낸다. 극치파고는 1년 또는 50년 재현주기를 가지는 극치 개별파고와 파주기로 나타낸다.

$$
H_{50} \approx 1.86 H_{s50}, \ H_1 \approx 1.86 H_{s1}
$$
(4.44)

$$11.1\sqrt{H_{s,ESS}/g} \leq T \leq 14.3\sqrt{H_{s,ESS}} \qquad (4.45)$$

ㄹ 환산설계파고(RWH) : 풍력발전기가 극치상태에 놓이게 될 때 실제적으로는 극치풍속과 극치파랑 조건을 동시에 경험할 수 없다. 따라서 이러한 상황을 고려하기 위해 극치풍속과 환산설계파고, 환산풍속과 극치파고를 조합하여 다음과 같이 풍속이 극치상태에 도달할 때에는 파고를 어느 정도 줄어주고, 파고가 극치상태에 도달했을 때는 풍속을 어느 정도 줄여줘야 한다.

$$H_{red50} = 1.3H_{s50}, \ H_{red1} = 1.3H_{s1}$$
$$V_{red50} = 1.1\,V_{ref}(z/z_{hub})^{0.11}, \ V_{red1} = 0.8\,V_{red50}(z) \qquad (4.46)$$

4.3.3 설계하중평가(Design Load Evaluation)

해상풍력발전기는 자중을 포함해 바람의해 풍력발전기의 블레이드가 회전할 때 발생하는 공력하중, 원심력, 진동 등 정적하정 및 동적하중이 발생된다. 또한 운전 중 토크 제어, 요 및 피치 액츄에이팅 등 제어 시 발생하는 운전하중이 발생되며, 파랑, 해류, 수위변화 등의 해상상태에 따라서 수력학적 하중이 발생한다. 또한 발전 단지 내에서 이웃하는 풍력발전기의 영향에 의한 후류하중도 발생한다. 이렇듯 풍력발전기는 다양한 종류의 하중에 노출되기 때문에 발전기의 운전 상태와 외부 환경조건을 모두 고려하여 설계수명 동안 풍력발전기가 경험하게 될 하중을 산출하여야 한다.

(1) 하중의 종류

하중의 종류를 나누는 기준은 설계서별로 다르다. IEC 61400-3과 같이 하중의 속성별로 구분 하면 자중 및 관성하중(gravitational and inertial load), 풍하중(aerodynamic loads), 추력하중(actuation loads), 파랑/조류/해수위 하중(hydrodynamic loads), 해빙하중(sea ice loads), 그리고 기타 하중 등으로 구분할 수 있을 것이다. 또한 자연하중을 발생하는 원인별로 분류하게 되면 바람, 파랑, 조류, 조석간만에 의한 조류, 얼음, 지진, 그리고 해양생물(marine growth)에 의한 하중으로 구분할 수 있다. 자연하중에 대한 분류는 다음과 같으며 자연의 현상으로부터 하중을 계산해내는 방법은 계속교육의 하중평가 부분을 참조하면 된다.

① 바람하중(wind load)

바람하중은 해수면 위로 올라온 구조물에 부분적으로 가해지게 된다. 바람의 세기를 분류한다면 ⑤ 지속기간 1분 이하의 돌풍, ⑥ 1분이나 그 이상 지속되는 바람의 세기로 나눌 수 있다. 측정된 바람의 자료들은 어떤 한 특정한 지점에서(예로 수면 위 10 m) 특정한 평균 시간으로 보정되어야 한다.

② 파랑하중(wave load)

바람에 의해서 발생하는 파랑은 해상구조물의 수평하중을 증가시킨다. 파랑은 보통 매우 불규칙한 모양, 다양한 높이와 길이, 그리고 구조물로의 다방향성 등으로 특징된다. 따라서 파랑의 행동양식을 측정하기 매우 까다롭기 때문에, 파랑에 대한 지식은 경험과 지식이 많은 기상학자, 해양학자, 그리고 해양공학자들에게 자문을 구하는 것이 현명해보인다.

파랑하중은 본질적으로 동하중에 속하지만, 대개는 정하중으로 환산하여 사용한다. 그러나 깊은 바다에서나 또는 해상기초 자체가 유연하게 거동할 것으로 예측되는 경우 동하중으로 해석한다. 정하중으로 해석할 경우 Morison 식을 이용하여 파압을 계산한다. 동하중 해석의 경우 해상 기초구조물의 고유 진동수가 고 에너지 파랑의 주파수와 접근할 경우 주의를 요한다.

③ 조류하중(current load)

조류는 해수면 아래의 해상 기초구조물에 적지 않은 하중을 가하기 때문에, 조류가 심한 곳에서 기초를 설치할 경우 조류에 의한 하중과 영향을 고려한다. 조류는 보통 달의 인력과 관련되어 일어나며, 때론 순환 조류, 그리고 태풍에 의해서 발생되는 조류 등 3가지로 나누어진다. 이 3가지에 의해 발생하는 조류의 속도와 방향은 정해진 위치에서 측정 및 기록하여 풍력기초 설계와 운행 시 사용한다. 조류의 경우 보통 깊은 수심에서는 약하고, 넓은 평지에서 경사진 지역에서보다 더 크다. 순환성 조류는 상대적으로 안정(steady)적이며, 태풍에 의해 발생한 조류는 그 방향성과 크기 등이 매우 복잡하여 다루기 어렵다.

④ 해빙하중(ice load)

해빙하중의 경우 풍력발전단지가 설치되어 있는 북해나 알라스카 등 인근 빙하에 의한 영향이 있는 지역에서 고려해야 할 중요 요소이다. 각 지역에 따라 빙하의 크기, 위치, 속도 등이 다르므로 지역에 맞게 고려해야 한다. 현재 국내에는 빙하에 의한 하중은 발생 가능성이 적어 심각하게 고려하지 않아도 될 것이다.

⑤ 지진하중(earthquake load)

지진의 위험성이 있는 지역에 풍력발전 구조물 설치 시, 존재하는 모든 지진 자료들을 이용하여 지진해석을 실시한다. 지진에 따른 액상화 현상이나 해저사면붕괴에 의한 구조적 불안전성에 대해서 고려해야 한다. 또한 지진에 의해 발생 가능한 쓰나미로 인해 발생하는 하중에 대한 조사도 이루어져야 한다.

⑥ 해양생물(marine growth)

Marine growth란 바다의 환성에서 해양 구조물 등에 붙어서 자라는 해양생물 등을 지칭한다. 해상 구조물의 기초가 설치된 후 짧은 시간 내에 해수면과 접하는 구조물의 표면에 marine growth가 발생한다. 이는 그 자체 무게에 의해 연직하중도 늘어나지만, 더 중요한 점은 구조물 표면이 거칠게 변해 조류나 바람의 영향을 더 받아 수평하중이 커진다는 것이다. Marine growth에 의해 구조물 표면의 거칠기 변화로 인해 Morison 식의 drag and inertia coefficients를 조정할 필요가 있다. 구조물의 표면이 매끈한 경우(smooth), C_d : 0.65, C_m : 1.6을 사용하며, 거친 경우(rough) C_d : 1.05, C_m : 1.2를 사용한다(Van der Tempel, 2006). 북해의 남부에서 사용되는 marine growth는 40~50 mm 정도된다고 한다. 어떤 경우에는 marine growth가 자라지 못하도록 구조물 표면에 페인트 처리를 하는 경우도 있다.

⑦ 조석하중(tidal current load)

조석 간만의 차가 큰 국내 서해안의 입지를 고려해볼 때, 조석에 의한 하중 역시 고려해줄 필요가 있다. 조석은 달의 인력에 의한 조석, 바람에 의해 발생하는 조석, 그리고 압력차로 생기는 조석 등으로 구분할 수 있다.

(2) 설계하중 케이스(DLC)

설계하중 케이스는 풍력발전기가 설계 수명 동안 경험하게 될 모든 외부환경조건과 운전조건(또는 설계상태)의 조합을 의미하며 설계하중 케이스에 따라서 풍력발전기에 작용하는 설계하중을 계산해야 한다. IEC 61400-3에서 풍력발전기 설계 시 요구하고 있는 최소한의 설계하중 케이스는 다음 표(표 4.21~4.24)와 같다.

- 정상 설계상태와 정상 외부조건(normal design situations and appropriate normal conditions)

- 정상 설계상태와 극치 외부조건(normal design situations and appropriate extreme external conditions)
- 고장 설계상태와 해당 외부조건(fault design situations and appropriate external conditions)
- 이송, 설치 및 유지보수를 위한 설계상태와 해당 외부조건(transportation, installation and maintenance design situations and appropriate external conditions)

표 4.21 설계하중케이스 DLC 1(IEC 61400-3, 2009)

Design situation	DLC	Wind condition	Waves	Wind and wave directionality	Sea currents	Water level	Other conditions	Type of analysis	Partial safety factor
1) Power production	1.1	NTM $V_{in} < V_{hub} < V_{out}$ RNA	NSS $H_s = E[H_s \vert V_{hub}]$	COD, UNI	N cm	MSL	For extrapolation of extreme loads on th RNA	U	N (1,25)
	1.2	NTM $V_{in} < V_{hub} < V_{out}$	NSS Joint prob. distribution of H_s, T_p, V_{hub}	COD, MUL	No currents	NWLR or $\geq$ MSL		F	*
	1.3	ETM $V_{in} < V_{hub} < V_{out}$	NSS $H_s = E[H_s \vert V_{hub}]$	COD, UNI	N cm	MSL		U	N
	1.4	ECD $V_{hub} = V_r - 2m/s$, V, $V_r + 2m/s$	NSS(or NWH) $H_s = E[H_s \vert V_{hub}]$	MIS, wind direction change	N cm	MSL		U	N
	1.5	EWS $V_{in} < V_{hub} < V_{out}$	NSS(or NWH) $H_s = E[H_s \vert V_{hub}]$	COD, UNI	N cm	MSL		U	N
	1.6a	NTM $V_{in} < V_{hub} < V_{out}$	SSS $H_s = H_{s,SSS}$	COD, UNI	N cm	NWLR		U	N
	1.6b	NTM $V_{in} < V_{hub} < V_{out}$	SWH $H = H_{SWH}$	COD, UNI	N cm	NWLR		U	N

표 4.22 설계하중케이스 DLC 2, DLC 3(IEC 61400-3, 2009)

Design situation	DLC	Wind condition	Waves	Wind and wave directionality	Sea currents	Water level	Other conditions	Type of analysis	Partial safety factor
2) Power production plus occurrence of fault	2.1	NTM $V_{in} < V_{hub} < V_{out}$	NSS $H_s = E[H_s \| V_{hub}]$	COD, UNI	N cm	MSL	Control system fault or loss of electrical network	U	N
	2.2	NTM $V_{in} < V_{hub} < V_{out}$	NSS $H_s = E[H_s \| V_{hub}]$	COD, UNI	N cm	MSL	Protection system or preceding internal electrical fault	U	A
	2.3	EOG $V_{hub} = V_r \pm 2m/s$ and V_{out}	NSS(or NWH) $H_s = E[H_s \| V_{hub}]$	COD, UNI	N cm	MSL	External or internal electrical fault including loss of electrical network	U	A
	2.4	NTM $V_{in} < V_{hub} < V_{out}$	NSS $H_s = E[H_s \| V_{hub}]$	COD, UNI	No currents	NWLR or $\geq$ MSL	Control, protection, or electrical system faults including loss of electrical network	F	*
3) Start up	3.1	NWP $V_{in} < V_{hub} < V_{out}$	NSS(or NWH) $H_s = E[H_s \| V_{hub}]$	COD, UNI	No currents	NWLR or $\geq$ MSL		F	*
	3.2	EOG $V_{hub} = V_{in}, V_r \pm 2m/$ and V_{out}	NSS(or NWH) $H_s = E[H_s \| V_{hub}]$	COD, UNI	N cm	MSL		U	N
	3.3	EDC$_1$ $V_{hub} = V_{in}, V_r \pm 2m/$ and V_{out}	NSS(or NWH) $H_s = E[H_s \| V_{hub}]$	MIS, wind direction change	N cm	MSL		U	N

표 4.23 풍력발전기 설계하중케이스 DLC 4, DLC 5, DLC 6(IEC 61400-3, 2009)

Design situation	DLC	Wind condition	Waves	Wind and wave directionality	Sea currents	Water level	Other conditions	Type of analysis	Partial safety factor
4) Normal shut down	4.1	NTM $V_{in} < V_{hub} < V_{out}$	NSS(or NWH) $H_s = E[H_s\|V_{hub}]$	COD, UNI	No currents	NWLR or $\geq$ MSL		F	*
	4.2	EOG $V_{hub} = V_r \pm 2m/s$ and V_{out}	NSS(or NWH) $H_s = E[H_s\|V_{hub}]$	COD, UNI	N cm	MSL		U	N
5) Emergency shut down	5.1	NTM $V_{hub} = V_r \pm 2m/s$ and V_{out}	NSS(or NWH) $H_s = E[H_s\|V_{hub}]$	COD, UNI	N cm	MSL		U	N
6) Parked (standing still or idling)	6.1a	EWM Turbulent wind model $V_{hub} = k_1 V_{ref}$	ESS $H_s = k_2 H_{s\,50}$	MIS, MUL	E cm	EWLR		U	N
	6.1b	EWM Steady wind model $V(z_{hub}) = V_{e50}$	RWH $H = H_{red50}$	MIS, MUL	E cm	EWLR		U	N
	6.1c	RWM Steady wind model $V(z_{hub}) = V_{e50}$	EWH $H = H_{50}$	MIS, MUL	E cm	EWLR		U	N
	6.2a	EWM Turbulent wind model $V_{hub} = k_1 V_{ref}$	ESS $H_s = k_2 H_{s\,50}$	MIS, MUL	E cm	EWLR	Loss of electrical network	U	A
	6.2b	EWM Steady wind model $V(z_{hub}) = V_{e50}$	RWH $H = H_{red50}$	MIS, MUL	E cm	EWLR	Loss of electrical network	U	A
	6.3a	EWM Turbulent wind model $V_{hub} = k_1 V_1$	ESS $H_s = k_2 H_{s1}$	MIS, MUL	E cm	NWLR	Extreme yaw misalignment	U	N
	6.3b	EWM Steady wind model $V(z_{hub}) = V_{e1}$	RWH $H = H_{red1}$	MIS, MUL	E cm	NWLR	Extreme yaw misalignmet	U	N
	6.4	NTM $V_{hub} < 0.7 V_{ref}$	NSS Joint prob, distribution of H_s, T_p, V_{hub}	COD, MUL	No currents	NWLR or $\geq$ MSL		F	*

표 4.24 설계하중케이스 DLC 7, DLC 8(IEC 61400-3, 2009)

Design situation	DLC	Wind condition	Waves	Wind and wave directionality	Sea currents	Water level	Other conditions	Type of analysis	Partial safety factor
7) Parked and fault conditions	7.1a	EWM Turbulent wind model $V_{hub}=k_1 V_1$	ESS $H_s=k_2 H_{s1}$	MIS, MUL	E cm	NWLR		U	A
	7.1b	RWM Steady wind model $V(z_{hub})=V_{e1}$	RWH $H=H_{red1}$	MIS, MUL	E cm	NWLR		U	A
	7.1c	RWM Steady wind model $V(z_{hub})=V_{red1}$	EWH $H=H_1$	MIS, MUL	E cm	NWLR		U	A
	7.2	NTM $V_{hub}<0.7V_1$	NSS Joint prob, distribution of H_s, T_p, V_{hub}	COD, MUL	No currents	NWLR or $\geq$ MSL		F	*
8) Transport, assembly, maintenace and repair	8.1	To be stated by the maunfacturer						U	T
	8.2a	EWM Turbulent wind model $V_{hub}=k_1 V_1$	ESS $H_s=k_2 H_{s1}$	COD, UNI	E cm	NWLR		U	A
	8.2b	EWM Steady wind model $V_{hub}=V_{e1}$	RWH $H=H_{red1}$	COD, UNI	E cm	NWLR		U	A
	8.2c	RWM Steady wind model $V(z_{hub})=V_{red1}$	EWH $H=H_1$	COD, UNI	E cm	NWLR		U	A
	8.3	NTM $V_{hub}<0.7V_{ref}$	NSS Joint prob, distribution of H_s, T_p, V_{hub}	COD, UNI	No currents	NWLR or $\geq$ MSL	No grid during installation period	F	*

상기 설계하중 케이스의 해석유형(type of analysis)에서 U는 극한하중해석을 의미하며, F는 피로하중해석을 의미한다. 극한하중은 발전 중, 발전 중 고장, 기동, 정기, 긴급정지 및 파킹 상태에 대해 풍력발전기가 경험할 수 있는 모든 해상기상 조건을 적용하여 하중해석을 수행하여 최대 하중을 추출하여 결정한다. 여기서 주의할 점은 육상용 풍력발전기의 경우 바람만 고려하기 때문에 난류의 경우 각 풍속에 대해 최대 10분간 해석을 수행하지만 해상용의 경우 파랑의 속성에 의해 최대 1시간 동안 해석을 수행해야 한다. 피로하중의 경우 풍력발전기가 해당 지역에서 경험하게 되는 모든 풍속구간에 대해 바람이 난류인 상태에서 하중해석을 수행해야 한다. 이때 파랑은 각 풍속 구간에서 유의파고와 피크 스펙트럼 주기에 대한 Scatter diagram를 사용하여 발생할 수 있는 모든 해상상태여야 한다. 해석시간은 각 해상상태에 대해 1시간이다. 모든 해석 결과는 Counting 기법으로 하중 범위의 발생 회수 또는 등가하중이 된다.

① 발전(power production)(DLC 1.1~1.6)

– 풍력발전기는 항상 운전 중이며 전력계통에 연결되어 있다고 가정한다. 풍력발전기는 로터의 불평형을 고려하여야 한다. 블레이드 제조자에 의해 정의된 최대 질량과 공력학적인 불평형(예 : 블레이드 피치와 비틀림 편차)을 계산에 반영해야 한다. 추가적으로 요의 오정렬(misalingment) 및 제어 시스템 추적오차(tracking error)와 같은 이론적 최적 운전 상황에서의 이탈을 운전 하중 해석에서 고려하여야 한다.

요 동작에 대해서는 요 오정렬과 이력현상(hysteresis)을 반드시 검토하여야 한다. 만일 검증을 위해 더 작은 값을 적용하지 않는다면, 평균 요 오정렬은 ±8°를 적용한다.

– DLC 1.1과 1.2는 해상용 풍력발전기의 수명 기간 동안 정상 운전 중에 대기의 난류(NTM)와 통계적인 해상 상태(NSS)에서 발생하는 하중에 대한 요구사항을 포함한다.

– DLC 1.1은 로터와 나셀에 작용하는 극한 하중의 계산을 요구한다. DLC 1.1은 평균풍속구간에서 여러 개의 통계적인 해상상태와 난류 해석을 통해 얻은 하중으로부터 통계적은 예측으로 하중을 구하여야 한다. 각각의 개별 해상상태에 대한 유의파고는 관련된 평균풍속에 대한 유의파고의 기댓값을 취하여야 한다.

– DLC 1.2에서는 정상해상상태(NSS)로 가정하여야 한다. 유의파고, 피크 스펙트림 주기, 파향 등은 예상되는 사이트에 적합한 해상기상 파라미터의 장기 결합확률분포에 따라 결정하여야 한다. 고려하고자 하는 정상해상상태의 개수 및 해상도가 해상기상 파라미터의 장기 분포와 관련된 피로손상을 설명하기에 충분한지 확인하여야 한다.

– DLC 1.3는 극치난류조건에서 극한하중의 계산을 요구한다. 정상해상상태(NSS)가 고려되며, 개별 해상상태에 대한 유의파고는 각 평균풍속에 대한 유의파고의 기댓값으로 가정하여야 한다.

– DLC 1.4와 1.5은 해상풍력 터빈의 수명 동안 잠재적으로 발생될 수 있는 일시적인 케이스들을 나타낸다. 정상해상상태(NSS)로 가정하며, 평균풍속에 대한 유의파고의 기댓값을 각 해상상태에 대한 유의파고로 정한다. 이것을 대신하여 결정론적 정상 설계파랑(NWH)을 사용할 수 있다. DLC 1.4에서 풍향의 과도 변화 이전에 풍향과 파향이 동일하다고 가정할 수 있다.

– DLC 1.6a는 정상난류모델(NTM)과 위험해상상태(SSS)로부터의 극한하중에 대한 요구사항이다. 개별 해상상태에 대한 유의파고는 관련 평균풍속에 대한 유의파고의 조건부 분포로부터 계산하여야 한다. DLC 1.6b는 각 평균풍속에 대한 결정론적 위험설계파고(SWH)는 앞에서 언급된 계산식에 의해 계산되어야 한다. DLC 1.6b는 DLC 1.6a에서 통계적인 위험해상상태의 동역학적 해석에서 적합한 비선형 파랑운동이 나타날 경우에는 생략할 수 있다.

- DLC 1.1의 통계적 하중예측에서는 적어도 블레이드 루트에서의 면방향 모멘트, 면외방향 모멘트, 블레이드 끝단 처짐 등을 계산에 포함시켜야 한다. 만약 DLC 1.3에서 계산된 극한 하중이 DLC 1.1의 하중을 초과한다면, DLC 1.1에 대한 추가 해석은 생략할 수 있다. 또한 DLC 1.1의 극한값이 DLC 1.3의 값을 초과하지 않는다면, DLC 1.3에서 사용하는 극치난류 모델의 c 값은 DLC 1.3에서 계산된 하중이 DLC 1.1의 하중과 크거나 같을 때까지 증가시킬 수 있다.

② 발전 중 고장발생(DLC 2.1~2.4)
- 제어 또는 보호 시스템의 고장 또는 전기 시스템의 내부 고장(예를 들어 발전기 단락 등)이 발전 중에 발생한다고 가정하여야 한다.
- DLC 2.1에서는 제어 시스템에서의 고장 발생을 정상 이벤트(N)로 고려하여 해석하여야 한다.
- DLC 2.2에서는 보호 시스템 또는 내부 전기 시스템의 고장발생을 비정상 이벤트(A)로 해석하여야 한다.
- DLC 2.3에서는 극치운전돌풍(EOG) 상태에서 계통 손실을 포함하는 내, 외부 전기 고장을 고려하여 비정상 이벤트(A)로 해석하여야 한다. 두 상황의 조합은 가장 하중이 크게 걸리는 조합을 선택한다.
- DLC 2.4에서는 정상난류모델(NTM)을 고려한 계통 손실을 포함하는 제어, 안전, 전기 시스템의 고장 시의 피로 해석을 한다.
- DLC 2.1, 2.2, 2.3, 2.4에 대해 파랑 조건은 정상해상상태(NSS)이며, DLC 2.3에서는 결정론적 정상설계파랑(NWH)을 고려하여 해석할 수도 있다.

③ 시동(DLC 3.1~3.3)
- 이 설계상태는 정지상태 또는 아이들링 상태에서 발전까지의 과도 기간 동안 풍력 터빈에 작용하는 모든 이벤트를 포함한다.
- DLC 3.1에서는 정상풍속에서 해당 풍력발전기 조건에 따라 최소한 풍속이 V_{in}, V_r, V_{out} 일 때 각 시동 횟수를 고려하여야 한다.
- DLC 3.1, 3.2, 3.3에 대해 파도 조건은 정상해상상태(NSS)이며, 모든 DLC에서 결정론적 정상설계파랑(NWH)을 사용하여 해석할 수도 있다.
- DLC 3.3에서는 풍향의 과도 변화 이전에 풍향과 파향은 동일 방향이라고 가정할 수 있다.

④ 정상정지(DLC 4.1~4.2)

- 이 설계상태는 발전상태에서 정지상태 또는 아이들링 상태까지의 과도 기간 동안 풍력 터빈에 작용하는 모든 이벤트를 포함한다.
- DLC 4.1에서는 정상풍속에서 해당 풍력발전기 조건에 따라 최소한 풍속이 V_{in}, V_r, V_{out}일 때 각 정상정지 횟수를 고려하여야 한다.
- DLC 4.1, 4.2에 대해 파랑 조건은 정상해상상태(NSS)이며, 모든 DLC에서 결정론적 정상 설계파랑(NWH)을 사용하여 해석할 수도 있다.

⑤ 긴급정지(DLC 5.1)

- 긴급정지 시 발생하는 하중을 고려하여야 한다.
- DLC 5.1에 대해 파랑 조건은 정상해상상태(NSS)이다.

⑥ 파킹(정지 또는 아이들링)(DLC 6.1~6.4)

- 이 하중 조건에서 파킹 상태의 해상풍력 터빈의 로터는 정지나 아이들링 상태를 의미한다. DLC 6.1, 6.2, 6.3은 극한하중을 고려하여 분석해야 하며, DLC 6.4는 피로하중을 고려하여야 한다.
- DLC 6.1과 DLC 6.2에서는 극치풍속과 극치파랑은 재현주기가 50년이 되도록 조합하여야 한다. 극치풍속과 극치파랑에 대한 장기 결합확률분포를 정의하기 위한 정보가 없을 경우에는 50년 재현주기를 가지는 10분간의 극치풍속이 50년 재현주기를 가지는 극치해상상태에서 발생한다고 가정하여야 한다. DLC 6.3에서는 재현주기가 1년인 10분간의 극치풍속과 극치해상상태와 관련하여 같은 가정을 하여야 한다.
- DLC 6.1, DLC 6.2, DLC 6.3에서는 난류와 통계적 해상상태의 조합 또는 정상풍속모델과 결정론적 설계파랑의 조합으로 해석할 수 있다. 바람조건이 EWM인 설계하중 케이스에 대해서는 정상 극치풍속모델 또는 극치난류모델을 사용하여야 한다. 정상 극치풍속모델 또는 정상 환산풍속모델(RWM)을 사용하는 경우에는 결정론적 설계파랑과 조합하여야 한다.
- DLC 6.1, DLC 6.2, DLC 6.3에서 지지구조물에 작용하는 하중을 계산하기 위해서는 풍향과 파향의 오정렬을 고려하여야 한다. 풍향과 파향에 대한 사이트 특성 측정 데이터가 있는 경우에는 이 값을 이용하여 오정렬 각도의 범위를 결정하여야 한다.
- 사이트 특성 풍향과 파향에 대한 데이터가 없는 경우에는 지지구조물에 최대 하중을 발생시키는 오정렬을 고려하여야 한다. 오정렬이 30°를 초과할 경우에는 오정렬을 발생시키는 풍

향이 변화하는 동안에 해상상태의 위험성의 감쇄로 인하여 극치파고는 줄어들 수 있다. 극치 파고의 감소는 수심, 취송거리 및 기타 관련 사이트 특성 조건을 고려하여 계산하여야 한다.

- 풍력발전기의 요 시스템에서 슬립이 발생한다면 발생할 수 있는 가장 크고 불리한 슬립을 평균 요 오정열에 더해 주어야 한다. 풍력발전기가 극치풍속상태에서 요 운동이 발생 할 수 있다면(자유 요, 수동 요 또는 반자유 요인 경우), 난류모델을 사용하여야 하고 요 오정렬 은 난류 풍향변화와 발전기 요의 동적 거동에 의해 지배될 것이다. 풍속이 정상운전에서 극 치 상태로 증가하는 동안에 큰 요 운동 또는 평형변화가 발생한다면 이러한 거동을 해석하 어야 한다.

- DLC 6.1에서 능동 요 시스템을 가지는 해상용 풍력발전기에서 요 시스템에 슬립이 없다고 확신할 수 있는 경우에는 정상 극치풍속모델을 사용하는 경우에는 ±15°까지, 난류극치풍 속모델을 사용할 경우에는 ±8°까지 평균 요 오정열을 고려하여야 한다.

- DLC 6.1a에서 극치 난류풍속모델은 극치해상상태(ESS)와 함께 고려하여야 한다. 극치풍 속과 극치해상상태에 대한 각각의 조합에 적어도 6개의 1시간 결과에 기초한 동적 해석 결 과가 필요하다. 각 케이스에서 평균풍속, 난류표준편차, 유의파고는 1시간 해석결과에 기 초한 50년 재현주기의 값을 적용하여야 한다. 50년 재현주기 평균풍속의 1시간 값은 10분 평균값으로부터 얻을 수 있고 그 식은 다음과 같다.

$$V_{50,1-hour} = k_1 V_{50,10-\min}; \ k_1 = 0.95 \qquad (4.47)$$

난류 표준편차의 1시간 값을 10분 값으로 얻는 식은 다음과 같다.

$$\sigma_{i,1-hour} = \sigma_{i,10-\min} + b; \ b = 0.2 \, \text{m/s} \qquad (4.48)$$

'풍력발전 시스템의 기술기준'에서 주어진 난류모델은 위의 식에 의해 주어진 50년 재현주 기의 1시간 값과 난류표준편차와 함께 사용될 수 있다.

수심이 깊은 곳의 1시간 주기의 유의파고는 표 4.4에 언급된 변환식에 의해 3시간 주기의 참조값에 의해 얻을 수 있고 k_2 값은 다음 식과 같다.

$$k_2 = 1.09$$

만약 수심이 얕은 곳에서 제시된 계산식의 값을 사용한다면 이 값은 보수적인 값일 것이고, 조정 가능할 것이다.

- 해석시간이 1시간 이하인 결과는 설계자가 평가된 극한하중이 작지 않다는 것을 가정하여야 한다. IEC 61400-3의 부속서 D에 언급된 방법들은 이것을 위해 사용될 수 있다. 해석시간 10분의 제한된 파랑분석에 대해서, 평균풍속은 50년 재현주기를 가지는 10분 평균값이어야 하고, 유의파고는 50년 재현주기의 3시간 평균값, 적용된 정기파랑은 50년 재현주기의 극치파고(H_{50})이어야 한다.

- DLC 6.1b : 정상 극치풍속모델은 50년 재현주기의 환산파고(H_{red50})를 가지는 RWH와 함께 고려되어야 한다.

- DLC 6.1c : 정상 환산풍속모델(RWM)은 결정론적 설계파랑(EWH)과 함께 고려되어야 한다. 여기서 풍속은 V_{red50}으로 가정되어야 하고, 파고는 50년 재현주기를 가지는 극한 파고(H_{50})와 같아야 한다.

- DLC 6.1b, c는 DLC 6.1a를 계산에서 비선형 운동(wave kinematics)이 극한 통계 해상 상태의 동역학적 해석으로 적당하게 표현된다면 생략될 수 있다.

- DLC 6.2 : 이 하중 조건에서는 극치 풍속이 발생하는 돌풍의 초기 단계에서의 계통 손실을 가정한다. 만일 제어 시스템을 7일 간 동작시킬 수 있고, 요 시스템을 6시간 이상 동작시킬 수 있는 독립 전원 장치가 없다면 ±180°까지의 요 에러를 검토하여야 한다.

- DLC 6.2a : 극치 난류풍속모델은 극치해상상태(ESS)와 함께 고려되어야 한다. 그리고 허브 높이에서의 평균풍속과 유의 파고는 50년 재현주기를 가져야 한다. 극한값은 위의 DLC 6.1a의 방법과 동일하게 계산되어야 한다.

- DLC 6.2b : 정상 극치풍속모델은 50년 재현주기의 환산파고(H_{red50})를 가지는 환산파고(RWH)와 함께 고려되어야 한다. DLC 6.2b는 DLC 6.2a의 계산에서 비선형 운동(wave kinematics)이 극한통계 해상상태의 동역학적 해석으로 적당하게 표현된다면, 생략될 수 있다.

- DLC 6.3 : 이 하중 조건에서는 1년 주기 극치 풍속과 바람의 극치 경사 흐름이나 평균 극치 경사 흐름이 동시에 검토된다. 정상상태의 극치 풍속 모델에 대해서는 ±30°까지의 경사각을 갖는 극치 경사 흐름 모델을 사용하고, 난류극치 풍속모델에 대해서는 ±20°까지의 경사각을 갖는 평균극치경사 흐름 모델을 사용한다. 이 하중 조건에서는 추가적인 요 오차는 검토하지 않는다.

- DLC 6.3a : 극치 난류풍속모델은 극한해상상태(ESS)와 함께 고려되어야 한다. 그리고 허브 높이에서의 평균풍속과 유의 파고는 1년 재현주기를 가져야 한다. 극한값은 위의 DLC 6.1a의 방법과 동일하게 계산되어야 한다.

- DLC 6.3b : 정상 극치풍속모델은 1년 재현주기의 환산파고(H_{red1})를 가지는 환산파고(RWH)
와 함께 고려되어야 한다. DLC 6.3b는 DLC 6.3a의 계산에서 비선형 운동(wave kinematics)
이 극치 통계해상상태의 동역학적 해석으로 적당하게 표현된다면 생략할 수 있다.
- DLC 6.4 : 만일 구성기기에 피로 하중으로 인한 심각한 손상이 발생될 수 있다면(예 : 무부
하 운전 시 로터 블레이드의 질량에 의한 피로 하중), DLC 6.4에서는 상응하는 풍속에 대
하여 전력을 생산하지 않는 예상 시간이 검토되어야 한다.

⑦ 운전성지 및 고장(DLC 7.1~7.2)
- 전력 계통의 고장이나 풍력 터빈 내부 고장으로 인해 정지한 풍력 터빈이 일으키는 비정상
동작들이 분석되어야 한다. 만일 계통 손실 외에 다른 고장이 정지 상태 풍력 터빈의 비정
상 동작을 유발한다면, 가능한 결과들을 검토해야 한다. 이 하중 조건에서는 계통 손실을
고장 상황으로 간주하므로, 풍력 터빈의 다른 고장 상황과 동시에 검토할 필요는 없다.
- 요 시스템의 고장을 고려하는 경우, 요 에러는 ±180°까지 검토되어야 한다. 그 이외의 고
장을 고려하는 경우에는 요 에러를 DLC 6.1과 연관시켜 계산하여야 한다.
- DLC 7.1에서 고장 조건은 극치 풍속과 파도 조건이 복합적으로 고려되어야 한다. 이것은
전반적인 극치 환경 거동이 1년 재현 주기를 가지기 때문이다. 극한 풍속 및 파랑 조건의
장기 연계 확률 분포에 대한 정보가 없을 시, 이것은 1년 재현 주기를 가지는 극치해상조건
하에서의 극한 10분 평균 풍속으로 가정되어야 한다.
- DLC 7.1에서 지지구조물의 하중 계산은 바람과 파랑의 오정렬 상태가 고려되어야 한다.
측정된 바람 및 파랑의 방향에 대한 정보가 있는 사이트에서는, 하중 조건에서 언급된 극치
하중과 파랑의 오정렬각을 측정된 값으로 사용하여야 한다. 하중 계산은 이같이 구해진 오
정렬 각 범위 내에서 지지구조물에 최대로 작용하는 하중을 고려하여 계산하여야 한다. 사
이트에서 측정된 바람 및 파랑의 방향에 대한 정보가 없는 경우, 지지구조물에 작용하는 가
장 큰 하중을 유발하는 오정렬 각을 적용한다. 만약 오정렬 각이 30°를 초과한다면, 극치파
랑은 해상상태조건의 영향 때문에, 오히려 감소될 수 있다.
- DLC 7.1a : 난류 극치풍속모델은 극치해상상태(ESS) 조건과 함께 연관하여 고려되어야 한
다. 극한 조건은 앞에서 언급된 DLC 6.1a의 경우와 같은 방법으로 추정되어야 한다.
- DLC 7.1b : 정상 극치바람모델은 1년 재현주기를 가지는 환산 파고(H_{red1})가 적용되는 환
산확정 설계파도(EWH) 조건과 함께 연관하여 고려되어야 한다.

- DLC 7.1c : 정상 환산풍속모델(RWM)은 극치확정 설계파도(EWM)과 함께 고려되어야 한다. 이 경우 풍속은 V_{red1} 을 가정하며, 파고는 1년 재현 주기 극치파고(H_1)로 가정한다.
- DLC 7.1b와 DLC 7.1c는 DLC 7.1a의 계산에서 비선형 파랑 운동학이 통계적인 극한 풍황의 동역학적인 해석을 대표할 수 있다면 생략 가능하다.
- DLC 7.2 : 전기 네트워크나 풍력 터빈의 결함 때문에 발생되는 비 전력 생산의 예측 시간은 어떤 부품에 중대한 피로 손상이 발생될 수 있는 풍속과 해상상태에 대해 고려되어야 한다. 특정 해석에서는 파도에 의한 진동으로 하부 구조물의 공진이 발생될 수 있으며, 정지 상태나 아이들링 상태에서 로터로부터 발생되는 낮은 공력 댐핑에 영향을 받을 수 있다. 그리고 이 경우 정상 해상 조건(NSS)을 가정한다. 각각의 정상 풍황에 대한 유의파고, 피크 스펙트럼 기간 및 방향은, 기상 인자들의 장기 연계 확률 분포에 기초한 평균 풍속을 고려하여 결정되어야 한다. 설계자는 고려된 정상해상상태의 수와 해상도가 기상 인자들의 장기 분포와 연관된 피로 손상 계산을 위해 충분한지 확인하여야 한다.

⑧ 이송, 조립, 정비 및 수리(DLC 8.1~8.3)
- DLC 8.1 : 해상풍력 터빈의 이송, 조립, 설치, 유지 및 보수를 위해 가정된 모든 풍황과 설계 상황을 포함한다. 특히 최대 풍속, 해양 조건, 터빈의 설치와 유지 보수 시 바람의 경사각에 대하여 상세히 기술하여야 한다. 생산자는 정해진 조건과 안전 허용 수준을 정하기 위해 설계에서 고려된 바람 및 해양 조건 사이에 충분한 여유를 두어야 한다. 여기서 여유값은 정해진 풍속에 5 m/s를 더하는 수준을 의미한다.
- DLC 8.2 : 일주일 이상 지속되는 이송, 조립, 정비 및 수리를 포함하여야 한다. 이것은 일부 완성된 지지구조물, RNA(로터-나셀 조립 구조물) 없이 세워진 지지구조물, 하나 이상의 블레이드가 없는 RNA 등의 상황이 포함되어야 한다. 이 모든 상황은 전기 네트워크가 연결되어지지 않은 상황을 가정한다. 이러한 조치들은 전기 네트워크 연결을 요구하지 않은 상황에서도 하중을 줄이기 위해 적용될 수 있다.
- 보호장치들은 DLC 8.1과 연관된 상황에 발생되는 하중을 견딜 수 있어야 한다. 특히, 엑츄에이터에 작용하는 최대 설계 힘을 고려하여야 한다.
- DLC 8.2a에서 난류 극한바람모델은 극치해상상태 조건(ESS)과 함께 고려되어야 한다. 구하는 방법은 DLC 6.1a에서 제시된 방법과 동일하다.
- DLC 8.2b : 정상 극한바람모델은 1년 재현주기를 가지는 환산파고(H_{red1})가 적용된 환산확정설계파랑(RWH)과 함께 고려되어야 한다.

- DLC 8.2c : 정상 환산풍속모델(RWM)은 결정론적 극치설계파랑(EWH)과 함께 고려되어야 한다. 이 경우, 풍속은 V_{red1}으로 고려되어야 하고, 파고는 1년 재현 주기를 가지는 극치 파고, H_1과 동일하게 가정한다.

- DLC 8.2b와 8.2c는 DLC 8.2a를 계산에서 비선형 운동(wave kinematics)이 극한 통계 해상 상태의 동역학적 해석으로 적당하게 표현된다면, 생략될 수 있다.

- DLC 8.3 : 해상풍력단지 건설 및 전기 네트워크 연결 전의 비 전력 생산 시간은, 어떤 부품에 중대한 피로 손상이 발생할 수 있는 풍속, 해수면 상태에 대해 고려되어야 한다. 이와 같은 고려사항은 일부 설치된 해상풍력 터빈의 피로 하중으로 주어질 수 있다. 일부 설치된 해상풍력 터빈의 예는 다음과 같다. 일부 완성된 지지구조물, RNA 없이 세워진 지지구조물, 블레이드가 한 개 이상 없는 RNA. DLC 8.3에서는 정상해상상태(NSS) 조건이 고려된다. 각각의 정상풍황에 대한 상당 파도 높이, 피크 스펙트럼 기간 및 방향은, 기상 인자들의 장기 연계 확률 분포에 기초한 평균 풍속을 고려하여 결정되어야 한다. 설계자는 고려된 정상해상상태의 수와 해상도가 기상 인자들의 장기 분포와 연관된 피로 손상 계산을 위해 충분한지 확인하여야 한다.

4.3.4 하중 해석(Load and Load Effect Calculations)

4.3.3에서 규정한 하중을 각 설계하중케이스에서 고려하여야 하며, 다음의 영향도 고려하여야 한다.

(1) 수력학적 하중의 연관성

① 해상풍력 터빈의 지지구조물에 작용하는 유체역학적 하중은 진동에 의해 로터-나셀 조립 구조물에 간접적으로 영향을 줄 수 있다. 하지만 이 같은 하중은 지지구조물의 동역학적인 특성에 의존하며, 크기가 작아 무시할 만하다.

② 설계자는 로터-나셀 조립 구조물에 대한 수력학적 하중의 영향이 작게 예측되면 이 하중의 영향을 고려하지 않을 수 있다.

③ 해상풍력 터빈의 지지구조물의 설계를 위해 고려되어야 할 하중들은 4.3.3에 언급되어 있다. 하중 계산은 설치될 사이트의 외부 조건들에 기초한다.

(2) 수력학적 하중의 계산

① 해상풍력 터빈의 지지구조물에 작용하는 수력학적 하중의 계산을 위한 방법은 하중 계산서 제출 시 설명되어야 한다.

② 해양 생물의 영향에 대한 고려 – '딱딱한' 해양 생물의 예상 평균 두께를 고려하여 지지구조물의 부재(member) 두께를 증가시키고, 해양 생물의 예측된 양 및 특성을 고려하여, 멤버의 특성을 재분류한다[표면거칠기(roughness) 고려]. 구조물의 요소들은 최대 조석(HAT)일 때는 매끈한 표면으로 가정될 수 있다.

③ 해빙 하중의 계산

해빙에 의해 발생되는 정적, 동적하중의 계산은 IEC 61400-3의 Table 2를 참고한다.

(3) 해석 요구사항

① 하중 케이스 중 몇몇 케이스는 통계적 풍황 및 파랑 조건을 필요로 한다. 이러한 케이스에서 하중 데이터의 전체 기간은 통계적 신뢰성을 확보하기 위해 충분히 길어야 한다. 일반적으로, 각 평균, 허브 높이의 풍속, 해상상태(sea state)에 대해 적어도 10분 해석 결과 6개(또는 연속적인 1시간 데이터)가 요구된다. 그러나 몇몇 케이스에 대해서는 추가적인 사항이 다음과 같이 요구된다.

② DLC 2.1, 2.2, 5.1에서는 주어진 풍속 및 해수면 상태에 대해 적어도 12개의 10분 해석 결과를 가지고 계산하여야 한다.

③ DLC 1.1의 경우, 각 평균 풍속 및 해상상태에서 얻어진 해석 시간 및 개수는 장기간 예측을 위해 충분한 신뢰도가 있어야 한다.

④ DLC 1.6a, 6.1a, 6.2a, 6.3a, 7.1a의 경우, 각 평균 풍속 및 해상 상태에 대해 적어도 6개의 1시간 통계 해석 결과에 의해 계산되어야 한다. 파도의 계산을 위한 방법(wave method)은 하중 계산서에 언급되어야 한다.

⑤ 동역학 해석을 요구하는 하중 케이스들에서 입력 값으로 사용된 평균 풍속, 난류 표준편차, 유의파고는 선택된 해석 시간이 적절하여야 한다.

⑥ 동역학 해석이 필요한 하중 케이스 중, DLC 1.6a, 6.1a, 6.2a, 6.3a, 7.1a를 제외한 케이스에서 사용된 평균 풍속, 난류 표준 편차, 유의 파고에서 선택된 해석 시간은 입력값의 참조 시간(reference period)과 비교하여야 한다. DLC 6.1a, 6.2a, 6.3a, 7.1a대해서는 3.11에서 언급된 변환값이 적용된다. DLC 1.6a에 대한 기준은 IEC 61400-3의 부속서 G에 언급되어 있다. 하중 통계에 영향(load effect statistics)을 주는 처음 5초간의 데이터(필요시 5초 이상)는 삭제하고 계산하여야 한다.

⑦ 통계적 해상 상태, 난류 조건의 해석을 포함하는 하중 케이스에서, 하중 효과에 대한 초과 확률 분포는 해상풍력 터빈이 설치될 사이트의 특성에 맞는 풍속, 해상 상태, 정상 해상 조건의 결합 확률 분포를 고려하여 계산되어야 한다.

(4) 그 밖의 요구사항

앞에서 규정한 하중을 각 설계 하중 케이스에서 고려하여야 하며, 다음의 영향도 고려하여야 한다.
- 후류에 의한 속도, 타워 그림자 등의 풍력 터빈 자체에 기인한 바람 유동장의 섭동
- 3차원 유동이 실속(stall) 및 블레이드 끝단 손실(tip loss)과 같은 블레이드의 공력 특성에 미치는 영향
- 비정상(unsteady) 공력 효과
- 풍력 터빈의 제어 및 보호 시스템의 거동
- 해상풍력 터빈 블레이드 또는 부품의 결빙에서 대한 공력 및 동역학 특성
- 기초부와 해저의 상호 작용에 대한 정역학, 동역학적 특성. 설계자는 기초부와 해저의 상호 작용의 비선형성을 고려하여야 한다. 그리고 불확정성과 세굴, 모래 파도 때문에 발생되는 동력학적 특성의 장기적인 변화량을 고려하여야 한다. 기초부와 지지구조물의 공진 변화에 대한 풍력 터빈의 설계 건전성을 평가하여야 한다.
- 축적된 해양 생물의 무게가 공진과 지지구조물의 동적하중에 주는 영향을 고려하여야 한다.
- 공력 및 유체역학적 하중 조합이 풍력 터빈의 동역학적 응답에 주는 영향
- 비선형 파동 운동학
- 회절

① 피로 하중 계산과 연관된 하중 케이스들을 정의하기 위해 사용된 기상 인자(유의 파고, 피크 스펙트럼 간격, 평균 풍속)가 기상 파라미터의 전체 장기 분포와 연관된 피로 손상 계산을 위해 충분한지 확인하여야 한다.
② 콘크리트와 지반에서 발생되는 균열을 평가하기 위한 설계 조건이 규정되어야 한다. 하중은 전력 생산 하중 케이스(DLC 1.2)에 기초한 조건들 중에 하나를 추천한다.

05
해상풍력 기초형식별
설계 및 시공

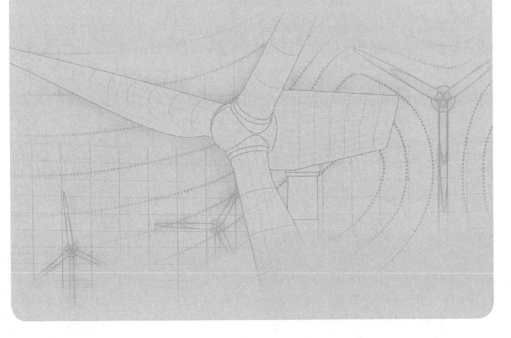

05

해상풍력 기초형식별 설계 및 시공

5.1 중력식 기초　　　　　　　　　　　　｜배경태, 박기웅

5.1.1 서 론

(1) 개 요

해상풍력 발전단지 설치 및 운용은 노르웨이, 덴마크, 독일, 영국 등 서북부 유럽에서 많은 사례를 찾아볼 수 있다. 서북부 유럽에서의 해상풍력 발전단지의 설계개념은 Eurocode로 대표되는 신뢰성 해석 및 한계상태설계법을 따르고 있다. 본 절에서는 해상풍력기초 형식 중 중력식 기초(gravity based foundation)에 대하여 실무적으로 자주 사용되고 있는 설계기준인 DNV 기준 (DNV-OS-J101)에서 제시하고 있는 설계개념 및 그에 대한 설계예제, 그리고 시공 사례들에 대하여 기술하였다. DNV 설계기준은 표준(standard)으로써 IEC 61400-3과 22를 준수하며 일부 경우에 대해서는 보다 더 엄격한 기준을 가지고 있다.

(2) 중력식 기초개념

해상풍력 발전단지에서 중력식 기초는 말뚝기초와 함께 가장 많이 사용되는 기초형식으로서 충
분한 사하중을 기초구조물에 가하여 기초의 자중만으로 주변하중 및 환경에 대한 안정을 만족시키
는 형식이다(그림 5.1). 만일 기초의 자중만으로는 안정성 확보가 어려울 때 추가적인 밸러스트
(ballast)를 통하여 상기 문제를 해결할 수 있으며, 주로 이용되는 재료는 해양준설모래, 콘크리
트, 쇄석 등이 있다. 중력식 기초는 대체로 수심 0~25 m에 설치되는 구조물 기초로 적합하다.

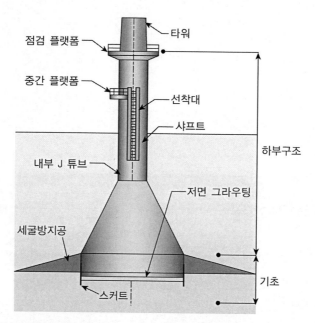

그림 5.1 중력식 기초(gravity based foundation : offshore wind turbine)

5.1.2 설계 관련 고려사항

해상풍력발전기 구조물에서의 한계상태를 4.1절에 설명된 바와 같이 정의하여야 하며, 4.2절
과 4.3절에 기술된 바와 같이 부분안전계수를 선정하여 설계를 수행한다. 또한, 3.2절에 소개된
항목에 준하여 지질 및 지반조사가 이루어져야 하며, 조사된 자료를 바탕으로 설계가 수행된다.
중력식 기초에 대한 검토는 다음과 같다.

(1) 극한한계상태(ULS, Ultimate Limit State)에 대한 검토

해상풍력발전시설에 적용된 모든 중력식 기초는 그 저면에서 발생할 수 있는 전단파괴의 안정성이 반드시 검토되어야 한다. 검토 범위는 전단파괴와 그에 상응하는 파괴면을 검토함과 더불어 연약지반, 동하중(반복하중)과 같은 특수상황도 포함된다. 이때 기초와 지반이 접하는 면의 기하학적 형태와 크기에 대한 검토도 필요하다.

ULS에서 기초의 안정성에 대하여 다음 항목을 유효응력 안정해석과 전응력 안정해석 중 하나를 선택하여 분석하여야 한다.

① 중력식 기초에 작용하는 하중

풍력발전기 상부구조물을 통해서 또는 기초에 직접 전달된 하중들은 기초저면 지반과 기초저면 사이의 경계면에 수직력 총합과 수평력 총합의 조합으로 각각 전달된다(그림 5.2).

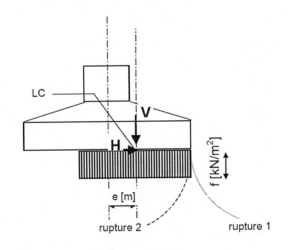

그림 5.2 중력식 기초에 작용하는 하중 개념(DNV, 2011)

그림 5.2의 수직 및 수평력이 설계하중의 조합으로 표현되기 위해서는 기초저면에 전달된 특성하중(characteristic load)에 부분하중계수(partial load factor; γ_f)를 곱한 값으로 표현되며, $V_d(= V \times \gamma_f)$, $H_d(= H \times \gamma_f)$와 같이 특성하중과 구분짓기 위해 아래첨자 'd'를 기호에 추가한다. 하중작용점은 수직력과 수평력이 기초저면과 기초지반의 경계면에서 교차하는 점으로 정의되며 기초의 중심에서 수직력이 작용하는 편심이 위치한 곳임을 의미한다. 편심거리는 다음 식과 같이 계산된다.

$$e = \frac{M_d}{V_d} \tag{5.1}$$

여기서, M_d는 기초-지반 경계면에서의 전도모멘트를 의미한다.

② 기초의 유효면적

중력식 기초의 지지력 검토를 수행할 때 유효면적의 개념이 사용된다. 기초의 유효면적은 하중 편심의 위치에 따라 평면상에서 2가지 형태로 접근할 수 있으며(그림 5.3), 유효폭과 너비의 곱으로 그 면적을 구할 수 있다.

$$A_{eff} = b_{eff} \cdot l_{eff} \tag{5.2}$$

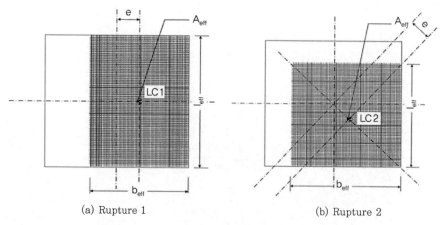

(a) Rupture 1 (b) Rupture 2

그림 5.3 정사각형 기초에서 고려할 수 있는 2가지 형태의 유효면적(DNV, 2011)

평면상에서 하중 편심이 없거나 무시할 수 있을 만큼의 편심을 가지고 있다면 유효면적은 실제 기초의 평면적과 동일하게 간주할 수 있다. 그렇지 않다면 그림 5.3과 같은 2가지 상태에 대해 기초의 유효면적을 계산할 수 있다.

㉠ 하중 편심이 하나의 축에 대해서만 존재하는 경우

$$b_{eff} = b - 2e, \; l_{eff} = b \tag{5.3}$$

ⓛ 하중편심이 2개의 축 모두에 존재하는 경우

$$b_{eff} = l_{eff} = b - e\sqrt{2} \tag{5.4}$$

해상풍력발전 시설의 경우, 기초구조물의 기하학적 특성이 사각형처럼 단순한 평면을 가진 경우가 거의 없고, 원형이나 다각형으로 대부분 제작된다. 따라서 원형이나 팔각형 같은 평면에 대해 기초의 유효면적을 살펴볼 필요가 있다.

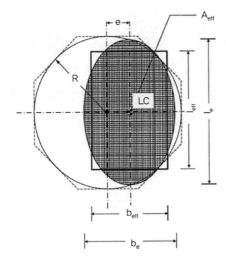

그림 5.4 원형(다각형) 기초에서 고려할 수 있는 유효면적(DNV, 2011)

반지름 R를 가지는 원형 기초는 타원형태의 유효면적을 가지며, 그 값은 다음과 같이 표현된다.

$$A_{eff} = 2\left[R^2 \arccos\left(\frac{e}{R}\right) - e\sqrt{R^2 - e^2}\right] \tag{5.5}$$

그리고 주축에 대한 편심으로 인해 계산되는 유효폭과 유효너비는

$$b_e = 2(R - e) \tag{5.6}$$

$$l_e = 2R\sqrt{1 - \left[1 - \frac{b_e}{2R}\right]^2} \tag{5.7}$$

또한 원형기초(다각형 기초)는 등가의 면적을 가지는 사각형으로 생각해볼 수도 있으며, 이때 그 등가면적을 가진 사각형의 폭과 너비는 다음과 같다.

$$l_{eff} = \sqrt{A_{eff}\frac{l_e}{b_e}} \ \text{and} \ b_{eff} = \frac{l_{eff}}{l_e}b_e \tag{5.8}$$

정육각형, 정팔각형 같은 두 축 이상의 대칭축을 가지는 기초평면에 대해서는 원형기초 및 등가 사각형의 유효면적 계산식을 적용할 수 있다.

③ 지지력에 대한 검토

본 지지력 검토에서는 DNV-OS-J101의 Appendix. G에서 제시된 지지력 공식을 이용한다. 다음 제시된 지지력 공식은 토사지반을 지지층으로 하는 경우에 대해 적용 가능한 방법이며, 암반을 지지층으로 하여 지지력을 산정하기 위해서는 별도의 지지력 식을 이용하여야 한다.

㉠ 배수조건일 때 지지력에 대한 검토(파괴형태 : rupture 1)

$$q_d = \frac{1}{2}\gamma' b_{eff}N_r s_r i_r + p_0' N_q s_q i_q + c_d N_c s_c i_c \tag{5.9}$$

여기서,

q_d : 기초의 설계 지지력

   (design bearing capacity)

γ' : 지반의 유효단위중량(수중단위중량)

   (effective (submerged) unit weight of soil)

p_0' : 지반과 기초저면이 접하는 위치에서의 유효 상재압

   (effective overburden pressure at the of the foundation - soil interface)

c_d : 예상 파괴면의 깊이에서 구한 점착력

   (design cohesion assessed on the basis of shear strength profile, load
    configuration and estimated depth of potential failure surface)

b_{eff} : 유효기초폭, m

   (effective foundation width)

$N_r\ N_q\ N_c$: 지지력 계수, 무차원

　　　　(bearing capacity factors)

$s_r\ s_q\ s_c$: 형상 계수, 무차원

　　　　(shape factors)

$i_r\ i_q\ i_c$: 경사 계수, 무차원

　　　　(inclination factors)

지지력 공식에 사용되는 전단강도 정수들은 다음과 같이 계산할 수 있다.

$$c_d = \frac{c}{\gamma_c} \text{ and } \phi_d = \arctan\left(\frac{\tan(\phi)}{\gamma_\phi}\right) \tag{5.10}$$

여기서, γ_c = 비배수 전단강도 감소계수, γ_ϕ = 내부 마찰각 감소계수

그리고 배수조건의 지지력 공식에 사용되는 지지력, 형상, 그리고 경사계수들은 다음처럼 정리 할 수 있다.

• 지지력계수 N

$$N_q = e^{\pi\tan\phi_d}\frac{1+\sin\phi_d}{1-\sin\phi_d}; \ N_c = (N_q-1)\cot\phi_d; \ N_r = \frac{3}{2}(N_q-1)\tan\phi_d \tag{5.11}$$

• 형상계수 s

$$s_r = 1 - 0.4\frac{b_{eff}}{l_{eff}}; \ s_{q=}s_c = 1 + 0.2\frac{b_{eff}}{l_{eff}} \tag{5.12}$$

여기서, b_{eff} : 유효 기초폭(m), l_{eff} : 유효 기초길이(m)

• 경사계수 i

$$i_q = i_c = \left[1 - \frac{H_d}{V_d + A_{eff}c_d\cot\phi_d}\right]^2; \ i_r = i_q^2 \tag{5.13}$$

여기서, H_d : 수평 하중(kN), V_d : 연직 하중(kN), A_{eff} : 유효 단면적(m^2)

ⓛ 비배수 조건($\phi = 0$ condition, rupture 1)일 때 지지력에 대한 검토

$$q_d = s_{ud}N_c^0 s_c^0 i_c^0 + p_0 \tag{5.14}$$

여기서, s_{ud} : 예상 파괴면의 깊이에서 구한 비배수 전단강도(kN/m^2), P_0 =기초저면 위치에서의 상재압(kN/m^2)

$$s_{ud} = \frac{s_u}{\gamma_c} \tag{5.15}$$

비배수 조건($\phi = 0$)에서의 지지력계수, 형상계수, 경사계수는 다음과 같다.

$$
\begin{aligned}
N_c^0 &= \pi + 2 \\
s_c^0 &= s_c \\
i_c^0 &= 0.5 + 0.5\sqrt{1 - \frac{H}{A_{eff}c_{ud}}}
\end{aligned}
\tag{5.16}
$$

여기서, H : 유효단면적에 작용하는 수평하중(kN)

ⓒ 과다한 편심하중을 받는 경우(extremely eccentric loading; DNV-OS-J101)

그림 5.3에서 rupture 2와 같이 기초에 과다한 편심하중이 발생되어 파괴가 예상되는 경우, 즉 편심거리가 기초폭의 30%를 넘는 경우($e > 0.3b$)에는 추가적으로 제시된 지지력 공식을 사용한다.

$$q_d = \gamma' b_{eff}N_r s_r i_r + c_d N_c s_c i_c (1.05 + \tan^3\phi) \tag{5.17}$$

여기서 경사계수는

$$i_q = i_c = 1 + \frac{H}{V + A_{eff}c\cot\phi} \,;\; i_r = i_q^2; \tag{5.18}$$

$$i_c^0 = \sqrt{0.5 + 0.5\sqrt{1 + \frac{H}{A_{eff}c_{ud}}}} \quad \text{(비배수 조건의 경사계수)}$$

최종적으로 배수조건에서 구한 지지력과 비배수조건에서 구한 지지력 중 작은 값을 q_d로 결정한다.

④ 활동저항에 대한 검토
기초가 수평력을 받는 경우, 활동에 대한 검토를 수행해야 한다.

㉠ 배수조건의 경우

$$H < A_{eff}c + V\tan\phi \tag{5.19}$$

㉡ 비배수 조건($\phi = 0$ condition)의 경우

$$H < A_{eff}c_{ud} \tag{5.20}$$

상기 식을 적용할 때에는 반드시 다음 조건을 만족시켜야 한다.

$$\frac{H}{V} < 0.4$$

(2) 사용한계상태(SLS, Serviceability Limit States)에 대한 검토

중력식 기초에 대한 사용한계상태(SLS)에 대한 검토는 주로 침하(균등, 부등침하), 그리고 각변위(angular distortion)에 초점을 맞추고 있다. SLS에 대한 검토를 수행할 경우, 하중계수(load factor)는 '1'이다. DNV 설계기준에서는 침하나 변위에 대한 고려사항은 기술되어 있으나, 그에 상응하는 변위 규준을 제시하지 않았기 때문에 설계자가 별도로 그 규준을 제시하여야 한다. 본문에서는 Eurocode 7(EN 1997-1)에 기술된 처짐, 변위, 그리고 침하의 정의를 인용하였다.

① 침하에 대한 기준(EN 1997-1:2004, Annex H)

보통 크기의 구조물을 지지하고 있는 독립기초의 전체 침하량은 50 mm까지 취급하는 것이 대부분이다. 그리고 전체 침하량은 부등침하와 달리 구조물의 사용성에 큰 영향을 끼치지 않거나 구조물의 기울임과 같은 외관상 문제도 발생시키지 않는다. 기초구조물에서 발생할 수 있는 변위에 대한 정의와 그에 대한 기준 값들을 다음과 같이 정리하였다(그림 5.5).

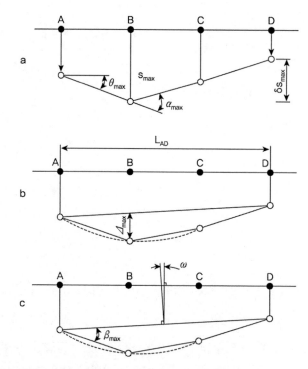

a) 전체 침하량 s, 부등침하 δs, 그리고 회전각 θ 및 각변형 α에 대한 정의
b) 상대처짐량 Δ_{max} 및 길이에 대한 처짐률 Δ_{max}/L에 대한 정의
c) 기울임 ω 및 상대 회전각(각 변위) β에 대한 정의

그림 5.5 기초구조물에 발생하는 변위의 종류(Bjerrum, 1963)

② 침하 검토 방법

Eurocode 7에서 제안하는 침하량 검토는 크게 결정론적인 방법과 반 경험적 방법 2가지로 구분된다.

- 결정론적인 방법 : 유한요소법 또는 지반반력계수를 이용하여 지반-기초구조물 상호작용 해석을 수행한 결과(응력, 변위)를 통해 침하량을 결정한다.

− 반 경험적 방법 : 우선 최대변위(침하량, δ_{max})를 결정(계산)한다. 다음 순서로 그림 5.6과 같은 상관관계도(Bjerrum, 1963)를 이용하여 최대변위에 상응하는 부등침하량(Δ_s)을 구한다.

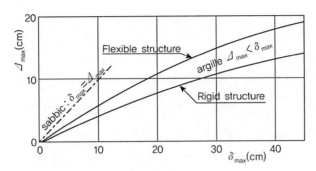

그림 5.6 전체 침하량과 부등침하 간의 경험적 상관관계(Bjerrum, 1963)

비점성토(사질토)의 경우, 전체 침하량은 다음 제안된 식으로 구할 수 있다.

$$w = pbf/E_m \tag{5.21}$$

여기서, E_m : 설계 탄성계수

  f : 침하 영향계수$= c_f(1-\nu^2)$

  p : 기초저면의(평균) 접지압(kPa)

  b : 기초폭(m)

  c_f : 기초형태와 강성에 따른 계수

표 5.1 기초의 형태와 강성에 따른 c_f

L/B		1	2	3	5	10
강성 기초		0.88	1.21	1.43	1.72	2.18
연성 기초	가장 자리	0.56	0.76	0.89	1.05	1.27
	중심	1.12	1.53	1.78	2.10	2.58

점성토의 압밀로 인한 전체 침하량을 계산할 경우, 1차원 압밀이론을 적용하여 계산한다.

5.1.3 설계예제

다음 예제는 풍력발전기초 구조물인 중력식 기초의 안정성 검토를 극한한계상태(ULS) 및 사용한계상태(SLS)에 대해 수행하는 것을 다루고 있다.

(1) 안정성 평가 조건

검토 대상은 풍력발전기와 같은 높은 타워 형식의 구조물을 지지하고 있는 중력식 기초이다. 구조물이 받는 하중은 자중과 같은 수직력과 더불어 바람, 파도, 조류와 같은 수평력, 그리고 가늘고 긴 타워의 기하학적 형상으로 인해 발생하는 모멘트 하중까지 포함된다. 중력식 기초를 지지하는 지반은 조밀한 모래로 이루어져 있다(그림 5.7).

본 장에서는 3 MW급 풍력발전기를 예제로 하여 원형 중력식 기초의 안정성을 검토해보는 것으로 한다.

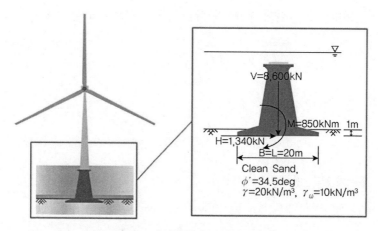

그림 5.7 해상풍력기초 및 하중조건

(2) 하중계수 및 설계하중 결정

그림 5.7과 같은 타워형 구조물을 지지하는 기초는 수직력뿐 아니라 큰 수평력도 받게 된다.

DNV에서 제시하는 상기 하중에 대한 하중계수는 다음과 같으며, 지지력은 수직 및 수평력으로 발생하는 모멘트 하중에 대해 검토한다.

4.2절에서 제시한 DNV 하중계수를 적용하여 설계하중을 계산하면,

$$V_d = 1.0 \times 8,600 = 8,600 \text{ kN}$$

$$H_d = 1.35 \times 1,340 = 1809 \text{ kN}$$

$$M_d = 1.35 \times 850 = 1147.5 \text{ kNm}$$

편심거리 $e = \dfrac{M_d}{V_d} = \dfrac{1,147.5}{8,600} = 0.13 \text{ m}$

따라서 기초 저면에 작용하는 단위면적당 하중은

$$\sigma_{\text{max,min}} = \frac{V_d}{B}\left(1 \pm \frac{6e}{B}\right) = \frac{8,600}{20}\left(1 \pm \frac{6 \times 0.13}{20}\right) = 446.77(\text{max}),\ 413.23(\text{min})\,\text{kPa}$$

(3) 지지력 계산

수직력에 대한 극한지지력 공식은 다음과 같다.

$$q_d = \frac{1}{2}\gamma' b_{eff} N_r s_r i_r + p_0' N_q s_q i_q + c_d N_c s_c i_c \tag{5.22}$$

예제조건에서 배수조건이고 $c = 0$이므로 다음과 같이 식이 다시 정리된다.

$$q_d = \frac{1}{2}\gamma' b_{eff} N_r s_r i_r + p_0' N_q s_q i_q \tag{5.23}$$

유효응력해석이므로, 부분계수 1.15를 적용하여 마찰각을 구하면 표 5.2와 같다. 그리고 유효폭과 유효너비를 적용하여 위의 절에서 제시한 식을 대입하면 지지력계수, 형상계수, 그리고 경사계수를 다음과 같이 정리할 수 있다.

표 5.2 지지력 검토를 위한 계수 산정 결과

산출 조건	지지력계수		
$\phi_d = \arctan(\phi/\gamma_{\phi=1.15})$ $\quad = \arctan(34.5/1.15)$ $\quad = 30.86\,°$	N_r	N_q	N_c
	17.311	20.31	32.311
b_{eff}, l_{eff}	형상계수		
	s_r	s_q	s_c
	0.605	1.197	1.197
A_{eff}	경사계수		
	i_r	i_q	i_c
	0.389	0.624	0.624

최종적으로 기초지반의 지지력은

$$q_d = \frac{1}{2}\gamma' b_{eff} N_r s_r i_r + p_0{}' N_q s_q i_q$$

$$= \frac{1}{2}(20-10)(19.73)(17.311)(0.605)(0.389) + ((20-10)\times1)(20.31)(1.197)(0.624)$$

$$= 553.606\ \mathrm{kN/m^2}$$

$$\therefore \sigma_{\max} < q_d = 446.77\ \mathrm{kPa} < 553.606\ \mathrm{kPa(O.K.)}$$

(4) 수평 저항력에 대한 검토

예제에서 기초가 상당한 수평하중을 받고 있기 때문에 수평 저항에 대한 검토가 필요하다. 사질지반에서 수평저항력에 대한 검토 기준은 다음과 같다.

$$H < A_{eff}c + V\tan\phi \tag{5.24}$$

상기 식은 $\dfrac{H}{V} < 0.4$일 때 적용이 가능하다. 즉, $\dfrac{H}{V} = \dfrac{1340}{8600} = 0.156 < 0.4$이므로 본 예제에서는 위의 식으로 수평저항에 대한 검토가 가능하다.

$$H = 1,340\ \mathrm{kN}$$

$$A_{eff} = B_{eff} \times L_{eff} \fallingdotseq B_{eff} \times L = 19.73 \times 20 = 394.6\ \mathrm{m^2}$$

$c = 0$ 조건이므로, 수평 저항력은 $V\tan\phi$로 구할 수 있다.

여기서, $\tan\phi = \tan34.5 = 0.687$ 이므로

$$H = 1,340\,\text{kN} < V\tan\phi = 8,600 \times 0.687 = 5,908.2\,\text{kN}\,(\text{O.K.})$$

(5) 침하량 계산(SLS check)

예제에 제시된 기초지반은 조밀한 모래가 퇴적되어 있으므로 침하량은 상부하중에 대한 즉시침하(탄성침하)만을 고려할 수 있다. 즉시침하는 시공 중 또는 직후 발생하는 침하와 공용기간 중 발생하는 침하를 구분하여 계산하였다. 침하량 예측을 위한 간편식은 다음과 같다.

$$w = pbf/E_m \tag{5.25}$$

① 기초 시공 직후 발생한 침하

    수중 콘크리트의 단위중량을 15 kN/m³으로 가정하면

$p =$ 시공 직후 기초구조물의 자중으로 인한 기초저면의 평균 접지압(kPa)

$$\frac{15\,\text{kN}}{1 \times 1\,\text{m}^2} = 15\,\text{kPa}$$

$f =$ 침하영향계수$= c_f \times (1 - \nu^2)$

여기서,

c_f는 표 5.1에 의해 0.88, V는 0.3, E_m은 25 MPa로 가정

$$f = c_f \times (1 - \nu^2) = 0.88 \times (1 - 0.3^2) = 0.801$$

$$\therefore \delta = pbf/E_m = 15\,\text{kPa} \times 20\,\text{m} \times 0.801/25000\,\text{kPa} = 0.009612\,\text{m}$$
$$= 9.612\,\text{mm} < 50\,\text{mm}\,(\text{O.K.})$$

② 공용하중에 대한 침하량 산정

    $p =$ 공용하중으로 인해 발생하는 기초 저면의 접지압(kPa)

$$\sigma_{\max,\min} = \frac{V_d}{B}\left(1 \pm \frac{6e}{B}\right) = \frac{8,600}{20}\left(1 \pm \frac{6 \times 0.13}{20}\right) = 446.77 \, \text{kPa(max)}, \ 413.23 \, \text{kPa(min)}$$

$$\therefore w = pbf/E_m 46.77 \, \text{kPa(max)} \ \text{or} \ 413.23r \, \text{kPa(min)} \times 20 \, \text{m} \times 0.801/25000 \, \text{kPa}$$
$$= 286.29 \, \text{mm(max)} \ \text{or} \ 264.80 \, \text{mm(min)}$$

최대 부등침하량은 286.29 mm−264.80 mm＝21.49 mm이고 부등침하로 인한 기초의 기울임은

$$\frac{\delta}{L} = \frac{286.29 \, \text{mm} - 264.80 \, \text{mm}}{20 \times 1000 \, \text{mm}} = 0.0010745 \approx \frac{1}{900}$$

Bjerrum(1963)이 제안한 구조물의 한계각 변형(그림 5.8)과 계산결과를 비교해보면 중력식 기초의 부등침하로 인한 기울어짐은 침하에 민감한 기계의 한계치보다 작아야 침하나 변위에 대해 안정성을 가진다고 판단할 수 있다.

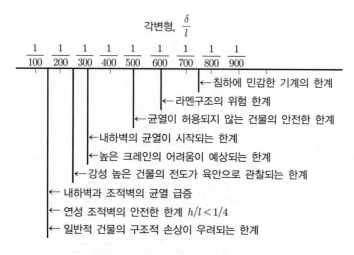

그림 5.8 한계각 변형(Bjerrum, 1963)

5.1.4 시공사례

풍력발전시설을 지지하는 중력식 기초(gravity based foundation)의 최근 시공사례는 총 3가지 형태가 조사되었다.

(1) Open Ballast Chamber

중력식 기초 중 비교적 얕은심도(30 m 이하)에 적용할 수 있는 형태(그림 5.9)로서 최근 시공 사례는 2010년 Nysted(Rϕdsand II) 프로젝트(덴마크)로 조사되었다. 설치위치는 덴마크 연안 10 km 이내 지역이고, 수심은 7.5~12.8 m의 범위에 있다. 기초지반은 단단한 점토가 퇴적되어 있으며, 깊이 20 m 이내 평균 비배수 전단강도는 250 kPa, 평균 배수강도로서 내부 마찰각 24.4°~39.5°, 점착력은 23~116 kPa 범위에 있다. 본 과업지역에 설치되는 해상풍력발전 설비의 발전용량은 총 210 MW이며, 90기가 설치되었다.

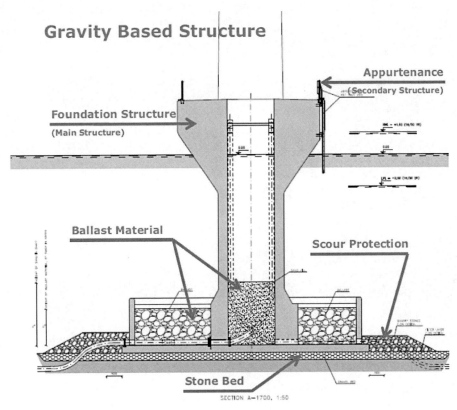

그림 5.9 Open ballast chamber 단면도(COWI, 2010)

덴마크에서 해상풍력기초에 중력식 기초 구조물 적용은 본 프로젝트가 첫 사례이고(그림 5.10), 모노파일과 비교했을 때 성능 대 비용면에서 우수한 것으로 입증되었다. 이후 다른 해상 풍력발전 시설 프로젝트에서도 중력식 기초 제작 및 설치를 적용하게 되었다.

(1) 육상 제작	(2) 지정된 위치로 운송
(3) 설치	(4) 풍력발전시설 완성

그림 5.10 Open Ballast Chamber 제작, 운송 및 설치(COWI, 2010)

(2) Deep Direct Foundation

해상의 깊은 수심에도 적용 가능한 중력식 기초 형식으로서(그림 5.11)로서 최근 시공사례는 2010년 Thornton 프로젝트(벨기에)로 조사되었다. 설치위치는 벨기에 연안 30 km 이내 지역이고, 수심은 최대 28 m이다. 발전용량은 120 MW이며, 총 24기가 설치되었다. 대상지역의 지반조건은 굵거나 중간 크기의 조밀한 모래지반이 10 m의 층상을 이루고 있고, 그 아래로 단단한 점토에서 실트와 모래가 섞인 지반으로 변이되는 층이 10 m 두께로 퇴적되어 있다.

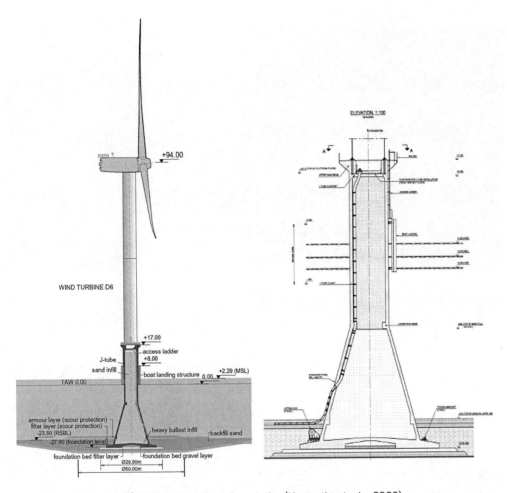

그림 5.11 Deep direct foundation(Kenneth et al., 2009)

해상풍력기초에 중력식 기초구조물 적용은 혁신적인 발전을 이루고 있는 해저 준설기술이 뒷받침되어야 한다. 용량 5 MW의 풍력발전설비에는 mono pile 같은 말뚝구조물이 주를 이루었으나 본 프로젝트에는 상당히 예외적으로 deep direct foundation의 중력식 기초를 적용한 사례이다(그림 5.12).

| (1) 육상 제작 | (2) 운송 준비 |
| (3) 지정된 위치로 운송 | (4) 풍력발전 시설 완성 |

그림 5.12 Deep direct foundation 운송 및 설치(Kenneth et al., 2009)

(3) Trial Gravity Foundation

독일 연방정부기관(German Federal Ministry for the Environment)으로부터 예산을 지원받아 개발 중인 새로운 형태의 기초 구조물로서, 실물크기로 기초를 시공하고, 실증실험을 진행 중인 상태이다(그림 5.13).

(1) 개념도	(2) 실험체 시공

그림 5.13 STRABAG gravity foundation(STRABAG, 2012)

모노파일은 일종의 대구경 강관말뚝으로서 해상풍력 기초형식 중에서 가장 보편적으로 사용되고 있는 공법이다. 일반적으로 수심 25 m 이하에 적합한 기초 형식으로 알려져 있으며, 공사비가 저렴하고 시공 공정이 비교적 간단하여 향후에도 사용성이 높을 것으로 예상된다. 본 장에서는 해상풍력기초 중 가장 대표적인 형식인 모노파일(monopile)의 설계 방법에 대하여 기술하고자 한다. 먼저 해상풍력 기초설계 시 자주 사용되고 있는 해외 설계기준 상의 말뚝 지지력 산정 방법 및 변위량 산정 방법을 살펴보고, 이어서 모노파일의 대구경화에 따른 지지력 특성과 반복하중하에서의 변위 누적 등 모노파일 설계 시 지반공학 측면에서 다루어야 하는 주요 사항들에 대하여 기술하고자 한다.

5.2.1 모노파일의 설계개요

(1) 모노파일 설계 시 주요 검토 사항

해상풍력기초의 합리적이고 경제적인 설계를 위해서는 상부 풍력발전기의 시스템 성능, 지반조건 및 시공 여건 등이 모두 고려되어야 하며, 일반적으로 모노파일 설계 시 주요 검토 내용을 정리하면 다음 표와 같다.

표 5.3 모노파일 설계 시 주요 검토 사항

검토 사항	주요 검토 내용 및 성과물
Design Basis	• Design basis에 대한 분석 : 적용 설계 code, soil parameter, 설계하중(DLCs, Design Load Conditions), 구조물 제원, 세굴 조건 등
Soil Parameter	• 설계에 사용할 지반 정수에 대한 분석
Bearing Capacity	• Design load conditions에 대한 연직, 수평 지지력 계산 • 모노파일의 설치심도 결정
Response(Settlement)	• 설계 공용수명을 고려한 변위 산정 : 침하, 수평 변위, 기울기
Foundation Stiffness	• Soil−structure 상호작용 해석 및 동해석을 위한 soil response 산정
Soil Reaction Stiffness	• DLC에 따른 지반의 스프링을 산정하여 모노파일 구조해석 수행 시 이용
Driveability	• 모노파일의 필요 설치심도까지 항타관입이 가능한지 검토
Removal	• 모노파일 제거에 관한 지반공학적 이슈에 대한 해석
Seismic Loading	• Seismic response spectrum, foundation stiffness 산정 등

다음 그림 5.14는 모노파일 등과 같은 해상 말뚝기초의 설계 및 시공 시 고려해야 할 지반공학적 측면의 주요 설계 항목 및 세부 검토 사항을 정리한 것이다.

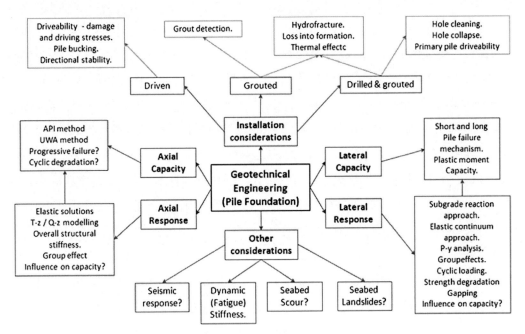

그림 5.14 해상풍력 기초설계 시 고려사항(Randolph and Gourvenec, 2011)

그림과 같이 모노파일의 설계 과정에서는, 모노파일의 연직지지력(axial capacity) 및 연직변위(axial response), 수평지지력(lateral capacity) 및 수평변위(lateral response), 시공 조건(말뚝 항타분석, 공벽 안정성 및 그라우팅), 내진 설계, 해저면 안정성, 세굴 등의 검토가 수행되어야 한다. 즉, 모노파일의 설계는 일반적인 토목 구조물에서의 말뚝기초 설계와 마찬가지로 설계하중에 저항할 수 있는 충분한 지지력을 확보하기 위해서는 어느 심도까지 모노파일을 관입시켜야 하는지, 설계하중 작용 시 허용 변위량을 만족하기 위해서는 어느 정도의 강성을 가져야 하는지, 모노파일의 항타 시공 시 목표 심도까지 관입 가능한지 등의 검토가 이루어져야 한다.

결론적으로 말뚝의 재료비, 설치비용 및 시공기간을 절감하기 위해서 말뚝의 길이 및 개수를 최적화하여야 하며, 이를 위해서는 발생 변위량을 설계기준 이하로 관리하면서 ① 지반 내 모노파일의 근입 길이, ② 모노파일의 직경, ③ 모노파일의 두께, 이상의 3가지를 현장여건에 적합하게 결정하는 것이 필요하다.

(2) 설계기준별 말뚝기초 설계 관련 주요 내용

해상풍력 구조물 설계 시 자주 적용되고 있는 해외 설계기준으로는 DNV, IEC, API, ISO, GL 등의 기준이 있다. 이와 같은 설계기준들은 일반적으로는 서로 유사하나, 각각의 설계기준 별로 특별히 상세하게 다루고 있는 분야가 있으며, API와 ISO, DNV 설계기준의 경우 일반적인 해상 구조물 또는 해상풍력 구조물용 말뚝기초에 대한 상세한 설계방법을 제시하고 있다. 모노파일은 말뚝기초의 일종이므로 위의 설계기준 상의 말뚝기초 설계방법에 관한 내용을 따르면 된다.

API 설계기준은 1969년 처음으로 해상 플랫폼에 대한 실무 가이드라인(API RP-2A working stress design)을 제시하였으며, 현재는 허용응력설계법(WSD)과 하중저항계수법(LRFD) 2가지의 설계방법을 제시하고 있다. API RP 2A-WSD에서는 하부구조물 설계 시 하중조건에 따라 1.5~2.0의 안전율을 제시하고 있으며, API RP 2A-LRFD에서는 하부구조물 종류에 따라 말뚝 기초의 저항계수는 0.8(극한시)과 0.7(상시), 직접기초의 저항계수는 파괴유형에 따라 0.67(지지력)과 0.8(활동)의 값으로 제안하고 있다.

1988년 IEC (International Electrotechnical Commission)는 육상 및 해상풍력발전기에 대한 설계와 평가기준으로서 IEC 61400 설계기준을 제정하였다. IEC 61400-3의 경우 해상풍력 구조물뿐만 아니라 해상풍력과 관련된 subsystem 설계 관련된 내용까지 포함하고 있으며, 특히 모든 운영 시 조건을 고려할 수 있는 설계 하중(wind, wave, current, tidal, ice, etc)에 대한 상세한 규정을 34개의 설계하중조건(design load conditions)으로 구분하여 제시하고 있다. IEC 61400-3에서는 설계상태를 극한상태(ULS)와 피로상태(FLS)로 구분하고 있으며, 극한상태의 경우 설계조건에 따라 3가지 하중계수 1.35(normal), 1.1(abnormal), 1.5(transport)를 제안하고 있고, 피로상태의 경우 1.0의 하중계수를 사용하도록 제안하고 있다. 말뚝기초의 지지력 산정을 위한 설계기준 및 저항계수는 특별히 제안하고 있지 않으며, 다른 해상구조물 설계기준을 사용할 것을 권고하고 있다. 다만, IEC 61400-3에서는 기초설계를 위한 특별 고려사항을 다음과 같이 제시하고 있다.

- 기초설계는 정하중과 동하중에 의해서 설계되어야 함
- 반복적인 하중 효과에 대하여 특별한 고려가 필요함
- 해저면의 거동에 대한 고려가 이루어져야 함
- 지반의 액상화 가능성, 장기침하 거동 및 유동, 사면안정 등이 고려되어야 함

GL(Germanicher Lloyd)은 해상풍력발전기 인증 가이드라인(edition 2005)에 따라 풍력발전기를 인증하는 기관으로서, 1995년에 처음으로 해상풍력발전기 설계 및 인증에 관한 규정을

제정하였으나 구조물 기초설계에 관해서는 개략적인 내용만을 담고 있다. 특별히 기초구조물 설계 시 지반특성에 따라 전응력 해석과 유효응력 해석을 구분하여 수행할 것과 반복하중에 의한 지반의 전단강도 감소를 고려하도록 제안하고 있으며, 액상화 가능성, 해저면 안전성, 해저 변위, 세굴 및 세굴 보호공에 대한 검토도 수행할 것을 규정하고 있다.

DNV의 해상풍력 설계 가이드라인인 DNV-OS-J101은 2004년에 제정되었으며, 해상풍력발전기 기초에 대한 내용 및 해상 변전소, 기상탑 등 해양구조물 기초에 대한 설계 지침을 제시하고 있다. 특히 구조물기초 설계편이 다른 설계기준과 비교하여 매우 상세하게 기술되어 있으며, API RP-2A(WSD)와 유사하나 부분안전계수 설계법(partial safety factor design)을 사용하고 있다. 하중계수는 IEC 기준과 유사한 값을 적용하고 있으며, 저항계수는 ULS조건의 경우 1.15(유효응력해석), 1.25(전응력해석), SLS 조건의 경우 1.0(유효응력, 전응력해석)을 제안하고 있다. 말뚝의 수평지지력을 검토하기 위해서는 말뚝의 비선형 모델을 사용하여 설계 검토할 것을 명시하고 있으며, 모노파일 지지력과 변위를 확인하기 위해서는 $p-y$, $t-z$ 곡선을 이용하여 해석하고, 이를 대신할 수 있는 방법으로는 유한차분해석(FDM) 또는 유한요소해석(FEM)을 수행할 것을 규정하고 있다. 또한 말뚝의 수평하중에 대하여 설계할 때에는 반복하중에 따른 지반 강도 저감 및 과잉간극수압의 누적을 고려하여 설계하도록 규정하고 있으며, 해저면의 안정성 및 세굴, 세굴 보호공에 대한 설계검토도 요구하고 있다.

ISO 기준은 API 기준과 마찬가지로 해상 구조물에 대한 전반적인 규정을 제시하고 있으며, 저항계수, $p-y$ 곡선, $t-z$ 곡선 결정 방법 등 하부구조물 설계에 대한 내용을 일부 포함하고 있다. 특별히 $p-y$ 곡선과 $t-z$ 곡선 사용 시 대구경 말뚝과 반복하중이 작용하는 구조물에서는 특별히 주의하도록 권고하고 있다.

5.2.2 모노파일의 연직지지력 산정 방법

해외의 해상풍력 설계기준 중에서 말뚝기초의 설계방법에 대하여 자세히 기술하고 있는 설계기준은 API 기준, DNV 기준 및 ISO 기준이며, 기준별로 허용응력 설계법 또는 한계상태 설계법을 제시하고 있다. API 2A-LRFD 나 DNV-OS-J101 기준 등에서 제시하고 있는 한계상태설계법에 대해서는 본 서의 제4장에서 자세히 기술하고 있으므로, 본 장에서는 말뚝의 극한지지력 산정방법 및 변위량 산정방법 위주로 기술하고자 한다.

다양한 환경 하중조건하에서 구조물에 작용하는 하중은 하부 구조물을 통하여 말뚝기초에 전달되게 되며 말뚝기초는 이렇게 전달되는 연직하중, 수평하중 및 휨모멘트에 대하여 안전하게 설계되어야 한다. 즉, 다양한 환경하중 조건과 상부구조물의 운영상태에 따른 설계하중조건

(DLCs)을 만족시킬 수 있는 말뚝지지력을 확보하기 위해 말뚝기초의 규격(직경, 길이, 두께)이 결정되어야 한다. 또한 설계 수명 기간 동안 영구 변형(침하, 수평변위, 회전변위)에 대한 안정성 확보 여부에 대한 검토가 필요하다.

API RP 2A-WSD 기준에 의하면 모노파일의 연직하중에 대한 극한지지력은 다음과 같이 일반적인 말뚝기초와 동일한 산정식을 사용하며, 허용지지력 산정을 위한 안전율은 다음 표와 같이 하중조건에 따라 1.5~2.0을 적용하도록 하고 있다.

$$Q_d = Q_f + Q_p = fA_s + qA_p \tag{5.26}$$

여기서, $Q_f(\text{kN})$는 말뚝의 주면지지력, $Q_p(\text{kN})$는 말뚝의 선단지지력이며, $f(\text{kPa})$는 극한단위주면지지력, $A_s(\text{m}^2)$는 말뚝의 외주면적, $q(\text{kPa})$는 말뚝의 극한단위 선단지지력, $A_p(\text{m}^2)$는 말뚝의 선단면적이다.

표 5.4 하중조건별 말뚝의 최소 안전율

하중 조건	안전율
1. Design environmental conditions with appropriate drilling loads	1.5
2. Operating environmental conditions during drilling operations	2.0
3. Design environmental conditions with appropriate producing loads	1.5
4. Operating environmental conditions during producing operations	2.0
5. Design environmental conditions with minimum loads(for pullout)	1.5

(1) 모노파일의 주면지지력 산정식

API RP 2A-WSD 기준과 DNV-OS-J101 기준에 의하면, 점성토 지반에 근입된 말뚝기초의 극한단위 주면지지력, $f(\text{kPa})$ 다음 식과 같이 α-method를 사용하여 산정한다.

$$f = \alpha \cdot c(\text{kPa}) \tag{5.27}$$

$\alpha = \dfrac{1}{2\sqrt{c/p'_o}}$: $c/p'_o \leq 1.0$인 경우

$\alpha = \dfrac{1}{2\sqrt[4]{c/p'_o}}$: $c/p'_o > 1.0$인 경우

여기서, α는 무차원의 비례계수로서 1.0 이상의 값을 가질 수 없으며, c(kPa)는 지반의 비배수 전단강도, p'_o(kPa)는 유효상재압력이다. 비배수 전단강도가 큰 지반에 길이가 긴 말뚝이 설치되는 경우 위의 식을 사용하면 주면지지력 값이 다소 크게 산정될 수 있으며, 특히 c/p'_o가 3 이상의 큰 값을 갖는 지반인 경우에는 유의하여야 한다.

사질토에 근입된 말뚝기초의 극한단위 주면지지력은 다음 식과 같이 β-method를 사용하여 산정한다.

$$f = \beta \cdot p'_o (\text{kPa}) \tag{5.28}$$

여기서, β는 무차원의 비례계수이며, p'_o(kPa)는 유효상재압력이다. 지반조건별 β 값과 극한단위주면지지력 f의 최댓값은 다음 표 5.5와 같다. 완전 폐색된 개단(open ended) 말뚝이나 폐단(closed ended) 말뚝의 β 값은 다음 표에 제시된 값보다 약 25% 정도 크게 나타난다.

표 5.5 지반조건별 β 계수 및 N_q 계수의 추천 값(API, 2007)

상대밀도	지반 종류	β 계수	f의 최댓값 (kPa)	N_q 계수	q의 최댓값 (kPa)
Very Loose Loose Loose Medium Dense Dense	Sand Sand Sand-Silt Silt Silt	N/A	N/A	N/A	N/A
Medium Dense	Sand-Silt	0.29	67	12	3,000
Medium Dense Dense	Sand Sand-Silt	0.37	81	20	5,000
Dense Very Dense	Sand Sand-Silt	0.46	96	40	10,000
Very Dense	Sand	0.56	115	50	12,000

(2) 모노파일의 선단지지력 산정식

API RP 2A-WSD 기준과 DNV-OS-J101 기준에 의하면, 점성토 지반에 근입된 말뚝기초의 극한단위 선단지지력, q(kPa)는 다음 식으로 구한다.

$$q = 9 \cdot c (\text{kPa}) \tag{5.29}$$

여기서, $c(\mathrm{kPa})$는 말뚝 선단 지반의 비배수 전단강도이다. 말뚝의 전체지지력은 말뚝 외주면에 작용하는 주면지지력과 선단지지력의 합으로 구한다. 여기서 선단지지력은 폐색조건 (plugging condition)의 경우 말뚝 선단의 전체 면적에 대한 지지력으로 산정하며, 개단조건의 경우 선단지지력은 말뚝의 순단면적에 작용하는 선단지지력에 말뚝 내측면의 주면지지력과 plug 부분에 작용하는 선단지지력 중 작은 값을 더하여 산정한다.

사질토 지반에 근입된 말뚝기초의 극한단위 선단지지력은 다음 식으로 구한다.

$$q = N_q \cdot p'_o (\mathrm{kPa}) \tag{5.30}$$

여기서, N_q는 무차원의 선단지지력 계수로서 지반조건별로 위의 표 5.5로부터 구할 수 있으며, $p'_o(\mathrm{kPa})$는 유효상재압력이다. 이렇게 산정한 선단지지력 값은 조밀 또는 매우 조밀한 지반에 근입된 길이 45 m 이하의 말뚝에 대해서는 다소 과소평가되는 경향이 있으며, 느슨한 지반또는 긴 말뚝의 경우 지지력을 과대평가하는 경향이 있다.

5.2.3 모노파일의 수평지지력 산정 방법

해상풍력기초는 상부에서 작용하는 정적 및 동적 수평하중에 대해서도 안전하게 설계되어야한다. 특히 해상풍력 구조물의 경우 수직하중에 비해 수평하중이 크게 작용하므로 수평하중이 하부의 주요 인자로 작용하는 경우가 많다. API RP 2A-WSD 기준과 DNV-OS-J101 기준에 의하면, 연약한 점성토 지반에 근입된 말뚝기초의 경우, 정적 수평하중에 대하여 극한단위수평지지력, $p_u(\mathrm{kPa})$는 다음 식으로 산정할 수 있으며, 대체로 3~12c 사이의 값을 갖는다. 또한 견고한점성토 지반에 근입된 말뚝의 극한단위수평지지력은 대체로 8~12c 사이의 값을 갖는다.

$$p_u = 3c + \gamma X + J\frac{cX}{D} \tag{5.31}$$

$$p_u = 9c \qquad X \geq X_R \text{인 경우}$$

여기서, $c(\mathrm{kPa})$는 지반의 비배수 전단강도, $D(\mathrm{mm})$는 말뚝의 직경, $\gamma(\mathrm{MN/m^3})$는 유효단위중량, J는 비례계수로서 0.25~0.5의 값을 갖는다. $X(\mathrm{mm})$는 지반면으로부터의 심도이며, X_R (mm)은 다음 식으로부터 구한다.

$$X_R = \frac{6D}{\gamma D/c + J} \qquad (5.32)$$

사질토 지반의 경우, 정적 수평하중에 대하여 말뚝의 단위 길이당 극한 수평지지력 p_u(kN/m)는 심도에 따라 다음 두 식으로 산정할 수 있다. 임의의 심도에서의 p_u 값은 2가지 값 중에서 작은 값을 적용하여야 한다.

$$p_{us} = (C_1 \times H + C_2 \times D) \times \gamma \times H : \text{shallow depth}$$
$$p_{ud} = C_3 \times D \times \gamma \times H : \text{deep depth} \qquad (5.33)$$

여기서, γ(kN/m^3)는 유효단위중량, H(m)는 지반면으로부터의 심도이며, C_1, C_2, C_3는 내부 마찰각에 따른 비례계수로서 그림 5.15로부터 구한다.

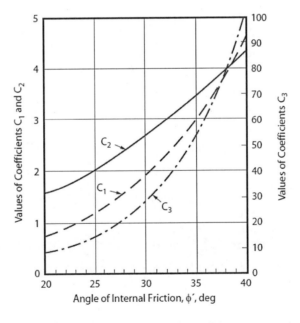

그림 5.15 C_1, C_2, C_3 계수 산정 도표

5.2.4 설계기준상의 말뚝 변위 산정 방법

해상풍력기초는 그림 5.16과 같이 연직하중(axial loading)과 수평하중(lateral loading) 등의 외력을 받게 되며 이와 같은 하중에 대하여 말뚝기초는 주면지지력, 선단지지력 및 수평지지

력으로 저항하게 된다. 이러한 과정에서, 말뚝 머리와 선단부를 포함하여 말뚝의 각 지점에는 연직변위(w)와 수평변위(y)가 발생하며, 하중의 크기가 증가하면서 발생하는 변위는 비선형적인 특성을 나타낸다.

현재 말뚝기초 설계 시 말뚝의 연직변위 및 수평변위 산정을 위해서는 하중전이 함수법이 널리 사용되고 있으며, API 기준 및 DNV 기준에서도 모노파일의 변위 산정 시 적용할 수 있도록 하중전이곡선인 $t-z$ 곡선, $q-z$ 곡선 및 $p-y$ 곡선에 대하여 지반종류별로 구분하여 자세히 기술하고 있다. 특히 수평방향의 하중전이곡선인 $p-y$ 곡선에 대해서는 정하중 재하 시와 반복하중 재하 시를 구분하여 서로 다르게 제시하고 있으며, 반복하중이 작용할 경우의 최대 수평지지력은 정하중 상태에서의 극한지지력에 감소계수를 곱하여 산정하도록 제시하고 있다. 최근 연구결과, 위의 설계기준에 제시되어 있는 하중전이곡선을 이용할 경우 실제 구조물의 거동 특성에 비하여 보수적인 설계가 될 수 있으므로 이를 보완한 새로운 설계기준에 대한 연구가 진행 중이다.

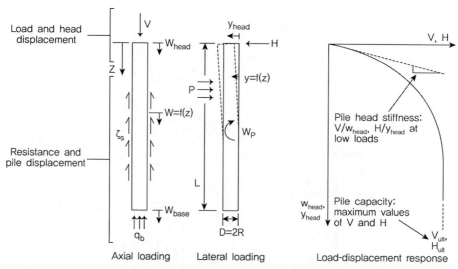

그림 5.16 해상풍력기초 거동 개념(Randolph and Gourvenec, 2011)

(1) 연직 거동(Axial Performance)

모노파일의 두부에서의 연직변위는 말뚝에 작용하는 하중에 의한 말뚝 자체의 압축변형량과 말뚝 선단의 침하량의 합으로 이루어지며, 말뚝의 압축변형량과 선단침하량은 말뚝으로부터 발현되는 주면지지력의 크기와 분포, 선단지지력의 크기 등에 의해 결정된다. 이러한 말뚝의 연직 거동을 해석하기 위해서는 $t-z$ 곡선 및 $q-z$ 곡선이 필요하다.

표 5.6 연직방향 주면 하중전이함수식

지반 종류	z/D	t/t_{max}	지반 종류	z(inches)	t/t_{max}
Clays	0.0016	0.30	Sands	0.00	0.00
	0.0031	0.50		0.10	1.00
	0.0057	0.75		∞	1.00
	0.0080	0.90			
	0.0100	1.00			
	0.0200	0.70~0.90			
	∞	0.70~0.90			

z = 임의 심도에서의 말뚝 변위량(in, mm), D = 말뚝의 직경(in, mm)

t = 발현된 단위 주면지지력(lb/ft^2, kPa), t_{max} = 극한단위 주면지지력(lb/ft^2, kPa)

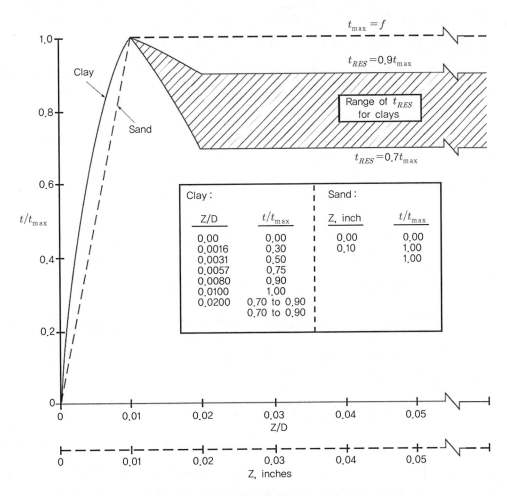

그림 5.17 연직방향 하중전이곡선(API RP 2A WSD, 2010)

말뚝 주면의 하중전이함수식인 $t-z$ 곡선은 임의의 심도에서의 말뚝의 연직변위량과 주면지지력의 관계를 나타낸 식이며, 지금까지 많은 이론적, 실험적인 함수식이 개발되어 사용되고 있다. API 기준에서는 별도의 실험 Data가 없을 경우 표 5.6 및 그림 5.17과 같은 $t-z$ 곡선을 사용하여 연직변위를 산정하도록 추천하고 있다. 여기서, 말뚝의 주면지지력의 잔류지지력비 (residual adhesion ratio, t_{res}/t_{max})는 지반의 응력–변형률 관계, 응력경로(stress history) 및 말뚝 시공방법, 하중 재하방법 등에 따른 변수이다. 점성토 지반의 잔류지지력비는 실내실험, 현장실험 등을 통해 구할 수 있으며, API 기준에서는 0.7~0.9 정도의 값을 추천하고 있다.

말뚝 선단의 하중전이함수식인 $q-z$ 곡선은 말뚝 선단에서의 연직변위량과 선단지지력과의 관계를 나타낸 식이며, 지금까지 많은 함수식이 개발되어 사용되고 있다. API 기준에서는 별도의 명확한 기준이 없을 경우 그림 5.18과 같은 $q-z$ 곡선을 사용하여 말뚝의 연직변위를 산정하도록 추천하고 있다. 말뚝의 선단지지력이 최대로 발현되기 위해서는 말뚝 선단의 침하량이 말뚝 직경의 약 10% 이상 발생해야 한다는 실험적 결과에 따라 다음과 같은 관계식이 제안되어 있다.

지반 종류	z/D	Q/Q_p
Clays/ Sands	0.002	0.25
	0.013	0.50
	0.042	0.75
	0.073	0.90
	0.100	1.00

z = 말뚝 선단 변위량(in, mm)
D = 말뚝의 직경(in, mm)
Q = 발현된 선단지지력(lb, kN)
Q_p = 극한선단지지력(lb, kN)

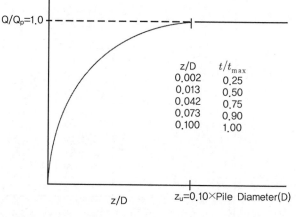

그림 5.18 말뚝의 선단 하중전이곡선(API RP 2A WSD, 2010)

(2) 수평 거동(Lateral Performance)

모노파일은 외부에서 작용하는 정적수평하중 및 동적수평하중에 대하여 안전하게 설계되어야 하며, 해상풍력 구조물은 수직하중에 비해 상대적으로 수평하중에 대한 거동 해석이 더욱 중요하다. 말뚝의 수평방향 하중전이함수식인 $p-y$ 곡선은 임의의 심도에서의 말뚝의 수평지지력과 말뚝의 수평변위량과의 관계를 나타낸 식이며, 지금까지 많은 함수식이 개발되어 사용되고 있다. API 기준에서는 soft clay, stiff clay 및 sand 등 지반의 종류별로 구분하여 $p-y$ 곡선을 추천하고 있으며, 특히 동적하중조건하에서는 정적하중조건에서의 하중전이함수식보다 감소된 값을 적용하도록 추천하고 있다.

연약 점성토 지반에 근입된 말뚝의 수평방향 변위 해석을 위한 $p-y$ 곡선은 정적하중조건 하에서는 다음의 표 5.7과 같으며, 동적하중 조건하에서는 표 5.8과 같다.

표 5.7 연약 점성토의 정적 수평하중에 대한 $p-y$ 함수식

지반 종류	p/p_u	y/y_c	비고
Soft clay	0.00 0.23 0.33 0.50 0.72 1.00 1.00	0.0 0.1 0.3 1.0 3.0 8.0 ∞	p=발현된 단위수평지지력(kPa) y=말뚝의 수평 변위량(m) $y_c = 2.5 \cdot \varepsilon_c \cdot D$(m) ε_c=비배수 압축시험 시 최대 응력의 1/2에 해당하는 변형률

표 5.8 연약 점성토의 동적 수평하중에 대한 $p-y$ 함수식

지반 종류	$X > X_R$		$X < X_R$	
	p/p_u	y/y_c	p/p_u	y/y_c
Soft clay	0.00 0.23 0.33 0.50 0.72 0.72	0.0 0.1 0.3 1.0 3.0 ∞	0.00 0.23 0.33 0.50 0.72 $0.72\ X/X_R$ $0.72\ X/X_R$	0.0 0.1 0.3 1.0 3.0 15.0 ∞

사질토 지반에 근입된 말뚝의 수평방향 변위 해석을 위한 $p-y$ 함수식은 다음과 같다.

$$P = A \times p_u \times \tanh\left[\frac{k \times H}{A \times p_u}y\right] \tag{5.34}$$

$A = 0.9$: 동적하중재하 시

$A = \left(3.0 - 0.8\frac{H}{D}\right) \geq 0.9$: 정적하중재하 시

여기서, p_u(kN/m)는 임의의 심도 H(m)에서의 말뚝의 단위길이당 극한수평지지력이며, y는 말뚝의 수평변위량(m), k는 최대 지반반력계수로서 그림 5.19으로부터 구한다.

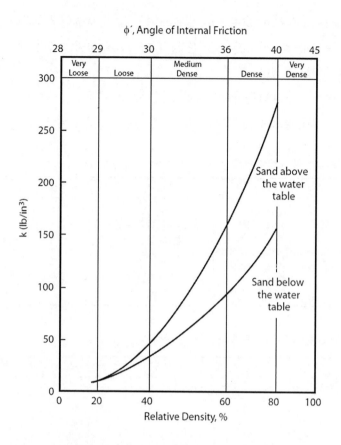

그림 5.19 내부 마찰각과 k 값의 관계 도표(API RP 2A WSD, 2010)

5.2.5 모노파일의 설계에 관련된 지반공학적 과제

　해상풍력 시장의 확대에 따라 풍력발전기가 점차 대형화되고 해상풍력단지도 더욱 수심이 깊은 곳에 조성됨으로 인해 해상풍력기초의 설계 및 시공에 대한 중요도가 급격히 높아지고 있다. 이와 같은 추세에 맞추어 해상풍력기초의 정확한 거동해석을 위한 여러 가지 연구가 이루어지고 있으나, 아직까지 해상에서의 복합적인 하중(풍하중, 조류력, 파력, 구조물 진동 등) 조건하에서의 기초의 거동을 정확하게 해석하는 데 한계가 있는 것이 사실이다. 앞에서 소개한 해외의 대표적인 설계기준들도 모노파일의 대구경화에 따른 scale effect, 동적하중 작용 시의 변위량 누적문제 등에 대하여 명확한 기준을 제시하고 있지 못하므로 해상풍력기초의 경제적인 설계를 위해서는 지반공학자들의 지속적인 연구 노력이 필요하다고 할 수 있다. 해상풍력기초를 설계할 때 도전적인 문제가 될 수 있는 몇 가지 지반공학적인 요소기술들을 정리하면 다음과 같다.

(1) 지반물성치 산정

해상풍력 구조물은 풍하중, 조류력, 파력 등 다양한 해양 환경하중의 영향을 받는 구조물로서, 상부 RNA(Rotor Nacelle Assembly) 구조물의 동적특성과 환경하중의 동적특성에 따른 영향을 고려하여 설계해야 한다. 이때 지반조건을 포함한 하부 구조물의 지지특성에 따라 정적해석 시에는 상부 구조물에 작용하는 반력이 다르게 나타나게 되며, 동적해석 시에는 상부 구조물의 모드 특성이 달라진다. 따라서 해상풍력 구조물에 대한 정확한 해석을 위해서는 하부구조물을 지지하는 지층특성에 대한 상세한 조사와 분석이 필요하다.

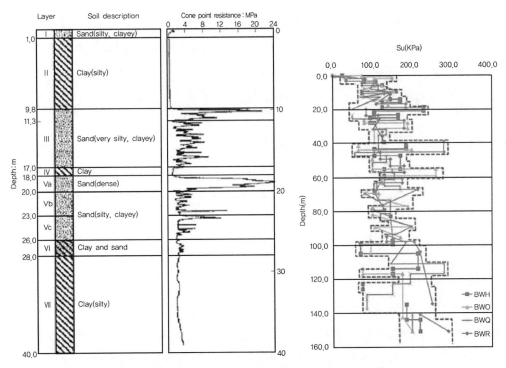

그림 5.20 심도별 비배수 전단강도(OO프로젝트, 태국)

지층특성을 분석하기 위해서는 현장 지반조사 및 각종 실내실험을 수행하는데, 현장 지반조사의 제한사항과 실내실험의 한계로 인한 불확실성이 존재하게 되므로 설계 시 이러한 불확실성을 최소화하며 구조물의 안전성을 확보하기 위해서는 지반 물성치에 대한 탄력적인 적용이 요구된다. DNV-OS-C101에서는 지지력 산정에서는 지반 물성치의 하한치를 사용할 것과, 피로해석에서는 지반 물성치의 상한치를 사용할 것을 권고하고 있다.

그림 5.20은 OO 프로젝트 해상구조물 설계를 위한 지반조사 결과 중 심도별 비배수 전단강도 값을 나타내고 있다. 설계 시 DNV-OS-C101에서 제시하고 있는 기준에 따라 말뚝의 연직, 수평 지지력 산정 시에는 비배수 전단강도의 하한치를 사용하였고, FLS (Fatigue Limit State)조건에서의 피로해석 시에는 비배수 전단강도의 상한치를 사용하였다. 또한 말뚝의 항타관입성 평가(Driveability Analysis)시에는 상한치를 적용하고, ULS (Ultimate Limit State)와 ALS (Accidental Limit State) 조건하에 구조물 해석 시에도 지반물성 값의 상한치를 사용하였다.

(2) 말뚝의 대구경화에 따른 고려사항

풍력발전기의 대형화에 따라 해상풍력기초 모노파일의 직경도 5.0~6.0 m 정도로 대형화되고 있으며, 대구경의 모노파일 설계 시에는 몇 가지 중요한 설계조건들을 고려해야 한다. 소구경 말뚝기초와는 달리, 해상풍력 구조물을 지지하는 모노파일은 대구경이기 때문에 강체거동을 하며, 일반적으로 수직하중보다는 수평하중이 지배적이므로 말뚝 선단부의 수평방향 전단저항력도 고려할 수 있다. 그리고 말뚝의 직경이 매우 커서 선단의 폐색(plugging effect)이 발생하기 어려우므로, 선단지지력 산정 시 말뚝의 전체 단면적을 고려하기 어려우며, 대신에 말뚝 주면부의 내부와 외부 양면에 마찰지지력이 작용하는 것으로 하여 지지력을 산정한다. 또한 소규모 말뚝을 대상으로 실험적으로 산정한 $p-y$ 곡선을 대구경 해상말뚝에 적용할 경우 여러 가지 지지력 및 거동의 차이가 발생할 수 있으며, 이에 대한 개선방안이 필요하다는 연구가 현재 진행 중에 있다.

(3) 반복하중에 따른 지반의 변형률 누적

지반의 경우 외부에서 반복하중이 지속적으로 작용할 때 일정한 변형이 발생하게 되며, 이때 발생한 변형률은 반복적인 하중재하와 함께 누적되게 되고, 비배수 상태 지반의 경우 반복하중에 따라 과잉간극수압도 누적된다. 이러한 누적변형률과 누적 과잉간극수압에 대한 고려가 해상풍력기초 설계 시 매우 중요한 설계인자가 되며, 유럽에서는 Oil & Gas 분야에서 많은 연구가 진행되어 왔다(Andersen, 2007; Achmus et al., 2007). 이러한 지반의 거동특성은 말뚝기초 심도와 말뚝으로부터의 거리에 따라 상이하게 되며, 이에 대한 적절한 설계방법의 개발이 필요한 실정이다.

또한 해상풍력기초 모노파일의 경우 반복적인 수평하중이 구조물 거동에 영향을 미치는 주요 인자이므로, 하중의 반복 횟수 등 작용하중의 동적 특성을 고려할 수 있는 cyclic $p-y$ 곡선에 대한 연구가 필요하다.

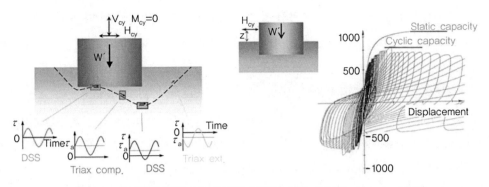

그림 5.21 해상풍력 말뚝기초 주변의 지반의 거동 특성(Andersen, 2007)

(4) 해저지반의 안정 문제

해상풍력기초에 작용하는 바람, 해류, 파도 및 구조물 진동은 기초구조물 거동에 영향을 미치게 되며, 국제적 설계기준(IEC 61400-1)에서 제시하고 있는 다양한 하중조건에 대한 설계경험이 요구된다.

그 밖에도 해상풍력기초를 설계할 때는 지반조건 및 하중특성에 따라 배수 또는 비배수 거동 특성을 예측해야 하며, 말뚝 주변에 발생할 수 있는 크랙에 대한 특성, 해저면 말뚝주변에서 발생할 수 있는 세굴에 대한 영향 등 설계 시 고려할 수 있는 여러 가지 사항들에 대한 연구가 활발히 진행되고 있다.

(5) 모노파일 기초의 모델링 방법

말뚝기초의 해석 시에는 말뚝, 상부구조물 및 지반 사이의 상호작용을 고려하여야 하며, 말뚝기초를 모델링하는 방법에 따라 해석 결과에 일부 차이가 발생한다. 가장 단순한 방법은 말뚝기초의 변위를 고려하지 않는 방법으로서 지반면을 fixed boundary condition[그림 5.22(a)]으로 모델링하는 방법이나, 이는 기초의 강성을 제대로 반영하지 못하므로 실제 거동과는 큰 차이를 보일 수 있는 단점이 있다. 그림 5.22(b)는 가상고정점 방법으로 equivalent fixity depth (apparent fixity length)를 고려하여 말뚝기초를 모델링하는 방법이다. 말뚝기초와 주변 지반을 단순화하여 해석은 매우 간편하나, 구조물-지반 상호작용을 반영할 수는 없는 해석방법이다. 그림 5.22(c)는 equivalent base spring model로서, 각각의 DOF에 대하여 mudline에서 single non-linear spring (coupled spring)으로 말뚝기초를 모델링하는 방법이다. 기초의 연성을 고려할 수 없으며, 지반 내 각각의 지층별지지 특성의 차이를 반영할 수 없는 단점이 있다. 가장 많이 사용하는 방법은 그림 5.22(d)의 equivalent soil spring model로서, multi non-linear spring (distributed spring, $p-y$ 곡선)을 이용하여 말뚝의 길이방향에 따라 지반과 말뚝을 spring으로 모델링하는 방법이다. 지반의 비선형성과 다층 지반의 특성을 반영할 수 있는 장점이 있다.

현재 진행되고 있는 연구내용으로, 말뚝기초의 stiffness와 지반의 damping을 모델링하기 위해서 nonlinear spring과 damper를 사용하며, 추가적인 non-linear 효과(non-linear material, non-linear geometry, nonlinear interaction)를 고려할 수 있도록 말뚝기초를 모델링하는 fully coupled finite element model simulation에 대한 연구도 진행되고 있다. 그러나 이 방법을 적용하기 위해서는, 기초가 설치되는 지반을 대상으로 많은 실내실험을 실시한 후 이를 바탕으로 여러 가지의 지반물성치를 결정해야 하는 어려움이 있다.

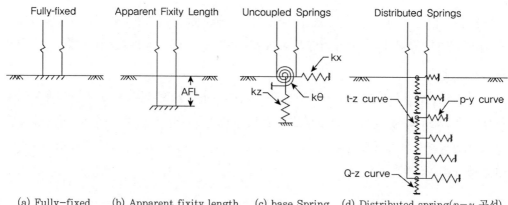

(a) Fully-fixed　　(b) Apparent fixity length　　(c) base Spring　　(d) Distributed spring($p-y$ 곡선)

그림 5.22 모노파일 기초의 모델링 방법(Buren, 2011)

5.2.6 반복하중을 고려한 말뚝기초 해석 방법

일반적으로 해상풍력구조물에 사용되는 모노파일과 같은 단일형, 대구경 말뚝기초의 경우 상부 하중에 의한 연직력보다는 수평변위에 의하여 기초 설계가 지배되기 때문에 반복하중에 의한 말뚝기초 두부에서의 수평 변위 또는 각 변위의 산정이 매우 중요하다. 다음 3가지는 반복하중에 의해 지반의 강도가 감소하는 효과를 해석에 반영할 수 있도록 제안된 방법이며, 모노파일과 같이 반복적인 해양환경하중을 받는 말뚝기초에 적용할 수 있다.

(1) Stiffness Degradation Method (Achmus et al., 2007)

독일의 Achmus 등에 의하여 제안된 SDM (Stiffness Degradation Method) 방법은 실내시험(cyclic triaxial test 등)을 이용하여 산정한 지반의 반복하중에 따른 강도 감소 거동을 수치해석에 반영하여 해석하는 방법이다[그림 5.23(a)]. SDM은 지반의 반복하중에 따른 거동을 실내시험을 통하여 산정한 후 수치해석을 이용하여 말뚝의 거동 특성을 분석하는 방법으로 해상풍력구조물 말뚝기초 설계 시 매우 유용한 설계법으로 판단되나, 아직 실내 및 현장 실험 등을 통한 충분한 검증이 수행되지 않아 추가적인 연구가 필요한 것으로 보고되고 있다.

(2) Strain Wedge Model (Kerstin Lesny et al., 2009)

해상풍력구조물 기초 형식으로 사용되는 모노파일의 반복하중영향을 고려하기 위하여 Kerstin Lesny와 Peter Hinz 등(2009)은 기존의 SWM (Strain Wedge Model)을 이용하여 반복하중영향을 고려할 수 있는 방법을 제안하였다. 이 해석법은 SWM의 입력변수 중 하나인 ε_{50}에 반복횟수 증가에 따른 지반의 강도 감소 효과를 반영하여 횡방향 변형 거동을 해석하는 방법으로, 반복횟수에 따른 지반의 거동 특성은 현장 시료의 반복 삼축 시험(multistage cyclic triaxial test)을 통하여 산정하며, 그 상관식을 SWM에 입력하여 말뚝의 횡방향 거동 특성을 분석한다[그림 5.23(b)]. 그러나 Kerstin 등이 제안한 방법은 여러 가정 사항을 근거로 기존의 말뚝 횡방향 해석 모델을 수정하여 제안된 방법으로, 추가적인 연구 및 검증이 필요한 것으로 보고되고 있다.

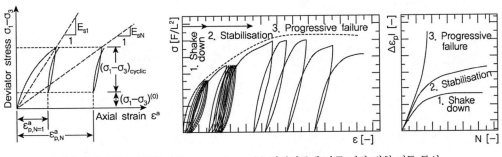

(a) 동적삼축압축시험 응력-변형률 거동   (b) 반복하중에 따른 지반 변형 거동 특성

그림 5.23 반복하중을 고려한 설계 방법(Kerstin 등, 2009)

(3) UDCAM 모델(Undrained Cyclic Accumulated Model, NGI, 2007)

말뚝기초에 반복하중이 지속적으로 작용할 경우 말뚝의 변위는 반복적인 하중재하와 함께 누적되게 되고, 비배수 상태에서는 반복하중에 따라 지반의 과잉간극수압도 누적된다. 이러한 누적변위와 누적 과잉간극수압에 대한 영향을 고려하여 말뚝기초를 설계하고자 하는 연구가 NGI (Norwegian Geotechnical Institute)에서 진행되고 있다. NGI는 1970년대부터 노르웨이 주변의 북해에 설치된 석유 시추용 해상 구조물 설계를 위하여 해상 구조물 기초의 반복하중에 대한 영향을 지속적으로 연구하여 많은 연구 자료와 성과를 축적하고 있다.

앞에서 언급한 SDM 및 SWM은 반복하중을 받는 모노파일과 같은 대구경 말뚝기초가 대상이나 UDCAM 모델을 이용한 해석법은 반복하중에 의한 지반의 응력 상태(인장, 압축, 전단), 반복하중의 크기, 횟수, 반복하중에 의한 지반 강도 감소 특성 등을 고려하여 기초 구조물의 거동 특성을 분석하는 방법으로, 직접기초 및 말뚝기초 등 반복 하중이 작용하는 모든 구조물 기초 형식에 적용이 가능한 방법이다. 즉, 해상풍력기초 설계 시 반복하중영향을 고려하기 위하여 현장 시료의 반복 전단(cyclic DSS) 및 반복 삼축 시험(cyclic triaxial test)을 통하여 기본적인 지반의 반복하중에 따른 거동 특성을 파악하고, 기존의 설계기준에서 사용하는 유사정적하중 (quasi-static load)이 아닌 반복횟수, 크기 등을 고려한 하중을 산정한 후 수치 해석을 이용하여 실제 현장 조건과 유사하게 지반, 하중, 구조물 조건을 모사하여 해석을 수행하는 방법이다.

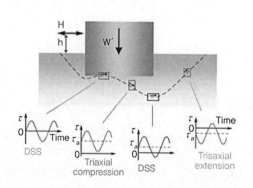

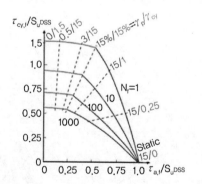

(a) 반복하중 재하 시 지반 내 응력 상태   (b) 반복하중에 따른 지반 응력-변형률 곡선

그림 5.24 반복하중을 고려한 설계 방법(Andersen, 2007)

5.2.7 트랜지션피스(Transition Piece)

트랜지션피스는 전체적인 부재의 형상이 변화하거나 구조적인 거동이 상이한 부재를 연결하는 부분을 지칭한다. 해상풍력발전기의 지지구조물에서는 모노파일식 지지구조물과 재킷식 지지구조물이 트랜지션피스라 명칭된 부분을 가지고 있으나 각각의 역할과 형상은 서로 상이하다.

재킷식 지지구조물에서는 타워와 재킷플랫폼을 연결하는 부분을 지칭한다. 발전기에서 생성된 하중이 타워라는 단일부재로 전달되다가 보통 4개의 레그(leg)로 구성된 재킷으로 전달되는 부분이며 따라서 이 부분에 요구되는 가장 큰 기능은 하중을 효율적으로 전달하면서, 극한하중 및 피로하중에 대하여 안전을 확보하는 데 있다. 반면 모노파일에서는 타워의 연직도를 확보하기 위한 레벨링을 하고, 타워와 연결이 가능한 플랜지의 역할을 하며, 특히 보트랜딩, 계단 및 작업플랫폼을 구조물에 추가할 수 있는 기능을 가지고 있다.

(1) 트랜지션피스 개요

모노파일과 타워를 연결하는 트랜지션피스(TP, Transition Piece)를 그림 5.25(a)에, 트랜지션피스를 확대한 그림을 그림 5.25(b)에 각각 나타내었다. 그림 5.25와 같이 모노파일과 트랜지션피스는 일반적으로 그라우팅으로 접합되며, 그라우팅하기 전에 임시 고정을 위해 브라켓(bracket)이 설치된다. 또한 모노파일과 트랜지션피스를 연결하는 그라우트의 밑 부분은 해수로 인한 피해를 방지하기 위해 sealing 처리를 하게 된다.

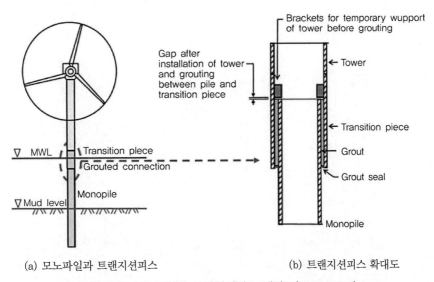

(a) 모노파일과 트랜지션피스   (b) 트랜지션피스 확대도

그림 5.25 모노파일과 트랜지션피스 개략도(DNV, 2010)

그림 5.26 해상에서의 트랜지션피스 설치모습
(출처 : http://www.foundocean.com/en/media-centre/news/grouting-continues-at-gwynt-y-mor/)

　유럽에서는 대부분의 모노파일이 항타로 설치되었다. 항타방식으로 시공하는 경우 말뚝두부가 손상될 가능성이 높다. 말뚝두부가 손상되면 타워 설치하는 작업이 어려워질 수 있다. 트랜지션피스에는 접안시설을 비롯한 2차 부재를 설치하는데, 이러한 2차 부재를 설치한 상태로 말뚝을 제작하여 항타하는 것 역시 용이하지 않다. 일반적으로 타워 시공 시 요구되는 연직도는 0.5°이며, 말뚝을 항타로 시공하는 경우에 이 수직도를 만족시키는 것은 쉬운 작업이 아니다. 따라서 이러한 문제점들을 해결하기 위하여 트랜지션피스가 일반적으로 사용되고 있다.

(2) 트랜지션피스 설계 시 주요 인자

　그라우팅 접합은 그림 5.27과 같이 크게 전단키가 있는 형태와 없는 형태로 구분된다.

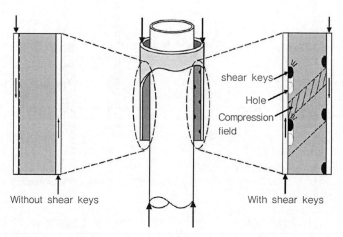

그림 5.27 연결부의 연결형태(Lotsberg, 2010)

전단키의 유무에 따라 파괴형태가 다양하게 나타나며, 이러한 파괴형태를 그림 5.28에 나타내었다. 그림 5.28과 같이 전단키가 없는 경우[그림 5.28(a)] 부착강도와 마찰력에 의해 저항이 되며 파괴는 그라우팅과 강관의 접촉면을 따라서 발생하게 된다. 전단키가 있는 경우의 파괴 형태는 크게 3가지로 구분된다. 전단키의 간격이 넓은 경우 압축장이 형성되지 않은 채 그라우팅 지압부가 항복하여 파괴가 발생할 수 있으며[그림 5.28(b)], 반대로 전단키의 간격이 너무 좁은 경우 전단키의 지압 파괴가 아닌 그라우팅 부분에서 할렬파괴(split failure)와 유사한 형태의 파괴모드가 발생할 수 있다[그림 5.28(d)]. 가장 이상적인 파괴 형태는 적절한 간격의 전단키 설계를 통해 그라우팅 내부에 압축장 형성 및 그라우팅 지압부의 항복을 통한 파괴를 유도하는 것이라고 판단된다[그림 5.28(c)]. 최근 전단키의 거동에 따른 파괴모드 파악 및 거동과 관련한 연구가 활발히 진행 중에 있다.

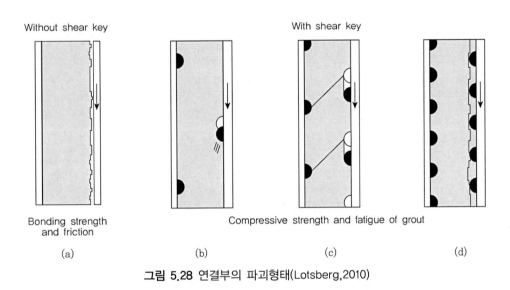

그림 5.28 연결부의 파괴형태(Lotsberg,2010)

해상풍력발전기에서 트랜지션피스는 상부구조물의 하중을 그라우트를 통해서 기초구조물에 전달하는 역할을 한다. 실험을 통해 나타난 트랜지션피스와 그라우트의 하중전달 메커니즘은 그라우트와 강재 표면의 결합력 및 마찰력의 조합과 그라우트의 저항능력을 향상시키는 전단키와의 거동이 복합적으로 작용하여 나타나며, 이러한 내용을 그림 5.29에 나타내었다.

트랜지션피스의 기하학적 설계인자는 다양한 기관들에서 각각의 범위를 제안하고 있는데, 이를 정리하면 다음과 같다.

① Pile의 외경(D_p), 두께(t_p)

② 그라우트의 타설 길이(L_g), 두께(t_g)

③ 트랜지션피스의 높이(H_s), 외경(D_s), 두께(t_s)

④ 전단키의 돌출높이(h), 돌출폭(w), 설치간격(s), 형상

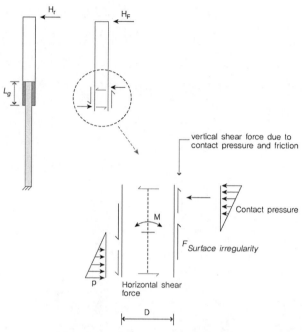

그림 5.29 모멘트 하중에 의해 발생하는 그라우트 연결부의 반력(Lotsberg,2010)

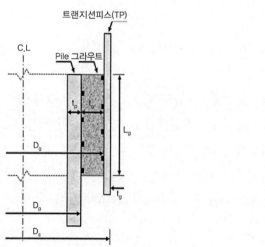

그림 5.30 그라우트 연결부 상세   **그림 5.31** 전단키 종류 및 상세

유럽, 미국 등 해상풍력발전 선진국에서 시행한 많은 실험적인 결과물을 바탕으로 제시된 설계기준은 다음과 같이 4개로 구분되며 각각의 설계기준별 특징은 표 5.9에 요약하여 나타내었다.

① Det Norske Veritas(DNV)
② American Petroleum Institute(API)
③ Germanischer Lloyd(GL)
④ International Organization for Standardization(ISO)

이들 설계기준은 그라우트 연결부에 대한 설계 규정들로 설계 및 최종 단면 검토 설계 시 유의할 필요가 있다.

위에서 설명한 기하학적 설계인자 이외에 트랜지션피스와 그라우트, 기초의 복합적인 거동 및 하중 전달 메커니즘은 단편적인 설계식으로 정의하는 데 어려움이 있다. 특히, 그라우트의 압축강도, 그라우트의 시공방법, 강재표면의 상태, 그라우트 경화 전 트랜지션피스의 미세거동, D/t 비(ratio) 등의 영향인자들을 고려하여야 한다.

표 5.9 트랜지션피스에 대한 설계 코드별 분석

		DNV	API	GL	ISO
TP geometry		$18 \leq \dfrac{D_s}{t_s} \leq 140$	$\dfrac{D_s}{t_s} \leq 80$	–	$30 \leq \dfrac{D_s}{t_s} \leq 140$
전단키	geometry	$\dfrac{h}{s} < 0.1$	$\dfrac{h}{s} \leq 0.1$	–	$0 \leq \dfrac{h}{s} \leq 0.1$
	spacing ratio	$s > \sqrt{\dfrac{D_p \cdot t_p}{2}}$	$2.5^* \leq \dfrac{D_p}{s} \leq 8$	–	$2.5^* \leq \dfrac{D_p}{s} \leq 8$
	shape factor	–	$1.5 \leq \dfrac{w}{h} \leq 3$	–	$1.5 \leq \dfrac{w}{h} \leq 3$
	etc	–		–	$\dfrac{h}{D_p} \leq 0.012$
그라우트 annulus geometry		–	$7 \leq \dfrac{D_g}{t_g} \leq 45$	–	$10 \leq \dfrac{D_g}{t_g} \leq 45$
모노파일 geometry		$10 \leq \dfrac{D_p}{t_p} \leq 60$	$\dfrac{D_p}{t_p} \leq 40$	–	$20 \leq \dfrac{D_p}{t_p} \leq 40$
Length to pile D ratio		$L_g/D_p \approx 1.5$	–	$L_g/D_p \approx 1.5$	$1 \leq L_g/D_p \leq 10$

(3) 최근 설계 및 연구 동향

트랜지션피스는 기초와 타워를 연결하는 기능을 수행하게 되는데 풍력발전기에서 생성된 모든 하중과 부재력을 트랜지션피스를 통하여 지지구조물에 전달하기 위해서는 연결부위가 이러한 하중 특성에 안전하도록 특별히 신경을 쓸 필요가 있다.

해상풍력발전의 하부기초로 가장 널리 활용되는 모노파일의 경우 초고강도 그라우트를 사용하여 모노파일과 트랜지션피스를 연결하는 방식이 일반적으로 활용된다. 설계수명 내에 바람과 파랑에 의해 발생된 동적하중으로 인하여 타워는 진동하중을 받게 되며, 이로 인해 그라우트의 손상이 발생될 수 있다. 가장 큰 위험요소는 트랜지션피스와 모노파일 간의 접촉면의 손상 또는 파괴 가능성이다. 트랜지션피스와 모노파일 간의 접촉면에서 발생하는 전단력은 하부에 전달되지만, 타워의 미끄러짐을 지주 내부의 브래킷만이 저항하고 있기 때문에 최근에 상당한 숫자의 그라우팅 부분 실제 파괴사례가 보고되었다(윤길림 등, 2011). 구체적인 금액과 관련해서는 터빈당 12만 유로, Horns Rev 단지의 경우에는 최대 960만 유로의 비용이 소요될 것으로 보고된 바 있다(Wind energy update, 2011). 노르웨이의 Sheringham Shoal field off north Norfolk에 시공된 16억 달러의 해상풍력시설에는 깊이 약 50 m, 직경 약 4~5 m인 모노파일이 90여 개가 시공되었는데, 이곳은 그라우팅 파괴 문제를 해결하기 위하여 트랜지션피스와 지주 간의 연결부에 스프링베어링을 설치하였다. 이러한 스프링베어링을 추가 설치하는 데 소요되는 비용은 약 1,600만 달러(한화 약 190억 원)인 것으로 추산된 사례도 존재한다. 또한 Wind Energy Update(2011)는 모노파일 기초 파괴의 원인으로 그라우팅이 의심된다며 이를 해결하기 위한 방법에 대해서 언급하였다.

1) 해결책 1 : 원통형 대신에 원뿔형 단면 적용

DNV는 그라우트 문제를 해결하기 위하여 Joint Industry Project를 수행하였는데, 이 프로젝트는 트랜지션피스에 대하여 다음과 같은 원뿔형 설계 콘셉트를 해결책으로 제시하였다. 이와 같은 원뿔형 트랜지션피스는 실제로 영국의 Walney 2 해상풍력단지에 사용되었다.

2) 해결책 2 : 항타 대신 굴착을 함으로써 트랜지션피스의 필요성 자체를 없애는 방법

트랜지션피스의 사용을 피하는 또 다른 방법은 지반굴착을 통해 모노파일을 설치하는 것이 있을 수 있다. 이러한 경우 굴착 비용 및 공기 면에서 매우 불리할 수 있으나 암반층이 있어서 항타를 사용할 수 없는 경우 사용 가능한 방법이다. Sweden Gotland에 위치한 Bockstigen 풍력발전단지가 한 예로 0.55 MW 터빈기초로 모노파일이 사용되었으며, 10 m 정도 굴착을 한 후 모노파일을 설치하였다.

그림 5.32 기존 그라우트 연결부
(출처 : http://www.dnv.com/press_area/press_releases/2011/
new_design_practices_offshore_wind_turbine_structures.asp)

그림 5.33 새로운 형태의 트랜지션피스 : 원추형 연결부(Conical connection)
(출처 : http://www.dnv.com/press_area/press_releases/2011/
new_design_practices_offshore_wind_turbine_structures.asp)

최근 해상풍력 발전단지는 점차 해안선에서 멀고 수심이 깊은 지역으로 이동하고 있다. 영국의 경우, 해상풍력을 Round 1, 2, 3로 단계적으로 개발 중이며 Round 1에 비하여 Round 3에서 추진되는 지역은 갈수록 해안선에서 벗어나 더욱 수심이 깊은 곳으로 이동한다. 그림 5.34에서 알 수 있듯이 Round 3의 수심은 20 m 이상이 주를 이루며 최대 60~70 m까지 다다른다 (Demonstrating Keystone Engineering's innovative Inward Battered Guide Structure (IBGS) offshore foundation concept, 2012). 이는 경관 및 소음 등의 문제로 민원의 가능성이 적기 때문이기도 하지만, 해상풍력 발전단지의 증가로 연안의 설치가 가능한 위치가 점점 줄어들기 때문이기도 하다.

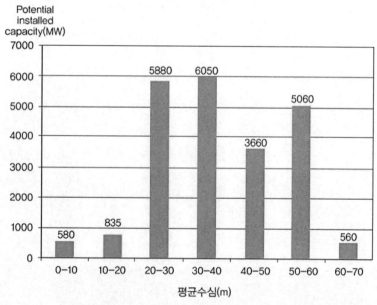

그림 5.34 영국 Round 3의 평균수심별 발전예상량

기존에 많이 채택되었던 기초형식인 중력식 및 모노파일의 경우, 중력식이 수심 10 m 이내까지, 모노파일은 수심 20 m 내에서의 범위에서 경제적인 것으로 알려져 있다. 30 m 이상의 수심에서는 재킷식 지지구조물이 경제적인 것으로 알려져 있다. 따라서 깊은 수심으로 이동하는 경향에 따라 향후 재킷식 지지구조물에 대한 수요가 증가할 것이라는 것을 추측할 수 있다.

5.3.1 개 요

재킷형 지지구조물이란 상단 또는 재킷 자체에 의해서 발생한 하중을 4개 또는 3개의 레그파일(leg pile)를 통하여 지반에 전달시키는 구조물을 말한다. 이때 이 레그파일들은 브레이스(brace)에 의하여 결속되어 하중을 분배하게 된다. 레그파일과 브레이스 부재에는 주로 원형관이 이용되며, 이들 레그와 브레이스의 연결부를 연결부(joint)라고 한다. 특히, 원형관으로 이루어진 연결부를 원형연결부(tubular joint)라고 한다. 재킷을 통하여 전달된 하중은 지반에 설치된 말뚝을 통하여 지반에 전달되는데, 이 말뚝은 재킷 레그 속에 관입되거나 슬리브(sleeve) 등의 연결부를 통하여 구조물과 일체화된다.

일반적으로 재킷 구조물의 장점은 다음과 같다(출처 : www.owectower.no).

- 고정식이라는 특성 때문에 해상상태의 악화에 따른 영향을 덜 받는다.
- 파랑운동을 마주하는 면적이 모노파일에 비하여 작아 모노파일에 비하여 파랑하중이 작다.
- 기존 해양 석유 및 가스 시추산업의 공급망(supply chain) 덕에 제작사 및 전문가가 많다.

반면 단점은 다음과 같다.

- 초기 건설비용이 높고, 잠재적으로 유지관리 비용이 높다.
- 운반이 다소 까다롭고 고가이다.

기존 석유 및 가스 시추 산업에서 사용된 재킷 구조물과 현재까지 실제 해당풍력발전 단지에 적용된 재킷은 유사한 형상을 가진다. Beatrice 해상풍력단지, Alpha Ventus 해상풍력단지, Thornton bank 해상풍력단지 2단계 및 Ormonde 해상풍력단지에서 적용된 지지구조물 형식으로는 OWEC Tower A/S에서 설계한 OWEC Quatropod 형태의 재킷이 적용되었다.

그림 5.35 독일에 위치한 Alpha Ventus로 운반 중인 OWEC Quattropod(출처 : www.owectower.no)

영국의 Carbon Trust에서 추진한 OWA(Offshore Wind Accleration) 프로젝트에서는 4가지 형식의 지지구조물을 선정하였는데, 그중의 하나가 Keystone사가 제안한 재킷 형태의 Twisted Jacket Foundation(또는 Inward Battered Guide Structure, IBGS)이다(그림 5.36 참고). 이 형식은 기존 재킷에 비하여 20% 정도 강재를 절감할 수 있으며, 용접연결부가 9개소이어서 제작하기 용의하다. 또한 하단의 면적이 감소하여 운반 시 동일한 설치선박으로 더 많은 개수를 옮길 수 있다. 아직 해상풍력 발전단지에 적용되지는 않았으나, 해상기상탑의 지지구조물로 적용된 사례가 있다(Demonstrating Keystone Engineering's innovative Inward Battered Guide Structure(IBGS) offshore foundation concept, 2012).

그림 5.36 Twisted jacket foundation(Demonstrating Keystone Engineering's innovative Inward Battered Guide Structure(IBGS) offshore foundation concept, 2012)

이 외에도 실제 해상풍력 발전단지에서 적용되지 않았지만 Hochtief Solutions AS사와 ATKINS/ BIFab에서 제안한 재킷 형태가 있다.

그림 5.37 Hochtief solutions(좌측) 및 ATKINS/BIFab(우측)의 재킷(출처 : www.4coffshore.com)

5.3.2 재킷의 계획

재킷식 지지구조물을 구성하는 부재들은 1차 부재, 2차 부재 및 3차 부재로 구분할 수 있다. DNV 지침(DNV-OSS-901 : Project certification of offshore wind farms)에 따르면, 타워, 하부구조물(substructure), 기초(foundation)가 1차 부재에 해당되고, 2차 부재에는 접안시설, 접근계단, 외부접근 플랫폼에서의 주요 구조부재 및 J-튜브가 해당된다. 또한 3차 부재에는 내부계단, 내부플랫폼, 계단, 그레이팅(grating)과 같이 1차 및 2차 구조에 포함되지 않는 모든 부재가 포함된다.

이러한 요소로 구성된 재킷 형식을 해상풍력 지지구조물로 선정할 때는 충분한 검토를 통하여 계획되어야 하며, 특히 재킷, 트랜지션피스(transition piece) 및 기초말뚝 연결부에 대한 계획이 중요하다.

(1) 재 킷

발전기 및 타워에 작용하는 하중에 의한 연직력 및 모멘트는 주로 기초파일의 축력을 통하여 지반으로 전달된다. 따라서 레그의 직경과 두께 및 하단에서의 레그 간격이 설계의 상당 부분을 결정한다. 지반조건과 기초설계에 따라 지지 가능한 레그의 사이즈가 결정된다.

재킷 구조물의 최하 단면에 투영되는 면적이 클수록 전복에 대한 저항력이 크기 때문에 모멘트에 대하여 저항하는 것에 큰 영향을 미치는 것은 재킷 하단에서의 레그 간격이다. 이 레그의 간격은 타워와 재킷을 연결하는 트랜지션피스(transition piece) 및 레그의 기울기와 상호연관 관계를 갖는다. 트랜지션피스에서 타워와 재킷 레그 간의 간격을 크게 할수록 하단에서의 레그 간격을 크게 할 수 있다.

레그의 기울기는 일반적으로 1/7~1/10 범위 내에 있다. 재킷 상단에서 레그의 간격을 고정하고 기울기를 변경하면, 기울기가 급해질수록 일반적으로 재킷 하단에서의 레그간격이 감소하여 지반에 작용하는 연직반력이 증가하고 레그에 작용하는 축력이 증가한다. 반면, 모멘트 및 연직력에 의하여 레그에 발생하는 전단력은 감소한다. 기울기가 완만해지면 재킷 하단에서의 레그간격이 증가하여 지반에 작용하는 연직반력은 감소하고 레그에 작용하는 축력이 감소하는 반면, 모멘트 및 연직력에 의한 레그의 전단력은 증가한다.

이러한 레그를 서로 연결해주기 위하여 브레이스 시스템이 이용된다. 브레이스는 각각의 레그를 연결하여 파랑하중 및 풍하중으로 인하여 발생하는 수평력을 지반에 전달하고, 아노드(Anode), J 튜브(J-tube) 등과 같은 요소를 지지하는 역할을 하며, 재킷 시스템이 비틀림에 대하여 저항할 수 있도록 한다. 일반적으로 사용되는 연직방향 브레이스에는 단일 경사 브레이스

(single diagonal brace), X 브레이스, K 브레이스 등이 있다(그림 5.38).

단일 경사 브레이스(single diagonal brace)는 브레이스 부재가 1개이므로 단순하고 용접량이 작아 경제적이며 파랑하중이 가장 작게 재하된다. 반면, 1개의 부재여서 구조적 여유(redundancy)가 부족하여 브레이스 파괴 시 하중경로가 단절되어 전체 구조계를 위협할 수 있다. 또한, 부재의 격점 간 길이가 길어 세장비(slenderness ratio, kl/r)가 커 허용응력이 낮아진다.

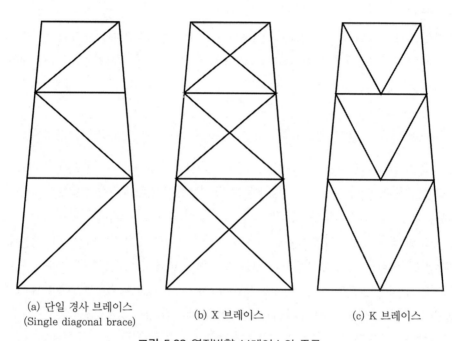

(a) 단일 경사 브레이스　　　(b) X 브레이스　　　(c) K 브레이스
(Single diagonal brace)

그림 5.38 연직방향 브레이스의 종류

X 브레이스는 2개의 경사 브레이스가 X자로 교차되어 형성되므로 구조적 여유가 커 브레이스 파괴 시 전체 구조계의 붕괴로 이어질 가능성이 낮다. 구조적 특성상 한 부재가 인장을 받으면 다른 부재가 압축을 받기 때문에 유효길이(effective length)가 짧아져 허용응력이 커진다.

K 브레이스는 구조적 여용력 및 부재의 크기 및 경제성에서 단일 경사 브레이스와 X 브레이스의 중간적인 특성을 가진다.

브레이스 형태는 하나의 재킷 구조물에서 혼합하여 사용할 수 있다. 가장 적합한 브레이스 시스템은 개별 재킷의 설계조건에 따라 달라지므로, 설계자의 경험이나 파라미터 해석을 통하여 결정할 수 있다.

(2) 트랜지션피스(Transition Piece)

재킷 구조물에서의 트랜지션피스는 재킷과 타워를 연결하는 부분을 지칭한다.

재킷식 지지구조물의 경우, 풍하중이 블레이드에 작용하고 이는 타워를 거쳐 재킷으로 전달된다. 이때, 단일부재인 타워를 통해 전달되는 하중은 연결부(transition piece)를 통해 여러 부재로 구성된 재킷에 전달된다. 이렇게 하중의 전달 경로가 바뀌는 연결부는 재킷식 지지구조물에서 취약부이므로 이 부분에 대한 검토가 필요하다. 재킷 연결부는 하중을 효과적으로 전달하여야 하고, 피로에 강하며, 제작성이 좋은 구조로 설계되어야 한다.

앞에서 기술한 것과 같이 레그의 경사가 제한되는 조건에서 트랜지션피스에서 타워와 재킷 상단의 레그 사이의 간격이 넓을수록 재킷 하단의 투영면적이 넓어져서 같은 기하형상으로 더 큰 모멘트에 저항할 수 있도록 된다.

그림 5.39 Beatrice 해상풍력 발전단지에
적용된 트랜지션피스
(출처 : www.proactiveinvestors.co.uk)

그림 5.40 Thornton bank 해상풍력 발전단지에서
적용된 트랜지션피스
(출처 : www.owectower.no)

영국의 Beatrice 해상풍력단지, Ormonde 해상풍력 발전단지, 네덜란드의 Thornton Bank Phase Ⅱ 및 독일의 Alpha Ventus에서는 OWEC TOWER A/S가 보유한 특허를 이용한 연결부를 적용하였다. Nordsee Ost에서는 다른 해상풍력단지에서 적용한 형식과는 다른 형식(그림 5.41)이 채택되었다.

그림 5.41 Nordsee Ost에서 적용된 트랜지션피스(출처 : www.paint-inspector.com)

또한 상업용 발전단지는 아니지만 삼성중공업이 발전기 인증을 위하여 영국에 설치한 재킷식 지지구조물에도 다른 형태의 트랜지션피스가 적용되었다. 이 외에 OWEC TOWER A/S 외에도 RAMBOLL(덴마크), Repower 등 다양한 회사에서 연결부를 개발하고 있는 것으로 파악되고 있다.

그림 5.42 삼성중공업이 발전기 인증을 위하여 스코틀랜드에 설치한 구조물에서의 트랜지션피스
(출처 : static.offshorewind.biz)

(3) 재킷과 기초파일의 연결부

재킷의 기초를 설치하는 방법에는 크게 파일 후시공법(post-piling)과 파일 선시공법(pre-piling) 이렇게 2가지 방법으로 구분할 수 있다. 파일 후시공법은 재킷을 설치 위치에 안착시키고 파일을 설치하는 방법이고, 파일 선시공법은 파일을 먼저 시공하고 재킷을 설치하는 방법이다.

① 파일 후시공법(post-piling)

파일 후시공법은 석유 및 가스 시추산업에서 가장 널리 사용되는 방법이다. 재킷을 먼저 거치하고 그 이후 파일을 설치한다. 재킷 자체가 파일시공을 위한 템플릿(template)이 되기 때문에 재킷식 지지구조물을 재킷 템플릿(jacket template)이라고 부르기도 한다. 재킷이 설치되고 말뚝이 설치되기 전에 재킷을 지지하기 위하여 머드맷(mud mat)이 필요하다. 설치할 재킷의 숫자가 1~2기인 경우 훨씬 효율적이고 경제적이다. 다음에 설명할 파일 선시공 공법에 비하여 수중에서 정밀한 절단작업이 필요가 없는 반면 대형 해상장비의 투입 기간이 증가한다.

Beatrice 해상풍력 발전 단지와 현재 시공 중인 Nordsee Ost 풍력발전단지에 적용된 연결방법에서는 재킷과 기초파일을 연결하기 위하여 파일 슬리브(sleeve)가 필요하다. 말뚝과 재킷은 파일 슬리브에서 그라우팅(grouting)이나 스웨이징(swaging)에 의해 서로 연결된다(그림 5.43 참조).

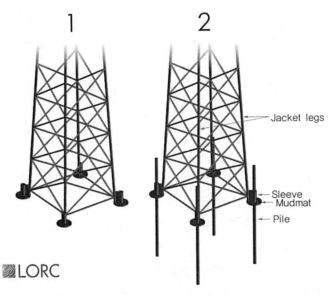

그림 5.43 슬리브를 이용한 파일 후시공법(post-piling)(출처 : www.lorc.dk)

국내 해상풍력 발전단지인 월정 해상풍력 발전단지 및 탐라 해상풍력 발전단지에서는 슬리브를 이용하는 방법대신 파일을 재킷 레그 안에 설치하는 방법을 이용하였다. 국내 화력발전소의 재킷 타입 돌핀(jacket-type dolphin)에서 자주 이용되는 레그(leg) 안에 재킷 파일(jacket pile)과 핀파일(pin pile)을 시공하는 공법으로 슬리브뿐만 아니라 상황에 따라 머드맷(mud mat)도 필요 없을 수 있다. 그러나 재킷의 높이가 높으면 재킷 파일과 파일의 길이가 증가하여 강재의 사용량이 크게 늘어날 가능성이 있다.

② 파일 선시공법(pre-piling)

말뚝을 먼저 설치하고 재킷을 설치한다. 이 방법은 Alpha Ventus, Thornton Bank Phase Ⅱ 및 Ormonde 해상풍력 발전단지에서 적용되었다.

말뚝을 먼저 설치하기 때문에 파일 후시공법에서 필요했던 머드맷이 필요 없고, 파일슬리브 없이 시공이 가능하다. 반면, 일반적으로 말뚝이 정확한 위치에 설치되기 위하여 템플릿(template)을 별도로 운영한다.

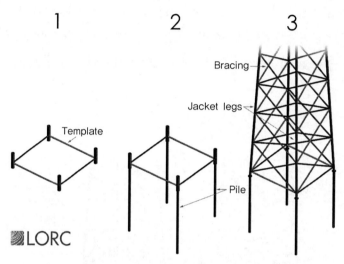

그림 5.44 파일 선시공법(Pre-piling)(출처 : www.lorc.dk)

파일 선시공법은 설치기수가 많은 해상풍력발전에 유리한 측면이 있다. 말뚝을 설치할 때는 상대적으로 작은 설치선박(SEP barge 등)을 이용하여 설치하고 재킷을 설치할 때는 큰 설치 선박을 이용하여 설치할 수 있기 때문에 파일과 재킷을 동시에 시공할 수 있다. 이를 고려한 시공 계획과 장비조합을 통하여 경제성을 확보할 수 있다. 또한 심지어 경우에 따라서는 파일 시공과 재킷 제작을 동시에 수행할 수 있다. 반면, 파일시공과 재킷 설치의 시간적 간격이 길면 파일에 부식이 발생하고 해양생물(marine growth)이 부착되어 향후 재킷과의 연결에 불리할 수 있다.

설치 위치에 따른 수심이 변하더라도 선시공되는 말뚝의 돌출길이를 조절하여 재킷을 쉽게 표준화할 수 있어 설계 및 제작성을 향상시킬 수 있다. 또한 재킷의 연직도를 쉽게 조절할 수 있다.

5.3.3 재킷식 지지구조물의 설계

(1) 개 요

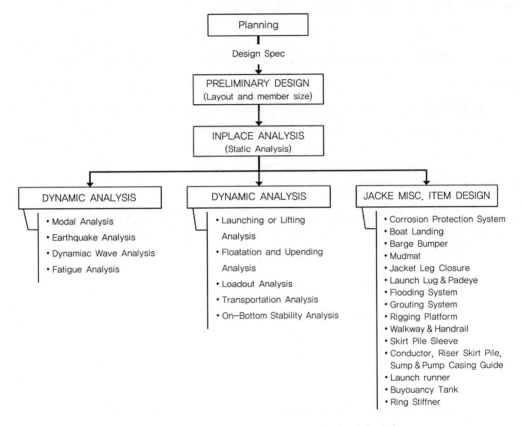

그림 5.45 일반적인 해양구조물의 해석 및 설계 과정

일반적인 해양구조물은 그림 5.45와 같은 해석과 설계 과정을 거친다. Inplace analysis란 설치가 완료된 상태에서 설계수명 동안에 재하되는 운영 및 환경하중에 대한 정역학적 안정성을 검토하기 위한 해석으로 1년 주기의 평상시 조건과 50년 또는 100년 주기의 폭풍 시 환경조건을 이용하여 수행된다. 동적인 거동을 파악하기 위한 dynamic analysis는 모드해석(modal aalysis), 지진해석(earthquake analysis), 동적파랑해석(dynamic wave analysis) 및 피로해석(fatigue analysis)으로 구성된다. Installation analysis는 제작된 재킷을 설치장소로 운송하는 것과 관련된 해석을 말하며, 그중 재킷이 상대적으로 경량이라 크레인으로 인양되는 경우에는 lifting analysis를 수행한다. 또한 loadout analysis는 제작된 구조물을 설치장소로 운송하기 위하여 운송선에 선적하는 동안 발생하는 하중에 대한 구조물의 안전을 검증하기 위하여 수행된다.

Transportation analysis에서 재킷 구조물을 선적한 선박(또는 바지)이 설치 위치까지 운송되는 동안 발생하는 하중에 대하여 운송 중 안정성 등을 평가한다. Launching analysis는 운송된 재킷 구조물을 진수시켜 설치하는 경우에 수행하며, upending analysis를 통하여 진수된 재킷이 부력 탱크등을 이용하여 직립 가능한지를 검토한다.

일반 해상구조물과 해상풍력발전 지지구조물의 해석방법은 다소 상이하다. 일반적인 해상구조물은 스펙트럼 방법(spectral method)을 이용하여 해석하나, 해상풍력 지지구조물은 시간이력해석을 한다. 공탄성적으로 발생하는 하중과 해양물리에 의하여 발생하는 하중을 통합한 통합해석을 수행한다. 이 통합해석은 ULS와 FLS에 해당하는 설계 하중 케이스(DLC, Design Load Case)에 대하여 수행한다. 이후 제작 및 설치계획에 따라 운송 및 설치해석을 수행하여야 한다.

(2) 적용 가능한 설계기준

해양 석유 및 가스 시추산업에서는 재킷 설계에 대하여 다음과 같은 설계기준을 적용하여 왔다.

- API RP 2A-WSD planning, designing and constructing fixed offshore platforms – working stress design
- API RP 2A-LRFD recommended practice for planning, designing and constructing fixed offshore platforms – load and resistance factor design은 철회(withdrawn)
- AISC specification for the design, fabrication and erection of structural steel for buildings
- ISO 19902 petroleum and natural gas industries – fixed steel offshore structures
- NORSOK N-004 design of steel structures

이 외에도 DNV, GL과 같은 선급이 제공하는 지침들(guidelines)이 있다. ISO, NORSOK, DNV 및 API에서 제안한 설계규정은 유사한 부분도 있으나, 상당 부분의 공식과 사용방법이 상이하므로 이에 유의하여 한다.

한 가지 주의사항은 풍력발전에서 가장 중요한 기준인 IEC 61400에서는 한계상태설계법을 채택하고 있다는 점이다. API의 경우, API RP 2A-WSD는 허용응력설계법(working stress design)에 기반한 설계기준이어서 IEC 61400과는 상이하다. 반면, API RP 2A-LRFD는 한계상태설계법과 유사한 하중저항계수법(load and resistance factor design)에 기반한 설계기준이나 이 기준은 철회된 상태(withdrawn)이다. ISO, NORSOK 및 DNV는 한계상태설계법에 기반하고 있다.

(3) 원형연결부(Tubular Joint)의 설계

재킷 구조물에서 다수의 브레이스(brace)가 코드(chord)에 접합되는 부분을 원형연결부(tubular joint)라고 한다. 이 연결부는 기하학적 형상이 급하게 변화하고 강성의 차이가 클 수 있으며 변형이 구속되므로 응력집중이 발생한다.

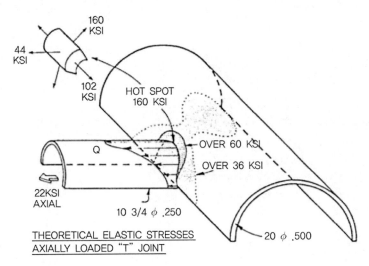

160
KSI

44
KSI

102
KSI

HOT SPOT
160 KSI

Q

OVER 60 KSI

OVER 36 KSI

22KSI
AXIAL

10 3/4 φ .250

20 φ .500

THEORETICAL ELASTIC STRESSES
AXIALLY LOADED "T" JOINT

그림 5.46 T 연결부에서의 축력에 의한 응력집중(McClelland et al., 1986)

그림 5.46은 T 연결부(T joint)에서 브레이스에 재하된 축력에 따른 응력집중의 수준을 보여준다. 여기서는 브레이스에 22 ksi의 응력이 작용한다. 이 응력은 연결부를 통하여 코드(chord)에 전달될 것이다. 이때 브레이스가 코드에 접합할 때 코드(chord)의 원형 형상에 의한 기하학적 형상의 차이, 즉 크라운(crown)과 새들(saddle)에서 브레이스의 길이가 서로 다르기 때문에 국부적인 휨모멘트가 발생하고 결과적으로 코드에서 핫스팟응력(hot spot stress)이 발생하여 그 값은 160 ksi에 다다른다. 따라서 핫스팟응력과 공칭응력 간의 비율은 약 7.3이 된다. 이러한 비율은 브레이스와 코드의 접합각도, 브레이스 및 코드 각각의 직경 및 두께에 따라 변화하게 된다.

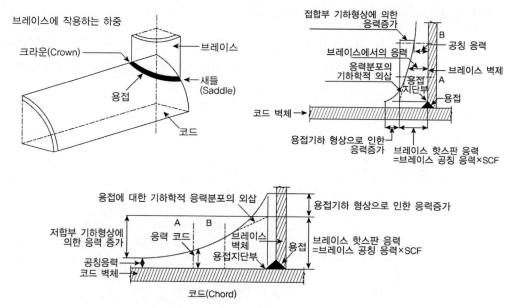

그림 5.47 핫스팟응력(hot spot stress)의 산정

일반적으로 피로균열은 용접지단부(weld toe)와 같이 피크응력(peak tress)이 발생하는 곳에서 발달하는 것으로 가정하는 데 이러한 피크응력은 노치 및 불연속점과 같은 용접부의 형상특이(shape irregularities)에 의해서 영향을 받는다. 용접형상의 형상에 대한 영향을 평가하기란 매우 어렵기 때문에 이러한 노치응력(notch stress) 대신에 핫스팟응력(hot spot)을 기반으로 피로수명을 계산하였다. 핫스팟응력(hot spot stress)는 그림 5.48과 같이 구조적 응력(structural stress)을 선형적으로 외삽(extrapolation)하여 결정할 수 있다.

이러한 접근방법을 이용하여 공칭응력과 핫스팟응력의 관계를 표현하기 위하여 응력집중계수(SCF, Stress Concentration Factor)가 도입되었다.

$$SCF = \sigma_{\max}/\sigma_N \tag{5.35}$$

여기서, $\sigma_{\max}$: 핫스팟응력

σ_N : 공칭응력

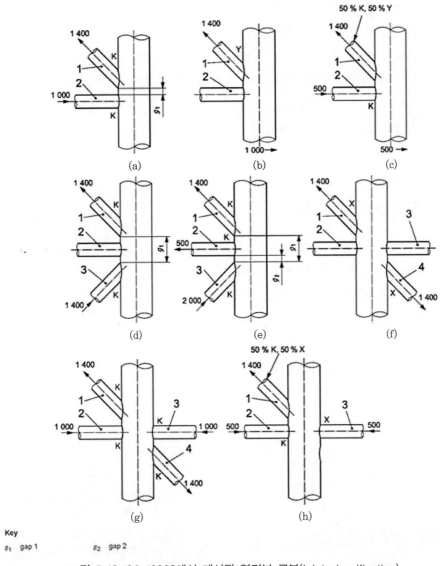

그림 5.48 ISO 19902에서 제시된 연결부 구분(joint classification)

이러한 SCF 값을 구조물의 형상에 따라 매번 계산하여야 하나, ISO 19902, API RP 2A, NORSOK N-004, DNV OS J101 등에서는 다소 제한적이지만 코드 및 브레이스의 기하학적 형상에 대한 SCF를 산정식을 제공하고 있다. 또한 각 규정은 서로 상이한 범위에서 적용 가능한 산정식을 제공하므로, 설계 시 반드시 확인하여야 한다.

이러한 산정식은 연결부의 형상에 따라 제공되며, 연결부 형상은 크게 K, Y, X로 구분된다. 이러한 구분은 형상에 의해서 구분하지 않고, 각 부재에서의 하중분배에 따라 구분한다. ISO 19902에서는 그림 5.48과 같이 브레이스에 의해 전달된 부재력이 기준브레이스의 동일방향에 있는 다른 브레이스의 축력으로 평형을 이루면 K 연결부[그림 5.48 (a), (d), (e), (g)]로, 코드의 전단력으로 평형을 이루면 Y 연결부[그림 5.48 (b)]로 분류된다. 한편, 기준 브레이스의 반대방향에 위치한 브레이스의 축력으로 평형을 이루면 X 연결부[그림 (f)]로 분류되는데, 상황에 따라서는 2개의 브레이스의 혼합[그림 5.48 (c), (h)]으로 분류한다.

5.3.4 재킷식 지지구조물의 시공

일반적인 해양구조물에서는 육상에서 제작하여 바지에 싣거나 해상에 띄운 상태로 예인한다. 중소규모 재킷은 크레인을 이용하여 인양하여 설치하나, 대규모 재킷은 해상에 띄워바지에서 진수시켜 설치시키기도 한다. 초대형 재킷은 여러 개의 블록으로 분할하여 제작하여 현장에서 설치하면서 결합시킨다. 반면, 재킷을 적용한 해상풍력 발전단지의 수심은 40 m 이내여서 재킷의 규모가 크지 않다. 그래서 대부분의 경우, 크레인을 이용하여 설치된다. 사례로, Alpha Ventus의 경우, 크레인선박 Thialf를 이용하여 시공하였다.

그림 5.49 운반 및 진수중인 대형 재킷 구조물
(출처 : http://www.esss-usa.com(좌), http://www.terasoffshore.com(우))

그림 5.50 Alpha Ventus 해상풍력 발전단지의 재킷 설치(출처 : http://www.lorc.dk)

그림 5.51 월정 해상풍력 발전단지의 재킷 설치(두산중공업 제공)

5.3.5 재킷식 지지구조물의 적용사례

석유 및 가스 시추산업에서는 재킷을 해양구조물로 최대 수심 200 m까지 이용하고 있으며, 해상풍력발전산업에서는 수심 약 20~50 m 사이에서 이용되고 있다.

재킷은 영국의 Beatrice 해상풍력 시범단지에서 처음 적용되었으며, 독일의 Alpha Ventus 해상풍력단지에서 REpower 5 MW 발전기 6기의 기초로 사용되었고, 영국의 Ormonde 해상풍력단지 및 벨기에의 Thornton Bank II에 적용되었다. 국내에서는 월정 해상풍력단지에도 적용되었다. 이 외에도 현재 시공 중인 단지로는 국내에 위치한 탐라 해상풍력 발전단지와 독일에 위치한 Nordsee Ost 해상풍력 발전단지가 있다. 이중 완공된 단지의 특성은 표 5.10과 같다.

표 5.10 재킷식 지지구조물을 적용한 풍력발전단지(출처 : www.4coffshore.com)

비고	Beatrice Demonstation	Alpha Ventus	Ormonde	Thornton bank II	월정해상풍력
국가	UK	Germany	UK	Belgium	한국(제주도)
발전기	REpower 5 MW	REpower 5 MW	REpower 5 MW	REpower 6 MW	Doosan 3 MW STX 2 MW
설치	2기	6기(총 12기)	30기	30기	각 1기씩 2기
수심	45 m	28~30 m	17~21 m	6~20 m	15~20 m
현황	2007.09 Fully commissioned	2010. 04 Fully commissioned	2012. 02 Fully commissioned	2012. 09 Operation generating power	

(1) Beatrice 해상풍력 발전단지

Beatrice 해상풍력단지는 Scottish and Southern Energy와 Talisman Energy가 투자한 조인트벤처로 스코틀랜드 해안로부터 22 km 떨어진 수심 45 m되는 위치에 설치되어 있다. REpower 5 MW 2기로 구성되어 있으며, 발전기는 Beatrice 유전에 설치된 platform Beatrice AP로부터 각각 1.6 km와 2.3 km 떨어져 있다.

재킷의 높이는 트랜지션피스를 포함하여 약 70 m이며 트랜지션피스, 파일 슬리브 및 머드맷을 포함한 중량은 750 ton가량 된다. OWEC Tower AS에서 설계하였고, Burntisland Fabrications (BiFab)에서 제작하였다.

그림 5.52 Beatrice 해상풍력시범 단지의 위치(좌) 및 운반중인 재킷식 지지구조물(우)
(출처 : www.beatricewind.co.uk, www.bifab.co.uk)

그림 5.53 Beatrice 해상풍력 발전 단지(출처 : www.sdi.co.uk)

(2) Alpha Ventus 해상풍력 발전단지

EWE(47.5%), E.ON(26.25%)과 Vattenfall(26.25%)의 조인트벤처인 Deutsche Offshore-Testfeld und Infrastruktur-GmbH & Co. kg가 소유하고 있다. Borkum 섬 북측 45 km에서 독일 배타적 경제수역(EEZ) 수심 약 30 m 지역에 설치되었다.

12기 중 6기는 5 MW 규모의 Areva M5000이고 나머지 6기는 REpower 5M이다. REpower 5M 발전기는 재킷식 지지구조물에 지지되고 있으며 이 재킷은 크레인선박 Thialf에 의해서 설치되었고, Areva M5000 발전기는 트라이포드식 지지구조물에 설치되었으며 이 트라이포드는 잭업바지 Odin 에 의해서 설치되었다. 재킷식 지지구조물은 높이가 약 56 m이며 전체 중량은 510 ton가량 된다. OWEC Tower AS에서 설계하였고, 제작은 Burntisland Fabrications (BiFab)가 담당하였다.

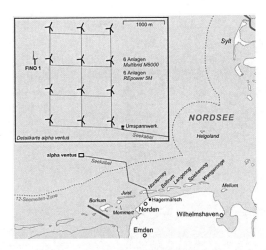

그림 5.54 Alpha Ventus 해상풍력 발전단지의 위치
와 단지배치(출처 : www.wikimedia.org)

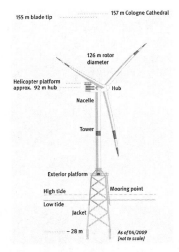

그림 5.55 Alpha Ventus 재킷 개요도
(출처 : www.alpha-ventus.de)

그림 5.56 Alpha Ventus 해상풍력 발전단지(출처 : http://www.offshorewind.biz)

(3) Ormonde 해상풍력 발전단지

이 프로젝트는 원래 가스 및 풍력 발전 복합단지로 계획되어 Eclipse Energy에 의해 사업화되었다. 2008년 Vattenfall이 Eclipse Energy로부터 사업을 사들였고 150 MW 규모의 풍력발전단지로만 국한되어 개발되었다. Barrow-in-Furness 서쪽에 위치하여 8.7 km² 영역을 차지하고 있다.

REpwer사가 5 MW 발전기 30기를 공급하였고, Areva사가 전기 관련 업무를 수행하였다. 강구조 지지구조물은 OWEC Tower AS에서 설계하고 Burntisland Fabrications에서 제작하였다. 운송과 조립은 Harland and Wolff에서 담당하였고 발전기는 A2SEA에서 설치하였다.

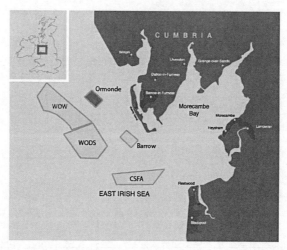

그림 5.57 Ormonde 해상풍력 발전단지의 위치(출처 : www.maritimejournal.com)

그림 5.58 Ormonde 해상풍력 발전단지(출처 : www.vattenfall.co.uk)

(4) Thornton Bank 해상풍력 발전단지 2,3단계

벨기에 해안으로부터 약 30 km 떨어진 수심 12~27 m 사이의 지역에 설치된 Thornton Bank 해상풍력 발전단지는 총용량 325 MW 규모로 3단계로 구분하여 개발되었다. 1단계는 6기의 5 MW 발전기로 구성되어 있으며 지지구조물 형식은 중력식 기초로 2009년에 시운전하였다. 2단계는 24기의 6 MW 발전기인 REpower 6.2M 126로 구성되며 지지구조물 형식은 재킷 기초이며 2013년 시운전하였다. 3단계는 2단계와 같이 24기의 6 MW 발전기가 재킷식 지지구조물에 설치되었으며 2013년 중반에 건설이 완료되었다. 재킷은 OWEC Tower AS에서 설계하였다.

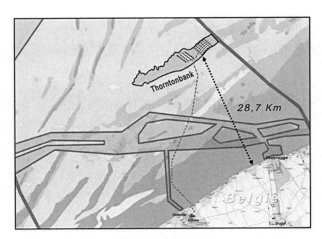

그림 5.59 Thornton Bank 해상풍력발전지의 위치(출처 : www.sarens.com)

그림 5.60 Thoronton Bank II, III 단지(출처 : www.rwe.com)

(5) 월정 해상풍력 발전단지

국산 3 MW 해상풍력발전기의 실증사업을 통한 EPC 기반기술 확보 및 3 MW 해상풍력발전기의 성능시험과 track record 확보를 목적으로 추진된 지식경제 기술혁신사업(과제 명 : 3 MW 국산제품 해상실증 연구, 주관 : 두산중공업(주))으로 2009년 착수하여, 2011년 준공하였으며, 2012년 최종적으로 사업을 종료하였다. 제주시 구좌읍 월정리 앞바다에 STX Wind 2 MW 발전기 1기, 두산중공업 3 MW(WinDS3000) 발전기 1기 및 해상기상탑 1기가 건설되었다.

그림 5.61 월정 해상풍력 발전 단지 전경(좌)과 두산 3 MW 발전기(우)(두산중공업 제공)

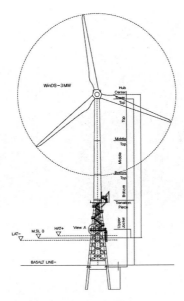

그림 5.62 월정 해상풍력단지 3 MW 발전기의 개요도(두산중공업 제공)

(6) Nordsee Ost 해상풍력 발전단지

북해의 독일영역에 위치한 Heligoland 섬으로부터 북동방향으로 35 km 떨어진 지역에 건설 중인 총용량 295.2 MW 규모의 해상풍력 발전단지이다. 수심이 22~25 m인 지역에 48기의 6.15 MW Repower 발전기가 설치 중에 있다.

지지구조물로 사용된 재킷의 높이는 약 50 m이고, 중량은 약 550 ton이며 재킷 하단에서 레그의 간격은 약 20×20 m(밑면적 400 m²)이다. 트랜지션피스는 기존의 형식과 다른 형태를 적용하였다(그림 5.41, 5.64 참조) 또한 말뚝과 재킷의 연결방법은 슬리브를 이용한 연결방법을 적용하였다.

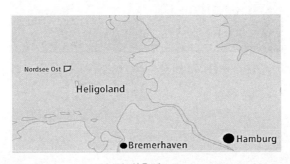

그림 5.63 Nordsee Ost의 위치(출처 : www.subseaworldnews.com)

그림 5.64 설치 중인 Nordsee Ost 단지의 재킷(출처 : www.offshorewind.biz)

(7) 탐라 해상풍력 발전단지

탐라 해상풍력발전(주)(포스코에너지, 두산중공업 공동투자)에서 추진하는 30 MW 규모의 해상풍력 발전단지로 제주도 한경면 전면해상에 두산중공업의 3 MW 발전기인 WinDS3000 10기를 설치한다. 현재 두산중공업에서 EPC 공급자로 선정되어 설계를 완료하였고 2016년에 준공할 예정이다.

그림 5.65 탐라 해상풍력 발전단지의 예상조감도(두산중공업 제공)

석션 기초 　　　　　　　　　　　　　　　　　　　　　　 ┃ 권오순, 김경철

5.4.1 개 요

석션 기초(suction pile)는 보통 상부는 밀폐되고 하부가 열린 컵을 엎어놓은 모양을 하고 있기 때문에 석션케이슨(suction caisson) 또는 석션버켓(suction bucket) 기초로 불리며, 파일 내부의 물이나 공기와 같은 유체를 외부로 배출할 때 발생되는 파일 내부와 외부의 압력차를 이용하여 설치하는 기초를 의미하기 때문에 중력식 기초나 말뚝 기초와 같은 기초형식에 따른 명칭이 아니라 항타말뚝, 굴착말뚝과 같은 설치방법에 따른 명칭이다. 석션 기초는 길이에 비하여 폭이 상대적으로 큰 구조를 하고 있으며, 보통 길이와 직경비가 2 : 1을 넘지 않는다. 현재까지 시공된 가장 큰 석션 기초는 직경이 50 m 이상, 길이가 40 m에 이르며, 수심 300 m 해저면에 시공되어 석유 시추 플랫폼의 기초로 많이 사용되어왔다.

(1) 석션 기초의 원리

석션 기초의 특징은 기초를 지반 속으로 침설시키는 방법에 있다. 일반적으로 기초의 침설방법에 밸러스트를 재하하는 방법, 진동 및 타격을 가하는 방법, 워터젯을 사용하는 방법 등이 있지만, 석션 기초에서는 수중펌프를 이용하여 발생시킨 기초 내외의 수압차를 이용하여 침설한다. 그러므로 수심이 클수록 큰 수압차가 발생이 가능하고, 기초의 상판면적이 클수록 큰 관입력을 기대할 수 있으며, 침설 시에 침투에 의한 기초선단의 관입저항력 감소가 발생한다. 또한 기초의 자세 제어를 쉽게 하고 지반을 교란시키지 않기 위해서 기초 내부의 토사의 보일링(boiling)이나 히빙(heaving) 발생을 방지해야 한다. 그리고 침설이 얕은 침설초기의 단계에서는 석션압이 발휘되기 위한 기초내부의 밀폐가 이루어지기 위해 초기관입이 필수적이다. 석션 기초의 기본적원 원리는 그림 5.66과 같으며, 기존에는 석션 기초의 관입원리를 석션압에 의한 수위차로 인한 기초전면에 작용하는 정적관입하중에 의한 것으로 이해하여 왔지만, 최근에는 정적관입하중이외에 기초 지반의 유효응력 변화와 석션에 의한 내부토사의 벽체부착력 감소 등 다양한 원인에 의한 복합적인 원리가 작용하는 것으로 알려지고 있다. 그림 5.67과 그림 5.68은 석션 기초가 적용된 해상풍력 하부구조의 사례인데, 관입된 이후의 형상의 케이슨 기초 또는 짧은 말뚝기초와 유사하며 단일말뚝뿐만 아니라 트라이포드나 재킷 기초로 활용할 수 있다(그림 5.69).

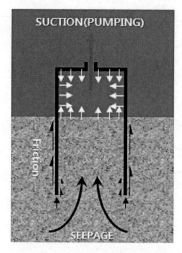

그림 5.66 석션 기초의 관입원리

그림 5.67 풍력하부기초로 활용된 석션 기초

그림 5.68 트라이포드 석션 기초가 적용된 해상풍력 타워

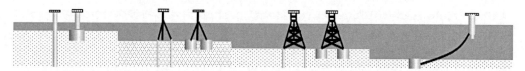

그림 5.69 다양한 형태로 적용이 가능한 석션 기초

(2) 석션 기초 구조물의 특징

① 대수심에서 적용성이 높다.

석션 기초는 석션압의 발생이 가능한 수역에서 이용되며, 특히 대수심에서 적용성이 높다. 그 이유는 진동이나 타격에 의한 방법 등은 설치수심이나 침설심도에 비례하여 공사비가 증가하여 대수심에 적용하기가 곤란한 반면, 석션 기초의 경우 수중펌프에 의해 간편하게 침설이 가능하다는 점, 수심이 클수록 정수압이 커져서 보다 큰 석션압을 발생시킬 수 있다는 점, 그리고 수심에 관계없이 수중펌프로 기초 부근에서 배수를 할 수 있다는 점 등을 들 수 있다.

② 지반 속으로 침설이 간편하다.

기초의 측벽 선단에 작용하는 관입력은 석션압과 수압 면적의 곱으로 나타난다. 원통형 기초의 경우 같은 석션압이라도 수압 면적이 클수록 큰 관입력을 얻을 수 있다. 따라서 관입력은 석션압과 수압면적을 고려하여야 한다.

③ 침설에 의해 안정성이 증대된다.

석션 기초물의 경우 기초와 상부구조물을 일체화하면 지반 내에 침설한 측벽의 수동저항을 활동에 대한 저항력으로 볼 수 있기 때문에 활동에 대한 저항이 증대된다. 석션 기초 구조물은 침설 후 기초내부에 밀폐 상태로 되기 때문에 인발시 기초 내부에 석션압이 발생하고, 이 석션압이 저항력으로 작용한다.

④ 상부구조물의 경량화 및 소형화가 가능하다.

석션 기초의 적용으로 구조물의 활동에 대한 저항, 지지력 등이 커져 결과적으로 상부구조물의 경량화 및 소형화가 가능해진다.

⑤ 지반조건에 따라 지반개량을 할 필요가 없는 경우가 있다.

해저지반이 연약한 점성토인 경우, 중력식 구조물에서는 지반개량을 실시하여야 하지만, 석션 기초를 사용하여 소정의 지지력을 얻을 수 있는 심도까지 관입하면 지반개량을 회피할 수 있다. 표층의 연약지반이 있고, 하층이 사질토로 된 토층구성인 경우에는 특히 유리한 기초구조물이라고 할 수 있다.

(3) 석션 기초 활용 사례

초기에는 대수심 구조물을 지지하는 앵커로 설치가 용이한 대용량의 지지구조인 석션 기초가 활용되었으며, 시공과 설계를 매우 보수적으로 수행하여 엄밀하게 적용되지 않았지만, 최근 고정식 구조물의 기초로 점차 활용도가 넓어짐에 따라 엄밀한 침설관리와 수직도 및 위치제어가 필요하게 되었으며, 정밀한 침하관리가 필요하게 됨에 따라 신뢰성 있는 설계기법의 적용이 요구되고 있다.

해상풍력 하부구조물의 기초로 석션 기초가 활용된 사례는 2003년 덴마크의 Frederikshavn 풍력단지의 해상풍력 터빈 4기 가운데 1기에서 지름 12 m, 길이 6 m 크기의 석션 기초가 설치되었으며, 2005년 독일의 Wilhelmshaven 풍력단지에서 5 MW급 풍력 터빈의 기초로 지름 16 m, 길이 15 m 크기의 석션 기초를 계획하였으나 시공과정에서 선박충돌에 의한 충격으로 인해 침설과정에서 좌굴이 발생하여 설치가 중단된 사례가 있다. 해상풍력단지에서 시험적으로 석션 기초의 성능을 검증하기 위해 기상탑 기초로 활용된 사례는 많은데, 2008년 Horns Rev2 단지에서 지름 12 m, 길이 6 m의 석션 기초가 적용된 해상기상탑과 2012년 홍콩에서 해상기상탑 기초로 트라이포드 석션 기초 및 2013년 영국의 Dogger Bank에서 석션 기초가 해상기상탑에 적용되었다.

우리나라에서는 석션 기초를 활용한 해상구조물은 울산방파제 50 m 시험시공 구간에 설치된 지름 11 m, 길이 15 m 크기의 석션 기초와 거가대교 침매함 임시계류장에서 앵커로 활용된 지름 11 m, 길이 8 m 크기의 석션 기초, 그리고 해상풍력단지의 타당성 평가와 운영 중 바람계측을 위해 활용되는 해상기상탑의 하부구조로 트라이포드 석션 기초가 적용된 서남해 2.5 GW 사업의 HeMOSU-2 기상탑과 신안군 해상에 전남 해상풍력사업의 Ocean Mast-1 기상탑 사례가 있다.

그림 5.70 울산방파제 석션 기초 제작 그림 5.71 울산방파제 석션 기초 시공

그림 5.72 거가대교 석션 기초 제작

그림 5.73 거가대교 석션 기초 시공

그림 5.74 해상기상탑 하부구조로 활용된 트라이포드 석션 기초의 제작

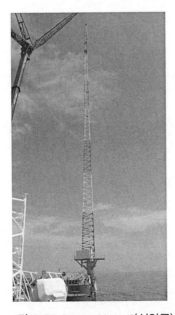

그림 5.75 Ocean Mast-1(신안군)

그림 5.76 HeMOSU-2(군산)

5.4.2 설계 관련 고려사항

(1) 개 요

석션 기초의 설계는 지반조사, 하중조건 검토, 설계조건 검토, 작용 하중조합별 안정성 평가, 관입 석션압 검토 및 석션펌프의 선정 등의 순서로 진행되어야 하지만, 여기에서는 석션 기초의 설계에 국한하여 안정성 평가와 관입 석션압 검토에 대한 사항만을 기술한다. 다만 석션 기초는 일반적으로 대형의 기초 크기로 인해 지반의 불균질로 인한 관입 시 부등침하가 발생할 수 있으므로 전체 기초 크기를 포함할 수 있는 범위 이상 지반조사가 이루어져야 한다.

(2) 석션 기초 안정성 평가

석션 기초의 안정성 평가는 상부 구조물의 작용하중에 따라 연직 지지력과 횡방향 지지력 또는 인발 지지력의 산정이 필요하며, 산정된 지지력을 바탕으로 연직하중과 모멘트의 동시 작용에 따른 지지력, 미끄러짐이나 회전에 대한 안정성을 평가한다. 석션 기초의 지지력의 평가방법은 많은 연구자들에 의해 제안되어 사용되고 있으나 아직까지 공통적으로 활용되는 방법은 없으며, 미국에서 주로 사용하는 MOB (Mobile Offshore Base) 연구에서 도출된 산정방법과 호주의 서호주대학교에서 제안하고 있는 방법, 유럽에서 주로 사용하고 있는 NGI 방법, 일본의 석션 기초구조물 기술매뉴얼에 제시된 방법 등이 있으며, 대부분 얕은 기초의 지지력 공식과 한계평형법에 기초를 둔 흙쐐기 방법을 근간으로 하고 있다. 최근에는 복잡한 석션 기초의 파괴메커니즘을 구현할 수 있는 3차원 유한요소해석을 이용하는 방법을 많이 활용하고 있다. 특히, 트라이포드나 재킷에 설치되는 석션 기초의 경우에는 기초를 고정시킨 후 상부 구조해석을 통해 얻어진 외력조건을 석션 기초의 설계하중으로 두고 안정성을 평가하는 매우 보수적인 설계방법이 사용되었지만 최근에는 석션 기초와 하부구조에 대한 일괄 해석을 수행하여 효율적이고 경제적인 설계를 추구하고 있다.

① 연직 지지력
- 기초 저면의 순면적만을 고려하는 경우

$$P_u = F_o + F_i + Q_{tip} - W_p \tag{5.36}$$

여기에서, P_u : 연직지지력, F_o : 외부 주면마찰력, F_i : 내부 주면마찰력,

Q_{tip} : 선단지지력, W_p : 상부유효하중

– 기초 전체 면적을 고려하는 경우

$$P_u = F_o + Q_A - W_p - W_s \tag{5.37}$$

여기에서, P_u : 연직지지력, F_o : 외부주면마찰력, Q_A : 선단지지력,

W_p : 상부유효하중, W_s : 석션 기초 내부 토사의 유효중량

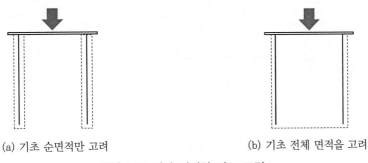

(a) 기초 순면적만 고려   (b) 기초 전체 면적을 고려

그림 5.77 인발 지지력 검토 조건

② 인발지지력

인발지지력은 파괴형태에 따라 그림 5.78과 같이 3가지로 구분할 수 있으며, 각 파괴형태에
따라 인발지지력을 적합한 저항력을 산정할 수 있다.

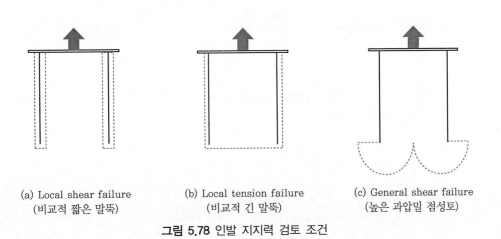

(a) Local shear failure   (b) Local tension failure   (c) General shear failure
   (비교적 짧은 말뚝)   (비교적 긴 말뚝)   (높은 과압밀 점성토)

그림 5.78 인발 지지력 검토 조건

③ 횡방향 지지력

횡방향 지지력은 하중 작용에 의해 형성되는 흙쐐기를 가정하여 지지력을 평가하는 한계평형법(limit equilibrium method)으로 산정할 수 있다. 또한 하중의 작용 방향에 따른 지지력은 횡방향 지지력과 인발 지지력을 이용하여 기존 연구에서 제시된 그림 5.80과 같이 도표를 활용하여 도출할 수 있다.

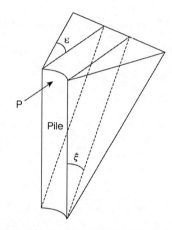

그림 5.79 횡방향 하중작용에 따른 흙쐐기 이론

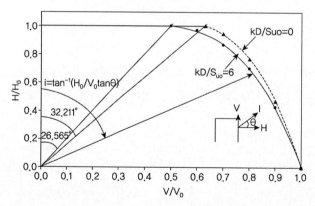

그림 5.80 횡방향 지지력과 인발 지지력을 조합한 재하하중 방향에 따른 석션 기초의 지지력 도표 (Bang and Cho, 2000)

(3) 관입 석션압 검토

석션 기초는 파일 내부의 물이 배출되어 파일 내부의 압력이 저하되면 관입되고 물이 파일 내부로 주입되어 파일의 내부에 양압력을 발생되면 인발된다. 석션 기초가 지반의 저항력을 극복하고 관입하는 데 필요한 최소한의 석션압을 하한값(lower bound)으로 보며, 압력차가 너무 커지게 되어 모래층에서 파일 외부로부터 내부로 유입되는 급속한 물의 흐름으로 인하여 발생된 침투압에 의한 보일링(boiling)이 발생하거나 점토층에서 파일 내부로 점토가 기초 하단에서 절단되어 밀려 올라오는 플러깅(plugging)이 발생하면 관입이 중단되는데, 이 경우를 석션압의 상한값(upper bound)이라고 부른다. 따라서 설계 석션압은 상한값과 하한값 사이의 값이 되어야 한다. 다음 그림 5.81과 같이 설치도중 관입 깊이에 따라서 가할 수 있는 설계압력이 연속적으로 변화하므로 관입에 따라 석션압을 제어하는 것이 필요하다. 또한 관입초기에 지반과 석션 기초가 충분히 밀폐되지 않으면 관입이 발생하지 않기 때문에 초기 관입량 평가도 석션 기초의 설치에 있어 매우 중요한 인자가 된다.

석션 기초의 관입 시 고려하여야 할 사항으로 기초 폭이 매우 크기 때문에 관입 시 기초 벽체(스커트) 좌굴에 대한 검토를 반드시 하여야 하며, 좌굴검토 결과 구조적으로 보강이 필요하면 벽체의 두께를 증가시키거나 강성을 증가시킬 수 있는 보강재를 설치하여야 한다. 또한 석션 기초의 상판도 좌굴에 대한 검토를 하여야 하며, 일반적으로 기초의 상판의 두께를 증가시키거나 보강재를 설치하여 휨강성을 증가시키는 것이 일반적이다.

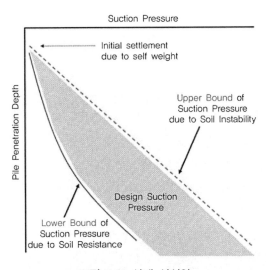

그림 5.81 설계 석션압

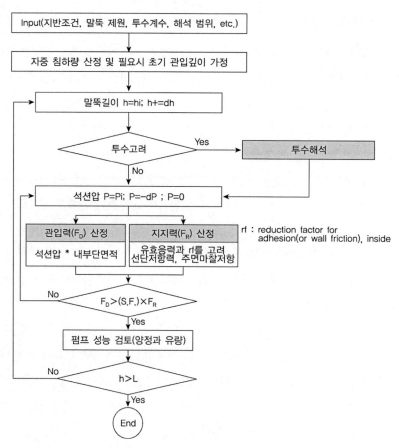

그림 5.82 석션 기초 관입성능 평가 과정

5.4.3 설계사례

(1) 개 요

석션 기초를 활용한 국내 해상풍력 터빈의 시공사례가 없기 때문에 유사한 환경인 해상기상탑의 설계사례를 인용하였으며, 전남 진도군 전면 해상 입지조건으로 약 최고 고조위는 402 cm, 평균해면 201.0 cm, 대조차 350.2 cm, 소조차 267.2 cm이다. 설계하중 산정을 위한 설계파랑, 조류하중, 바람하중은 DNV 기준에 따라 산정하였으며, 지반조건은 균등한 사질토 지반이다.

표 5.11 설계파 수치실험결과 및 설계기준풍속, 지반설계정수

구분	파고(m)	주기(sec)
SE	1.16	13.3
SSE	3.37	14.0
S	5.03	15.0
SSW	4.92	12.5
SW	3.98	10.3
WSW	3.25	9.3
W	4.45	11.7
WNW	3.73	11.3
NW	3.26	12.1

연간최대 풍속(m/s)	h(m)	U_h(m/s)
55	13.49	57.403
γ(kN/m³)	C(kN/m²)	ϕ(°)
18.0	0	32

(2) 기본 설계단면

하부구조는 상부 하중을 효율적으로 지지하기 위하여 트라이포드 형식을 채택하였으며, 트라이포드 하단에 지름 7.2 m, 길이 8 m 크기의 석션 기초 3개를 구성하였다. 해양환경하중과 바람하중 등을 고려하여 트라이포드에 작용하는 하중을 산정하는 보수적인 설계방법을 적용하였으며, 최종적으로 석션 기초 1기당 작용하중을 도출하였다.

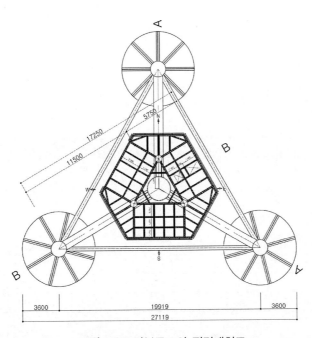

그림 5.83 하부구조의 평면배치도

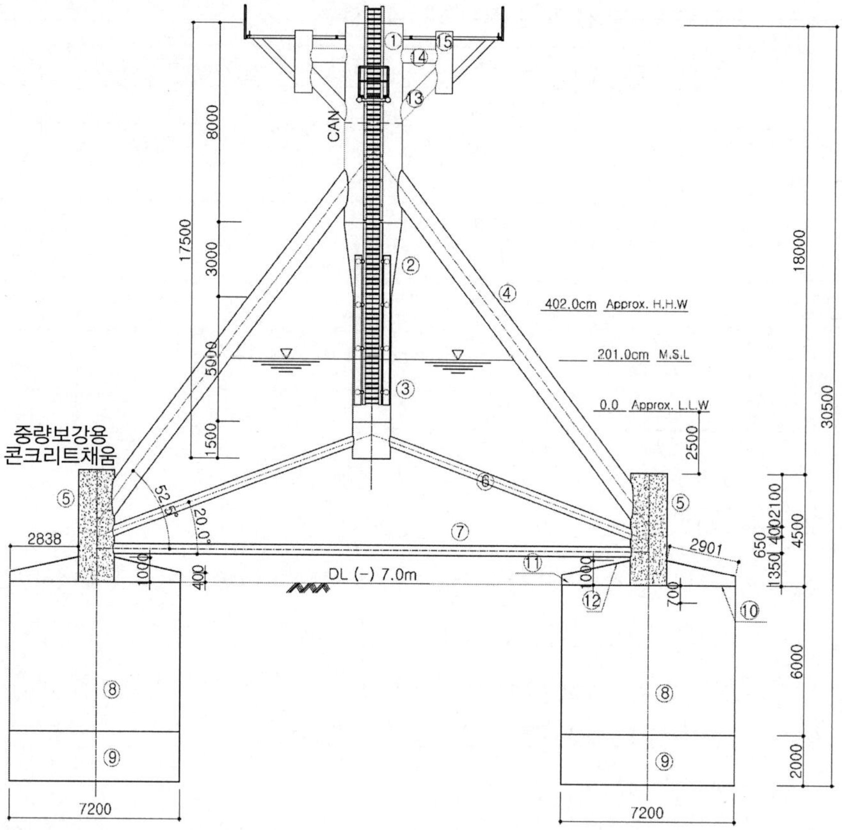
중량보강용
콘크리트채움
CAN
402.0cm Approx. H.H.W
201.0cm M.S.L
0.0 Approx. L.L.W
DL (-) 7.0m
17500
8000
3000
5000
1500
18000
30500
2500
2100
4500
6000
2000
2838
2901
7200
7200
52.5°
20.0°

그림 5.84 하부구조물의 측면도

(3) 안정성 검토

표 5.12 석션 기초 제원

직경(m)	길이(m)	두께(mm)	상판두께(mm)
7.2	8.0	• Skirt : 19.05 mm • Skirt 보강 : 22.23 mm	22.23

표 5.13 석션 기초 작용하중(개당)

구분	Force(kN)			Moment(kN·m)		
	X	Y	Z	X	Y	Z
최대	450.989	1,039.136	632.851	1,553.74	469.709	798.866
최소	−340.777	−258.739	−263.28	−664.213	−287.534	−1,113.475

표 5.14 석션 기초 적용안전율

구분	안전율(상시)	구분	안전율(상시)
연직지지력	2.0	활동 안정성	1.2
수평지지력	1.6	전도 안정성	1.2
인발지지력	2.0	지반반력	1.0

표 5.15 석션 기초 연직지지력 검토결과

구분	극한지지력 (kN)	허용지지력 (kN)	연직하중(kN)	평가
T = 19.05 mm	2,468.8	1,080.8	1,039.136	안정
T = 22.23 mm	2,615.4	1,135.2	1,039.136	안정

표 5.16 석션 기초 수평지지력 및 인발지지력 산정결과

구분	극한지지력 (MN)	허용 안전율	허용지지력 (MN)	작용하중 (MN)	평가
수평지지력	2.757	1.6	1.723	0.827	안정
인발지지력	4.685	2.0	2.342	0.259	안정

(4) 좌굴 검토 및 구조부재 안정성 검토

해상기상탑 시공절차에 따른 인양 시, 관입 시, 운용 시 발생하는 외력에 대해서 기상탑과 데크 구조물을 제외한 하부구조물의 안전성을 검토하였다.

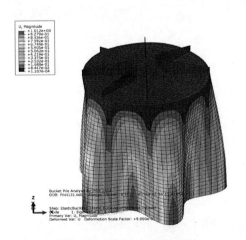

그림 5.85 관입 시 좌굴 해석

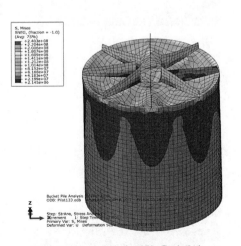

그림 5.86 석션압에 대한 응력해석

(5) 관입석션압 검토

표 5.17 석션 기초 설치검토결과

자중 관입량(m)	최종관입시 내부압력(atm)
0.03	−0.101

5.4.4 시공사례

(1) 제작 및 이송

석션 기초 및 하부구조의 제작은 대형 구조물의 해상 이송이 용이한 안벽에 인접하여 제작장을 조성한 후 제작을 실시하게 되며, 콘크리트 또는 철제 구조부재에 따라 관련 기준에 부합하는 방법으로 제작한다. 해상 이송은 바지를 이용할 수 있으며, 경우에 따라 부력을 이용하여 해상 크레인으로 직접 이송하는 방법 등이 가능하며 해상 조건과 경로, 경제성 등을 고려하여 해상장비선단을 구성한다.

그림 5.87 하부구조 및 석션 기초 제작

그림 5.88 바지를 이용한 이송

(2) 설 치

석션 기초 구조물의 설치는 사전 조사결과를 충분히 고려하여, 석션 기초 구조물의 설치에 적합한 작업선, 시공기계 및 설치방법을 선정한다. 석션파일의 설치는 일반적으로 다음 그림과 같은 순서로 실시한다.

침설 시 사용하는 석션펌프는 침설계획을 토대로 침설시간에 맞는 배수용량과 침설 석션압에 맞는 양정을 가져야 하며 배관의 형상이나 배수거리에 따른 능력저하(손실)를 고려하여야 한다. 석션압은 설계에서 구해진 하한값과 지반의 파괴를 발생시키는 상한값 사이에서 유지되어야 하며, 관입심도에 따라 유동적으로 제어하여야 한다.

해저면 착저 시 석션파일의 초기 침하량은 석션에 의한 침설 가능 여부의 기준이 된다. 초기 침하량이 작은 경우에는 석션압의 하한치가 상한치보다 커져 침설이 불가능해지는 경우도 있다. 따라서 파일의 자중 및 지반조건으로 필요한 초기 침하량을 계산하고, 실제 초기 침하량에 따라 침설 가능 여부를 판단할 수 있도록 한다. 필요한 초기 침하량을 얻지 못한 경우에는 구조물의 중량을 증가시켜 석션 관입에 충분한 초기 침하량을 유도하여야 한다.

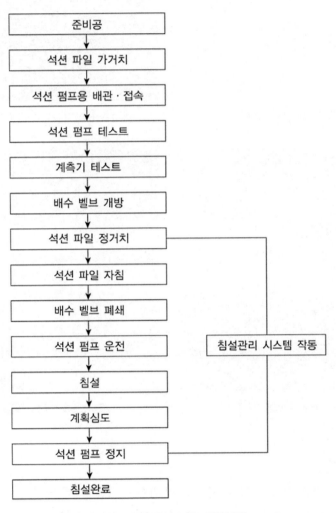

그림 5.89 석션 기초 설치과정

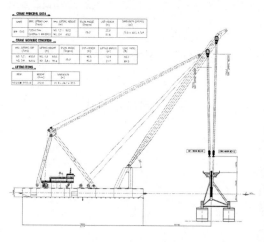

그림 5.90 설치개념도

그림 5.91 설치 과정(펌프테스트)

그림 5.92 하부 구조물 시공완료

그림 5.93 상부 구조물 시공

(4) 계측관리

석션압을 제어하면서 기초의 위치와 수직도 및 방향을 조정하여야 하므로 시공 전체과정에서 실시간 계측은 필수적이며, 기초의 설치 위치와 방위각은 GPS를 활용하며 수직도를 측정하는 경사계, 석션 기초의 내외부 수압을 계측하여 수심과 석션압을 측정하는 수압계는 필수적인 계측항목이다.

 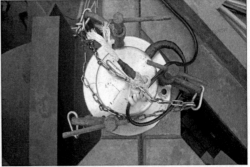

그림 5.94 수압계   그림 5.95 경사계

해상시공 장비 및 일반 고려사항 ┃ 조성한, 구정민, 김대학

5.5.1 시공 시 고려사항

(1) 해상시공 공정 최적화

① 개 요

해상풍력은 전형적인 해상 플랜트(offshore plant) 공사로서, 해상 기상에 의한 작업 불능, 해상장비 수급문제, 자재조달 및 운반조건, 해상안전사고 등 다양한 리스크가 상존함에 따라 이에 대한 대응전략을 수립하여야 한다. 해상풍력발전의 경쟁력 있는 발전단가 확보와 보급 확대를 위해서는 발전효율 향상뿐만 아니라 지지구조물의 제작비 경감을 위한 설계기술과 비용 효율적인 시공기술도 함께 개발되어야 한다. 따라서 해상풍력 시공 계획을 할 때에는 발생할 수 있는 리스크를 도출하고 비용 효율적인 시공을 위한 전략적 접근방안을 제안해야 한다.

해상풍력 시공 최적화를 위해서는 route optimization, vessel/equipment DB, micro & macro scheduling을 단계적으로 수행하여 비용 효율적인 시공계획을 수립할 수 있어야 한다.

Route optimization은 해상 vessel의 이동 및 운반거리를 최소화하여 장비 사용료를 줄일 수 있는 방안을 도출하는 것이고, vessel/equipment DB는 해상풍력구조물 시공 시 필요한 국내외 수급 가능한 장비에 효율적인 계획을 수립하는 것이다. 그리고 micro & macro scheduling을 수립하여 해상 작업 및 공종별 장비투입계획을 최적화하고 공기/비용의 적정성을 분석하여, 최종적으로 해상 vessel 운용, 작업 최적화, installation cost 절감 및 공기단축을 위한 해상공사 공정관리 기술을 마련해야 한다.

② 시공 전략 수립 계획

해상풍력 구조물 시공은 해상작업이 대부분을 차지하며, 해상장비의 운용이 전체 공기에 가장 큰 영향을 준다. 해상작업을 최적화하기 위해서는 해상에서 이루어지는 시공의 작업단계를 최소화하고, 주공정선 상에 있는 공종의 작업시간을 줄일 수 있는 방안이 필요하다. 육상조립을 병행하여 해상작업 시간을 단축하고 해상운반과 설치 시 발생할 수 있는 리스크를 경감할 수 있다. 해상운반 거리가 길 경우, 운반시간이 많이 소요되고 선행되는 설치 작업의 지연이 발생할 수 있으므로 육상에서 최대한 조립하여 운반하는 방안도 검토될 필요가 있으며, 육상 조립 시 배후 항만시설도 확보되어야 한다. 또한 해상 설치의 최적 작업경로를 선정하여 단위 공종의 사이클 타임을 단축하고 micro scheduling을 통해 장비운용 및 선단조합을 조정함으로써 해상 설치

선의 사용기간과 대수를 줄일 수 있다.

국내 해상풍력 시공 시 가장 우선적으로 검토되어야 할 요소는 해상 설치선 및 장비의 수급방안이다. 해외에서 해상 설치선을 도입할 경우, 장비 임대 일정을 사전에 조율해야 되며 인수 및 인계를 위한 운송기간도 사용기간에 포함된다.

또한 주요 자재 및 설비의 운반과 해상 설치작업을 분리하여 계획함으로써 조달 및 운반에 의한 작업 지연을 최소화할 수 있다. 해상 기상조건에 대한 작업 가능 일수를 산정하여 실제적으로 해상 작업이 가능한 일정계획을 수립하고, 불확실성에 대응하기 위해 버퍼를 활용하여 공정상 충격을 완화할 수 있는 전략을 수립해야 한다.

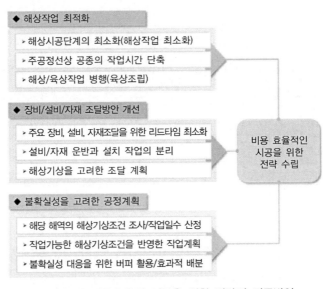

그림 5.96 비용효율적 시공을 위한 전략적 접근방안

(2) 해상시공 최적화 기술

① 해상작업 일수 분석

일반적으로 해상공사에서 작업 가능 일수에 영향을 주는 주요 인자는 기온, 바람, 강수, 강설, 안개, 뇌전, 파고 등 자연적인 요인과 공휴일, 현장 및 장비조건에 의한 인위적 요인이 있다. 해상에서의 작업 가능 일수는 자연적인 요인과 인위적인 요인을 고려하여 산정할 수 있으며, 해상 기상에 의한 작업 불가능일수는 노희윤(1969)에 의해 제시된 방법에 기초하여 산정하였다. 표 5.18~5.19는 작업 불가능일수 산정 기준에 근거하여 해상에서의 작업불가능 일수를 산정한 결과이다.

표 5.18 작업 불가능일수 산정 기준

구분	해상	육상
폭풍 (≥10.0 m/s)	• 일수의 70%를 취함 • 기상연보의 폭풍은 13.9 m/s이상 : 100% 취함	• 일수의 30%를 취함 • 기상연보의 폭풍은 13.9 m/s이상 : 50% 취함
뇌전	• 일수의 70%를 취함	• 일수의 70%를 취함
혹한 (≥일평균 −10℃)	• 일수의 50%를 취함	• 일수의 50%를 취함
안개	• 일수의 30%를 취함	• 일수의 30%를 취함
강설 (≥10 mm)	• 일수의 30%를 취함	• 일수의 70%를 취함
강수 (≥10 mm)	• 일수의 30%를 취함	• 일수의 70%를 취함

표 5.19 해상작업 불능일수

월별 구분	1월	2월	3월	4월	5월	6월	7월	8월	9월	10월	11월	12월	전년	비고
안개 일수	0.57 (1.9)	0.81 (2.7)	1.26 (4.2)	1.38 (4.6)	1.5 (5.0)	1.35 (4.5)	1.17 (3.9)	0.81 (2.7)	1.14 (3.8)	1.65 (5.5)	1.23 (4.1)	0.48 (1.6)	13.35 (44.6)	
강수 일수	0.24 (0.8)	0.33 (1.1)	0.48 (1.6)	0.66 (2.2)	0.87 (2.9)	1.2 (4.0)	1.77 (5.9)	1.74 (5.8)	1.05 (3.5)	0.54 (1.8)	0.51 (1.7)	0.27 (0.9)	9.66 (31.4)	10 mm 이상
강설 일수	2.91 (9.7)	1.62 (5.4)	0.6 (2.0)	0.03 (0.1)	0 0.0	0 0.0	0 0.0	0 0.0	0 0.0	0 0.0	0.51 (1.7)	2.34 (7.8)	8.01 (26.8)	
기온 일수	0.8 (1.6)	0.35 (0.7)	0 0.0	0 0.0	0 0.0	0 0.0	0 0.0	0 0.0	0 0.0	0 0.0	0 0.0	0.05 (0.1)	1.2 (1.6)	−10℃ 이하
뇌전 일수	0.07 (0.1)	0 0.0	0.14 (0.2)	0.42 (0.6)	0.63 (0.9)	0.91 (1.3)	2.03 (2.9)	2.38 (3.4)	0.7 (1.0)	0.63 (0.9)	0.63 (0.9)	0.28 (0.4)	8.82 (12.6)	
폭풍 일수	1.47 (2.1)	1.47 (2.1)	1.68 (2.4)	1.19 (1.7)	0.35 (0.5)	0.14 (0.2)	0.14 (0.2)	0.35 (0.5)	0.49 (0.7)	0.84 (1.2)	1.4 (2.0)	1.82 (2.6)	11.34 (16.3)	13.9 m/s 이상
작업 불능 일수	6.06	4.58	4.16	3.68	3.35	3.60	5.11	5.28	3.38	3.66	4.28	5.24	52.38	

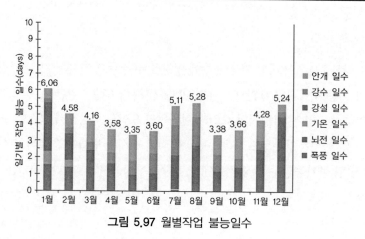

그림 5.97 월별작업 불능일수

상기 그림은 해상에서의 작업 불능일수를 월별로 나타낸 그래프이다. 동절기인 1월과 12월에 기상 장애에 의한 작업 불능일수가 가장 많이 산정되었으며, 1월과 12월은 공사기간에서 제외하고 2월에서 11월까지를 작업 가능한 기간으로 설정하였다. 기상과 공휴일에 의한 장애일수를 고려하여 연간 작업 가능일수를 산정한 결과, 작업일수 223일로 연간 총일수(365일) 대비 약 61.1%의 가동률을 나타내었다.

② 해상장비 운영 계획

해상풍력 시공 시 주요 해상장비로는 floating crane, flat barge, hopper barge, spilt barge, jack-up barge, grab barge, pile driving barge 등이 될 수 있으며, 하부 기초 공사를 위한 해상장비는 국내에서 보유하고 있으나, 80 m 이상의 높이로 turbine을 설치하기 위해서는 국외의 해상풍력설치를 위한 전용장비의 임대가 필요할 것으로 보인다.

Vessel type	Name of vessel		Capacity	Capacity
Floating crane	삼성 2호		110 m×48 m×7.5 m	3,600 ton
Float barge	금융 비-3002호		54.74 m×16.0 m×3.3 m	570 ton
Hopper barge	SA MWOONG 3500		78.7 m×17.0 m×5.6 m	1,856 ton
Split barge	S/B-17		60.5 m×15.5 m×5.0 m	1,058 ton
Jack-up barge	은성 1200호		50 m×24 m×4.3 m	2,775 ton
Grab barge	은성 365호		60.6 m×24.0 m×3.4 m	360 ton
Crane barge	Sa MWoong FC-500		51.21 m×24.0 m×4.0 m	500 ton
Pile driving barge	Woongjin PB-2500		42.1 m×21.0 m×4.3 m	938 ton (ϕ2,500 mm)
Tug boat	SAMHO T-2		36.5 m×10.0 m×4.5 m	4000 HP

그림 5.98 국내주요 해상장비현황

③ 작업 route 선정

해상풍력발전 건설을 위해 투입되는 해상장비는 floating crane, flat barge, hopper barge, spilt barge, jack-up barge, grab barge, pile driving barge 등이 있다. 해상장비 중 jack-up barge와 floating crane은 사용료가 매우 고가이며, construction port로 돌아오지 않고 해상풍력 설치 공사가 끝날 때까지 해상에 머물며 작업을 수행한다. 자재 운반선, tug boat, work boat 등은 작업현장과 construction port 사이를 이동하며 물자와 인력을 실어 나른다.

해상풍력발전 설치를 위한 해상장비의 작업경로 최적화 문제는 jack-up barge, floating crane 등의 최단 이동경로를 분석하여 최적 작업 경로를 찾을 수 있는 최적화 모델(GS건설, 2012)을 사용함으로써 해상풍력 설치공사를 위한 최적 경로를 선정할 수 있다.

실제 프로젝트에서는 최적화 모델을 이용하여 다음과 같은 결과를 산출할 수 있다. 그림 5.99 와 같이 1열 배열의 경우 총 이동거리가 30.9 km이고 최적경로는 설치지점 1-2-3-4-5- 6-7의 순서대로 경유하여 다시 construction Port로 돌아오는 것으로 분석되었다. 한편, 2열 배열의 경우 총 이동거리가 28.1 km이고 최적경로는 설치 지점 1-2-3-4-10-9-8의 순서로 나타났다. 따라서 풍력발전 설치 공사 시 1열로 배열하여 공사를 수행하는 것보다 2열로 배열하여 공사를 수행하는 것이 해상장비의 이동거리를 줄여 원가절감 및 공기단축에도 유리할 것으로 판단된다.

풍력발전 공사를 위한 해상 선박의 효과적인 운용방안을 최적경로의 관점에서 분석하였다. 최적경로를 얻기 위하여 수리모형을 정의하고 정의된 모형을 효과적으로 해결할 수 있는 문제해결방법론을 제시하였다. 본 현장의 경우, 1열 배열과 2열 배열을 고려하였으며, 2열 배열이 총 이동거리가 28.1 km로 1열 배열에 비하여 약 2.8 km 가량 이동거리가 짧은 것으로 나타났다.

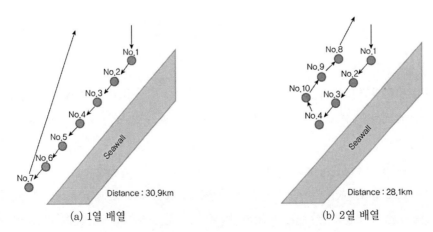

(a) 1열 배열   (b) 2열 배열

그림 5.99 최적 작업 경로

④ 공정 계획 수립

해상풍력설치 공사는 전형적인 해상공사로 해상기상조건에 영향을 많이 받으므로 해상기상에 대한 사전 고려와 작업 불능일에 대한 체계적인 예측이 필수적이다. 작업 불능일에 대한 예측을 할 때에는 기상과 공휴일에 의한 장애일수를 고려하여 연간 작업 가능 일수를 산정하여야 한다. 또한 해상풍력을 설치하기 위한 주요 공종과 공종별로 소요되는 투입 장비를 분석하여 작업계획을 수립해야 하며, 해당 공종에 소요되는 해상장비를 파악하여 효율적인 선단조합을 도출하고 적정 공기를 확보하면서 공정계획의 신뢰도를 높일 수 있는 방안을 제안해야 한다. 다음은 해상풍력설치 공사 시 공정계획을 수립하는 절차에 대한 순서를 나타낸 것이다.

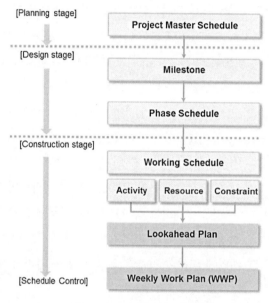

그림 5.100 시공계획 수립 절차

⑤ 공정 계획 최적화

해상 주요 공종과 투입장비 분석자료를 활용하여 합리적인 시공계획을 수립해야 한다. 해상풍력발전기(offshore wind turbine) 설치공사는 재킷구조 제작 및 운송(jacket fabrication/transport), 해상풍력 설치(wind turbine installation), 육상/해상 케이블 설치(offshore/onshore), 케이블 송전시험(test transmission cables), 그리고 변전소 시운전(commission substation)으로 구성된다. 재킷 구조 제작 및 운송(jacket fabrication/transport), 케이블 송전시험(test transmission cables), 변전소 시운전(commission substation)은 절대적인 공기

가 필요하며, 해상풍력발전기(offshore wind turbine) 설치는 작업순서 조정과 효율적인 장비 운용을 통해 공정 최적화가 가능하다.

해상풍력 공정 최적화를 위해서는 먼저, 주공정선(critical path)을 파악하고, 주공정선 상에 있는 공정을 세분화하여 공기를 최소화할 수 있는 방안을 마련할 수 있다. 또한 공정에 영향을 미치는 변이(variation), 즉 불확실성(uncertainty)에 의한 공정상의 충격을 완화하기 위해 버퍼(buffer)를 설정하고, 장비운용계획을 상세히 수립한다면, 장비사용일수를 단축할 수 있는 최적의 공정 계획을 마련할 수 있다.

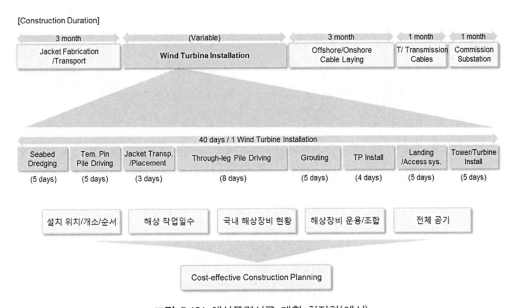

그림 5.101 해상풍력시공 계획 최적화(예시)

5.5.2 해상시공 선박 및 장비 운용의 일반적 고려사항

앞 절에서는 해상풍력 하부지지구조물의 해상공사 중 가장 중점적으로 고려되어야 할 비용효율적 시공 계획 수립을 위하여 해상작업 최적화 및 공정계획에 대하여 개괄적으로 기술하였다. 이에 본 절에서는 해상풍력 하부지지구조물을 중심으로 지지형식별 특징과 시공과정에서 고려해야 할 사항 및 설치 관련 개략적 프로세스, 그리고 이 과정에서 고려해야 할 주요 요소들에 대하여 설명하고자 한다.

최근 풍력발전기의 발전효율 증대를 위해 풍력타워 허브 높이가 점차 증가하고 저풍속용 블레이드를 위한 로터직경이 증가하는 추세이다. 또한 설치여건이 불리한 해상조건으로 확장됨에 따라 수심이 깊고 지층조건이 불리한 위치의 풍력단지는 더 큰 규모의 기초구조물이 필요하게 되었고 이를 수용할 해상장비의 개발이 진행되고 있다.

대형 해상풍력 발전단지 조성을 위해서는 해상풍력발전기 전용설치선과 같이 해상풍력발전기 1기의 구성요소에 해당하는 타워, 나셀, 허브, 블레이드를 한 대의 선박에 운송하여 한 번에 설치한다. 또는 기초 구조물의 경우 형식 및 규모에 따라 운송용 선박을 결정하고 한 번에 설치하거나 요소를 분할하여 설치하기도 한다.

해상풍력발전기 전용선으로 설치공사를 진행할 경우, 공사기간 및 단일 공사비용을 절감할 수 있겠지만, 선박제작 비용이 고가이기 때문에 국내에서는 아직 전용선을 보유하지 못하고 있는 실정이다. 따라서 가용할 수 있는 장비 또는 선박들을 조합하거나 개조를 통하여 해상풍력발전기 설치공사를 진행하는 것이 보다 현실적인 방법으로 판단된다.

(1) 선박의 일반적 고려사항

해상풍력발전기의 하부기초 제작비용을 포함한 공사비용은 해상공사 특성상 불확실성을 내포하고 있지만, 개략적으로 해상풍력 전체 공사비의 약 45% 정도에 해당되는 것으로 해외에서 보고된 바 있으며(한국에너지기술평가원, 2011), 기상상태와 해상조건이 고려된 작업일수와 수심 등을 고려하여 신중하게 계획을 수립해야 한다.

해상풍력 기초공사에 이용되는 장비/선박들은 해상 또는 해양 조건들의 지배를 받는 거동특성을 고려하여 작업성과 경제성 및 안정성 등에 기초하여 최적의 조합을 구성해야 하는데, 이 중 가장 중요한 부분은 해상공사에서의 안정성이다.

해상에 부유하는 구조물은 부력, 흘수 및 건현(수면으로부터 선박의 데크까지의 높이) 등을 고려하여 안전하게 설계되고, 운용되어야 한다.

표 5.20 수심별 해상풍력 substructure 예상공사비(한국에너지기술평가원, 2011)(단위 ; EUR/kW)

분류	수심(m)			
	10~20	20~30	30~40	40~50
터빈	772	772	772	772
하부지지구조물 제작비	352	466	625	900
하부지지구조물 시공비	465	465	605	605
전력연계망 공사	133	133	133	133
기타	79	85	92	105
전체 공사비(EUR/kW)	1,800	1,920	2,227	2,514

선박의 안정성은 중력 및 부력의 방향과 수면의 관성모멘트 등을 고려하여 결정되며, 해상 공사에서 바지선과 운송선과의 예기치 못한 충돌 사고는 일반 선박 간의 충돌에서 발생되는 충격이나 피해 범위와 비교해 볼 때 클 수 있기 때문에 이에 대한 검토도 필요하다.

해상공사에서 사용되는 선박 또는 장비들은 주로 중량의 구조물을 인양하거나 유지하는 경우가 많은데, 이때 부력−흘수−건현 간의 상호작용으로 선박/장비가 기울어지는 상황이 발생되고 바다로부터 데크로 물이 흘러들어와 선박이 부분적으로 침수될 수 있다. 이로 인해 선박이 한쪽으로 기울어져 전복되는 사고를 방지하기 위하여 침수에 취약하다고 판단되는 공간을 가능하면 다수의 격벽으로 분할하고 완벽한 밀폐조치를 하여 바닷물에 노출되는 부분을 최소한으로 축소시키거나, 해저지반에 앵커 또는 고정 장치를 설치하여 사고의 위험을 사전에 방지해야 한다. 특히 중량의 구조물을 예인 또는 계류하는 과정에서 바지선의 갑판에 다량의 바닷물이 침범할 수 있으며, 밀폐 등의 적절한 조치를 취하지 않을 경우 단시간 내에 선박에 물이 차고 침몰사고가 발생될 수 있기 때문에 주의해야 한다.

일반적으로 데릭바지선이나 화물선 등의 선박으로 대형구조물을 이송할 때, 데크에 임시적으로 용접 등의 방법으로 고정하게 되면 구조물에 예기치 못한 하중이나 외력이 발생할 경우 데크부에 용접된 부분에서 효과적으로 지지하지 못하여 매우 위험한 상황이 발생될 수 있으므로 데크홀을 관통하여 전단력 등에 대하여 효과적으로 지지할 수 있도록 주의하여 결속하여야 한다.

해상공사 중 무거운 강재를 반복적으로 다루는 작업에서 충격하중이나 반복하중에 의한 선박이나 장비에 균열이 발생될 수 있으며, 특히 저온에서 작업을 수행할 경우 발생빈도가 높을 수 있으니 세심한 주의가 요구되며, 균열이 발생되었을 경우 신속하게 균열제어를 위한 천공방법이나 용접 등의 적절한 조치를 취하여야 한다.

추가적인 상세사항은 해상 작업의 종류에 따라 요구조건 또는 고려사항 등이 다르기 때문에 관련 기관에서 제정하는 해당 공사의 시방이나 코드 등을 검토하여 안전한 해상작업이 진행되도록 하여야 한다.

(2) 해상풍력발전기 설치에 사용되는 주요 선박 및 장비

해상에서의 해상풍력발전기 공사는 하부기초 지지구조물과 타워, 그리고 기초 지지구조물과 타워부분을 연결하는 트렌지션피스, RNA 설치 공정 등으로 크게 구별할 수 있으며, 각 설치공정별로 최적의 선박이나 장비를 조합하는 것이 중요하다.

표 5.21은 일반적으로 해상풍력발전기를 설치하는 데 이용되는 선박들의 특징들을 간략하게 정리한 것이다. 일반적으로 전문설치선, 잭업바지선, 리프트 보트나 바지선, 예인선 등으로 크

게 구분할 수 있는데, 이용되는 선박 특성상 구분이 어려운 경우도 있다. 주로 플로팅 형태로 인양장비가 설치된 경우는 바지선에 크레인이 구비된 형태(dumb barge with crane, sheer-leg crane barge), 일반적인 형태의 선박에 크레인이 설치된 형태(semi-sub/heavy-lift vessel, dynamic heavy-lift cargo vessel) 등이 있으며, 고정식 형태로 인양장비가 설치된 경우는 선박에 레그(jack up leg)가 구비된 형태(leg-stabilized crane vessel)나 잭업바지선(jack up barge) 등이 있다.

표 5.21 해상풍력발전기에 사용되는 주요 선박 형태

분류	설명	비고
전문설치선 (SPIV, Self Propeller Installation Vessel)	– 해상풍력발전기 설치에 특화하여 제작된 설치선 – 자항식 형태로 jack up barge와 크게 구분 – 부품이나 구조재 탑재/이송이 가능하며, Derrick Crane이 탑재되어 있음 – 국내 중공업사 등 제작 실적 다수 보유	– 5 MW 이상의 대규모 해상풍력단지 공사에 적합
잭업바지선 (Jack up barge)	– 바지선(Barge)에 자체적으로 고정 및 레벨링이 가능한 잭업장치를 부착하고 derrick crane을 탑재 – 스스로 이동이 불가능하여 예인선(tug boat)를 이용하여 공사현장으로 이동	– 5 MW 이하의 해상풍력단지공사에 비교적 적합
Lift Boat	– 해상 석유/가스 시추 산업에 많이 활용되었던 선박 – 3개의 고정 다리(leg)와 derrick crane이 2기 장착 – 해외 해상풍력단지 건설에 일부 사용 실적	
바지선 (Barge)	– 해상풍력발전기 설치 공사에서 부품이나 구조재 이송에 주로 사용되며, 가장 많은 활용이 되는 선박 – 자항력이 없기 때문에 예인선으로 운반되며, 정박 시 주로 앵커를 사용	– 선박에 derrick crane 등의 기중기를 장착하여 사용하는 경우도 있음

해상풍력 지지구조물 공사에는 전문설치선을 동원하는 것이 가장 효율적이나 국내의 경우, 새롭게 고가의 전문설치선을 제작하거나 해외에서 해당 장비를 공급받아 작업을 수행해야 하는 데 제작비나 운반비 또는 임대료 등의 경제적 문제가 발생할 수 있기 때문에 가능하면 국내 또는 동북아 지역에 있는 기존의 선박 또는 장비들을 조합하는 것이 바람직할 것으로 판단된다.

① 바지선 및 해상 크레인

해상풍력 설치작업에 가장 많이 사용되는 바지선은 파랑하중에 대한 합리적인 구조적 거동을 고려하여 일반적으로 길이는 80~160 m 정도, 폭은 길이의(1/3~1/5) 정도, 해수면에서 잠기는 높이는 길이의 1/15 정도로 제작된다. 바지선에 운송물을 선적할 때는 운송의 안전을 고려하여 하중을 고르게 분포시켜야 하며, 부유체 구조물의 6방향 자유운동에 대한 복합적 거동으로 발생되는 정적 또는 동적 외력에 대하여 충분히 안전하게 저항할 수 있도록 선적된 화물의 결속에 대한 세심한 주의가 요구된다. 또한 중량의 구조물을 크레인으로 들어 올리는 과정에서는 바지의 히빙이나 피치 등의 움직임이 발생되어 구조물 또는 선박에 손상이 발생할 수 있는데 이러한 부분을 고려하여 작업을 수행해야 한다. 선적된 재킷 구조물을 미끄러지는 방식으로 진수(skid)하는 경우, 데크의 가장자리와 측면에 하중이 집중되기 때문에 이에 대한 선박 자체의 보강이나 거동에 대한 고려가 필요하다.

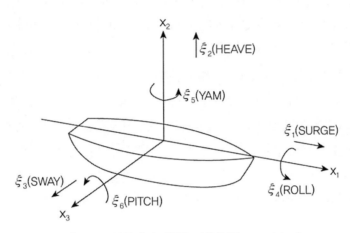

그림 5.102 부유체의 6방향 자유운동(stormriders)

바지선에 고정형 크레인(sheer-legs crane)이나 회전형 크레인을 장착한 형태인 크레인 바지선은 예인선으로 이송되거나 경우에 따라 자항식의 경우도 있다. 최근에는 기술의 발달로 3,000 ton 이상의 화물을 인양할 수 있으며(Great Belt Eastern Bridge 공사), 50 mm 범위의 오차 내에서 정확한 공사의 수행이 가능해졌다.

이전부터 해상공사에서 데릭바지선(derrick barge)은 활발하게 사용되어 왔는데, 비스듬한 두 개의 지지대를 가지는 크레인을 바지선에 장착하고 있으며, 일반적으로 해상 공사 중 특수한 공정이 진행되는 동안 작업장에 위치를 고정하여 작업을 수행할 수 있도록 선박에 계류 시스템을 장착하고 있다.

내륙의 하상공사 또는 내해 근처에서 사용되는 데릭바지선의 경우 용량은 50~300 ton 급인데 반해 원근해용 공사에 사용되는 선박의 용량은 500~1500 ton 급이며, 최근에는 크레인 용량이 6,500 ton 급이 두 개 장착된 선박이 건조되었다.

일반적으로 크레인의 유효 작업반경과 작업용량은 붐대(Boom)가 위치하는 곳으로부터 선미까지의 거리 또는 바지선 측면에서의 거리에 따라 감소하게 된다. 따라서 데릭바지선에 장착된 크레인의 큰 작업 반경을 유지하기 위해서는 붐대는 바지선 선미에 장착되어 회전의 중심과 지지능력을 유지할 수 있게 된다. 최근에 제작되는 데릭바지선의 경우, 관성모멘트에 대한 영향을 줄이기 위하여 경량의 고강도 철재를 이용하여 제작하기도 한다. 데릭바지선을 운용할 때 제작과정에서의 설계의도와는 달리 실제에서는 파랑에 의해 바지선은 끊임없이 플랫폼으로부터 멀어지는 서지(surge) 형태 및 옆으로 이동하게 되는데, 운전자가 바지선의 운동이나 이동을 고려하지 않고 처음 계획했던 위치에 중량의 구조체를 내려놓게 될 경우 크레인의 붐대의 적정 지지능력 및 작업 반경을 초과하게 되어 붐대의 운전방향 상실 또는 크레인의 회전 방향 상실을 발생시킬 수 있고 바지선이 위험하게 된다. 일반적으로 데릭바지선에 장착되어 있는 크레인의 경우, 적정 하중-회전반경을 초과하게 될 경우, 자동경고 시스템이 작동하도록 설계/제작되나, 좌우 회전 작업에 대한 조절/운전의 경우, 운전자의 판단에 의해 결정된다.

해상 터미널 공사 또는 교각 공사에 자주 사용되는 잭업바지선은 레그에 의해 해저면에 고정되고 수면 위로 작업장을 승강하는 기능을 가지기 때문에 해상풍력 공사에 가장 유용하게 사용되는 장비 중의 하나이다. 일반적으로 수면에서 승강되는 높이는 천해의 경우 30~60 m 정도이며, 경우에 따라 150 m까지 승강이 가능하며 레그를 설치할 때 일반적인 해저지반의 경우 자중에 의해 침하시키나 자중침하가 어려운 지반일 경우 진동이나 워트제트 펌프를 장치하여 레그를 착저시킨다.

잭업바지선은 해저지반에 레그로써 플랫폼을 고정하는 방식이기 때문에 해저지반의 지반공학적 특성에 크게 영향을 받게 된다. 따라서 잭업바지가 설치되는 구역에 대하여 최소 1공 이상의 지반조사를 정밀하게 수행해야 하고 해저지반 거동특성에 대하여 검토하여야 한다.

공사가 완료된 후 레그를 회수할 때 인발이 힘든 경우가 있는데 이때에는 워트제팅 방식을 적용하면 효과적이고, 특히 점성토 지반인 경우 고압의 워트제팅을 적용할 경우 지반 내 공동이 발생되어 레그 부근에 석션압이 작용되기 때문에 저압의 워트제팅을 적용하는 것이 효과적이라는 보고도 있다(Gerwick, 2007). 또한 레그를 회수하여 작업을 종료하고 인근 지역에서 공사를 다시 시작할 경우 이전 공사과정에서 레그가 회수된 영역은 빈 상태로 남아 있거나 느슨한 상태의 퇴적물로 채워지게 되는데, 이 부근에 레그를 설치하게 되면 주변 지반이 내부가 빈 곳으로 이동하게 되어 레그의 연직지지력과 수평지지력 및 모멘트에 변동이 발생되어 안정성에 큰 영향을 주게 되고 심할 경우 전복사고까지 발생할 수 있으니 유의해야 한다. 레그가 정착되는 지반이 사질토 지반이고 조류의 영향이 큰 곳인 경우, 레그 주변에서의 세굴로 수평지지력 저하현상이 발생될 수 있으니 세굴방지에 대한 대책이 필요하다.

해상공사는 기상상태 및 해상 환경에 크게 제약을 받는데, 호주 Bass 해협에서의 해상말뚝 공사 진행과정에서 해상조건의 제약으로 공사 진행이 어렵게 되자, 4개 또는 8개의 지지레그 하부에 대형 폰툰을 장착하여 작업 데크를 지지하는 방식의 반잠수 형태의 바지플랫폼을 고안하여 적용한 사례도 있다.

② 예인선

예인선은 자항능력이 없는 선박을 밀거나 당겨서 목적지까지 이송하는 역할을 수행하는 데 장기간 동안 작업을 수행할 경우 20~30일 동안 연료공급 없이 작업을 연속적으로 수행할 수 있는 능력을 갖춘 장비도 있으며, 일반적으로 80 m 정도의 길이로 제작되고 승선원들은 20여 명 정도 탑승할 수 있으며, 28 km/hr 정도의 속도를 가진다.

예인작업을 수행할 때는 이송대상이 되는 물체는 예인선과 단단하게 결속해야 하며, 예인에 사용되는 와이어(wire)는 실제 최대 파괴강도값보다 10~15% 정도 높은 값에서 파단이나 파괴가 발생되나 실제로는 정적하중보다는 동적하중에 의해 파괴가 발생될 가능성이 높기 때문에 파랑에 의해 지속적인 동적하중을 받는 예인작업의 경우 유의해야 한다. 또한 대형의 구조물을 예인할 경우, 예인에 사용되는 장치들은 정적견인력의 최소 4배 및 예인에 사용되는 로프의 파괴강도에 1.25배 정도의 접합강도가 요구된다.

예인선의 작업능력은 SHP (Shaft Horse Power) 단위로 나타내기도 하는데, 1 IHP (Indicated Horse Power)인 경우의 15~20% 정도 적은 값을 가지며, 10,000 IHP는 정적상태에서 100~140 ton 정도의 값을 움직일 수 있는 정도이며, 대형 예인선의 경우 300 ton 정도를 예인할 수 있는 능력을 가지며 포지셔닝을 위한 GPS, 레이다, 수중음파탐지기(sonar) 등의 장비를 보유하고 있다. 일반적인 작업환경을 가진 해상에서 대형 플랫폼 이송작업에 4,000~11,000 HP 정도의 예인선이 사용되고, 일반적 작업환경을 제외한 모든 해상날씨의 경우 22,000 HP 정도의 예인능력을 가진 선박이 이용되기도 한다.

예인방식은 다수의 예인선에 하나의 선박을 연결하는 multiple tugs, 선박 뒤에서 예인선이 미는 방식인 pusher tug, 그리고 하나의 선박에 두 기 이상의 예인선이 연속적으로 배치되는 tandem tugs 방식 등으로 구분할 수 있으며, 작업환경이나 해상조건을 고려하여 적절하게 배치하게 된다(Bos, 2014).

③ 타워크레인 및 기타 특수장비

최근 대형 교각 기초나 해상 지지구조물 시공의 빈도가 많아지고 중량이 커짐에 따라 해상에서의 중량의 구조물을 높이 안전하게 들고 내리는 작업을 수행하기 위한 대형 타워크레인의 사용빈도가 증가하고 있다. 해상풍력발전기 공사에서 대형 타워크레인들은 부분적으로 공사가 완료된 고정 기초 부분 또는 바지선에 장착되어 하부지지구조물을 인양하거나 터빈이나 타워 시공에 사용된다.

모노파일 형식의 지지구조물을 설치할 경우 대구경 말뚝 공사를 위해서는 RCD 공법을 적용해야 하는데 대형 베이스머신과 드릴 케니스터, 에어컴프레셔, 발전기, 펌프카 등이 바지선에 탑재하거나 기초부에 장착되어 천공작업을 진행할 수도 있다.

해상 강관파일을 적용할 경우, 소음에 의한 해양동물들의 피해가 발생될 수 있으며, 이에 대한 수중소음저감 대책으로 에어커튼이나 버블을 이용하는 다양한 방법들이 제안되거나 적용되고 있으며, 항타작업이 요구되는 해상작업의 경우 반드시 이러한 소음저감 장치들에 대한 검토가 필요하다. 또한 해저지반 탐사와 같이 수심이 깊은 곳에서 수중작업이 진행되어 인력투입이 불가능하거나 작업효율이 떨어질 경우 원격조정장치(ROV)를 이용하여 작업을 진행할 수도 있다.

④ 콘크리트 배치 플랜트

해상풍력기초 설치 과정에서 콘크리트 또는 그라우팅 작업이 필요할 경우, 앵커나 고정장치 등의 계류장치가 있는 대형 바지선에 콘크리트 믹싱에 필요한 다량의 골재, 시멘트, 플라이애시, 슬래그, 물, 배치플랜트, 콘크리트 믹서기 및 콘크리트 펌프 등을 탑재하여 해상에서 신속하게 콘크리트나 그라우트재를 공급한다.

해상풍력기초 지지물을 설치하는 과정에서 위에서 언급한 선박 또는 장비 이외에 현장사무실이나 작업 지시 또는 인력 수송 등의 역할을 수행할 수 있는 통선(ferry boat)과 해상 말뚝시공이 필요할 경우 컴프레셔, 발전기 등이 필요하게 된다.

(2) 해상파일 시공형식에 따른 고려사항

재킷 구조물을 이용하여 해상풍력 타워를 지지하는 방식의 경우, 해상파일 설치 방법에 따라 시공 선박이나 장비의 종류나 용량, 시공프로세스 등이 달라지고 공사비에 직접적인 영향을 미치기 때문에 이에 대하여 설명하고자 한다.

일반적으로 재킷 구조물의 지지를 위해 사용되는 기초지지 파일 설치 방법은 크게 pre-piling 방법과 post-piling 방법으로 구분할 수 있다.

① pre-piling 방법

pre-piling 방식은 시공되는 해상파일의 포지셔닝 역할을 하는 템플릿을 사용하여 지지파일을 해저지반에 먼저 설치한 후 재킷 구조물을 착저하는 방법이다.

템플릿을 사용하기 때문에 파일 시공에 동원되는 선박이 수면 위에서 위치가 완전 고정된 상태가 아니어도 파일 설치 작업이 가능하기 때문에 플로팅 바지선 또는 post-piling 대비 소규모의 시공 선박을 이용할 수 있으며, 1일 최대 3기 정도의 재킷 구조물 기초(1기당 강관파일 4본)를 설치할 수 있다. 또한 여러 개의 해상풍력발전기를 설치할 경우, 각 공정별로 분리하여 시공장비와 선박을 조합하여 설치하는 것이 유리한데, pre-piling 방법의 경우 템플릿을 이용하여 연속 작업이 가능하기 때문에 시공비를 상당히 절감할 수 있는 장점이 있다. 그러나 먼저 설치된 파일에 재킷 구조물 착저과정에서 높은 정밀도와 숙련도가 요구되기 때문에 타워 설치과정에서 오히려 post-piling 방법보다 더 오랜 시간이 소요될 가능성이 있다. 또한 설치된 파일의 위치를 사전에 정확히 파악해야 하기 때문에 서남해안과 같이 해저의 시계가 불량할 경우 적용이 어려울 수도 있다.

비교적 최근에 설치된 재킷 구조물 형태를 채택한 독일의 Alpha Ventus 및 영국의 Ormonde 해상풍력단지에서는 pre-piling 방법으로 시공하였다.

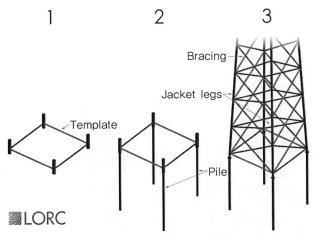

그림 5.103 Pre-piling 시공 방법(LORC)

② post-piling 방법

재킷 구조물의 시공 방법은 석유시추 플랫폼 시공기술로부터 발전되어 왔고, 석유시추 플랫폼 설치는 대부분 post-piling 방식으로 설치되어 왔다. 그림 5.104와 같이 post-piling 방법은 재킷 구조물을 해저지반에 착저시킨 후 1단 재킷 지지구조물이 해수면 위에 있을 경우 재킷 레그 내부로 핀파일을 경사로 설치하거나(leg-piled jacket) 해저면에 위치한 파일슬리브 부분에 지지파일을 연직으로 설치하여 고정하게 된다(skirt-piled jacket).

Leg-piled jacket의 경우 시공성이 양호하여 국내 경험도 다수 존재하며, 지지파일 직경 최소화로 천공시간의 단축이 가능하다. 다만, 재킷 지지구조물의 사전 반입 전에는 작업진행이 불가능하며, 재킷을 1단과 2단으로 분리하여 설치하기 때문에 현장용접이나 도장 등으로 인한 해상작업시간의 지연 또는 균열 등에 의한 구조적인 문제가 발생될 수 있다. 해상풍력발전기의 경우, 석유시추 플랫폼과 다르게 상부중량물의 연직하중보다 수평하중에 더욱 큰 영향을 받기 때문에 지지구조물에 발생되는 휨모멘트로 크랙이 발생될 가능성이 높으므로 비교적 초기에 재킷 형식을 채택하여 조성한 영국의 Beatrice 해상풍력단지를 제외하고는 leg-piled jacket 형식을 풍력발전기 지지구조물 시공에 거의 사용하지 않고 있다.

Skirt-piled jacket은 주로 심해에 많이 사용되는 재킷 구조물의 형태인데 설치시공상 leg-piled jacket에 비해 간단하게 작업을 수행할 수 있다.

이러한 설치방법은 pre-piling 방식에 비해 비교적 큰 선박/장비가 필요하며, 해상파일 부분과 재킷 구조물 하단에 부착되는 슬리브(sleeve) 간의 일체화 공정이 필요하게 되는데, 일반적으로 그라우팅 방법으로 연결하는 것으로 알려져 있으며 머드매트(mud mat)를 적용하여 상부구조물의 하중을 해저지반에 분산하기도 한다.

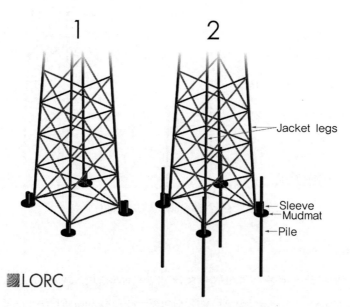

그림 5.104 Post-piling 시공 방법(LORC)

(3) 해상풍력발전기 기초지지구조물 개략적 설치프로세스 예시

해상풍력 지지구조물은 중력식 지지구조물 형태(GBF, Gravity Base Foundation), 모노파일형태(monopile 또는 monopod), 재킷 파일 형태(jacket), 트라이포드 형태(tripod) 등 다양한 방법들이 있으며, 시공방법 또한 해상 및 작업조건에 따라 가장 최적화된 형태들을 결정할 수 있다. 따라서 다양한 하부 지지구조물들 중 국내에서 시공된 바 있는 재킷 지지구조물과 중국 해상 풍력단지에서 시공되어 국내에 잘 알려진 파일캡 지지방식 및 유럽에서 가장 많은 보유실적을 가지고 있는 모노파일 지지구조물과 중력식 지지구조물의 개략적 설치 프로세스에 대하여 설명하여 해상풍력 지지구조물의 해상작업에 대한 이해를 돕고자 한다. 본 설치 프로세스는 고장이나 돌발적인 공사 중단, 해양날씨 및 작업조건 등의 상세고려 등 실제적 상황이 전혀 고려되지 않은 가상으로 예측한 것으로 하부지지구조물 시공에만 해당됨을 밝혀둔다.

① 재킷 지지구조물 설치

4개의 강관을 경사형태로 배치하여 2단 분리하여 설치하는 방식이며, 높이가 약 30 m인 재킷구조물로, 하단부 재킷 부분의 중량은 300 ton(75 ton×4 EA) 정도이고, 재킷 지지구조물을 해저면에 고정한 후 강관내부에서 항타/RCD 작업을 하는 post-piling 방식으로 설치하는 것으로 가정한다.

표 5.22 재킷 지지구조물 개략적 설치 프로세스

공정	설명
사전 준비작업	- 사전 측량 실시 : 기준점 확인, 현장부표 설치 - 플로팅 크레인 또는 jack up barge 세팅/현장 이송
해저 지면 바닥 정지작업	- 위치 및 elevation 확인(잠수인력 투입) - 설치지점의 해저면 평탄화, 부분적 보강 공법 적용, 버림콘크리트 치기 등
운송	- Transportation barge에 재킷 지지구조물을 선적하여 이송 - 작업지점에서 플로팅 크레인(또는 jack up barge)과 계류작업 - 예인선+플로팅 바지선 - 예인선+플로팅 바지선+해상크레인+크롤라크레인
재킷 포지셔닝	- Transportation barge로부터 재킷을 들어올려 해상으로 진수 - 해저면의 목표지점에 재킷 구조물 정치 - 재킷 지지구조물 leveling 및 고정(기초굴착부 수중콘크리트 타설)
파일 항타 (및 RCD 천공)	- 바이브로 해머 또는 하이드로 해머 - 암반층이 있을 경우 RCD 천공(RCD 장비 재킷 지지구조물 상단 거치) - 경우에 따라 소음저감공법 적용 - 강관파일 삽입(파일 연직도 관리)
파일 내 그라우팅/TP 조립	- 슬라임 처리 및 철근망 근입/재킷 파일 내부 및 파일-철근망 내부 그라우팅 - 재킷 지지구조물 하단부 수직도 조절 - 하부지지구조물-TP 조립

해상풍력 지지구조물 설치를 위해서는 육상에서 사전 조립된 재킷 지지구조물을 해상 공사 지점까지 이송하는 운송바지선(transportation barge)과 이송된 구조물을 인양하여 진수/해저면 정치에 필요한 크레인이 장치된 잭업바지선, 그리고 운송바지선을 예인하는 예인선(tug boat), 작업감독선 등이 필요하다.

해상풍력발전기 설치에 동원되는 선박 또는 장비들은 대부분 메시브(massive)한 구조물을 이송/설치하기 때문에 장비규모가 대형이고 임대료 자체가 고가이며 작업용량 및 작업 기간에 따라 급격하게 증가된다.

정부에서 발표한 서남해안 해상풍력단지 2단계 실증단지와 같은 대형풍력단지를 조성하기 위해서는 시공에 필요한 선박이나 장비들의 선단구성안을 계획해야 하는데, 해상작업의 기상 조건과 작업 조건, 공사 규모, 해당 선박/장비의 수급 유무 등을 감안하여 안전하면서도 가장 경제적인 선박/장비 조합이 필요하다. 위에서 가정한 재킷 지지구조물을 효율적으로 설치하기 위해 개략적으로 필요한 선박/장비들을 다음 표 5.23과 같이 조합해볼 수 있다. 아래에서 제시한 조합들은 해상풍력 지지구조물 1기를 시공하는 것이 아니고 최소 20기 이상을 설치해야 하기 때문에 세부적인 공정을 별도로 검토한 후 결정하여야 한다.

표 5.23 재킷 지지구조물 개략적 선박/장비 조합(예시)

재킷 지지구조물 운송 및 설치 조합			강관파일 및 TP 설치 조합		
플로팅 크레인	1,500 ton	5척	Crawler Crane	600 ton	3대
운송바지선	2,000 P	10척	잭업바지선	2,000 P	3척
예인선	1,500 HP	10척	운송바지선	2,000 P	6척
통선(관리/소모품 운반)	15인	5척	예인선	1,500 HP	6척
			통선(관리/소모품 운반)	15인	3척
총 5개 정도의 선단 운용 가능 예상			총 3개 정도의 선단 운용 가능 예상		

재킷 지지구조물의 인양 및 진수과정에서는 sheer-leg crane 형태의 플로팅 바지선을 이용하는 것으로 가정하였는데, 재킷 구조물의 중량 및 높이 등을 감안한 것이다.

강관파일 및 TP 설치에는 파일작업의 수직도 유지 등의 이유로 작업플랫폼이 고정되어 있어야 하기 때문에 잭업바지선에 crawler crane을 장착하여 작업을 진행할 수 있고, 해당 용량 및 작업반경 등을 감안하여 각 제조사별 사양을 검토하여 크레인 종류를 결정하면 된다.

참고로 상부타워 및 RNA 등의 설치 공정에서는 하부지지구조물 설치에 필요한 선박 또는 장비와 비교해 본다면 더욱 큰 용량이 필요하게 되며, 5 MW급에 적합한 타워 및 RNA 등을 설치하기 위해서는 타워 높이를 고려해 볼 때 국내에서 보유한 장비로는 공사 진행이 어려우며, 선박/장비들을 부분 개조하거나 해외에서 도입해 오는 방법을 고려해 볼 수 있다. 선박/장비 임대비용이 고가이고 운항속도가 느리기 때문에 공사비 상승 또는 공기 지연이 불가피할 수 있다. 따라서 국내 서남해안 해상풍력단지와 같은 대형 풍력단지 산업을 안정적이고 성공적으로 완수하기 위해서는 해상풍력발전기 설치 전용선을 도입하거나 불가피할 경우, 국내 보유된 장비들을 현장 상황에 맞게 개조하여 사용하여야 한다.

② 파일캡(high-rised pile cap) 지지구조물 설치

해상지반에 다수의 현장타설말뚝 또는 강관말뚝을 해수면 위까지 연장하고 여기에 콘크리트로 앵커프레임을 설치한 후 타워부를 고정하는 방법으로 중국 동해 해상풍력단지에 성공적으로 설치된 지지구조물 형식이다. ϕ2,000×4 EA의 현장타설말뚝(RCD)을 지지층까지 시공하는 것으로 가정하며, 국내 시공사들의 시공실적이 풍부하여 기술수준이 높은 편으로 평가된다. 토사층은 주로 바이브로 해머로 천공하며, 암반층은 RCD 공법을 적용하는 것으로 가정할 경우 다음 표 5.24와 같이 개략적인 장비를 구성할 수 있을 것이다.

표 5.24 파일캡 공법 해상공사 개략 장비 구성(안)

공사 분류	장비 구성안			비고
	선박/장비	용량	소요대수	
운반공사	바지선	2,000 ton	1	크레인 장착
		1,500 ton	2	
	예인선	500 HP	1	
		800 HP	1	
파일 공사	바이브로 해머	25 ton	1	용접기, 발전기, 컴프레셔, 토운선, 펌프카 등 필요
	RCD 비트	ϕ2,000	1	
	해머 그래브	ϕ2,000	1	
관리/소모품 운반	통선	15인승	1	

③ 모노파일 지지구조물 설치

ϕ5,000의 단일 현장타설말뚝을 설치하는 것으로 가정하였으며, 국내 시공사들은 ϕ3,000까지의 시공 실적 및 장비는 보유하고 있으나 ϕ5,000 정도의 지반을 천공하는 장비나 시공 실적은 찾아보기 힘들며, 해당 장비를 해외에서 공급을 받거나 국내에서 개발해야 할 것으로 판단된다.

표 5.25 모노파일 공법 해상공사 개략 장비 구성(안)

공사 분류	장비 구성안			비고
	선박/장비	용량	소요대수	
운반공사	바지선	3,000 P	1	크레인 장착
		1,000 P	2	
	예인선	2,000 HP	1	
파일 공사	잭업바지선	3,000 ton	1	용접기, 발전기, 그라우팅 배치 플랜트, 펌프카등 필요
	크레인	400 ton	1	
		300 ton	1	
	베이스머신	85 ton	1	
	천공장치(드릴캐니스터)	ϕ5,000	1	
관리/감독/소모품 운반	통선	15인승	1	

④ 중력식 지지구조물 설치

지지구조체의 높이를 33 m로 가정하고, 구조물 자체의 중량은 약 3,000 ton 정도이며, 약 3,000 m³의 모래로 속채움을 하는 것으로 가정한다. 지지구조체를 해저면에 착저하기 전 해저면 정지 작업 및 버림콘크리트 타설을 하며 지지력 불량에 따라 구조물의 침하 등이 우려될 경우 연약지반 처리 공법을 적용해야 한다. 중력식 지지구조물은 육상작업장에서 제작하여 해상에서의 설치지점까지 예인선으로 견인해서 운송하며, 진수과정에서는 잭업바지선 및 기타 계류장치를 이용하여 포지셔닝 작업을 수행해야 한다. 기초 구조물 형식에 따라 진수과정에서 대형 잭업바지선이 필요할 수 있다.

표 5.26 중력식 기초 개략 장비 구성(안)

장비 구성안			비고
선박/장비	용량	소요대수	
바지선(세팅 또는 론칭)	4,500 P	1	
해상 크레인	3,600 ton	1	
예인선	1,000 HP	2	
	2,000 HP	1	

(4) 해상풍력발전기 설치를 위한 지원항만 고려사항

5 MW급 해상풍력발전기의 경우, 블레이드 직경은 제작회사마다 다르겠지만 직경이 130여 m 정도이고, 해수면에서 RNA까지 높이가 100여 m 정도로 설계/시공 되고 있으며 RNA 및 상부타워의 중량은 약 800 ton 이상으로 추정된다. 또한 sub-structure의 경우에도 해상조건 및 입지조건에 따라 결정되겠지만 대규모 단지일수록 설치되는 수심이 깊어지는 경향이 있고 수심 약 30 m 정도에 설치된 사례를 볼 경우 약 600 ton 정도로 예상된다.

다수의 해상풍력발전기 설치로 구성되는 해상풍력단지를 계획하거나 시공할 경우, 이러한 해상풍력발전기의 구성부품들은 제작사로부터 지원항만 부근까지 육상 또는 해상 경로를 통하여 지원항만 부근으로 이송 및 보관해야 하고 보관된 부품들을 설치 스케줄에 따라 선적 후 해상운송 선박으로 이송해야 한다. 따라서 해상풍력단지의 성공적 조성을 위해서는 부품이나 지원 장치들을 보관하고 선적하는 지원항만에 대한 고려가 우선 이루어져야 할 것이며 이에 대한 고려사항에 대하여 간략하게 설명하고자 한다.

① 지원항만 선정 시 일반적 고려사항

해상풍력발전기 설치를 위해 지원항만을 선정하는 과정에서는 지원항만과 해상공사 지점까지 거리가 너무 멀거나 지원항만으로써 지원시설이 부적합할 경우 물류비용 및 장비임대료 등이 부가적으로 증가하게 되고, 공사기간 지연이 발생될 수 있다. 따라서 물류비용을 최소화할 수 있으며, 계류시설, 수역시설 등의 지원여부, 해상풍력발전기 관련 산업체의 밀집 정도, 경제성 분석 등을 고려하여 최적의 항만을 선정해야 할 것이다.

② 부품 운송방법 및 야적장

해외 사례의 경우 발전기 구성부품들은 철도나 도로에 의해 주로 이루어졌는데, 부품들의 크기, 중량 등을 고려하여 안전하게 운송될 수 있도록 철도나 도로의 통과높이, 폭, 곡률반경 등을 검토해야 한다.

운송되어진 부품들은 공사 진행 스케줄에 따라 야적장에서 안전하게 보관되어져야 하는데 제작사의 제품과 지지형식에 따라 다르겠지만 덴마크 Aalborg 항에서 제공하는 자료에 의하면 야적 등으로 사용할 수 있는 부지 면적을 약 250,000 m² 정도 확보한 것으로 알려져 있다.

③ 계류시설 및 수역시설

해상풍력발전기 설치에 동원되는 선박들은 상대적으로 대용량으로 제작되고, 부품들을 지원항만에서 선적하여 해상공사 지점까지 운송하는 선박의 규모를 고려하여 안전하게 접안할 수 있는 부두의 길이와 수심 및 운송선이 항내 입출항이 가능하도록 항로의 폭과 수심을 결정해야 한다.

선적과정에서 부품들을 항만에 내려놓을 때 상재하중이 매우 클 경우 부두가 붕괴될 수 있으므로 부품 중량에 대한 지반의 지지력 검토가 필요한데 각 제조사별 제품의 중량 및 육상에서 조립하여 해상으로 운반, 설치할 경우 조립된 상태의 중량 등에 대해서 엄격하게 고려되어야 한다. 또한 선박이 입항한 후 접안과정에서의 충격력을 흡수하는 방충재의 용량과 선박이 계류할 때 바람 등의 영향으로 동요를 방지하는 계선주 용량에 대해서도 검토되어져야 한다. 기타 발전기 부품을 선적할 때 인양하는 크레인 용량, 전기, 통신 등의 인프라 지원시설 등에 대해서도 검토가 필요하다.

해외의 경우, 대표적인 덴마크의 대형화물 처리항으로, Anholt 해상풍력단지 건설을 위한 지원항만으로 이용된 Aalborg Port의 경우 주요 시설 현황은 다음과 같으며, 국내의 경우 차후 건설되는 해상풍력단지의 위치 및 규모를 고려하여 각 항목들에 대하여 필수요건들을 결정해야 할 것이다.

표 5.27 덴마크 Aalborg Port의 지원항만 개략 규모(www.portofaalborg.com)

항목	내용
수심	9.3 m
선박 입출항 폭	110 m
최대 이용가능 선박 크기	전장 250 m, 선폭 110 m, 흘수 9.3 m
안벽연장	200 m
안벽적재하중	42 ton/m^2
야적 등 이용가능면적	250,000 m^2
기타	- 철도와 직접 연결됨 - 주요도로(E45)와의 거리 5 km

5.5.3 맺음말

해상풍력단지 조성에서 설치/시공 부분은 풍력발전 시스템 운송을 포함한 발전단지 건설을 위한 엔지니어링 및 건설 등을 수행하게 되는데 이러한 범위들의 작업을 수행할 경우, 조선, 기계, 토목, 전기 등 다양한 분야들이 참여하게 된다.

해상풍력발전기 전체 공사 중 설치부분이 전체 공사비에 차지하는 비율이 높고 또한 설치 방법 진행에 따라 공사기간 및 지출비용에서 크게 차이가 날 수 있으며, 이는 전체 해상풍력단지 조성의 성패에 큰 영향을 주게 된다. 따라서 지반공학자의 입장에서는 이러한 전체 과정에서 설치 부분에 포함되는 여러 공정들 중 직접적으로 관련이 있는 공정에 대해서는 주도적으로 참여를 해야 하고, 다양한 분야가 참여하는 전체 해상공사에서 성공적 해상작업을 수행하기 위하여 진행 과정에 대해서도 개략적으로 이해할 필요성이 있다.

해상 작업에서 기상상태나 해상조건 및 설치되는 구조물의 규모 등에 따라 다르겠지만 해상풍력발전기 또는 해상풍력단지 설치와 관련하여 주로 대형 선박이나 장비의 임대료가 고가이기 때문에 설치비에 상당한 영향을 주는 요인이 된다. 따라서 작업조건을 고려한 공정 최적화가 반드시 필요하다. 또한 해상공사에 대한 이해를 돕고자 이용되는 선박들의 종류와 역할, 지지구조물 형식에 따른 개략적 공사의 진행과 선박/장비의 구성안에 대한 이해가 필요하며 이에 대한 예시를 통하여 이해를 돕고자 하였다.

해상풍력단지 조성에는 지원항만에 대한 검토가 반드시 선행되어야 하며, 효율적 공사의 진행을 위해서는 전용설치선 제작이 필요하며, 불가피할 경우, 국내에서 활용할 수 있는 장비나 선박들을 대상으로 현장 상황에 맞게 개조하여 사용해야 할 것으로 판단된다.

06
계측 및 유지관리

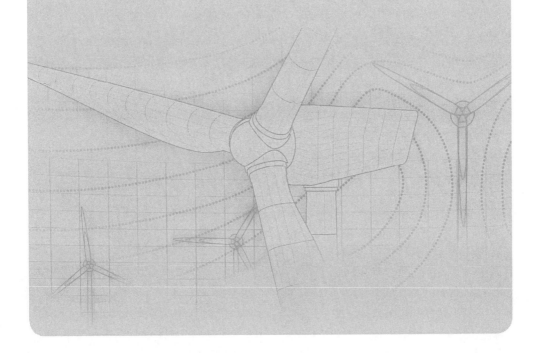

06

계측 및 유지관리

| 김대학

해상풍력발전의 계측 및 유지관리 목적 및 기능은 자동운전을 위한 두뇌 역할, 시스템의 운전 시 기계적 부하(풍력하중 및 회전하중)를 최소화하여 구조적 안전도모 역할, 전력 품질 고도화, 발전효율 향상 및 제어를 통한 풍력에너지 회수 최대화 등에 있다.

6.1 구조물 건전도 평가

해상풍력발전기초 구조물의 건전성 평가는 건설 운용 단계별로 구분하면, 설계 상수 확인 등 설계 시 평가 사항과 건설 시 평가사항, 준공 후 공용 중 평가 사항으로 구별할 수 있다.

(1) 설계 시 평가 사항

설계 시 평가 사항은 설계를 위한 해저 지반 조사 중 원위치 시험(해양 CPT, 해양 샘플 등) / 조류, 풍랑, 적설, 태풍, 지진, 해일 등의 해양 해류 조사 및 자연 환경 조사 시 동반되는 측정 및 시험 / 축소 모형에 의한 시험(풍동시험, 파랑시험 등) / 시험 항타 모니터링에 의한 동적재하 시험 및 정재하 시험에 의한 압축 저항력 측정, 인발 저항력 측정, 수평력 측정, 비틀림 모멘트 저항력 측정, 휨모멘트 저항 측정, 실규모 운전 시험 등의 실규모 시험 등이 있다.

(2) 건설 시 평가사항

해상풍력기초 건설 시 평가 사항은 케이슨 등의 직접기초의 경우 지내력 측정, 말뚝기초인 경우 말뚝의 (연직 압축, 인발, 수평) 지지력 측정, 파일레프트일 경우 건설 시 기초면 지반에 작용하는 하중과 기초 말뚝에 작용되는 하중 분담율 및 용량, 석션 기초의 경우 기초의 (압축 및 인발, 수평) 저항력, 부유식 기초의 경우 복원력, 수평저항력 등의 시험이 있다.

그림 6.1 해양풍랑조건을 이용 hywind 부유식 기초 시험(Shin, 2011)

그림 6.2 실규모 블레이드와 drivetrain 실험

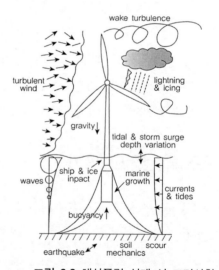

그림 6.3 해상풍력 설계 시 고려사항

그림 6.4 해상풍력발전 날개의 운송(출처 : http://environmentalresearchweb.org)

기초 건설에 이어 진행되는 풍력발전 타워의 건설 공정에 따른 고유진동수의 측정, 볼트 장력 평가와 상부 발전설비 및 송전 설비에 대한 평가, 풍력발전날개 및 구조물 전체 안전성 평가 등이 있다. 건설 단계별 고유진동수를 측정하여, 준공 후 안전성 평가의 지표로 이용될 수 있다.

(3) 준공 후 공용 중 평가사항

준공 후 공용 중 평가는 구조물 전체 안정성 평가를 위한 실규모의 시험을 실시하기 어려운 관계로 유지 관리 절차에 따르며, 설계하중 75%에 근접하는 하중 작용 시, 정기 점검 빈도 외에 추가로 임시 점검을 실시하며, 자연재해[낙뢰, 화재, 지진, 해일(지진 해일 포함), 태풍, 설계하중 근접 돌풍 발생 등] 및 인적재해(폭발, 충돌, 화재, 과다한 회전 속도 등) 발생으로 인한 구조물 영구 변형이 예상되는 경우 임시 점검 외에 구조물 평가 시험을 실시한다. 구조물 평가 시험은 국부 응력재하 시험과 실규모 재하 시험(모멘트 시험 등) 등으로 구분된다. 한편 구조물의 낮은 주파수 대역의 고유진동수 측정을 이용하여 구조적 결함을 발생 유무를 확인한다.

본 고에서는 2 MW급 이상의 재킷 구조물에서 주로 설계상수 확인 또는 건설 중 성능 확인 목적 실시하는 항타 시 파일 모니터링에 의한 대구경 강관말뚝의 지지거동 측정, 비틀림 모멘트시험, 휨모멘트 시험, 고유진동수 측정에 대하여 기술한다.

6.1.1 해상강관 말뚝 모니터링

(1) 운전감시

해상풍력은 그 효율 특성상 풍력발전날개 길이의 제곱에 비례하는 풍력에너지를 접하게 되므로, 현재 7.5 MW/기보다 큰 10 MW/기가 2013년 초에 설치될 예정이며, 향후 지속적으로 거대해질 전망이다.

풍력발전 구조물 기초는 모노파일 형식이나 재킷 형식의 경우, 해상 항타 또는 수중 항타를 동반하게 되며, 이때 연직 압축 지지력 또는 인발력을 측정하여 설계 시 산정된 값을 비교 검토하고 있다. 이에 관련된 규격은 ASTM D 4945-12, 'standard test method for high-strain dynamic testing of deep foundations' 및 KS F 2591-04, '말뚝의 동적 재하 시험 방법'에 명기되어 있다.

해상강관 말뚝 모니터링에는 대형 항타선, 바지선, 수중 잠수정, 말뚝인양장치, 대형 헤머 등의 특수장비가 동원되어 시공되며, 해상 말뚝 모니터링 역시 250 m 이상의 리드선을 갖추고 필요시 수중 센서를 사용하여 측정을 실시한다. 시간 경과에 대한 말뚝의 지지력 거동은 API 규정에 의해 항타 종료 1일 경과 시에 실시한다. 시험결과는 해상 전기식 콘관입시험 결과 산정된 지지력과 비교하여 평가한다.

(a) 말뚝 sleeve 적용   (b) clover leaf 적용   (c) pile handler 적용

그림 6.5 말뚝 인양 방법

해상 작업 스팀 해머 및 유압 해머(예)의 사진 및 제원을 다음과 같이 정리하였다.

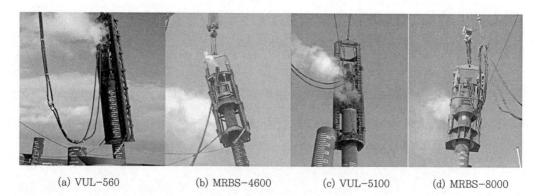

(a) VUL-560   (b) MRBS-4600   (c) VUL-5100   (d) MRBS-8000

그림 6.6 Steam Hammer

그림 6.7 유압해머 MHU-600B, MHU-300(좌) MHU-800S(우)

표 6.1 해머 사양 및 효율

햄머의 종류	단위	VUL-560	VUL-5100	MHU-600B	MHU-800S	MRBS-4600	MRBS-8000
Rated energy	kN-m	425.0	679	620	880(800~1000 m)	690.0	1400
램(ram)의 무게	kN	278.0	445.0	293.5	441.4	451.0	784.8
말뚝 캡(cap) 무게	kN	192.0	311.4	142.3	294.01)	265.22	415.46
해머의 효율 (이론/실측)	%	75	75/71	85/79~80	85/62~81	75/50~58	75/36~48
쿠션재료		Micarta & aluminum	Bongossi-wood	–	–	Bongossi-wood	Bongossi-wood
쿠션 스프링값	kN/mm	3,032.0	15,689.0	–	–	15,689.0	15,689.0
쿠션 반발계수		0.80	0.75	–	–	0.75	0.75

주 : 1) MHU-800S의 말뚝 캡 무게는 anvil+pile sleeve 무게임

그림 6.8 쿠션 재료(bongossiwood) : 사용 전(좌), 사용 후(우)

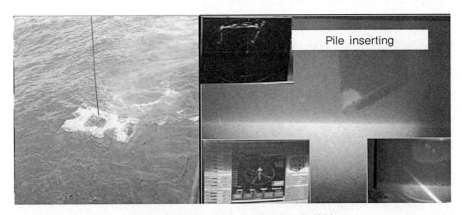

그림 6.9 ROV 진수(좌) 및 조종 화면(우)

스팀 해머에는 일반적으로 큐션재가 사용되며, 유압 해머는 수중항타가 가능하다. IHC사 유압해머의 경우 수중 800~1000 m 타격력이 표준제원이 된다. 파일 모니터링 결과 지지력 및 단위 주면마찰력 분포를 도시한 예는 다음 그림과 같다.

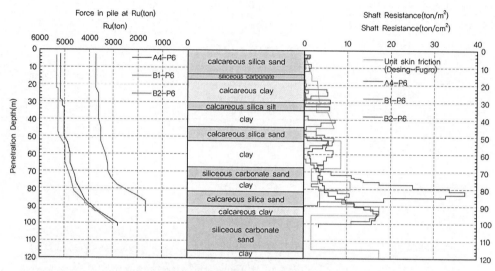

그림 6.10 축하중분포 및 단위 마찰력분포(예, 인도)

6.1.2 휨모멘트 및 비틀림 모멘트 시험

(1) 휨모멘트 시험

일반적으로 수평재하 시험에 대하여 ASTM D 3966-07 'standard test methods for deep foundations under lateral load' 절차를 따르고 있으며, 기초 면에 작용하는 하중을 대상으로 하는 시험 방법을 정의하고 있다. 한편 IEEE Std 691-2001 'IEEE guide for transmission structure foundation design and testing'이나 BS EN 61773:1997 IEC 61773:1996 'overhead lines-testing of foundations for structures'는 철탑의 휨모멘트 재하방법에 대하여 나타내고 있다.

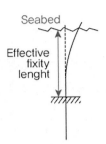

Configuration	Effective fixity length
Stiff clay	3.5 D–4.5 D
Very soft silt	7 D–8 D
General calculations	6 D
Experience with offshore turhines	3.3 D–3.7 D

그림 6.11 유효 고정길이(effective fixity length, seabed, Zaaijer, 2008a)

대부분의 해상풍력 구조물 기초는 점토나 실트층으로 구성된 해저면에 설치되므로 지반의 수평고정점에 따라 상부에 작용되는 하중에 따른 모멘트가 달라질 수 있다. 따라서 실증 시에는 IEEE 691이나 BS EN 61773의 절차를 따르는 것이 타당하다. 휨모멘트 시험 예는 다음 그림과 같다.

그림 6.12 강관주 휨모멘트 시험(예)

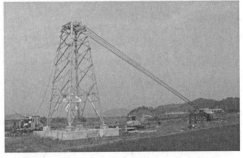

그림 6.13 격자철탑 휨모멘트 시험(예)

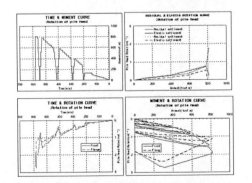

그림 6.14 강관주 휨모멘트 시험결과(예)

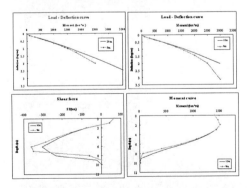

그림 6.15 설계값과 휨모멘트 시험결과 비교(예)

(2) 비틀림 모멘트 시험

풍력발전 구조물의 기초는 휨모멘트에 대한 저항뿐만 아니라 비틀림 모멘트에 대한 저항을 필요로 하고 있다. 현재 비틀림 모멘트 시험에 대한 국제적인 시험 기준은 제정되어 있지 않은 상태이며, 국내에서 강관주 송전철탑, 강관전주, 교통표지용 입간판 및 신호등 지주 기초 안정성 검토 목적으로 시험이 진행되었다.

해상에서는 작업선에서 윈치를 이용한 시험이 가능하다. 육상 시험(예)은 다음 그림과 같다.

그림 6.16 비틀림 모멘트 시험

6.1.3 고유진동수 측정

미풍력협회(AWEA) 및 미토목학회(ASCE)의 Large Wind Turbine Compliance Guideline Committee의 2011년(Draft) 'recommended practice for compliance of large onshore Wind turbine support structures' p.33 5.4.6에서 풍력발전날개, 터빈, 기둥, 기초 간에 고유주파수 평가 분리를 요청하고 있다.

(a) 풍력발전날개(설치 후)

(b) 풍력발전날개 고정장치

(c) 풍력발전날개 시험

그림 6.17 해상풍력발전날개 가속 시험(blade test facility – Blyth)

그림 6.18 풍력발전날개의 윈치를 이용한 정적하중시험(Zaaijer, 2008b)

특히 풍력발전날개의 경우 비틀림 속도 증가에 따른 응력분포가 달라지므로 이에 대한 특성 평가를 포함하고 있다. 대부분의 해상풍력은 인증기관의 인증을 받아 그 규칙을 준수해야 하며, 타워 공명의 거의 큰 경우 시스템은 고유 진동수가 15% 이상 분리가 있어야 매우 적절하고 바람직한 것으로 판명되었으며, 터빈 작동 주파수에서 최소로 10%의 분리를 사용해야 한다. 5~10% 사이의 분리는 공명의 위험을 나타낼 수 있으며, 엔지니어링 재량과 주의가 필요하다. 5% 이하로 분리는 높은 위험도가 높은 공진 조건으로 간주될 수 있으며 허용하지 않을 수 있다. 하지만 일부 인증기관에서 인증된 진동 완화 등이 고려될 수 있다. 고유진동수의 설계조건을 만족하기 위해 주로 Campbell diagram(그림 6.19)를 사용한다.

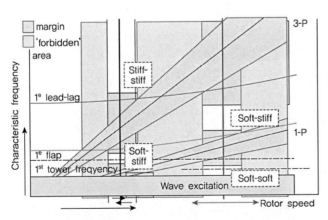

그림 6.19 Campbell diagram 개념도(Zaaijer, 2008a)

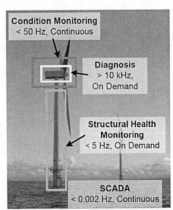

그림 6.20 풍력발전의 고유진동수
(Zaaijer, 2008b)

(1) 상시 진동 측정 분석

풍력발전 구조물에 주요 위치에서 3성분 지오폰으로 상시미동의 수평/수직비(H/V, horizotal vertical spectrum ratio)가 최대인 주파수를 찾는다. 풍력발전 각 위치에서의 고유진동수의 측정과 이의 경시변화 추이를 분석하여 안정성을 분석한다. 건설 초기에 측정된 고유진동수는 설계 시 산정된 고유진동수와 비교하여 그 안정성을 검토할 수 있다.

1) 수평/수직비(HV, horizotal vertical spectrum ratio) 방법

수평/수직비(H/V) 방법은 Kanai and Tanaka(1961)의 최초 연구에 기반으로 Nogoshi and Igarashi(1971)의 의해 제안된 Nakamura 방법이다. 상시미동을 한 점에서 3성분 지오폰으로 horizotal vertical spectrum ratio (H/V)를 측정한다.

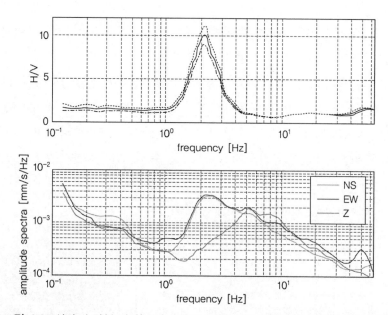

그림 6.21 상단 수평/수직비(H/V), 하단 수평(NS나 EW)과 수직방향(Z)의 진폭

저주파수에서 분해능이 좋은 3성분 지오폰으로 지반의 상시미동의 수평수직 진폭비(H/V spectral ratio)를 측정하고 시간을 20~30초 간격으로 잘라 주파수분석하여 최대 수평/수직 진폭비의 주파수를 찾아 고유주파수를 평가한다.

2) H/V 분석

측정한 H/V와 설계에서 계산된 H/V와 비교하여 전단파속도를 심도별로 산정할 수 있다. 소프트웨어의 H/V 곡선 해석 코드는 평평한 지층에서 Aki(1964) and Ben-Menahem and Singh (1981)의 이론에 따른 표면파의 모사에 기반을 둔다.

① horizontal to vertical spectral ratio(H/V 비)

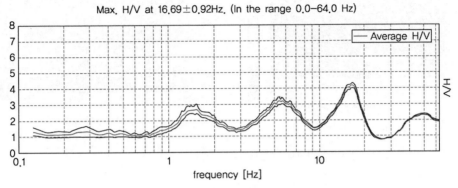

그림 6.22 수평/수직 진폭비(H/V 비)(예)

② single component spectra(N-S, E-W, up-down 3개의 각 신호)

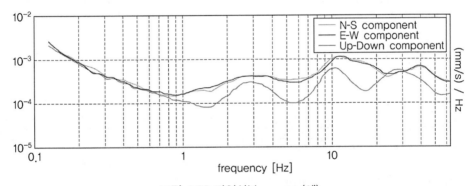

그림 6.23 단일성분 spectra(예)

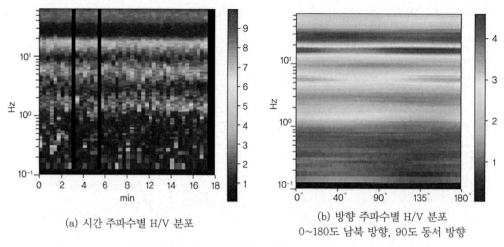

(a) 시간 주파수별 H/V 분포   (b) 방향 주파수별 H/V 분포
0~180도 남북 방향, 90도 동서 방향

그림 6.24 Nakamura 방법 시간 주파수 분석 결과

③ site effects assessment using AMbient Excitations 2005 guidelines에 따른 H/V
해석기준

Criteria for a reliable H/V curve 기준	Criteria for a clear H/V peak 공진 기준 (at least 5 out of 6 criteria fulfilled)
i) f0>10/lw(window length) and ii) nc (f0)>200 and iii) σA(f)<2 for 0.5f0<f<2f0 if f0>0.5 Hz or σA(f)<3 for 0.5f0<f<2f0 if f0<0.5 Hz	i) ∃ f−∈ [f0/4, f0] | AH/V(f−)<A0/2 ii) ∃ f+∈ [f0, 4f0] | AH/V(f+)<A0/2 iii) A0>2 iv) fpeak[AH/V(f)±σA(f)] = f0 ±5% v) σf<ε(f0) vi) σA(f0)<θ (f0)

- lw = window length 선택한 시간 간격
- nw = number of windows selected for the average H/V curve 평균을 위한 선택시간 수
- nc = lw. nw. fo = number of significant cycles
- f = current frequency 현 주파수
- fsensor = sensor cut−off frequency 센서
- f0 = H/V peak frequency H/V 공진 주파수
- σf = standard deviation of H/V peak frequency (f0 ± σf) 최대 주파수에 대한 표준편차
- ε(f0) = threshold value for the stability condition σf<ε(f0)
- A0 = H/V peak amplitude at frequency f0 공진주파수에서 H/V 최대 진폭
- AH/V(f) = H/V curve amplitude at frequency f 주파수에 대한 H/V 진폭비
- f− = frequency between f0/4 and f0 for which AH/V(f−)<A0/2 공진 전 주파수의 진폭
- f+ = frequency between f0 and 4f0 for which AH/V(f+)<A0/2 공진 후 주파수의 진폭
- σA(f) = "standard deviation" of AH/V(f) 주파수에 대한 진폭의 표준편차
- σlogH/V(f) = standard deviation of the logAH/V(f)
- θ(f0) = threshold value for the stability condition σA(f)<θ(f0) 안정에 대한 초기값

Threshold Values for σf and σA(f0) 주파수와 진폭에 대한 표준편차에 대한 초기값					
Frequency range[Hz] 주파수 범위	<0.2	0.2~0.5	0.5~1.0	1.0~2.0	>2.0
$\varepsilon(f0)$[Hz] 초기값(주파수)	0.25 f0	0.20 f0	0.15 f0	0.10 f0	0.05 f0
$\theta(f0)$ for σA(f0) 초기값(주파수)	3.0	2.5	2.0	1.78	1.58
$\log\theta(f0)$ for σlogH/V(f0) 초기값	0.48	0.40	0.30	0.25	0.20

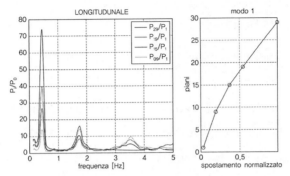

그림 6.25 공진주파수 및 층별 속도 분포

6.1.4 풍력발전기둥 및 기초 연결 재료

풍력발전기둥 및 기초 연결 재료에 대하여, 미풍력협회(AWEA) 및 미토목학회(ASCE)의 large wind turbine compliance guideline committee의 2011년(Draft) 'recommended practice for compliance of large onshore wind turbine support structures' 7.1에서 제안한 재료 코드는 다음과 같으며 이들 재료는 이에 적정한지 검사인증기관의 품질 검사를 받도록 한다.

(1) Tower Shell

- ASTM A36 : carbon structural steel
- ASTM A572 : high-strength structural steel
- ASTM A709 : structural steel for bridges
- EN 10025-2 S235 : structural steel
- EN 10025-2 S355 : structural steel

(2) Tower Splice Flanges and Base Plates

- Forged Flanges : ASTM A694
- Forged Flanges : EN 10025-3 S355
- Cut or formed from plate : see tower shell steels listed above

(3) High Strength Bolts

- ASTM A325 : structural bolts
- ASTM A490 : structural bolts alloy steel
- EN 14399-4 : high-strength structural bolting assemblies for preloading – part 4 : System HV – hexagon bolt and nut assemblies (M12 to M36) together with EN 14399-6 : high-strength structural bolting assemblies for preloading – part 6 : plain chamfered washers
- DASt Guideline 021 : hot dipped galvanized bolt assemblies 1544(M39 to M64)

6.1.5 풍력발전기초 재료

풍력발전기초 재료에 대하여, 미풍력협회(AWEA) 및 미토목학회(ASCE)의 Large Wind Turbine Compliance Guideline Committee의 2011년 (Draft) 'recommended practice for compliance of large onshore wind turbine support structures' 8.1에서 제안한 재료 코드는 다음과 같으며 이들 재료는 이에 적정한지 검사인증기관의 품질 검사를 받도록 한다.

(1) Reinforcing

ASTM A 615 : standard specification for deformed and plain carbon-steel bars for concrete reinforcement

(2) Cement

ASTM C 150 : standard specification for portland cement

(3) Aggregates

ASTM C 33 : standard specification for concrete aggregates

(4) Fly Ash and Other Pozzolans

ASTM C 618 : standard specification for coal fly ash and raw or calcined natural
pozzolan for use in concrete

(5) Air Entraining Admixture

ASTM C 260 : standard specification for air-entraining admixtures for concrete

(6) Chemical Admixtures

ASTM C 494 : standard specification for chemical admixtures for concrete

(7) Embedment Plate

ASTM A 36 : standard specification for carbon structural steel

ASTM A 572 : standard specification for high-strength low-alloy columbium-
vanadium structural steel

ASTM A 588 : standard specification for high-strength low-alloy structural steel, up
to 50 ksi [345 MPa] minimum yield point, with atmospheric corrosion
resistance

(8) Anchor Bolts

ASTM A 615 : standard specification for deformed and plain carbon-steel bars for
concrete reinforcement

ASTM A 722 : standard specification for uncoated high-strength steel bars for
prestressing concrete

DIN 931Hexagon head bolts - Part 2 : Metric thread M 68 to M 160 x 6 - product grade B

DS-EN ISO 898-1

6.2 운영 중 계측

해상풍력발전 구조물의 공용 중 계측은 전기설비 기술기준 제58조에 의한 시설 계측은 10 MW 이상의 증기터빈 발전기에 접속된 경우에 의무적으로 설치하게 있어 풍력 발전에서는 직접적인 규제사항이 아니나, 해상풍력발전기의 규모가 점차 거대화되고 있어 조만간 기당 10 MW의 발전이나 발전규모 400 MW 이상의 발전단지가 구성될 것으로 예상되므로 관련 규정을 준용하는 것이 바람직하며, 현재 설치되는 2 MW 이상의 해상풍력발전에서는 이러한 계측 외에 해상풍력의 특성상 필요로 하는 풍향 풍속계, 제동장치의 상태, 구조물의 고유진동수, 침하, 변형, 온도, 균열, 오일 상태, 전기장치 등이 모니터링 대상이 된다. 본 고에서는 해상풍력기초 구조물과 연관이 있는 부분에 대해서 중점적으로 기술한다.

먼저 전기설비 기술기준은 국내 관련 법규 사항으로 다음과 같다.

전기설비 기술기준(개정 2004.2.17 산업자원부 고시 제2004-19호) 제58조[계측장치]

① 발전소에는 다음 각 호의 사항을 계측하는 장치(정격출력이 400,000 kW 이상의 증기터빈에 접속하는 발전기는 제3호에 기재하는 사항에 대하여 이를 자동적으로 기록하는 것에 한한다)를 시설하여야 한다. 다만 태양전지 발전소는 연계하는 전력계통에 그 발전소 이외의 전원이 없는 것에 대하여는 그러하지 아니하다.

ⅰ) 발전기·연료전지 또는 태양전지 모듈(복수의 태양전지 모듈을 설치하는 경우에는 그 집합체)의 전압 및 전류 또는 전력

ⅱ) 발전기의 베어링(수중 메탈을 제외한다) 및 고정자(固定子)의 온도

ⅲ) 발전기(정격출력이 10,000 kW를 넘는 증기터빈에 접속하는 것에 한한다)의 진동의 진폭

ⅳ) 주요 변압기의 전압 및 전류 또는 전력

ⅴ) 특별고압용 변압기의 온도

② 정격출력이 10 kW 미만의 내연력 발전소는 연계하는 전력계통에 그 발전소 이외의 전원이 없는 것에 대해서는 제1항의 규정에 관계없이 제1항 제1호 및 제4호의 사항 중 전류 및 전력을 측정하는 장치를 시설하지 아니할 수 있다.

③ 동기발전기(同期發電機)를 시설하는 경우에는 동기 검정장치를 시설하여야 한다. 다만, 동기발전기를 연계하는 전력계통에는 그 동기발전기 이외의 전원이 없는 경우 또는 동기발전기의 용량이 그 발전기를 연계하는 전력계통의 용량과 비교하여 현저히 적은 경우에는 그러하지 아니하다.

④ 변전소 또는 이에 준하는 곳에는 다음 각 호의 사항을 계측하는 장치를 시설하여야 한다. 다만, 전기철도용 변전소는 주요 변압기의 전압을 계측하는 장치를 시설하지 아니할 수 있다.
　ⅰ) 주요 변압기의 전압 및 전류 또는 전력
　ⅱ) 특별고압용 변압기의 온도

⑤ 동기조상기를 시설하는 경우에는 다음 각 호의 사항을 계측하는 장치 및 동기 검정장치를 시설하여야 한다. 다만, 동기조상기의 용량이 전력계통의 용량과 비교하여 현저히 적은 경우에는 동기 검정장치를 시설하지 아니할 수 있다.
　ⅰ) 동기조상기의 전압 및 전류 또는 전력
　ⅱ) 동기조상기의 베어링 및 고정자의 온도

6.2.1 측정량

(1) 변 형

구조물에 가해지는 동적하중의 측정이나 구조물의 변형을 측정을 목적으로 스트레인게이지를 설치한다.

스트레인게이지는 전기저항식(foil gauge) 게이지와 진동현식(vibrating wire type) 게이지, 광센서(optical fiber sensor) 3가지 종류가 대표적으로 사용되며, 게이지의 특성상 전기 자기장의 영향을 받는 곳(허브, 나셀, 풍력발전날개 등)에서 적용하며, 풍력발전날개에 적용(예)은 다음 그림 6.26과 같다.

스트레인 게이지는 모재의 변형률을 측정하는 것이 목적으로 진동현식의 경우 모재의 2지점에 마운팅 블록을 설치하고 진동현이 고정된 바를 설치하고 plucking coil을 끼워 고정한 후, 일정 대역의 주파수를 진동현에 가한 후, 현이 고유주파수로 진동하면, 코일에 유도된 유도 전류의 주파수를 측정함으로써, 변형률과 진동현의 고유주파수의 제곱이 정비례하는 관계를 이용하여 변형률을 측정하는 1차 게이지이다.

측정원에서 2 km까지 별다른 증폭 없이 전송이 가능하며, 장기간 사용에 특별한 손실이 발생하지 않는 장점이 있는 반면, 가청주파수 대역에서의 전기장 혼조로 측정이 불가능할 수 있고, 너무 작은 시편의 측정이 불가능하고, 동적 측정이 불가능한 단점이 있다.

전기저항식 스트레인게이지의 일종인 마운팅 블록 고정형 전기식 스트레인 게이지는 마운팅 블록을 2개 지점에 설치하고 내부에 판스프링 형태에 full bridge 회로를 구성한 게이지 바를 고정한 후 변형에 따라서 전류량 또는 전압 변동을 측정하는 것으로 동적 측정이 가능하며, 소성변형 영역까지의 측정이 가능하다. 센서가 50 m 이상 이격하여 설치가 어렵고, 측정선 등에 전자 파나 전장 자장의 영향이 없도록 하여야 하며, 회로는 외부에서 완전 차폐 보호하여야 한다.

광센서는 빛의 입사와 반사 특성을 이용하는 방식으로 1개 센서선 내에 여러 개의 마킹을 통한 응력을 측정할 수 있는 장점과 특히 전장 및 자장의 영향을 받지 않는 장점이 있다. 센서의 재질 특성상 온도변화에 의한 영향이 크고, 단자 손실 시 처리가 어려운 단점이 있다.

정밀도 높은 전위차 방식의 게이지의 경우 수명이 낮고, 수명이 긴 완전차폐 방식의 인덕턴스 타입의 센서의 경우 그 정도가 낮아 변형률 측정에 불리하다. 최근 압전 효과를 이용한 센서가 개발되고 있으며, 향후 계측기에 많은 변화를 가져올 것으로 예상된다.

(a) 광섬유식　　　　　　　　(b) 진동현식　　　　　(c) 전기저항식(full bridge type)

그림 6.26 변형률계

광센서의 설치 유형에 대해서 다음 그림에 나타내었으며, 효율적인 측정과 손실에 대비하여 병렬식과 다점식을 병행하는 방식이나 순환식의 배열이 합리적이다.

표 6.2 변형률 게이지별 특징

종류		광섬유식	진동현식	전기저항식(Full bridge type)
측정 원리		길이 변화를 광량 변화로 측정	길이 변화율과 현의 고유 진동수 제곱의 비례관계 이용	Full bridge 회로를 이용 길이 변화를 전류 또는 전압으로 측정
센서 설치 환경 영향	전장 및 자장	거의 없음	영향 있음	매우 큼
	노이즈	거의 없음	없음	크다(차폐 요함)
	온도	매우 큼	작음	큼
내구성		긺	매우 긺	긺
교체용이성		어려움	용이(매립 시는 불가)	용이(매립 시는 불가)
가격		매우 높음	보통	높음
측정 방식	동적	가능	불가능	가장 적합
	정적	가능	가능	가능
기술 단계		최근 상용화	건설 분야 적용	광범위하게 적용됨
Active length		수십 m, 다점식 가능	2인치("), 6인치(") 등	2인치("), 4인치(")
적용 대상		풍력발전날개, 터빈 등 자장 영향이 큰 부품	풍력발전 기둥, 기초 앵커, 기초 철근	풍력발전 기둥, 볼트 장력계
타 적용 분야		항공(날개), 터널(라이닝), 댐, 기계 등	강구조, 철골, 교량, 콘크리트, 등	교량, 철골, 시험체, 차량, 열차, 저장조, 항공기, 선박 등

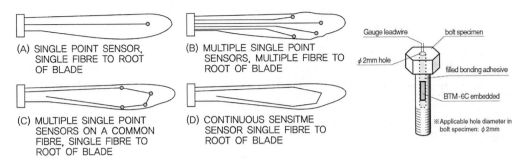

(A) SINGLE POINT SENSOR, SINGLE FIBRE TO ROOT OF BLADE

(B) MULTIPLE SINGLE POINT SENSORS, MULTIPLE FIBRE TO ROOT OF BLADE

(C) MULTIPLE SINGLE POINT SENSORS ON A COMMON FIBRE, SINGLE FIBRE TO ROOT OF BLADE

(D) CONTINUOUS SENSITME SENSOR SINGLE FIBRE TO ROOT OF BLADE

그림 6.27 풍력발전날개 광센서 설치(예) 네덜란드에너지연구센터 (ECN)

그림 6.28 볼트 축력계(모식도)

광센서의 사양(예)을 참고로 표 6.3에 기술하였다.

(2) 경사각

풍력발전의 기초 또는 기둥의 경사각을 측정하여 경시변화에 따른 기초의 안정성 확인에 목적이 있다.

경사각 센서는 액상 가속도 센서와 전해액과 전극을 이용한 센서, 추가 달린 판스프링 등에 Full bridge 회로를 구성하여 전위 나 전류로 측정하는 센서, 압전 효과 등을 이용한 센서 등이 있으며, 이중 액상 가속도 센서가 가장 정밀하고 광범위하게 사용하고 있다. 경사각 센서는 0.001도 이상의 정도를 갖는 1~2도 범위의 경사계를 사용하는 것이 적정하다.

표 6.3 광섬유 센서의 제원

Specifications ⓑ[1]	os3110 Spot weld	s3120 Epoxy mount
Performance properties		
Strain sensitivity2	~1.4 pm/$\mu\epsilon$	
Gage length	22 mm	
Operationg temperature range	−40 to 120°C(150°C short−term)	
Strain limits	±2,500 $\mu\epsilon$	
Fatigue life	100×106 cycles, ±2,000 $\mu\epsilon$	
Physical properties		
Dimensions	See diagram below	
Weight	2.6 g	
Carrier material	302 stainless steel	
Cable length	1m(±10 cm), each end	

Fiber type	SMF28-compatible	
Cable type	1 mm fiberglass braid	
Connectors	FC/APC optional	
Cable bend radius	≥ 17 mm	
Fastening methods3	Spot weld	Epoxy mount
Optical properties		
Peak reflectivity(Rmax)	> 70%	
FWHM(−3 dB point)	0.25 nm(±.05 nm; apodized grating)	
Isolation	> 15 dB(@±0.4 nm around center wavelength)	

(3) 진 동

진동을 측정하기 위한 센서는 piezoelectric type과 piezoresistive type이 가장 널리 이용되며, 풍력발전기의 주축베어링, 기어박스, 발전기, 기둥의 진동 감시에는 전자가 많이 적용되고 있다.

측정 주파수의 범위는 3 Hz~20 kHz의 것을 사용하며 구조물에는 20 Hz 이하의 감도가 좋은 가속도계를 적용하는 것이 바람직하다.

그림 6.29 서어보가속도식 경사계

그림 6.30 연통관식 침하계

(4) 침 하

해상 구조물 침하 측정에는 상대적인 침하량을 측정하는 원통관식 침하계와 절대적인 침하량을 압력측정 방식 침하계가 주로 사용되며, 이와는 달리 3차원 광역 스캐너 등을 이용한 구조변위를 측정하는 방식이 도입되고 있다.

6.2.2 측정 시스템

측정 감시 시스템은 센서에서 아날로그 신호를 받아, ADC (Analog to Digital Converter)를 통해 디지털 신호로 변환하고, 이를 데이터 로거에 저장하고 전송 시스템으로 관리 시스템에 데이터를 전송하면, 데이터 전처리(pre-processing) 과정을 통해 데이터베이스에 축적되고, 관리 프로그램에 그래프를 도시하거나 값을 나타낸다. 대부분의 풍력발전기 통신은 TCP/IP protocol에 의한 여러 컴퓨터가 동시에 접속할 수 있는 ethernet 네트워크를 사용하며, IEC 61400-25에 기술된 표준을 따른다.

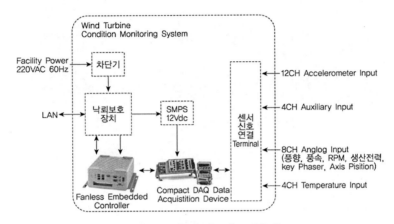

그림 6.31 측정 시스템 구성(예)

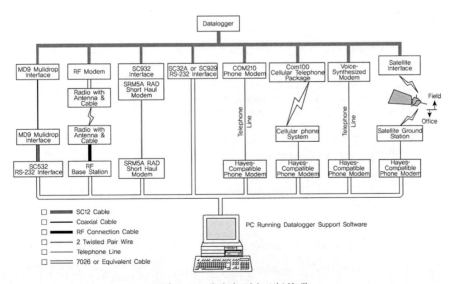

그림 6.32 데이터 전송 방식(예)

6.2.3 신호 분석 및 평가

풍력발전 시스템에서의 취득된 데이터를 분석하여, 상시 장기적인 안정성을 확인하고, 설계 최대 하중에 근접하는(약 75%) 풍하중이나 자연재해 인적재해가 발생 시 변형 여부 등 안정성을 확인함에 구조물 관측의 목적이 있다.

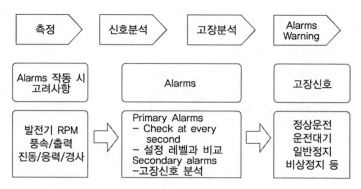

그림 6.33 모니터링을 통한 고장분석 절차

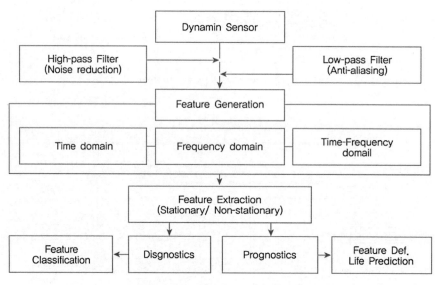

그림 6.34 진단을 위한 신호처리 개요

안정성 부분은 주의(caution), 경고(warning), 경보(alarm) 단계로 매뉴얼화하여 대처하는 것이 바람직하다. 특별하지 않아도 지속적인 값의 증가 또는 주기성의 증폭 경향이 발생되면, 더 이상의 진행이 발생되지 않도록 조치(운전 중단, 임시보수 등)를 실시하며, 이 현상의 원인을 알

아내 근본적인 대책을 마련하는 것이 중요하다. 대부분의 데이터가 동적 특성을 내포하므로 적절한 필터가 필요하며, 통계적 방법/시계열 분석/주파수 분석 등의 신호처리 기법을 활용하여 분석하는 과정이 필요하다.

6.3 환경 모니터링

대부분의 대규모 해상풍력기지는 기상탑을 설치하여 고도별 풍향 풍속 등의 기상조건을 모니터링하여, 바람의 품질과 풍력발전 효율 등을 확인 검토한다. 수심 20~150 m에 설치되는 경우 해류에 의한 영향 등이 고려되는 경우 관련 계측기를 설치 운용한다.

바람의 품질을 실시간 계측하여 분석정밀도 및 신뢰도 확보하며, 단지배치 최적화 및 적정 기기선정 시 활용으로 단지효율 향상하게 된다.

(a) 직접기초의 전도

(b) 말뚝기초의 전도   (c) 강관주의 변형 및 좌굴

그림 6.35 풍력기초 또는 기둥의 변형 또는 전도(출처 : www.windaction.org)

기상 관측 장비는 풍향풍속계(wind monitor), 풍속계(anemometer), 온·습도계(humidity and temperature sensor), 정밀온도계(precision thermometer), 기압계(digital barometer), 일사계(pyranometer), 일조계(sunshine duration meter), 자외선측정계(UV–B radiometer), 강우계(rain gauge), 광강우계(optical rain gauge), 정밀증발계(evaporation gauge), 정밀기

압계(high accuracy absolute pressure sensor), Flux 측정계(3D sonic anemometer) 등으로 대부분 풍향풍속계, 풍속계, 기압계, 온도/습도계, 비 센서 등으로 구성한다.

구조 계측 장비는 경사계(inclination transducer), 가속도계(servo acceleration trans-ducer), 변형률계(strain transducer), 파압계(wave pressure meter), 침하계(settlement system), 축력계(load cell) 등으로 구성한다.

원격운영 시스템은 영상 시스템, 각종 센서 시스템, 태양광 전원 시스템, 동적/정적 데이터로거, 통신시설(위성 단말 시스템 등), 관리 서버 시스템 등으로 구성한다.

해양 관측 장비는 wave rader, directional wave-rider, 초음파 파고계(self contained ultrasonic sensors), sea level monitor, 차세대(초음파) 조위계(next generation sea level gauge), 수정압력계(wave & tide gauge), 초음파 유속계(high resolution 3D current meter), ADCP, CTR7, CTD (Conductivity Temp Profile recorder), 수온염분계(conductivity and temperature sensor), 수질측정계(multiparameter environmental monitoring systems), 채수기(water sampler), 기상 drifter, IR 온도계(IR thermometer), spectroradiometer, 자외선 형광계(ultraviolet fluorometer), 가시광선 형광계, 유속계(water current profiler), 수중용 초음파 파고계 등으로 설치한다.

환경 계측 장비는 대기 AEROSOL 자동채취기(ambient air sampler), CO_2 FLUX 측정장치(CO_2/H_2O gas analyzer), 대기 입자측정기(airborne particle counters), 원치(winch) 등으로 구성한다.

기타 시설 선착장(boat landing), 헬기 착륙장(helideck), 해상용 등명기, CO_2 소화기, 우수 저장 시설 등이 있다. 국내 최초로 해상풍력단지에 대한 종합적인 운영 및 유지관리 방안을 수립 목적으로 건설된 HeMOSU-1호의 설치된 계측기를 참고로 기술하였다.

6.3.1 국내 풍력단지 해상 기상타워 HeMOSU 1호

HeMOSU(해상풍력단지 연구용 종합관측 타워, Herald of Meteorological and Oceanographic Special research Unit)는 해상풍력단지 해황 및 풍황 종합 계측 목적으로 전북 부안군 위도면 인근 해상에 설치되었다. 주요 제원은 평균해수면 기준 100 m 높이에 총 중량 약 200 ton(재킷 기초 약 130 ton)으로 수심 13.5 m에 설치되었으며, 설치 환경은 그림 6.36과 같다.

그림 6.36 HeMOSU-1 설치 지점

해모수 1호에 설치된 기상 계측기의 종류 및 설치 위치는 그림 6.36과 같다. 최상단 풍속계의 설치 높이는 103 m이며 풍전단(wind shear) 특성을 분석하기 위하여 타워 상단부로부터 10 m 간격으로 풍향풍속계를 설치하였다. 풍황 측정용 데이터 로거는 Cambell 사의 CR 3000을 사용 하였으며, 센서로부터 데이터를 수취하는 sampling rate는 3.33 Hz로 계측하였다. 또한 각각 의 계측기는 구조물 간섭에 의한 영향을 배제하기 위하여 기상타워 본체와 일정거리를 이격시킨 지지대 위에 설치되었으며, 주풍향을 고려하여 동서방향의 좌우로 설치되었다. 구조물 본체에 는 경사계와 변형률계, 그리고 가속도계가 설치되어 구조물의 기울어짐, 변형, 진동 및 침하 등 을 파악하여 구조물의 건전성을 평가한다. 또한 하부 재킷에 설치되어 있는 해양 계측기기를 통 해서는 파고, 파향, 유속, 유향 및 조위 등의 관측이 가능하다. 그림 6.39 및 그림 6.40에 통합계 측 시스템의 구성도와 운영방식, 실시간 계측화면을 나타내었다.

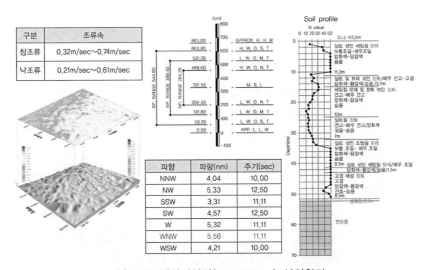

그림 6.37 해상기상탑(HeMOSU-1) 설치환경

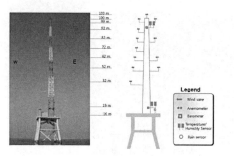

(a) 풍황 계측

(b) 구조 및 해양 계측

그림 6.38 해상기상탑(HeMOSU-1) 계측기 배치 현황

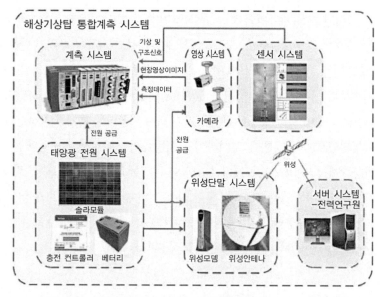

그림 6.39 해상기상탑(HeMOSU-1) 원격통합계측 시스템 개요도

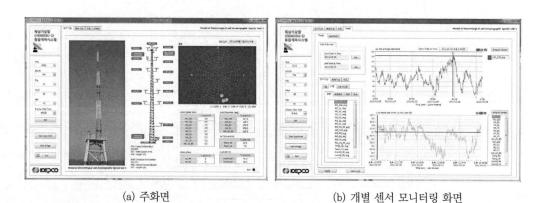

(a) 주화면   (b) 개별 센서 모니터링 화면

그림 6.40 해상기상탑(HeMOSU-1) 통합계측 시스템

(a) 경사계   (b) 변형률계   (c) 풍향풍속계   (d) 우량계

(e) 온습도계   (f) 등명기   (g) 레이콘   (h) MIROS Wave Radar

(i) 일조계   (j) 시정계   (k) 오존분석기   (l) Spectroradiometer

(m) 대기 미립자 계수기   (n) 정밀증발계   (o) Wave & Tide Gauge   (p) 유속계

그림 6.41 해양기상 관측탑 적용 계측기 및 설비(예)

6.3.2 해양 및 환경 계측기(예)

기상 타워에 설치되는 계측기는 해양풍력기지가 건설되는 해양조건에 따라 다소 차이가 있으며, 운행하는 선박에 기지 정보를 전송하는 시스템과 해양 대기 특히 태풍 등의 정보 파악을 위한 장비 등이 설치되며, 추가로 경보 보안 시스템이 필요하다.

MIROS wave radar는 파고, 주기, 파향, 스펙트럼, 표층유속 등의 파악이 가능하며, 레이콘은 선박용 레이더 주파수 대역에서 운영되고 어떤 레이더 물표의 탐지와 식별을 향상시키기 위한 송수신 겸용 장치이다. 해상용 레이콘(racon)은 일종의 마이크로파 송수신기로서, 해상의 선박에서 발사된 레이더 펄스를 수신한 후, 이 신호를 분석하여 분석된 신호에 대응되는 인식신호를 수신된 신호와 동일한 주파수의 전파에 변조시켜 응답하는 장치이다. 계측기 및 장비 예를 사진을 그림 6.41에 나타내었으며, 설치 시 효율적인 시스템의 선정 및 관리 계획이 필요하다.

6.4 유지관리

해상풍력발전의 경우 육상에 설치되는 풍력발전과 동일한 유지관리와 설치환경이 해상이므로 염해 대책을 고려한 유지관리를 위한 정기점검 계획을 세울 필요가 있다. 염해대책은 풍력발전 및 구조물자체의 염해에 대한 방식과 기계부품을 밀폐 또는 차폐하는 등의 조치가 필요하며, 자연재해[태풍, 해일(지진해일 포함), 돌풍, 낙뢰 등]에 대한 대비가 있다. 한편 기상조건 등에 의해 점검/보수가 어려울 경우를 대비한 대책 등의 준비도 필요하다. 대부분의 풍력발전 시스템은 무인자동운전이 가능하므로, 기본적으로는 운전상태의 상시감시 등이 필요하지 않으나, 정기점검 규정의 작성, 및 담당 기술자의 선임과 이에 따르는 순시, 점검 등이 필요하다. 전기사업법 제66조에 따른 일반용 전기설비의 점검, 제66조 3항 특별안전 점검 및 응급조치, 외에 일반적인 유지보수, 전기안전기술자의 선임 등의 법적 규제에 따라야 한다.

(1) 유지관리에서는 원칙적으로 준공 사용 이전에 유지관리계획을 책정할 필요가 있다. 해상에 설치되는 풍력발전 열악한 해상환경에 놓이게 되므로 부식이나 열화 등으로 인한 기능의 저하나 사고 등을 미연에 방지하기 위해 공용 개시 이전에 장기적인 유지관리계획을 책정하고, 그에 기초해 고용 중에 시설이 양호한 상태를 유지할 수 있도록 힘써야 한다.

(2) 효율적인 유지관리를 위해서는 구조물의 설계·시공 시에 점검·조사방법, 보수방법 등을 미리 상정해 유지관리를 용이하게 할 수 있도록 하는 것이 바람직하다.

(3) 해상에 설치되는 풍파는 보통 장기간(약 20년) 요청되는 기능을 유지하면서 공용되어야 한다. 그러기 위해서는 구조물의 당초 설계에서의 고려뿐만 아니라, 공용개시 이후의 적절한 유지관리가 불가피하다.

(4) 점검·검사, 평가, 보수·보강 등 유지관리에 관한 각종 데이터는 일정한 양식에 따라 기록·보관해둘 필요가 있다. 계통적으로 정리된 유지관리 정보는 당해 시설의 건전도에 대한 적절한 평가, 유지·보수 등을 하기 위한 기초적인 정보인 동시에 전체적인 시설의 열화 대책을 강구할 때나 시설 LCC(Life Cycle Cost)의 저감을 검토할 때 유용하다.

(5) 해상에 설치되는 풍력기의 본체, 기초, 전선·케이블에 대해 항만 설계기준, 전력 기술기준 등 관련 시방을 참고해 적절한 유지관리를 한다.

(6) 해상풍력기초 특유의 점검·검사항목으로는 타워 본체의 연직도(풍력기초 천단의 수평
   도)를 들 수 있다. 풍력기 본체 연직도의 관리값은 풍력발전 제조회사로부터 보통은 제시
   되지 않기 때문에 풍력발전의 제조회사에 문의할 필요가 있다. 풍력 본체를 점검·검사할
   때에는 풍력발전타워 본체의 연직도도 함께 점검·검사하는 것이 바람직하다. 풍력발전
   본체의 연직도가 관리치를 초과해 풍력발전의 기능을 만족할 수 없다고 판단될 경우에는
   필요에 따라 레벨링 등의 대책을 강구하는 것이 바람직하다.

   또 해상에 설치되는 풍력발전은 육상에 설치되는 풍력발전보다도 부식에 열악한 환경에
   있으므로 기계부품 등이 염분 성분 등에 노출되지 않도록 풍력발전 본체를 가능한 한 밀
   폐해 유지하는 등 주의를 기울일 필요가 있다. 전선·케이블에 대해서는 보통 발전소의 전
   선·케이블과 동등한 유지관리를 하는 것이 바람직하다.

〈참고〉

   풍력발전의 점검·보수작업은 고소 작업이 되므로 작업은 바람 및 풍랑이 없을 때를 선택하고,
특히 안전에 유의하여 작업하는 것이 바람직하다.

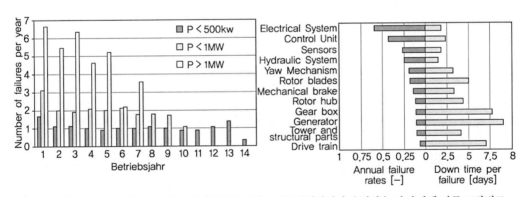

(a) 풍력발전기 구성부품별 고장빈도 및 가동정지 시간   (b) 풍력발전기 운영연수 및 용량에 따른 고장빈도

그림 6.42 풍력발전기 고장빈도 분석(EOW presentation by ISET 2007)

표 6.4 일상 점검의 내용(예)

순시의 중점 개소	순시 포인트
옥내 사용 장소	코드나 스위치가 고장 여부
	모터 아웃박스의 어스선이 접속 여부
	주변 스위치, 콘센트가 고장 여부
	모터에서 이상한 냄새나 이상한 소음 발생 유무
누전화재경 보기 누전 차단기	누전화재 경보기의 전원용 플러그가 꽂혀 있는가
	누전화재 경보기 버저의 스위치가 꺼져 있지 않은가
	누전차단기가 고의로 동작하지 않도록 되어 있지 않은가
옥외 조명 기구	스위치가 파손 여부
	조명용 브랫킷·간판조명 등의 장치가 빠져 있는가
풍력벌전	나셀, 블레이드, 타워 등을 육안으로 봤을 때 이상이 없는가
	진동, 이상한 소리, 이상한 냄새 발생 유무
점검용 카메라와 제어반	제어반의 램프가 연결
	점검용 카메라가 정상 작동 여부
	배선이 파손 발생 유무
밀폐도	밀폐하기 위한 박스에 간극이 유무
	패킹을 사용하고 있을 경우 패킹의 열화는 여부

6.4.1 풍력발전 본체의 정기점검

표 6.5 전기설비 관계의 점검내용 예(1회/년)

전기공작물		점검내용
수전설비	모선, 인입전선 및 지지물 계기용 변성기 단로기, 피뢰기 전력용 콘덴서	관찰점검 절연저항시험 접지저항시험
	차단기 개폐기 배전반 및 제어회로	관찰점검 절연저항시험 계정기와의 결합동작시험
	각종접지	관찰점검 접지저항시험
	변압기	관찰점검 절연저항시험 누설전류시험(월 2회)
	축전지	관찰점검(연 2회) 비중측정(연 2회) 액온도(液溫度) 측정(연 2회) 전압측정(연 2회)
전기사용시설	발전기·전열기 전기 용접기 조명장치 배전선 및 배선기 기타 전기 기기류 각종 접지공사	관찰점검 절연저항시험 접지저항시험
풍력발전소	풍차발전설비	관찰점검 절연저항시험 접지저항시험
	전력변환장치 개폐기 차단기 변압기 제어장치 보호계전기 배전반 기기 등	관찰점검 절연저항시험 접지저항시험 보호계전기와의 결합동작시험 절연유 내압시험, 내부점검 제어장치시험 보호계전기 특성시험 계기교정시험
	발전설비 건물·부속실 격실	외관점검(매월 1회)
	발전설비(에너지 관리)	기록계기의 기록(매월 1회)

(1) 운전감시

일반적으로 풍력발전 시스템은 무인자동운전이 가능하며, 여러 가지 보호장치를 설치하고 있다. 전기사업법 시행규칙(2012.10.5.)[지식경제부령 제271호, 2012.10.5, 타법개정] 별표 9 제6호에서 풍력발전기초, 가. 기초공사가 완료된 때(전기사업용 전기설비만 해당한다) 나. 전체 공사가 완료된 때 사용 전 검사를 받도록 의무화하고 있으며, 전기사업법 제66조등에 의한 상시, 이상시 정기점검이 규정되어 있으며, 정기점검은 운전상태 및 발전상황 파악이 가능하고, 문제 발생 시 조기회복이 가능하다. 또한 인터넷 등을 이용한 원격감시도 가능하다. 표 6.4에 정기점검의 항목(예)을 나타낸다.

(2) 전기설비의 보수점검

풍력발전설비는 전기설비 기술기준에 의한 점검이 필요하다. 점검 주기는 월 1~2회 외관 육안점검 등의 이상 여부의 체크가 필요하다. 또 연 1회 정도 외관점검과 아울러 운전을 정지하고 절연저항측정, 접지저항 측정 등의 점검을 할 필요가 있다.

점검은 전기안전협회 등 관련 기관에 위탁할 수도 있다. 출력이 500 kW 이상으로 관리 감독자로서 전기기술자를 선정해야 한다.

표 6.6에 전기설비관계의 점검내용 예를 나타낸다.

표 6.6 풍력발전설비 본체의 점검내용 예(1회/년)

점검개소	점검내용
제어반	• 외관 상 제어반 내외의 변색, 표시불량 등을 점검 • 발전량, 전압, 풍향, 풍속, 유압 등을 계측, 기록 • 제어용 배터리의 전압 계측 • 볼트, 커넥터의 이완 등을 점검 • 절연저항계측 실시 • 보호동작회로 실시 • 청소
발전장치 블레이드	• 외관의 이상 유무(진동·이상한 소리 및 냄새 등의 확인) 블레이드의 손상 • 볼트, 너트, 접속볼트의 이완 확인 • 작동 오일필터의 막힘 점검, 청소 • 브레이크 패드의 측정 점검 • 브레이크 등의 동작 점검 • 오일 잔류량 확인 • 윤활유(grease)의 보급 • 방음재의 탈락, 빗물 침입의 유무 점검 • 녹 등의 점검, 청소
타워	• 외관의 이상 유무 • 빗물·해수의 침입 유무 • 녹 등의 점검·청소 • 연직도 점검

(3) 풍력발전설비 본체의 점검·보수

풍력발전은 가동부분이 있으므로 제조회사 등 설치업자와 보수계약을 맺어 윤활유의 보급이나 소모품의 교환 등 정기적인 점검을 실시한다. 점검빈도는 육상풍력발전의 경우 연 1~2회로 제조회사에 따라 다르다. 해상에 설치되는 풍력발전의 점검빈도는 육상에 설치되는 풍력발전과 같은 정도로 하고, 자연재해[지진, 해일(지진해일 포함), 태풍, 낙뢰, 이상 돌풍 등]와 인적재해 (화재, 충돌, 폭파 등), 부품 또는 구조 결함 발생 시에 추가 점검하는 것이 바람직하다.

점검내용은 케이블, 블레이드, 타워 등의 육안점검, 윤활유 보급, 단자접속·볼트 이완, 브레이크 시스템의 점검 등이다. 2~5년마다 브레이크 패드, 기어박스·유압 브레이크용 오일 등을 교환할 필요가 있다.

6.4.2 해상풍력기초 본체의 유지관리

일반적인 발전 설비와 달리 해상풍력기초의 정기점검은 다른 발전 설비와 동일한 정기점검 외에 풍력발전 본체의 발전기능을 해치치 않도록 필요에 따라 실시한다. 해상풍력발전의 기초는 콘크리트 구조물과 강철구조물, 복합구조물로 크게 나뉜다. 참고로 중력식 해상풍력기초, 모노파일 및 재킷식 풍력발전기초의 유지·관리 예를 소개한다.

(1) 케이슨식 해상풍력기초의 유지관리(예)

CFMS(Comite Francais de Mecanique des Sols)에서 구분한 풍력발전기초의 여러 형태에 대해 그림 6.43에 나타내었으며, 기초에 따라 설계기준이 달라지고 관리 기준이 달라질 수 있으나 본고에서는 일반적인 사항에 대하여 기술하였다.

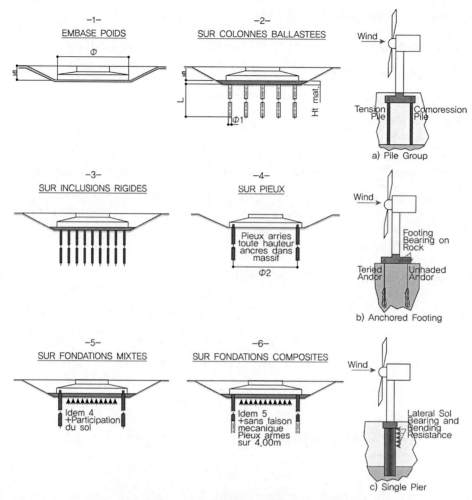

그림 6.43 여러 가지 기초 형태의 풍력발전기초(CFMS, 2011)

(좌)(콘크리트+강관)복합주, (중)강관주, (우)격자형철탑

그림 6.44 여러 가지 기둥 형태의 풍력발전 원형기초

1) 점검항목의 설정

① 유지관리를 위한 점검 및 조사는 유지관리계획에 기초해 작성한 점검·조사 과정에 따라 실시한다. 이들은 그 목적에 따라 일반적으로 다음과 같이 분류된다.

- 정기점검(일반점검, 상세점검)
- 이상이 발생했을 때의 (임시)점검

② 케이슨식의 해상풍력기초를 구성하는 각 요소의 변상(變狀)은 상호 관련되어 있기 때문에 점검방법을 검토할 때에는 이들의 인과관계를 명확히 하는 한편, 가장 효율적이면서 경제적으로 점검할 수 있는 점검항목 및 지표를 선정한다.

③ 점검 대상 및 그에 대한 점검항목의 일례를 표 6.6에 나타낸다.

표 6.7 케이슨식 해상풍력기초의 점검항목(예)

점검의 대상 변상(變狀)	위치	점검항목
원형케이슨의 활동, 침하, 경사	원형케이슨 상부공	이동, 침하, 경사
원형케이슨 상부공의 균열, 박리, 손상		균열깊이(길이), 철근의 노출 유무
풍력발전 타워와 원형케이슨 상부공 연결부의 열화, 손상	풍력발전 타워의 기초부	부식, 열화, 매립철물이나 볼트의 이완
풍력발전 타워의 연직도	풍력발전 타워	연직도
케이슨의 균열, 박리, 손상	본체공	균열깊이(길이), 철근의 노출 유무
마운드의 침하	근고공	침하, 이동
	피복공	침하, 이동
	마운드	침하, 이동
소파블록의 침하, 산란	소파공	침하, 이동
해저지반의 세굴	마운드 사석 법미 전면	세굴

(2) 점검 시스템

① 해상풍력기초 본체가 파괴되면 대부분의 발전 설비가 손실되므로 파괴되기 전에 대책을 실시하는 것이 경제적이다. 이와 같은 관점에서, 케이슨 본체의 변위를 정기적으로 점검하는 한편, 케이슨 본체의 변위에 미치는 영향을 정확히 파악할 필요가 있다. 또 점검시기로는 점검조사를 하기 쉬운 시기가 바람직하며, 태풍, 겨울 파랑 또는 이상(異常) 저기압에 의한 풍파 등 해당 지점에 높은 파도가 발생하기 쉬운 시기의 전후가 바람직하다. 그리고 태풍, 겨울 파랑이나 지진 등 설계외력과 같은 정도의 자연재해 또는 인적재해가 발생했을 때에는 최대한 빨리 이상 발생 여부를 점검하는 것이 바람직하다.

② 정기점검의 목적은 주기적으로 기초변위 등의 변화를 파악하여 그 경시변화를 확인하여, 안정적인 또는 불안정한 경향을 파악하고, 경제적으로 보수할 수 있는 변위 단계에서 보수 등을 판단 실시하기 위한 기초 데이터를 얻는 데 있다. 이러한 목적에서 정기점검에서는 표 6.8에 나타내는 모든 점검항목을 대상으로 할 필요가 있다. 그리고 점검항목과 점검빈도에 대해서는 풍력 발전시설의 중요도나 설치 환경에 따라 계획하는 것이 바람직하다. 또 건설 후 5년 이상 경과해 안정된 상태에 접어들었다고 판단되는 시설에 대해서는 진행이 거의 없는 변위에 대한 점검작업을 생략해 효율화를 기할 수 있다.

표 6.8 케이슨식 해상풍력발전기초의 정기점검 항목과 빈도의 예

위치	점검항목	점검빈도
케이슨 상부공	이동, 침하, 경사	2년에 1회를 표준으로 한다.
	균열의 깊이(길이)	
	철근 노출의 유무	
풍차의 타워와 케이슨 상부공의 연결부	손상, 열화, 볼트의 이완, 피로균열 등의 변상	
풍차의 타워	연직도	
피복공	침하, 이동	
근고공	침하, 이동	
마운드	침하, 이동	
소파공	침하, 이동	
마운드 사석 법미 전면	세굴	

③ 이상 시의 점검은 이상 외력이 작용해 구조물이 피해를 입는 변위발생 유무를 파악할 목적으로 실시한다. 이상 시의 외력으로는 다음과 같이 자연재해와 인적재해가 상정된다.
- 자연재해 : 태풍, 계절풍 또는 이상 저기압에 의해 설계 피고의 75% 이상의 파랑이 발생한 경우, 지진(지진해일 포함), 낙뢰, 과다한 적설, 이상 부식(혐기성 세균 번식) 등
- 인적재해 : 선박 항공기등 충돌, 폭발, 화재 등
- 기타 : 기계적 마모 또는 결함에 의한 이상 발생, 반복하중에 의한 노화 등

이 중에 태풍과 지진에 대해서는 명확하게 규정되어 있으나, 설계파고의 75% 이상의 파랑이 발생한 경우로 한다. 이상 발생 시의 점검을 표 6.9에 나타내었다.

표 6.9 케이슨식 해상풍력기초의 이상 발생 시 점검항목의 예

위치	점검항목
케이슨 상부공	이동, 침하, 경사
풍차의 타워와 기초의 연결부	손상
풍차의 타워	연직도
피복공(법견)	침하, 이동
피복공(법미)	침하, 이동
근고공	침하, 이동
소파공	침하, 이동
마운드 사석 법미 전면	세굴

(3) 모노파일식 해상풍력기초 및 재킷식 해상풍력기초의 유지관리(예)

1) 점검항목의 설정

① 유지관리를 위한 점검 및 조사는 유지관리계획에 기초해 작성한 점검·조사 과정에 따라
실시한다. 이들은 그 목적에 따라 일반적으로 다음과 같이 분류된다.
  • 정기점검(일반점검, 상세점검)
  • 이상 발생 시의 (임시) 점검

② 대표적인 변위현상의 진행과정으로서, 진행형에서는 말뚝 및 재킷 구조물의 부식에 의한
안정성의 저하를 재하형에서는 파도의 압력 또는 풍하중에 의한 말뚝 및 재킷 구조물의 국
부좌굴 등의 손상을 들 수 있다.

③ 점검 대상이 되는 진행형 변위로는 말뚝의 부식 및 재킷 구조물의 부식, 그리고 이상 발생
시의 변위로는 말뚝과 재킷 본체의 손상을 들 수 있다. 또한 기초와 풍력발전 타워와의 연
결부를 콘크리트 구조로 한 경우에는 콘크리트의 열화에 주의할 필요가 있다.

말뚝의 부식으로 시작되는 변위는 그 이후의 변상에 직결되고 있어, 말뚝의 부식이 곧 구성재
의 손상에서 안정성 저하로 이어지는 것도 있다. 따라서 적어도 말뚝의 부식단계에서 발견할 필
요가 있다. 또한 일반적으로 문제가 되는 변위 부분(부식 부분)이 말뚝 머리에서 해수면 근방 부
근에 한정되어 있기 때문에 이 단계에서 점검하면, 점검 후의 유지보수를 효율적으로 할 수 있다.

그림 6.45 재킷 구조물 아연 전기방식 설치(예)

콘크리트의 열화는 상부공의 균열과 철근의 부식 간에 순환적인 연쇄관계를 낳는다. 변위와 점검항목의 예를 표 6.10에 나타내었다.

표 6.10 모노파일식 해상풍력기초 및 재킷식 풍력기초의 변상과 점검항목의 예

점검대상의 변상	위치	점검항목
말뚝의 부식	말뚝(해수면 부근)	부식상황, 말뚝의 두께
전기방식의 전위	기초 본체	전위 측정
말뚝 주면의 세굴	말뚝(해저면 부근)	세굴 깊이
재킷 구조물의 부식	재킷 구조물	부식 상황
풍력발전 타워의 전도	풍력발전 타워	연직도
기초의 전도	기초 본체	연직도
콘크리트의 균열	상부공	균열

2) 점검 시스템

① 모노파일식 해상풍력기초, 재킷식 해상풍력기초의 정기점검 항목을 정리해, 표 6.21에 나타내었다. 정기점검의 빈도의 시기는 변상의 진행 특성에 따라 설정하는 한편, 점검의 난이도, 정밀도 등도 고려해둘 필요가 있다.

② 정기점검할 때의 점검항목, 점검방법 및 표준 점검빈도의 예를 표 6.11에 나타내었다. 이상이 발견되어 보수가 필요한 경우의 보수방법은 다른 항만구조물과 동일하게 해도 된다.

표 6.11 모노파일식 풍력기초 및 재킷식 풍력기초의 정기점검 항목과 빈도 예

위치	점검항목	점검방법	표준 점검빈도
말뚝 및 재킷	부식상황	육안검사(강재의 두께 측정) 전기방식의 전위 측정	2년에 1회 (두께 측정은 5년에 1회)
해저면의 세굴	세굴깊이	육안검사	2년에 1회
기초의 전도	기초의 연직도	다림추 등에 의한 측정	2년에 1회
콘크리트부	균열상황	육안검사, 콘크리트의 박리와 들뜸의 타격검사	2년에 1회

③ 이상이 발생했을 때의 점검은, 이상 외력이 작용해 구조물이 피해를 입는 변상이 발생한 경우 이를 파악할 목적으로 실시한다. 이상 외력에 대해서는 6.4.2 (1)[참고] 케이슨식 해상풍력기초의 유지관리와 동일하게 해도 된다.

모노파일식 풍력기초 및 재킷식 풍력기초의 이상이 발생했을 때의 점검항목 예를 표 6.12에 나타내었다.

표 6.12 모노파일식 풍력기초 및 재킷식 풍력기초의 이상발생 시 점검항목 예

위치	점검항목	점검방법
해저면의 세굴	세굴 깊이	육안검사
기초의 전도	기초의 연직도	다림추 등에 의한 측정
콘크리트부	균열 상황	육안검사, 콘크리트의 박리와 들뜸 타격 검사

(4) 전선·케이블의 유지관리(예)

해상풍력발전의 전선·케이블은 다른 전선·케이블과 동일한 유지관리를 하면 되지만 해상풍력은 발전시설이기 때문에 전선·케이블의 파손이 전력의 수요가에게 주는 영향이 크므로, 해상풍력의 중요도에 따라 점검빈도나 부품의 교환빈도를 늘리는 것이 바람직하다.

전선·케이블의 유지관리에 대해서는 「기술자료 기자(技資) 제107호 전선·케이블의 내용연수에 대해서(사단법인 일본전선공업회)」 등에 상세히 설명되어 있다. 전선·케이블의 유지관리에 대해서 이하에 참로로 기재한다.

1) 전선·케이블의 내용연수

일반 전선·케이블의 설계상의 내용연수는 그 절연체에 대한 열적·전기적 스트레스 면에서 20~30년을 기준으로 생각하고 있는데, 사용 상태에서의 내용연수는 그 부설환경과 사용상황에 따라 크게 변화한다.

2) 전선·케이블의 열화 요인

전선·케이블의 내용연수를 단축하는 열화 요인으로는 다음과 같은 것이 있다.

- 전기적 요인(과전압이나 과전류 등)
- 전선케이블 내부로의 침수(결과적으로 물리적, 전기적 열화를 일으킨다)
- 기계적 요인(충격, 압축, 굴곡, 인장, 진동 등)
- 열적 요인(저온, 고온에 의한 물성의 저하)
- 화학적 요인(기름, 약품에 의한 물성 저하나 화학트리에 의한 적기적 열화)
- 자외선·오존과 염분 부착(물성저하)
- 쥐와 흰개미에 의한 식해
- 시공불량(단말 및 접속처리, 처리, 외상 등)

3) 점검빈도

전선·케이블의 점검빈도는 3년에 1회 정도로 한다.

4) 해중부에 포설(매설)된 전선·케이블의 부설 조사

해중에 부설(매설)된 전선·케이블의 조사항목, 점검방법 및 점검항목의 예를 표 6.13에 나타내었다.

표 6.13 해중에 부설(매설)된 전선·케이블의 조사항목, 점검항목의 예

조사구역	조사항목	점검방법	점검항목
매설부	매설심도 조사	잠수부가 탐사봉 등으로 해저를 찔러, 전선·케이블의 위치를 참사하고, 관입량을 기록한다.	• (규정 이상의) 매설심도가 유지되고 있는가
노출부	부설상황 조사 2개 분할 주철 방호설치관(방호관)의 탈락, 파손, 브릿지* 유무조사	잠수부가 해저를 걸으면서 전선·케이블의 상태(변형, 기타)를 확인하고, 수중 카메라 또는 비디오로 기록한다.	• (방호관을 붙인 경우) 방호관의 탈락 • (방호관을 붙인 경우) 방호관의 파손 • 브릿지 발생의 유무 변형 그 밖의 이상
석적부	부설상황 조사 2개 분할 주철 방호설치관(방호관)의 탈락 조사	잠수부가 전선·케이블 석적설부를 따라 걸으면서, 전선·케이블이 노출된 곳이 없는지 육안으로 확인한다. 위치는 금속탐지기 등으로 확인한다.	• 노출부분은 없는가 • 쌓인 돌이 붕괴된 곳은 없는가 • 방호관의 손상은 없는가

주 : * 브릿지란 전선·케이블이 2점으로 지지된 불안정한 상태이다. 이 상황은 조류나 파랑의 영향을 받기 쉽고, 또한 유목 등이 걸리기 쉬운 등 파손의 원인이 된다.

5) 육상부에 부설(매설)된 전선·케이블의 조사항목, 점검방법 및 점검항목의 예

조사	조사방법	점검항목
평판측량	포설 범위를 평판을 이용해 측량한다.	• 부설했을 때 이후의 지형 변화 • 부설 후에 생긴 구조물은 없는가(호안이나 건축물 등)
사진촬영	주위상황을 사진으로 촬영한다.	• 부설했을 때 이후의 지형 변화 • 부설 후에 생긴 구조물은 없는가(호안이나 건축물 등)

6.5 보수 및 비상복구

보수 또는 비상복구를 위해 필요한 개략적인 사항은 다음과 같다.

- 고장 모드 및 유지 보수 요구 사항 : (예비) 부품, 교체 사양서
- 재사용 가능한 부품에 대한 처리 요구 사항
- 육상 물류 : 예비 부품 저장 및 주문
- 일반 환경 조건
- 장비 옵션(바지선, 해상 크레인선 등 필요 장비 특성)
- 장비 정보 : 가용성 및 동원 시간, 작업 제한, 운항 특성
- 항구 시설 및 위치
- 폐기물 처리 정책 및 규정(예 : 절단 말뚝)

6.5.1 풍력기초 균열

균열은 다음 그림 6.46과 같은 계통도로 나타낼 수 있다. 대부분의 균열은 균열제어 등의 설계, 재료선정, 공정, 구조 검토 등으로 발생이 되지 않도록 할 수 있다. 풍력발전기초에서의 균열은 충분치 않은 두께의 콘크리트 외장, 부적절한 강화, 콘크리트 경화시간 부족, 저온 타설, 콘크리트 밀크 교반부적합에 의한 불균질, 콘크리트 이어치기에 의한 균열이나 결점 발생 등이 있으며, 다음과 같은 예가 있다.

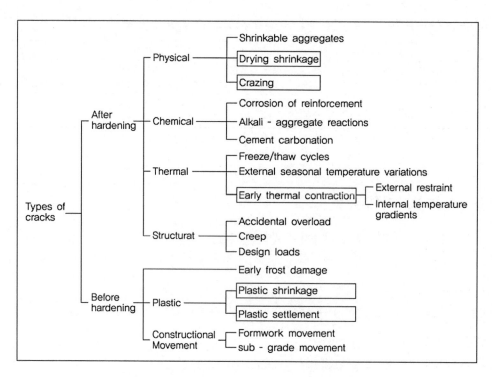

그림 6.46 균열 분류 계통도(Hassanzadef, 2012)

(1) 타워 시그먼트 강판과 기초 사이 시멘트그라우트

강판과 기초 사이에 타설된 시멘트 페이스트는 양생 수축 균열과 두께부족에 의한 재료 분리, 저온타설에 의한 강도 부족, 콘크리트와 타워세그먼트 사이의 미충진 등의 요인으로 다음 그림과 같은 균열이 발생될 수 있으며, 원칙적으로 제거하고 재타설하는 보수 방법을 채택하는 것이 바람직하다.

(a) 연직방향 수축 크랙

(b) 측면 파괴

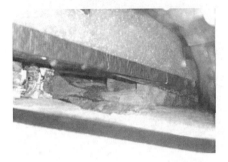

(c) 플랜지 아래의 몰타르 그라우트 내부의 공기 유입

(d) 두 종류의 몰타르 그라우트 사용

(e) 분리 현상에 의한 몰타르 그라우트 연약화

그림 6.47 타워 시그멘트 강판과 기초 사이 시멘트그라우트 균열(Hassanzadef, 2012)

(2) 콘크리트 기초 균열

기초 콘크리트는 일반적으로 1 m 이상의 높이이며, 발전 용량이 증대됨에 따라 허브 높이가 높아지며, 기초가 두꺼워지며 대개 4~8 m로 대개 매입콘크리트의 설치 등이 이루어지기 위한 공간입니다. 이에 수평으로 발생하는 균열은 대부분 0.4 mm 이상으로 유의하여야 할 수준으로 타워 내부 온도와 외부 온도차에 의해 발생될 수도 있다.

(3) 강판 링이 설치된 기초의 균열

기초 콘크리트 내에 상하에 설치된 이중 링은 콘크리트의 수축, 외부의 압축 및 인장, 펀칭에
의한 균열이 발생할 수 있다.

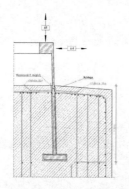

(a) Transition 지역 내부의 손상
(Damages within the transition areas)

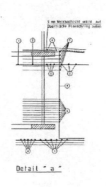

(b) Double 앵커링 플랜지와 링 풍력발전 터빈의 상세도

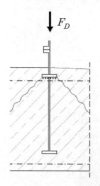
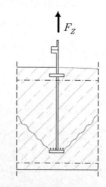

(c) 압축과 인장력에 대한 가정된 하중 전이 형상

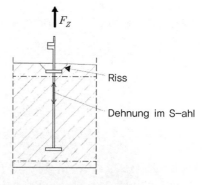

(d) 실제 구조체의 형상(Riss = Cracks,
Dehung im stahl=strains in steel)

(e) 타워로부터 약 35 cm 떨어진 곳에서의 심각한 크랙

(f) 외부로 유출되는 침투수에 의한 박리현상

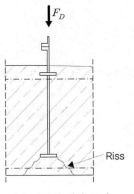

(g) 펀칭에 의한 균열 　　　　　　　　(h) 기초 바닥면으로부터 30 cm 떨어진 곳에서의 크랙

그림 6.48 타워 원형링이 설치된 기초 균열

한편 링 하부에 콘크리트가 밀실하게 채워지지 않을 수 있으며, 이때의 슬라이딩(미끄럼 균열)은 1~2 mm로 발생될 수 있다. 독일에서 광범위하게 조사된 결과 3~5 mm의 슬라이딩이 발생된 경우도 있으며, 심한 경우 10 mm를 초과하기도 하였다. 이러한 균열은 수분 침투와 결빙에 의한 열화 진행 및 철근 및 링의 부식을 가져올 수 있으며, 특히 하부 균열의 발생은 부식 등에 좀더 치명적일 수 있다.

대부분의 균열 요인은 취약한 기초 용량, 부적절한 재료 또는 부주의에 의한 공사 등에 기인되어 육안으로 관찰되지 않더라도 구조적인 결함이 진행되면 운전 시 풍하중에 의한 반복 충격 등이 풍력발전기에 사용되는 큰 용량의 베어링 등의 수명을 감소시킬 수 있다. 따라서 상부 풍력발전기의 용량에 충분한 기초가 설계되고, 정밀히 시공되어야 한다.

6.5.2 부품의 교체

정기적으로 교체하여야 하는 소모부품은 예비부품을 갖추고 있어야 하며, 긴급을 요하지 않는 비교적 작은 부품은 보트 등의 소형해상선박을 사용하며, 긴급한 보수에 필요한 인력/장비는 해상 일기 등을 고려하여 헬기 등으로 긴급 수송한다. 풍력발전날개처럼 파손된 부분이 크고 일반 선박으로 운송 설치가 어려운 부품은 이에 대비한 매뉴얼에 따라 운송 가능 선박 및 설치 교체 및 작업선을 매뉴얼 절차에 따라 수배 운항 정비 계획을 실시한다.

(a) 보트를 이용한 작은 부품의 운송

(b) 헬기를 이용한 인력 및 긴급 부품 운송

(c) 풍력발전날개의 파손(보수 필요 사례)

(d) 풍력발전날개 전용선의 이송

그림 6.49 유지보수를 위한 운송(Zaaijer, 2008b)

6.5.3 풍력발전날개의 손상 수리

풍력발전날개는 강우, 강설, 자외선, 낙뢰 등의 외부환경에 노출될 뿐만 아니라 미세입자와의 마찰 충돌에 의한 마모, 조류(기러기 또는 독수리, 솔개, 박쥐 등)와의 충돌에 의한 손상이 발생된다. 대부분의 날개는 탄소섬유, 유리섬유, 방향족 나일론섬유(Kevlar : 미국 뒤퐁사의 상품명) 등을 에폭시, 폴리에스터, 비닐에스터수지로 열경화한 복합소재로 구성되며, UV 차단재가 포함된 gel coat(불포화 폴리에스테르 수지에 안료 요번제 및 첨가제등을 균일하게 혼합 분산시켜 임의의 색상으로 착색한 FRP 및 대리석 제품의 상도용으로 개발된 도료)나 페인트로 표면 처리되어 있다. 풍력발전날개의 결함 조사를 위해 음향조사, 열화상촬영, 초음파검사 등을 실시한다. 운행 중 낙뢰 등에 의한 손상 발생 파손된 부위를 제거하고 동일재료로 맞춘 후 겔 코트, 수지 필름 등으로 수리한다.

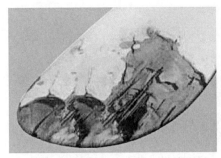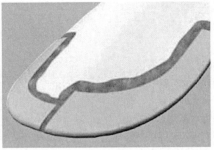

a) 낙뢰에 의한 Blade tip 손상 및 보수(출처 : windpowerengineering.com)

(b) Leading edge 손상 및 수지 필름을 이용한 보수
(출처 : www.windsystemsmag.com & compositesworld.com)

그림 6.50 풍력발전날개의 보수

참고문헌

01 해상풍력개론

1. 일본토목학회 (2010), 풍력발전설비 지지구조물 설계지침·동해설, 씨아이알, pp.6~12.
2. 전력통계정보시스템 (2012), http://www.kpx.or.kr.
3. 한국건설기술연구원 (2011), 대구경 대수심 해상기초시스템 기술 개발 1차년도 보고서.
4. 한국신재생에너지협회 (2012), http://www.knrea.or.kr, 풍력에너지편.
5. 한국에너지기술평가원 (2011), 천해용[40m 이내] 해상풍력 Substructure 시스템 개발, 상세기획보고서.
6. 한국풍력산업협회 (2012), http://www.kweia.or.kr.
7. 황병선 (2009), 최신 풍력터빈의 이해, 도서출판 아진, pp.25~65.
8. 황병선 (2010), 풍력기초기술강좌, 2010 그린에너지 국제 비즈니스 컨퍼런스, 2010년 4월, 대구 EXPO.
9. Antrimwind (2012), http://www.antrimwind.org.
10. EWEA (2012), http://www.wind-energy-the-facts.org.
11. GWEC (2011), Global Wind Statistics 2010, Global Wind Energy Council.
12. IEC (2009), IEC61400-3, International Standard. part 3 : design requirements for offshore wind turbines, Project IEC 61400-3. Geneva, Switzerland.

02 국내외 해상풍력기술 및 시장 동향

1. 김민수 (2012), "미국, 해상풍력에 1억 6,800만 달러 지원," 해양산업동향, p.7.
2. 에너지기술평가원 (2011), 그린에너지 전략로드맵 2011 – 풍력, pp.1~170.
3. 윤지희, 신상철 (2012), "유럽의 신재생에너지 발전 및 정책 동향," 환경포럼, Vol. 16, No. 9, pp.1~16.
4. 이종구 (2011), "유럽 해상 풍력발전 단지 현황," GLOBAL PORT REPORT, Vol. 10, pp.17~23.
5. 한국건설교통기술평가원 (2011), 대구경 대수심 해상기초시스템 기술 개발 중간보고서.
6. European Wind Energy Assoiciation (2007), Delivering Offshore Wind Power in Europe.
7. European Wind Energy Assoiciation (2009), Europe's Onshore and Dffshore Wind Energy Potential.
8. Kitzing, L., Mitchell, C., Mothorst, E. (2012), "Renewable Energy Policies in Europe : Converging or Diverging?," Energy Policy, 51, pp.192~201.
9. NEDO (2008), http://www.nedo.go.jp.
10. U.S Department of Energy (2011), A National Offshore Wind Strategy : Creating an Offshore Wind Energy Industry in the United States.
11. World Wind Energy Association (2010), World Wind Energy Report.

03 해상풍력 단지개발

1. 국립기상연구소 (2007), 한반도 영향 태풍의 진로에 따른 기상특성 및 재해분석, 2007 제8회 기상레이더 워크샵.
2. 김우태, 장인성, 이배, 황인철 (2011a), "수중 무인 지반조사장비 현황 및 개발 방향," 한국해양과학기술협의회 공동학술대회 발표논문집, pp.2013~2016.
3. 김우태, 장인성, 권오순, 이배, 황인철 (2011b), "무인 해저 표준관입 시험 장비의 개발," 한국지반공학회 가을학술발표 논문집, pp.305~311.

4. 손충렬, 이강수 외 (2010), 해상풍력발전, 아진출판사.

5. 에너지기술평가원 (2011), 서남해 2.5 GW 해상풍력 종합추진계획.

6. 유무성, 강금석, 이준신, 김지영 (2010), "부존량 및 기술수준 분석을 통한 국내 해상풍력 추진전략," 한국 신재생에너지학회 논문집, Vol. 6, No. 1, pp.1~9.

7. 윤상준 (2011), "국내 해저 케이블 수중시공로봇 개발 방향 제시를 위한 장대 해저 케이블 공사의 수중로봇 기능 및 사양 분석," 한국수중로봇기술연구회 2011년 추계학술대회 논문집, 여수.

8. 윤상준, 곽한완 (2010), "국내외 해양건설 수중로봇 운용 현황 및 개발 동향," 한국수중로봇기술연구회 2010년 춘계워크숍, 서울.

9. 장인성, 권오순, 정충기 (2007), 무인착저식 해양 콘관입시험기 개발, 한국지반공학회 가을국제컨퍼런스, pp.3611~3622.

10. 전력연구원 (2012), 서남해 2.5 GW 해상풍력 개발을 위한 실증단계 연구 연차보고서.

11. 조성민 (2007), "해상 지반조사 분야의 기술동향," 한국지반공학회 가을국제 컨퍼런스, pp.639~653.

12. 지식경제부 (2010), 해상풍력 추진 로드맵.

13. 지식경제부 (2011), 국내 해역의 중형 해상풍력발전 플랜트 타당성 조사연구 (최종보고서), 한전 전력연구원

14. 한국산업기술진흥협회 (2012), 해상풍력단지 건설을 위한 해저 케이블 시공기술 개발, 기업간 R&D 공동기획 컨소시엄 결과보고서.

15. 한국선급 (2008), 풍력발전 시스템의 기술기준.

16. 한국선급 (2011), 해상풍력발전 시스템의 기술기준.

17. 해양수산부(2007), 해양콘관입시험기 개발.

18. Allan, P.G. (2001), "Hydrographic Information and the Submarine Cable Industry," Proceedings Hydro 2001, Norwich, UK, March.

19. Allan, P.G. (2001), "The Selection of Appropiate Burial Tools and Burial Depths," Displayed at SubOptic, Kyoto, Japan, May.

20. Archer, C.L., Jacobson, M.Z. (2005), "Evaluation of global wind power," J. of Geophys. Res., 110, D12110

21. Bishop, I.D., Miller, D.R. (2007), "Visual Assessment of Off-shore Wind Turbines : The Influence of Distance, Contrast, Movement and Social Variables," J. of Renewable Energy, Vol. 32, pp.814~831.

22. Cigre Working Group 21.06 (1986), Methods to Prevent Mechanical Damage to Submarine Cables, Working Group 21.06, Cigre session 1986.

23. Det Norske Veritas (DNV) (2007), Design of Offshore Wind Turbine Structures, DNV-OS-J101. Oslo, Norway.

24. Freudenthal, T., Wefer, G. (2006), "The Sea-floor Drill Rig "MeBo" : Robotic Retrieval of Marine Sediment Cores," PAGES News, Vol. 14, No. 1, p.10.

25. Hau., E. (2005), Wind Turbines : Fundamentals, Technologies, Application, Economics , 2nd Edition, Springer.

26. Hoogwijk, M., Vries, B.D., Turkenburg, W. (2004), "Assessment of the Global and Regional Geographical, Technical and Economic Potential of Onshore Wind Energy," J. of Energy Economics, Vol. 26, pp.889~919.

27. Hoogwijk, M., Vries, B., Turkenburg, W. (2004), "Assessment of the Global and Regional Geographical, Technical and Economic Potential of Onshore Wind Energy," J. of Energy Economics, 26, pp.889~919.

28. http://shaldril.org/about%20shaldril/PDFs/Dr.%20Freudenthal_2.pdf

29. http://www.bgt.com.au/

30. ICPC Recommendation No. 6 (2007), Recommended Actions for Effective Cable Protection (Post Installation).

31. IEC 61400-1, Second Edition, Part 1 Safety Reguirements.

32. IEC 61400-3, Part 3 Design Requirements for Offshore Wind Turbines.

33. Kelleher, P.J., Randolph, M.F. (2005), "Seabed Geotechnical Characterisation with the Portable Remotely Operated Drill," In Proceedings of the International Symposium on Frontiers in Offshore Geotechnics (ISFOG), Perth, Australia, Taylor & Francis, London, pp. 365~371.

34. Kolk, H.J., Wegerif, J. (2005), "Offshore Site Investigations : New Frontiers," In Proceedings of the International Symposium on Frontiers in Offshore Geotechnics (ISFOG), Perth, Australia, Taylor & Francis, London, pp. 145~161.

35. Lunne, T. (2010), "The CPT in Offshore Soil Investigations – a Historic Perspective," 2nd International Symposium on Cone Penetration Testing, Huntington Beach, CA, USA, 2010, pp. 1~43.

36. Manwell, J.F., Rogers, A.L., McGowan, J.G., Bailey, B.H. (2002), An Offshore Wind Resource Assessment Study for New England. J. of Renewable Energy, Vol. 27, pp. 175~187.

37. Meunier, J., Sultan, N., Jegou, P., Harmegnies, F. (2004), "First tests of Penfeld : a new seabed penetrometer," Proc. of the Fourteenth International Offshore and Polar Engineering Conference, Toulon, France, pp. 338~345.

38. Murray, R. E. (2010), "Deep Water Automated Coring System (DWACS)," 20-23 Sept. 2010.

39. Osborne, J.J., Yetginer, A.G., Halliday, T., Tjelta, T.I. (2010), "The Future of Deepwater Site Investigation : Seabed Drilling Technology?," Frontiers in Offshore GeotechnicsII : ISFOG 2010, Perth, Australia, pp. 299~304.

40. Randolph, M., Gourvenec, S. (2011), Offshore Geotechnical Engineering, CRC press, pp. 29~75.

41. Robertson, P.K., Gregg, J., Boyd, T., Drake, C. (2012), "Recent Developments in Deepwater Seafloor Geotechnical and Mineral Exploration Drilling," Offshore site investigation and geotechnics, Proceedings of the 7th International Conference, London, pp. 239~243.

42. Worzyk, T. (2009) Submarine Power Cables-Design, Installation, Repair, Environmental Aspects, Springer, p. 4.

04 해상풍력 기초설계

1. 국토해양부 (2005), 항만및어항설계기준.

2. 김동현, 윤길림 (2009), "케이슨식 안벽의 신뢰성 해석을 위한 중요도추출법의 적용," 한국해양공학회논문집, Vol. 21, No. 5, pp. 405~409.

3. 김범석, 김만응, 음학진 (2008), "수평축 풍력터빈 극한하중평가에 관한 연구," 2008년 대한기계학회 추계학술대회 논문집, CD-ROM, pp. 1~5.

4. 김홍연, 윤길림, 윤여원 (2008), "안벽 설계변수의 신뢰성 해석과 생애주기비용 분석," 한국지반공학회 가을학술발표회 논문집, pp. 508~518.

5. 김홍연, 윤길림, 윤여원, 이규환 (2010), "LCC 해석과 안벽의 목표안전수준," 제4회 항만구조물 신뢰성 설계법 기술교육 Workshop, pp. 193~210.

6. 윤길림, 강오람, 김동현 (2008), "VE/LCC기법의 항만구조물 설계적용 사례분석연구," 한국해안해양공학회논문집, Vol. 20, No. 4, pp. 390~400.

7. 윤길림, 김동현, 김홍연 (2008), "안벽구조물의 신뢰성 해석," 한국해안해양공학회논문집, Vol. 20, No. 5, pp. 498~509.

8. 윤길림, 김선빈, 권오순, 유무성 (2013), "서남해안 해상풍력 실증사업단지 말뚝기초 설계를 위한 저항계수 및 부분안전계수 제안," 한국풍력에너지학회 2013 춘계학술대회.

9. 윤길림, 윤여원, 김홍연 (2009), "중력식 항만시설물의 원호활동 파괴에 대한 부분안전계수 연구," 한국해안해양공학회 학술발표논문집, Vol. 18, pp.1~4.

10. 윤길림, 윤여원, 김홍연 (2009), "항만구조물 사면안정 설계기준 비교연구," 한국해안해양공학회 논문집, Vol. 21, No. 4, pp.316~325.

11. 윤길림, 윤여원, 김홍연, 김백운 (2010), "항만구조물의 지반지지력 산정을 위한 부분안전계수 결정," 한국해안·해양공학회 논문집, Vol. 22, No. 3, pp.156~162.

12. 윤희정, 권오순, 이광수 (2009), "해상풍력발전 기초 설계기준서 비교," 2009 대한토목학회 정기학술대회, 논문집, pp.863~866.

13. 음학진, 김만웅, 김범석, 원종범 (2007), "풍력발전 시스템의 설계적합성 평가," 2007년 한국풍력에너지학회 추계학술대회 논문집, pp.72~76.

14. 최창호, 이준용, 장영은 (2011), "해상풍력터빈 Substructure 설계를 위한 지반공학적 고려사항," 강구조학회지, 2011년 10월, pp.23~27.

15. API (1993), Recommended Practice for Planning, Designing and Constructing Fixed Offshore Platforms - LRFD, API RP-2A-LRFD.

16. API (2000), Recommended Practice for Planning, Designing and Constructing Fixed Offshore Platforms—Working Stress Design, API RP 2A-WSD, 21st ed.

17. API (2003), Recommended Practice for Planning, Designing and Constructing Fixed Offshore Platforms—Load and Resistance Factor Design, American Petroleum Institute.

18. Barker, R.M. Duncan, J.M. Rojiani, K.S. Ooi, P.S.K., Tan, C.K., Kim, S.C. (1991), NCHRP Report 343; Manual for the Design of Bridge Foundaitons. TRB, National Research Council. Washington, DC.

19. Barker, R.M., Duncan, J.M., Rojiani, K.B., Ooi, P.S.K., Tan, C.K., Kim, S.G. (1991), Manuals for the Design of Bridge Foundation, Shallow Foundation, Driven Piles, Retaining Walls and Abutments, Drilled Shafts, Estimation Tolerable Movements, Load Factor Design Specification and Commentary, Washington, DC, Transportation Research Board.

20. Byrne, B.W., Houlsby, G.T. (2003), "Foundations for Offshore Wind turbines, Phil," Trans. R. Soc. Lond. A 361, pp.2909~2930.

21. Christensen, P.T., Baker, M.J. (1982), "Structural Reliability Theory and its Applications," Springer-Verlag, New York.

22. COWI (2010), "Structural Aspects of Offshore Wind Turbine Foundation".

23. DNV (2007), Offhore Standard DNV-OS-J101, Design of Offshore Wind Turbine Structures.

24. DNV (2011), Design of Offshore Wind Turbine Structures, DNV-OS-J101. Oslo, Norway.

25. DNV (2011), Design of Offshore Wind Turbine Structures, Offshore Standard DNV-OS-J101, Det Norske Veritas, Høvik, Norway, pp.1~213.

26. Duncan, J.M. (2000), "Factors of Safety and Reliability in Geotechnical Engineering," Journal of Geotechnical and Geoenvironmental Engineering, Vol. 126, No. 4, pp.307~316.

27. GH-Bladed (2011), http://www.gl-garradhassan.com.

28. GL (2005), Guideline for the Certification of Offshore Wind Turbine.

29. GL Wind (2005), Rules and Guidelines IV_Part.2, Guideline for the Certification of Offshore Wind Turbines.

30. Harr, M. E. (1984), "Reliability-Based Design in Civil Engineering," the 1984 Henry M. Shaw Lecture, Dept. of Civil Engineering, North Carolina State Univ., Raleigh, NC, 68.

31. Hasofer, A.M., Lind, N. (1974), "An Exact and Invariant First Order Reliability Format," J.

of Engrg. Mech. Div., ASCE, pp.111~121.

32. IEC (2009), 61400-3 Design Requirements for Offshore Wind Turbines.

33. IEC 61400-1 (2005), Wind Turbines - Part 1 : Design Requirements, pp.19~31.

34. IEC 61400-3 (2009), International Standard. part 3 : Design Requirements for Offshore Wind Turbines, Project IEC 61400-3. Geneva, Switzerland.

35. IEC 61400-3 (2009), Wind Turbines - Part 3 : Design Requirements for Offshore Wind Turbines, International Electrotechnical Commission, pp.17~56.

36. International Organization for Standardization (2007), ISO 19902.

37. ISO (1998), ISO 2394 : General Principles for Reliability based Design.

38. Jonkman, J., Butterfield, S., Musial, W., Scott, G. (2009) Definition of a 5-MW Reference Wind Turbine for Offshore System Development, Technical Report NREL/TP-500-38060.

39. Kenneth P., Hendrik N., Eric B. (2009), "Gravity Base Foundations for the Thornton Bank Offshore Wind Farm," Terra et aqua, pp.19~29.

40. Kuhn, M. (2001), Dynamic and Design Optimization of Offshore Wind Energy Conversions Systems, Ph. D. Dissertation, DUWIND, Delft University Wind Energy Research Institute, Delft.

41. Madsen, H.O., Krenk, S., Lind, N.C. (1986), Methods of Structural Safety, Prentice Hall, Englewood Cliffs, NJ.

42. Matlock, H. (1970), "Correlation for Design of Laterally Loaded Piles in Soft Clays," 2nd Offshore Technology Conference, Houston, Texas, pp.577~594.

43. Meyerhof, G. (1970), "Safety Factors in Soil Mechanics," Canadian Geotechnical Journal, Vol. 7, No. 4, pp.349~355.

44. O'Neill , M.W., Murchison, J.M. (1983), "An Evalution of p-y Relationships in Sands," A report to the American Petroleum Institute (PRAC 82-41-1), Univ. of Houston.

45. Reese, L.C., Welch, R.C. (1975), "Lateral Loading of Deep Foundations in Stiff Clay," J. Geotech. Engrg. Div., ASCE, Vol. 101, No. 7, pp.633~649.

46. Saigal, R.K., D. Dolan, A.D. Kiureghian, T. Camp, C.E. Smith (2007), "Comparison of Design Guidelines for Offshore Wind Energy Systems," Offshore Technology Conference. Houston, TX.

47. Tang W., Woodford D., Pelletier J. (1990), "Performance Reliability of Offshore Piles," Proceedings of the 22nd Annual Offshore Technology Conference, May 7~10, Houston, TX, Paper No. OTC 6379, Offshore Technology Conference, Richardson, TX, Vol. 3, pp.299~308.

48. Van der Tempel, J. (2006), Design of Support Structures for Offshore Wind Turbines, Department of Civil Engineering, Delft University of Technology.

49. Wind Energy Database Website. http://www.thewindpower.net.

50. Wirsching, P.H. (1984), "Fatigue Reliability for Offshore Structures," Journal of Structural Engineering, ASCE, Vol. 110, No. 10, pp.2340~2356.

51. Wu, T., Tang, W., Sangrey, D., Baecher, G. (1989), "Reliability of Offshore Foundations-State of the Art," Journal of Geotechnical Engineering, Vol. 115, No. 2, pp.157~178.

52. Wu, T.H., Tang, W.H., Sangrey, D.A., Baecher, G.B. (1989), "Reliability of Offshore Foundations : State of the Art," Journal of the Geotechnical Engineering Division, ASCE, Vol. 115, No. 2, pp.157~178.

53. Yoon, G.L, Kim B.T., (2006), "Regression Analysis of Compression Index for Kwangyang Marine Clay," KSCE Journal of Civil Engineering, Vol. 10, No. 6, pp.415~418.

54. Yoon, G.L., Kim, B.T., Jeon, S.S. (2004), "Empirical Correlations of Compression Index

for marine clay from regression analysis," Canadian Geotechncial Journal, Vol. 41, No. 6, pp.1213~1221.

55. Yoon, G.L., Kim, H.Y., Yoon, Y.W., Lee, K.H. (2009), "Reliability Analysis of Caisson Type Quaywall and Sensitivity Analysis of Design Variables," Proceedings of Second International Symposium on Geotechnical Safety & Risk, Gifu, Japan–IS–Gifu, CRC Press, pp.135~139.

56. Zhang, L.M., Tang, W.H., Ng, C.W.W. (2001), "Reliability of Axially Loaded Driven Pile Groups," Journal of Geotechnical and Geoenvironmental Engineering, ASCE, Vol. 127, No. 12, pp.1051~1060.

57. Zhou, Z., Thomas, W.G., Luke, H., Ou, J. (2003), "Techniques of Advanced BG Sensor : Fabrication, Demodulation, Encapsulation and Their Application in the Structure Health Monitoring of Their application in the Structural Health Mornitoring of Bridges," Pacific science Review, Vol. 5, No. 1, pp.116~121.

05 해상풍력 기초형식별 설계 및 시공

1. 노희윤 (1969), 건설기계화 시공과 설계상의 제문제점, 대한토목학회지, 대한토목학회, 제17권, 제1호, pp.54~69.

2. 윤길림, 이근하, 함태규, 이규환 (2011), 해상풍력발전(Offshore Wind Turbine)과 지반공학, 한국지반공학회지, 한국지반공학회, Vol. 27, No. 2, pp.8~17.

3. Abdel–Rahman, K., Achmus, M. (2006), "Behaviour of Monopile and Suction Bucket Foundation Systems for Offshore Wind Energy Plants," Proceedings of 5th International Engineering Conference, Sharm El–Sheikh, Egypt.

4. Achmus, M., Abdel–Rahman, K., Kuo, Y.S. (2007), "Numerical Modelling of Large Diameter Steel Piles under Monotonic and Cyclic Horizontal Loading," Tenth International Symposium on Numerical Models in Geomechanics, Greece.

5. Andersen, K.H. (2007), "Bearing Capacity under Cyclic loading – Offshore along the Coast and on Land," The 21st Bjerrum Lecture presented in Oslo.

6. Andrew Bond and Andrew Harris (2008), 'Decoding Eurocode 7', Taylor and Francis group, London and Newyork, ISBN 978–0–415–40948–3.

7. API (2007), Recommended Practice for Planning, Designing and Constructing Fixed Offshore Platforms Working Stress Design.

8. Bang, S., Cho, Y. (2000), Use of Suction Piles for Mooring of Mobile Offshore Bases – Task 3 Completion Report: Analysis and Design Methods of Suction Piles, A report prepared for the Naval Facilities Engineering Service Center.

9. Bang, S., Jones, K., Kim, Y.S., Cho, Y. (2007), "Horizontal Capacity of Embedded Suction Anchors in Clay," 26th International Conference on Offshore Mechanics and Arctic Engineering, Paper No. 2007–29115, San Diego, CA.

10. Bang, S., Jones, K., Kim, Y.S., Kim, K.O., Cho, Y. (2006), "Horizontal Pullout Capacity of Embedded Suction Anchors in Sand," 25th International Conference on Offshore Mechanics and Arctic Engineering, Paper No. 2006–92006, Hamburg, Germany.

11. Bang, S., Jones, K.D., Cho, Y., Kwag, D.J. (2009), "Suction Piles and Suction Anchors for Off–shore Structures," DFI Journal: The Journal of the Deep Foundations Institute, Vol. 3, No. 2, pp.3~13.

12. Bang, S., Shen, C.K. (1989), "Analytical Study of Laterally Loaded Cast–In–Drilled–Hole Piles," Transportation Research Record, No. 1219.

13. Bjerrum, I. (1963), Discussion to European Conference on Soil Mechanics and Foundation Engineering (Wiesbaden), Vol. 2, p.135.
14. Clukey, E.C., Morrison, M.J. (1996), "The response of Suction Caissons in Normally Consolidated Clays to Cyclic TLP Loading Conditions," Offshore Technology Conference, Paper No. 7796.
15. Cottrill, A. (1992), "Skirt Plate to Support Europipe Jacket," Offshore Engineering.
16. DNV (2011), Design of offshore wind turbine structure, DNV-OS-J101.
17. DNV-OSS-901: Project Certification of Offshore Wind Farms.
18. DTI (2005), The Application of Suction Caisson Foundations to Offshore Wind Morten.
19. El-Gharbawy, S., Olson, R. (1998), "The Pullout Capacity of Suction Caisson Foundations for Tension Leg Platforms," 8th International Offshore and Polar Engineering Conference, Montreal, Vol. 1, pp.531~536.
20. EN-1997 (2004), Eurocode 7; geotechnical design - part 1 : general rules.
21. Eric Van Buren (2011), Effect of Foundation Modeling Methodology on the Dynamic Response of Offshore Wind Turbine Support Structures, Wind Power R&D Seminar, Deep Sea Offshore Wind, Royal Garden Hotel, Trondheim, Norway.
22. Fuglsang, L.D., Steensen-Bach, J.O. (1991), "Breakout Resistance of Suction Piles in Clay," Proc. Int. Conference : Centrifuge 91, A.A. Balkema Rotterdam, The Netherlands, pp.153~159.
23. GL (2005), Guideline for the Certification of Offshore Wind Turbine.
24. House, L. et. al. (2002), Offshore Technology Report - Steel, HSE.
25. http://commons.wikimedia.org.
26. http://social.windenergyupdate.com/offshore/monopile-failures-put-grout-doubt.
27. http://static.offshorewind.biz.
28. http://subseaworldnews.com.
29. http://www.4coffshore.com.
30. http://www.beatricewind.co.uk.
31. http://www.bifab.co.uk.
32. http://www.dnv.com/press_area/press_releases/2011/new_design_practices_offshore_wind _turbine_structures.asp.
33. http://www.foundocean.com/en/media-centre/news/grouting-continues-at-gwynt-y-mor/
34. http://www.iabse.dk/Seminar_WindTurbine/LondonArray_COWI.pdf.
35. http://www.lorc.dk.
36. http://www.maritimejournal.com.
37. http://www.offshorewind.biz.
38. http://www.owectower.no.
39. http://www.paint-inspector.com.
40. http://www.proactiveinvestors.co.uk.
41. http://www.rwe.com.
42. http://www.sarens.com.
43. http://www.sdi.co.uk.
44. http://www.strabag-offshore.com/en/press/event-archive/marine-offshore-logistik-mol - 2012.html.
45. http://www.vattenfall.co.uk.
46. https://www.iadc-dredging.com/ul/cms/terraetaqua/document/2/5/8/258/258/1/article-g ravity-base-foundations-for-the-thornton-bank-offshore-wind-farm-terra115-3.pdf.

47. IEC (2009), 61400-3 Design Requirements for Offshore Wind Turbines.

48. ISO 19902 (2007), Petroleum and Natural Gas Industries – Fixed Dteel Offshore Structures.

49. Larsen, P. (1989), "Suction Anchors as an Anchoring System for Floating Offshore Constructions," Offshore Technology Conference, Paper No. 6029.

50. Lesny, K., Hinz, P. (2009), "Design of Monopile Foundation for Offshore Wind Energy Converts," International Foundation Congress and Equipment Expo.

51. Liingaard (2006), Dynamic Behavior of Suction Caissons, PhD Thesis, Aalborg University.

52. Lotsberg, I. (2010), "Developments of Grouted Connections in Monopile Foundations," IABSE Seminar.

53. Madsen, S., Andersen, L.V., Ibsen, L.B. (2011), "Instability of Bucket Foundations during Installation," EWEA OFFSHORE 2011, Amsterdam, The Netherlands.

54. McClelland, B, Michael D.R., (1986), "Planning and Design of Fixed Offshore Platforms," Van Nostrand Reinhold Company Inc.

55. Narasimha, R., Ravi, S.R., Ganapathy, C. (1997), "Pullout Behavior of Model Suction Anchors in Soft Marine Clays," 7th International Offshore and Polar Engineering Conference, Honolulu, Vol. 1, pp.740~743.

56. Phil de Villiers (2012), Demonstrating Keystone Engineering's Innovative Inward Battered Guide Structure (IBGS) offshore foundation concept at Hornsea (presentation material), 17 April 2012.

57. Pinna, R. (2003), Buckling of Suction Caissons during Installation, Thesis of Doctor of Philosophy, University of Western Australia, School of Civil Engineering.

58. Pinna, R., Martin, C.M., Ronalds, B.F. (2011), "Guidance for Design of Suction Caissons Against Buckling During Installation in Clay Soils," Stavanger, Norway.

59. Randolph, M., Gourvenec, S. (2011), Offshore Geotechnical Engineering, Taylor & Francis Group.

60. Reese, L.C., Cox, W.R., Koop, F.D. (1970), "Analysis of Laterally Loaded Piles in Sand," Offshore Technology Conference, Paper No. 1204, Houston.

61. Saigal, R.K., Dolan, D., Der Kiureghian, A., Camp, T., Smith, C.E. (2007), "Comparison of Design Guidelines for Offshore Wind Energy Systems," Offshore Technology Conference.

62. Senders, M. (2008), Suction Caissons in Sand as Tripod Foundations for Offshore Wind Turbines, Ph.D. Thesis, The University of Western Australia.

63. Senpere, D., Auvergne, G.A. (1982), "Suction Anchor Piles – A Proven Alternative to Driving or Drilling," Offshore Technology Conference, Paper No. 4206.

64. Taylor, D.W. (1937), "Stability of Earth Slopes," Journal of Boston Society of Civil Engineers, Vol. 24, pp.197~246.

65. Zhan, Y.G., Liu, F.C. (2010), "Numerical Analysis of Bearing Capacity of Suction Bucket Foundation for Offshore Wind Turbines," Electronic Journal of Geotechnical Engineering, Vol. 15, pp.633~644.

06 계측 및 유지관리

1. 김대학, 문상욱, 오경선, 박찬덕, 김학중 (2005), "대구경 강관말뚝의 항타관입성 모니터링을 위한 PDA 적용 사례(3) – 인도 천연가스전," (사)한국지반공학회, 2005년 기초, 연약지반, 지반조사 기술위원회 공동 학술발표회 논문집, pp.151~167.

2. 김대학, 박민철, 강형선, 이원제 (2004), "수중 대구경 강관말뚝의 항타 관입성 모니터링을 위한

PDA적용 사례," (사)한국지반공학회 2004suseh 봄학술대회, 서울, pp.11~19.

3. 김대학, 이원제, 심재설, 윤길림 (2003), "해상 대구경 강관말뚝의 항타관입성 모니터링을 위한 PDA 적용 사례," (사)한국지반공학회 기초기술위원회, 2003년 기초 기술 학술발표회, pp.121~137.

4. 노희윤 (1969), "건설기계화 시공과 설계상의 제문제점," 대한토목학회지, 대한토목학회, Vol. 17, No. 1, pp.54~69.

5. 산업자원부 (2004), 전기설비 기술기준(개정 2004.2.17.) [산업자원부 고시 제2004-19호], 제58조 [계측장치].

6. 유무성, 강금석, 김지영, 이준신 (2011), "서해 100 MW 해상풍력 실증단지 기상타워 구축사례," 한국신재생에너지학회 2011년도 춘계학술대회, 경주, pp.55.2.

7. 윤길림, 김선빈 (2014), "해상풍력 재킷구조 말뚝 기초설계," 해상풍력 재킷 구조물 신뢰성기반 한계상태설계법 세미나, 서울.

8. 일본토목학회 구조공학위원회 풍력발전설비 동적해석/구조설계 소위원회 저, 송명관 (2012), 물풍력발전설비 지지구조물 설계지침. 동해설, 송명관, 양민수, 박도현, 전종호 공역, 장경호, 윤영화 감수, 도서출판 씨아이알, p.10, pp.62~68, p.554, pp.768~775.

9. (재)연안개발기술연구센터(CDIT) 저, 박우선, 이광수, 정신택, 강금석역, 안희도 감수 (2011), 기초공법에 중점을 두어 해상풍력발전, 한국해양연구원, pp.265~277.

10. 지식경제부 (2012), 전기사업법 시행규칙, [지식경제부령 제2012-271호, 2012.10.5, 타법개정] 별표 9호 제6호.

11. 한국에너지기술평가원 (2011), 천해용 40m 이내 해상풍력 Substructure 시스템 개발 상세기획 보고서.

12. 한국에너지기술평가원 (2013), 중장기 해상풍력 에너지단가(COE) 절감을 위한 혁신방안 연구.

13. 황병선 (2009), 최신 풍력발전의 이해, 도서출판 아진, pp.303~324.

14. 황병선 (2010), "풍력기초기술강좌," 2010 그린에너지 국제비즈니스 컨퍼런스 풍력기술강좌, 지식경제부 신재생에너지 인력양성사업 코드:132B538, 6장 블레이드 구조 설계, 해석 및 시험, 제15장 제어 및 모니터링.

15. Achmus, M., Abdel-Rahman, K., Kuo, Y.S. (2007), "Numerical Modelling of Large Diameter Steel Piles under Monotonic and Cyclic Horizontal Loading," Tenth International Symposium on Numerical Models in Geomechanics, Greece.

16. Andersen, K.H. (2007), "Bearing Capacity under Cyclic Loading – Offshore along the Coast and on Land," The 21st Bjerrum Lecture, Oslo, Norway.

17. API (2000), Recommended Practice for Planning, Designing and Constructing Fixed Offshore Platforms Working Stress Design.

18. ASTM (2007), D 3966-07, "Standard Test Methods for Deep Foundations under Lateral Load," ASTM International, West Conshohocken, PA, USA.

19. ASTM (2012), D 4945-12, "Standard Test Method for High-Strain Dynamic Testing of Deep Foundations," ASTM International, West Conshohocken, PA, USA.

20. BS EN 61773 (1997), "IEC 61773:1996 Overhead Lines-Testing of Foundations for Structures".

21. Comite Francais de Mecanique des Sols et de Geotechnique (2011), Groupe de travail ⟨Foundations d'eoliennes⟩. Recommandations sur la conception, "le calcul, 1'execution et le controle des foundations d'eoliennes". Vol. 1, p.19.

22. DNV (2007), Design of Offshore Wind Trubine Structures.

23. Gerwick, B.C., Jr. (2007), Construction of Marine and Offshore Structures, CRC Press.

24. GL (2005), Guideline for the Certification of Offshore Wind Turbine.

25. Hassanzadef, M. (2012), Creaks in Onshore Wind Power Foundation, Elforsk report 11:56

pp. 29~41.

26. Hassanzadeh, M. (2012), Cracks in Onshore Wind Power Foundations, Causes and Consequences, Elforsk rapport 11:56, p.11.

27. http://73degs.blogspot.kr/2013/12/stormriders.html, Accessed in 7, July, 2014.

28. http://www.lorc..dk/foundatons, Accessed in 12, June, 2013.

29. http://www.portofaalborg.com, Accessed in 17, July, 2014.

30. Hyundai Heavy Industries Co., LTD.(HHI) (2004), Installation Procedure for MSP Platform, Connection Bridge & New Flare System, MSP Platform Project MSP-P-SC-5-980.

31. IEC (2009), 61400-3 Design Requirements for Offshore Wind Trubines.

32. IEEE (2001), IEEE Std 691-2001, "IEEE Guide for Transmission Structure Foundation Design and Testing".

33. KS (2004), KS F 2591-04, "말뚝의 동적 재하 시험 방법".

34. Large Wind Turbine Compliance Guideline Committee, AWEA & ASCE (2011) (Draft) "Recommended Practice for Compliance of Large Onshore Wind Turbine Support Structures," pp.33, pp.36~37.

35. Lesny, K., Hinz, P. (2009), "Design of Monopile Foundation for Offshore Wind Energy Converts," International Foundation Congress and Equipment Expo.

36. "Macalloy Foundation Anchor Solutions for Wind Turbines," pp.3~4. Retrieve from http://macalloy.com/brochures/wind-turbine-anchor-solutions, Accessed in 6, Sep, 2014.

37. Musial, W. (2005), Wind powering America, "Offshore Wind Energy Potential for the United States," pp.19~20.

38. Port of Tyne, "Offshore Wind Brochure," pp.8~9. Retrieve from http://www.portoftyne.co.uk/cache/files/1921-1377262621/PortofTyneOffshoreWindBrochure.pdf. Access in 6, Sep, 2014.

39. Randolph, M., Gourvenec, S. (2011), Offshore Geotechnical Engineering.

40. Saigal, R.K., Dolan, D., Der Kiureghian, A., Camp, T. Smith (2007), "Comparison of Design Guidelines for Offshore Wind Energy Systems," Offshore Technology Conference.

41. SESAME (Site EffectS assessment using AMbient Excitations) (2004), Guidelines for the implementation of the H/V spectral ratio technique on ambient vibrations measurements, processing and interpretation sesame, European research project WP12.

42. Shin, H. (2011), "Model Test for the OC3-hywind Floating Offshore Wind Turbine," Twenty-first International Offshore and Polar Engineering Conference, Maui, Hawaii, USA, p.362.

43. Unicorn Technical Institute(UTI) (2005), Pile Monitoring Report, Munbai High South Process (MSP) Platform Project, India.

44. UTI (2004), Standard Work Procedure-The Method of Pile Monitoring, PM-001-3.

45. Worley Pty Ltd., ONGC (Oil and Natural Gas Corporation) (2002), MSP Platform Project Offshore Platform Installation Specification, 032110-OS-

46. Zaaijer, M. (2008a), "Loads, Dynamics and Structural Design(Offshore Wind Farm Design 2007~2008," Delft university of technology, p.43. Retrieved from http://ocw.tudelft.nl/fileadmin/ocw/opener/Offshorewindfarmhfd6.pdf, Accessed in 6, Sep, 2014.

47. Zaaijer, M. (2008b), "Design Considerations for Offshore Wind farms," Delft university of technology, p.68. Retrieved from http://ocw.tudelft.nl/fileadmin/ocw/opener/offshorewindfarmhfd2.pdf, Accessed in 6, Sep, 2014.

편집위원

최 창 호

한국건설기술연구원 Geo-인프라연구실 연구위원

- 워싱턴주립대 공과대학 토목환경공학과 공학박사
- 토질 및 기초 기술사
- 한국지반공학회 에너지플랜트·환경 기술위원회 위원장
- 과학기술연합대학원대학교(UST) 지반신공간공학과 전임교수

윤 희 정

홍익대학교 토목공학과 조교수

- University of Texas at Austin 토목공학과 공학박사
- 대한토목학회 영문논문집/한국지반공학회 논문집 편집위원
- 한국지반공학회 에너지플랜트·환경 기술위원회 간사
- 경기도 설계심의분과/서울도시철도공사 시설분야/
  고양시 굴토자문위원회 자문위원

구 정 민

(주)동명기술공단종합건축사사무소 부설연구소

- 경북대학교 농토목공학과 공학박사
- 한국지반공학회 에너지플랜트·환경 기술위원회 간사
- 전 한국건설기술연구원 기초연구실 선임연구원(Post Doc)

김 재 홍

한국수자원공사 K-water연구원 책임연구원

- 중앙대학교 공과대학 토목공학과 공학박사
- 한국지반환경공학회 논문집 편집위원,
  한국토목섬유학회 논문집 편집간사

추 연 욱

국립공주대학교 건설환경공학부 부교수

- KAIST 건설및환경공학과 공학박사
- ISSMGE, TC209 Offshore Geotechnics, Committee member
- 한국지반공학회 에너지플랜트·환경 기술위원회 간사
- 한국지반공학회 지반역학및불포화지반기술위원회 간사
- 한국지반공학회 지반진동기술위원회 간사

집필진

지반공학 특별간행물 7

지반기술자를 위한
해상풍력 **기초설계**

초판발행 2014년 10월 14일
초판 2쇄 2020년 12월 15일

저   자 (사)한국지반공학회
펴 낸 이 김성배
펴 낸 곳 도서출판 씨아이알

책임편집 박영지, 김동희
디 자 인 김진희, 윤미경
제작책임 김문갑

등록번호 제2-3285호
등 록 일 2001년 3월 19일
주   소 (04626) 서울특별시 중구 필동로8길 43(예장동 1-151)
전화번호 02-2275-8603(대표)
팩스번호 02-2265-9394
홈페이지 www.circom.co.kr

I S B N 979-11-5610-047-8 (93530)
정   가 30,000원